全空间信息系统原理与技术

华一新　张江水　曹一冰　张　政等　著

科学出版社

北　京

内 容 简 介

　　本书共 3 篇 18 章，系统介绍了全空间信息系统的基本原理、核心技术和应用实践。在全空间信息系统中首次提出了以多粒度时空对象数据模型来描述现实世界的理论和方法，实现了多粒度时空对象的创建、管理、分析与可视化。本书从全空间信息系统的基本概念开始，由浅入深地介绍了多粒度时空对象数据模型的基本理论和全空间信息系统所用到的核心技术，并通过三个典型的实践应用案例帮助读者进一步加深对全空间信息系统的理解。

　　本书是对国家"十三五"重点研发计划项目"全空间信息系统与智能设施管理"研究成果的凝练和总结，可以作为地理信息系统、智慧城市、数字地球、实景三维中国乃至元宇宙等研究人员和从业者的技术参考书，也可以作为高等院校测绘科学与技术、地理学、计算机科学等专业的本科生和研究生的教学参考书。

图书在版编目（CIP）数据

全空间信息系统原理与技术 / 华一新等著. —北京：科学出版社，2024.1

　ISBN 978-7-03-077363-0

Ⅰ. ①全… Ⅱ. ①华… Ⅲ. ①空间信息系统–研究 Ⅳ. ①P208.2

中国国家版本馆 CIP 数据核字（2024）第 002846 号

责任编辑：杨　红　郑欣虹 / 责任校对：杨　赛
责任印制：赵　博 / 封面设计：有道设计

科　学　出　版　社　出版
北京东黄城根北街 16 号
邮政编码：100717
http://www.sciencep.com

涿州市般润文化传播有限公司印刷
科学出版社发行　各地新华书店经销

＊

2024 年 1 月第　一　版　　开本：787×1092　1/16
2024 年 10 月第二次印刷　　印张：24 1/4
字数：593 000

定价：188.00 元
（如有印装质量问题，我社负责调换）

本书编写人员名单

华一新　　张江水　　曹一冰　　张　政

崔虎平　　杨振凯　　谷宇航　　杨　飞

曾梦熊　　韦原原　　陈云海　　赵鑫科

前　　言

地理信息系统(geographic information system，GIS)经过 60 多年的发展，已经广泛应用于信息化社会的各个领域，成为人们日常生活与工作不可或缺的一种空间信息系统。随着人类对现实世界的认知需求逐渐从表面走向立体、从静态走向动态、从孤立走向关联、从被动走向主动、从观察走向交互，传统 GIS 急需通过跨越式的发展，形成新一代空间信息系统的基本原理和技术体系，满足信息化社会对空间信息应用全面拓展的需要。2015 年，周成虎院士提出了全空间信息系统(pan-spatial information system，PSIS)的概念，将地理信息系统的空间尺度扩展到了微观和宏观空间，将空间数据扩展到了时空大数据，将空间分析扩展到了大数据空间解析，提出了建立无所不在的空间信息系统的构想。

华一新教授在承担的国家重点研发计划项目"全空间信息系统与智能设施管理"(2016～2021 年)的研究中，进一步明确了全空间信息系统的概念与内涵，提出并实践了基于多粒度时空对象数据模型的全空间信息系统原理和方法，将现实世界抽象为由多粒度时空实体组成的认知世界，从时空参照、空间位置、空间形态、组成结构、关联关系、认知能力、行为能力和属性特征 8 个方面将多粒度时空实体数字化描述为多粒度时空对象，最后以多粒度时空对象为基本单元构建出全空间数据世界。基于多粒度时空对象数据模型的全空间信息系统在研究对象、基本原理和技术方法等方面全面拓展了传统 GIS 的空间信息系统研究范式。

在研究对象方面，由以矢量、栅格、数字高程模型(digital elevation model，DEM)为核心描述地理世界的数据，进阶为以多粒度时空对象为基本单元描述现实世界的数据；传统 GIS 数据是多粒度时空对象数据的部分内容，3D 模型、点云、建筑信息模型(building information modeling，BIM)等不再是 GIS 的例外数据类型，实现了空间数据时空范畴由地理世界到现实世界的扩展。

在基本原理方面，由描述地理世界的矢量、栅格、DEM 数据，进阶为描述现实世界的多粒度时空对象数据模型，通过空间数据模型的进阶，实现对现实世界更完整、更动态、更关联、可演化的描述；由用于认知地理世界的矢量、栅格、DEM 数据的空间分析和可视化方法，进阶为用于认知现实世界的多粒度时空对象数据的时空分析和可视化方法；通过空间认知方式的进阶，实现对动态、复杂、关联的现实世界更全面的空间认知。

在技术方法方面，由矢量、栅格、DEM 数据为核心的地理空间数据获取、处理、管理、分析和可视化技术，进阶为多粒度时空对象数据获取、处理、管理、分析和可视化技术，传统 GIS 的技术方法是全空间信息系统技术方法的子集，由此形成了由面向对象的泛在时空数据获取技术、时空实体数据整合与融合处理技术、面向对象的时空实体管理与共享技术、多粒度时空对象时空分析与推演技术及多模态时空对象可视化与交互技术组成的新一代空间信息系统技术体系。

本书是在国家"十三五"重点研发计划项目"全空间信息系统与智能设施管理"研究成果基础上凝练而成，由华一新、张江水、曹一冰、张政、崔虎平、杨振凯、谷宇航、杨飞、曾梦熊、韦原原、陈云海和赵鑫科等在各自完成的全空间信息系统研究成果的基础上共同撰写完成。从确定书稿大纲到最终完成书稿，经过了两年半时间的反复研讨、集体修改和补充实验，以期能更准确、更全面、更具体地介绍全空间信息系统的基本理论、技术方法和应用实践等原创性成果。特别感谢武玉国教授、张亚军博士、江南教授、刘小春高级工程师等在全空间信息系统技术理念、数据模型、数据管理、可视化框架、实验系统搭建等方面提供的支持和帮助。在书稿撰写过程中还参考了王培、陈万鹏、文娜、方成、陈敏颉、张永树、郭玥晗、谢雨芮、刘慧、訾璐等的博士和硕士学位论文，在此一并表示感谢。

本书包含原理篇、技术篇和实践篇3篇，共18章内容。第1～10章为原理篇，主要介绍全空间信息系统的基本原理和多粒度时空对象数据模型；第11～15章为技术篇，主要介绍全空间信息系统平台、多粒度时空实体分类编码与数据交换格式设计、全空间信息系统数据管理、设施时空对象建模与管理、多粒度时空对象可视化等内容；第16～18章为实践篇，主要介绍全空间信息系统的三个应用实践案例。

全空间信息系统技术的研究才刚刚开始，本书的研究成果还不够全面系统，许多理论与技术问题还需要更加深入的研究和实践，同时由于作者水平有限，书中难免出现不足和疏漏之处，恳请读者批评指正。

作　者

2022 年 6 月

目　录

技 术 篇

实　践　篇

原　理　篇

第1章 全空间信息系统概述

1.1 全空间信息系统技术背景

1.1.1 地理信息系统及其发展趋势

自古以来，人们就对自己所处的位置、轨迹及其周边环境表现出了浓厚的兴趣。早在4000多年前，古巴比伦人就用符号在陶片上刻下了古巴比伦地图，来记载和说明自己所生活的古巴比伦城的布局及环境等。湖南长沙马王堆出土的马王堆帛地图则表明，早在2000多年前的汉文帝时期，已经出现了正式的含山脉、河流、居民点、交通网等要素的地形图，以及包含军队驻地、指挥城堡、关塞、烽燧等要素的城邑图和驻军图。把现实世界简化和抽象描述为二维平面上的地图，提升了人类的空间认知和空间决策能力，对于人类文明的发展进步有巨大作用。此后的千百年来，人们对自身的空间认知越来越精细，要求也越来越高，地图的科学基础、测量手段和制作工艺也日趋完善。

随着信息技术革命的到来，人类社会中信息的存在形式、传递方式及人类处理和利用信息的方式都发生了革命性的变化。传统地图制作周期长、复制和共享困难、信息内容相对单一、很难支持复杂的定量分析，这些缺点使其逐渐无法满足信息化社会中人们对地理空间信息应用的需要。在强大的应用需求牵引以及高速发展的计算机技术推动下，1963年，世界上出现了第一个地理信息系统(geographic information system，GIS)——加拿大地理信息系统。其核心特征就是将地图进行数字化，将地图上的线划、符号、文字转换为计算机中的数据。

GIS是用地理空间数据对现实地理世界进行抽象和描述的技术方法，是采集、存储、管理、分析和表达地理空间数据的信息系统(华一新等，2019)。从20世纪60年代初加拿大GIS出现以来，GIS呈"星火燎原"之势在全世界迅速发展起来。经过近60年的发展，GIS已经发展为包括地理信息科学、地理信息技术和地理信息应用的综合高技术领域，在资源与环境、灾害与应急响应、经济与社会发展、卫生与生命健康、规划与区域设计等众多领域得到了广泛应用，成为当今信息社会不可或缺的重要组成部分。尤其随着互联网和移动互联网的普及，GIS的应用已经渗透到人类日常生活的方方面面。

随着GIS应用的普及、研究范畴的不断拓展及支持时空数据种类的不断增加，GIS中"地理"的特征在不断弱化，人们更加看重的是GIS对于通用"空间"特征数据的处理、分析与可视化能力，GIS也正向着更加通用的空间信息系统的方向发展。如图1.1所示，地理信息系统的内涵正在不断发生扩展。

在空间范畴方面，一方面，空间涵盖的范围不断扩大，逐渐将包含室内空间、设备空间在内的相对微观空间，以及包含近地空间、太阳系在内的宏观空间纳入到研究范畴中来。另一方面，空间的内涵也在不断延伸，除了一般的现实空间外，也在向着网络空间、认知空间等非地理领域扩展。在信息内容方面，除了传统的地理空间信息外，各种高频实时变化的时空动态信息，涵盖社会、人文、经济等方方面面的具备结构、关联、知识、行为的复杂多维信息也正在成为GIS需要处理的重要信息。在GIS系统软件方面，人们已经不再满足于只作为一个被动

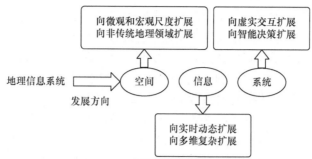

图 1.1　地理信息系统发展趋势图

的信息接收者，而是希望 GIS 能够更多地与现实世界相关联，使用户能够更多地参与到 GIS 对现实世界的表达与分析中来，实现 GIS 与现实世界的交互与联动，以及基于 GIS 的智能化辅助决策。

1.1.2　时空数据极大丰富

时空数据既是 GIS 技术之源，也是推动 GIS 发展的重要动力。当前已经进入到时空数据极大丰富的时代，在各行各业中都积累了大量的时空数据。与此同时，随着观测设备与技术的快速发展，仍然有源源不断的海量时空数据正在被生产、加工和处理。这一切都是 GIS 进行跨越式发展的坚强后盾和不竭动力。

1. 实时高精度时空大数据成为重要的数据源

2020 年 7 月 31 日，我国北斗三号卫星导航系统正式开通，它成为继美国全球定位系统 (global positioning system，GPS) 和俄罗斯全球导航卫星系统 (global navigation satellite system，GLONASS) 之后第三个成熟的全球卫星定位导航系统。随着智能手机的普及，卫星定位系统使得每个手机用户都具备了位置感知能力，通过差分等定位增强技术手段，定位精度能够达到厘米级。

与此同时，近年来室内定位技术也得到了长足的发展，除了通信网络的蜂窝定位技术外，还发展出 Wi-Fi、蓝牙、红外等一系列室内定位技术方案，定位精度也得到了显著提升。这些定位技术能够有效弥补卫星定位存在的信号盲区，使得用户能够随时随地获得高精度位置信息。

高精度、高实时性位置数据的快速获取为时空大数据的产生提供了技术基础。而互联网和移动互联设备的普及则为时空大数据的记录与汇聚提供了基础平台，无论何时何地，都能够便捷地通过网络将基于人、机、物产生的各种包含位置信息的数据进行存储和汇集，形成相应的时空大数据集。时空大数据具有时空精细性、大规模覆盖性，已经成为当前 GIS 一项非常重要的数据源。

2. 新型基础测绘实体化数据将替代传统基础测绘 4D 数据产品

当前传统基础测绘的 4D 产品——数字线划地图 (digital line graph，DLG)、数字高程模型 (digital elevation model，DEM)、数字栅格地图 (digital raster graph，DRG)、数字正射影像图 (digital orthophoto map，DOM) 已经积累了丰富的成果，定期的数据更新基本能够满足传统 GIS 行业的各种需要。但是随着各行各业对信息化要求的不断提升，人们需要更加真实、立体、时序化地反映人类生产、生活和生态空间的时空信息 (宋关福等，2021)。随着测绘卫星、无人机航测、激光雷达、倾斜摄影及移动测量等数据采集技术的高速发展，新型基础测绘建设和构建实景三维中国正在快速推进。

2022 年 2 月，自然资源部发布了《关于全面推进实景三维中国建设的通知》，提出到 2025 年，国家和省市县多级实景三维在线与离线相结合的服务系统初步建成；到 2035 年，国家和省市县多级实景三维在线系统实现泛在服务。实景三维(3D real scene)是对人类生产、生活和生态空间进行真实、立体、时序化反映和表达的数字虚拟空间，其数据体包含地理场景和地理实体。地理场景数据既包含传统的 4D 产品数据，又包含倾斜摄影三维模型、激光点云等新型测绘数据。地理实体则包含了可通过二维、三维表达的地理单元、地物实体，以及包括建(构)筑物结构部件、建筑室内部件、道路设施部件、地下空间部件等在内的部件三维模型。

"实景三维中国"建设将为 GIS 提供大量高精度、高实时性立体数据，为 GIS 的发展提供坚实的数据基础。与此同时，如何能够管理好、使用好这些数据，也是 GIS 技术发展必须面对的重要课题。

3. 时空信息的数据源越来越多

传统 GIS 处理的数据大部分都来自专业的测绘机构或公司，数据的精度和数据内容都相对规范。但是随着 IT 技术的快速发展，人们获取到的空间数据种类更加丰富，数据之间的联系更加紧密。

例如，正在不断壮大的各种物联网作为一个稳定的数据源，每天都会产生大量的实时位置数据，这些数据记录了包含人、机、物在内的物联网终端的实时位置和各种状态信息。再如，依托互联网的数据众包也是当前获取时空数据的一种重要手段。用户通过各种位置感知设备可以随时获取空间信息，然后通过各种数据众包平台，对这些时空数据进行发布和分享。众包数据尽管质量参差不齐，但它覆盖面广、时效性强，是对现实世界最新鲜的描述。另外，随着位置感知能力的增加，人们在日常生活中会留下各种各样的位置痕迹，从个人的论坛签到、出行打卡到导航轨迹、新闻报道等，形成了大量的泛空间数据。这种泛空间数据在逻辑完整性、位置精度、属性精度等方面都无法保证，但它们是对人类活动的真实记录，是构成时空大数据的重要组成部分，也是一种重要的 GIS 数据源。

4. 时空信息的空间范畴不断扩展

传统 GIS 研究主要面向中观尺度的地球表面，关注的是与人类生产生活密切相关的地表空间。当前，人类活动的范围已经扩大到了地下空间、深海、外太空甚至地外星体，观测尺度涵盖了从微观到宏观的所有空间。

例如，嫦娥探月工程绕飞月球，获取了全月球高分辨率的月面遥感影像，并得到月球表面的数字高程模型。再如，人类 80%的时间是在室内等小型空间活动，随着这种小型空间的联通区域越来越大，结构越来越复杂，室内空间数据已经成为时空数据的一个重要组成部分。除此之外，地下空间、水下空间甚至是人体等一些微观空间数据也在不断积累并逐渐形成规模，如何用好这些数据是 GIS 进一步发展需要解决的重要问题。

1.1.3　时空信息处理相关技术迅速发展

作为地图学与计算机科学相结合的产物，GIS 往往能够紧跟计算机技术发展前沿，每一次计算机技术的突破都会推动 GIS 的飞速发展。近年来，在计算机领域，云计算、人工智能、区块链、虚拟现实(virtual reality，VR)与增强现实(augmented reality，AR)等技术都获得了长足的发展，但是在传统的技术体系下，GIS 却很难在相关领域取得相匹配的技术突破。打破现有 GIS 技术体系与格局，将这些计算机技术更好地融入 GIS 中，将是推动 GIS 发展的重要机遇。

1. 云计算技术与 GIS

云计算是一种全新的网络应用概念,它的核心就是以互联网为中心,在网站上提供快速且安全的云计算服务与数据存储,让每一个使用互联网的人都可以使用网络上庞大的计算资源与数据中心(宋关福等,2020)。云计算是继互联网、计算机后在信息时代的又一种革新,其可以将很多计算机资源协调在一起,使用户可以不受时间和空间限制地通过网络获取到无限的资源。云计算已经不单单是一种分布式计算,而是分布式计算、效用计算、负载均衡、并行计算、网络存储、热备份冗杂和虚拟化等计算机技术混合演进并跃升的结果。与传统的网络应用模式相比,云服务具有虚拟化、动态可扩展、按需部署、灵活性高、可靠性高、性价比高、可扩展性好等一系列优势。

云计算的快速发展为 GIS 能够实时高效地处理时空大数据提供了基本的技术支撑,当前国内外主流的 GIS 软件也制订了相应的云计算战略,发布了基于云的 GIS 服务平台。但是,当前 GIS 对于云计算技术的应用大多停留在要么将其作为一个更强大的存储与计算平台,在传统 GIS 的技术构架下,利用其存储和计算能力来提高 GIS 服务器的性能;要么将其作为一个处理时空大数据的支撑平台,专门用于对时空大数据进行接入、存储和分析。

云计算技术是 GIS 突破式发展的一个重要机遇,它能够突破当前 GIS 的研究范式,从模型、结构、能力等多方面对传统 GIS 进行重构,使其能够充分发挥云计算平台虚拟化、动态可扩展、高灵活性、高可靠性等优势,为用户提供更加便捷、智能、高效的空间信息服务与智能决策支持,必将使得 GIS 整体水平获得飞跃式提升。

2. 人工智能与 GIS

1956 年夏,麦卡锡、明斯基等科学家在美国达特茅斯学院开会研讨"如何用机器模拟人的智能",并首次提出"人工智能"(artificial intelligence,AI)这一概念,标志着人工智能学科的诞生。2011 年至今,随着大数据、云计算、互联网、物联网等信息技术的发展,泛在感知数据和图形处理器等计算平台推动了以深度神经网络为代表的人工智能技术飞速发展,大幅跨越了科学与应用之间的"技术鸿沟",如图像分类、语音识别、知识问答、人机对弈、无人驾驶等人工智能技术实现了从"不能用、不好用"到"可以用"的技术突破,迎来爆发式增长的新高潮。

随着近年来人工智能技术的快速发展,AI GIS 也逐渐成为地学科研与应用的主要热点,很多 GIS 厂商积极地将人工智能技术引入相应的 GIS 平台中。然而,当前多数研究主要聚焦某个或某些应用场景下的 GEOAI 算法研究与应用,即融合人工智能技术发展空间分析或空间数据处理算法(王璐等,2019)。例如,在 GIS 平台中引入机器学习算法和深度学习框架,利用人工智能算法进行遥感影像中的目标提取,或者通过人工智能技术进行测图、配图,进行智能交互等具体工作。

但是,当前 GIS 中的人工智能还属于弱人工智能,只能聚焦某种具体应用问题的解决,距离智慧城市、智慧地球等所需要的智能系统还有很大的差距。

3. 区块链技术与 GIS

随着 2008 年 Satoshi Nakamoto 发表的论文《比特币,一种点对点的电子现金系统》(*Bitcoin: A Peerto-Peer Electronic Cash System*),区块链技术作为比特币的底层核心技术逐渐映入人们的眼帘。区块链是一种链式结构,是将数据块遵循时间顺序组合并与密码学、共识机制、智能合约等技术结合所形成的一种去中心化的公共账簿技术。区块链技术具有去中心自组织、信息不可篡改、能够表示价值所需要的唯一性和基于智能合约的自动化处理机制等特点。近年来,区块链技术在国内外都得到了迅猛的发展,大量组织、公司和研究人员投入到区块链的研究和应用中来。目前，国内外针对区块链的存储效率、共识机制、安全性、隐私保护、跨链技术以及区块链与大数据结合、区块链的行业应用等都有大量的研究。但是区块链技术主要应用在虚拟货币、金融、医疗、物联网等领域(王璐等，2019)，在国内外关于区块链和空间信息技术相结合的研究还相对较少。少有的关于区块链与 GIS 技术结合的研究主要集中在数据众包及物联网+地理空间信息的联合应用等方面。

区块链具有去中心化自治、数据可追踪、价值表示等特点，非常适宜于基于时空实体来构建数字化的现实世界。区块链的去中心化自治特征，能够满足基于时空实体构建数字世界的开放性要求；区块链的可追踪和不可更改的特性，可以为每个时空实体建立终身档案，是解决时空实体数据质量控制及进行实体信息隐私控制的优选技术手段；区块链的智能合约技术和无中心的特点，有助于实现实体数据更新与维护的自动化；通过区块链可以进一步明确用户对实体数据的所有权，通过合理的激励机制，提高众包用户对实体数据维护和更新的积极性。总之，区块链技术持续深入快速地发展，可以成为构建以时空实体为核心的新一代 GIS 的重要助力。

4. VR、AR 技术与 GIS

虚拟现实(VR)技术是一种创建能够体验的虚拟世界的计算机仿真系统，它利用计算机生成一种模拟环境，使用户沉浸到该环境中，能够实现多源信息融合、交互式的三维动态视景和实体行为的系统仿真。虚拟现实技术是仿真技术的一个重要方向，是仿真技术与计算机图形学、人机接口技术、多媒体技术、传感技术、网络技术等多种技术的集合，是一门富有挑战性的交叉技术前沿学科和研究领域。

增强现实(AR)技术，是一种实时计算摄影机影像的位置及角度并加上相应图像、视频、3D模型的技术，这种技术的目标是在屏幕上把虚拟世界套在现实世界并进行互动。这种技术于1990 年提出，并随着电子产品中央处理器(central processing unit，CPU)运算能力的提升而用途越来越广泛。

在三维技术的加持下，VR 和 AR 如两个兄弟并肩发展。VR 是将真实的人放进虚拟的场景里，终极目标是使人忘记自己在一个虚拟的世界里；AR 是将虚拟的场景放进真实的世界中，终极目标是使人无法分辨什么是真实，什么是虚拟。

VR 和 AR 技术能够极大丰富 GIS 的可视化展现形式，拓展 GIS 的应用场景，提高 GIS 用户体验，是 GIS 可视化输出的重要发展方向。当前很多 GIS 平台都在此方向进行了一定的尝试。但是，无论是在室内室外、地上地下，人类对生活的现实空间的感受是一致而连续的。然而在当前的 GIS 技术体系中，描述现实世界的空间数据往往被割裂为不同的时空参考、比例尺的数据集。对现实空间的割裂描述无疑阻碍了 VR 与 AR 技术在 GIS 中的使用。随着 VR 与AR 技术的发展，当人们不断追求在 GIS 中获取更加具有真实感的体验与交互时，也一定会促进 GIS 技术不断突破与发展。

1.1.4　时空信息应用需求不断扩展

1. 活动空间范围不断拓展的应用需求

当前，人类活动的时空范围正在急剧扩展，以中观尺度的地表空间为研究对象的传统 GIS已经无法满足人类对更多空间区域探索的需要。首先，随着深空探测的不断发展，从月球到火星再到更远更深的星球，人类所面对的是一个广袤的宇宙空间。其次，随着现代移动通信、移动定位、移动互联网的发展，地球上的一切事、物、人密切地联系在一起。当前，人类 80%的时间都是在各种小型室内空间活动，需要 GIS 更加关注室内或者局部空间信息的采集、存储、管理、分析与可视化。这种需求可以进一步扩展为对成矿体、储油体等密闭的地下空间，以及地下商场、地铁通道等开放型地下空间及水下空间的应用需求。最后，人类对于小尺度、微观空间的探索和应用也越来越多，例如，在医学上的以解剖学为基本理论的人体空间的构建、在足球篮球等体育赛事的赛场空间中运动员的空间移动规律发现等。

2. 对现实世界精细化与个性化认知的应用需求

在活动空间范围不断拓展的同时，人们对现实世界的认知也变得越来越精细化与个性化，传统 GIS 提供的在统一尺度下对地球表面进行一致化描述与表达的方法已经无法满足人们认知现实世界的需要。一方面，人们对现实世界的认知越来越精细，除了最基本的位置与属性等空间特征外，研究目标的内部结构、外部关联、变化过程乃至其在不同尺度不同状态下的外在形态的展现等都将成为人们认知的目标。另一方面，人们对现实世界认知也越来越个性化。例如，对于同一片区域的普通目标，人们可能只关注其位置与分布，但是对于区域中的重点目标，从形状外观到内部形态，从组成结构到整体的历史变迁都可能成为人们关注的重点。

3. 大数据空间解析的应用需求

当代社会已经进入到了大数据时代，大数据挖掘与知识发现成为现代科学技术的前沿发展方向，其中大数据空间解析是大数据分析与应用的重要内容。大数据空间解析的核心思想是充分利用大数据中所包含的显性或隐性空间位置特征信息，通过多元空间的统一表达和大数据的空间化重构，实现大数据的空间映射，进而可在统一的时空体系下分析大数据中隐含的模式和发现新知识，从而建立起基于空间分析原理的大数据分析理论方法。这就需要 GIS 突破传统空间信息的描述和技术体系，在基础理论、数据解析、数据分析与挖掘、数据处理与管理平台等方面构筑新的面向时空大数据的理论体系和软件平台。

4. 构建更加真实与可交互的数字世界的应用需求

人类一直渴望在计算机中构建一个能够完全描述现实世界的数字世界。尤其随着从数字地球到数字孪生地球，从智慧地球到元宇宙等一系列概念、原理和技术的提出，这种需求也越来越强烈。这种与现实世界完全对应的虚拟世界不仅需要描述现实世界的外在特征，还需要描述现实世界内在运行的规律；不仅需要能够展现现实世界的真实状态，还需要支持与人的交流与互动；不仅是一个能够变化的动态世界，还需要是一个能够智能演化的智能世界。这种构建与现实世界完全对应的数字世界的需求已经远远超出了传统 GIS 的能力范围，需要通过发展新一代空间信息系统来解决。

1.1.5　全空间信息系统技术背景分析

在当前技术背景下，随着时空数据的不断丰富、时空信息相关技术的不断发展及应用需求的不断拓展，传统 GIS 已经无法满足人们对现实世界认知的需求。这就需要在对当前技术背景深入分析的基础上，发现 GIS 发展的趋势与规律，构建新一代的全空间信息系统。

1. 空间范畴正在不断向微观和宏观扩展

随着人类太空活动不断增多，当前急需一套能够描述、分析和研究地球以外宏观空间的信息系统。例如，嫦娥探月、火星探测等太空活动，需要大量时空信息作为保障。与此同时，极地探测、地下探测、深海探测等探测活动也在频繁展开，这些探测活动也急需相应的空间信息系统提供分析、决策与可视化等能力的保障。此外，现代移动通信、移动定位、移动互联网的发展，使地球上的一切事、物、人密切地联系在一起，形成了一个"人机物"混合的三元世界。

在这个世界中,人类大部分时间在室内空间度过,这就需要建立室内空间表达的数据模型,发展各种面向室内空间问题的分析方法,构建面向室内精细物件管理的软件系统,并实现室内外的一体化管理与互通,从而将地球上每一栋建筑、每一所房子联系起来。例如,为了保障公共安全,需要对医院、大型商场与超市、能源基地与核电厂等重点场所实现管理,通过与建筑信息模型(BIM)的融合,实现对各种物件的管理;同时,在此基础上实现对各种室内空间的关联处理及对室内空间安全管理、应急处置方案等的分析模拟。又如,面向商业服务,将商场的商品信息与穿行的人流关联起来,从而实现商品的促销和精准营销。在发展室内空间信息系统的基础上,进一步拓展到地下空间、水下空间,甚至是交通工具、体育场馆乃至人体的空间。发展更加微观的空间信息系统也将成为一种趋势。

传统 GIS 主要研究地球表层系统,关注的是与人类生产生活密切相关的地表空间。它继承了地图对地表空间进行抽象与描述的思路,通常在统一的尺度、统一的空间参照下对研究空间内的要素进行抽象。因此当研究空间突破了传统的地表空间,向微观和宏观空间拓展时,为了实现对研究目标在空间上的统一描述,必须要建立一个涵盖从微观到宏观的空间描述框架。全球统一三维网格剖分便是基于这一思路的尝试,通过一定的规则,将地表空间向下和向外延伸,并将其统一剖分为不同分辨率的立体网格,以网格编码作为剖分空间的统一描述框架。这种方法虽然大大拓展了能够统一描述的空间范畴,但是很显然仍然是对地球空间的有限覆盖,无法涵盖所有可能出现的研究范畴。

当前,对于这一挑战的另一种解决思路是放弃构建统一的空间描述框架,针对不同的研究范畴建立相应空间的 GIS,如各种室内 GIS、深空 GIS 等。这种解决思路虽然能够较好地解决特定领域面临的现实问题,但是人为地产生了系统与系统、空间与空间之间的割裂,当需要跨系统、跨空间应用时就显得无能为力。因此,为了解决研究的空间范畴向微观和宏观扩展带来的挑战,就必须重构 GIS 对现实世界的抽象和描述方式,找到一种能够在空间上连续和可扩展地描述现实世界的统一方法。

2. 空间数据正在向时空大数据发展

当前,时空大数据已经成为人们认识、研究和分析现实世界的一种非常重要的数据源。对于大数据的普遍定义是具有 5V 特征的海量数据集合,其中 5V 特征是指规模(volume)、速度(velocity)、多样(variety)、真实(veracity)和价值(value)。而时空大数据通常是指在上述 5V 特征的基础上,具有或者隐含了时空位置信息的大数据。在时空大数据的上述特征中,"规模"是指时空大数据的数据量远远超过传统 GIS 所能存储和管理的数据量,并且数据规模还会随着时间的推移快速增加。"速度"是指时空大数据产生的速度快。与传统 GIS 通常按照一定的周期与频率进行数据更新不同,互联网、物联网等时空大数据的主要数据源几乎无时无刻不在产生数据。随着数据量的急剧增加,大数据技术对单位数据的处理速度也提出了更高的要求。"多样"是指时空大数据的种类不再局限于传统 GIS 所归纳的矢量、栅格等有限的数据种类,而是包含了社交媒体、电商交易记录、手机信令、外卖购物、各种传感器观测值、众包数据等在内的,所有包含时空信息的数据种类。时空大数据种类可以根据需要随时扩展。多样性带来了数据统一描述和管理的困难,传统 GIS 很难在根本上解决这一难题。"真实"是指所有时空大数据都是客观产生的。但是与传统 GIS 强调数据尺度、精度等严格的质量标准不同,真实性的要求则显得更加宽泛。只要数据是真实产生的,它允许数据存在不准确性,即存在错误数据和"脏数据",存在误差、噪声、数据异常或不一致、数据冗余等情况。传统 GIS 主要是在各种具有严格质量标准的数据中分析规律,而时空大数据分析则更多要求去伪存真,通过数据的规模和多样性去发现数据表面之下隐含的规律。"价值"是指时空大数据的有用性，但是这种有用性主要是通过时空大数据的规模、多样性和真实性来体现的。与传统 GIS 处理的数据相比，时空大数据并没有明确的价值指向，其价值密度(单位数据的价值量)也更低。但是通过科学有效的时空大数据分析，更能发掘事物的本质特征，进而体现时空大数据的价值。

由于时空大数据与传统 GIS 所能处理的数据差异过于巨大，处理这些数据的技术和方法已经超出了狭义 GIS 的范围，需要建立面向多源异构数据的广义 GIS，以接纳地理空间大数据(龚健雅等，2014)。当前主流 GIS 平台通常需要专门搭建一个包含从采集、治理、整合到存储、分析、发布的时空大数据平台，来应对时空大数据带来的挑战。但是这样做的结果是，很难建立不同行业、不同领域的时空大数据集之间的联系，从而导致不同的时空大数据集之间形成信息孤岛。与此同时，建立的时空大数据也很难同传统 GIS 管理的数据进行信息的交互与关联。

理论上来说，不管是传统的 GIS 数据还是各种各样的时空大数据集，都是对产生于现实世界中同一空间的信息的描述，其必然在时空中存在着某种联系。对于 GIS 而言，如何找到这种联系，打破时空大数据之间的信息孤岛，实现对传统 GIS 数据与各种时空大数据统一高效地组织与管理，是其面临的一项重要挑战。

3. 对现实世界动态特征的描述正在向实时动态扩展

时空变化是客观世界永恒不变的主题，各种地物和现象总是沿着时间序列在或快或慢地变化着。如土地利用、海陆变迁、城市扩张等，它们都是与时间和空间密切相关的复杂地理现象。随着观测手段的不断进步，以及人类改造自然能力的不断加强，这种快速变化的现象及获取到的变化信息也越来越频繁。尤其在信息化高度发达的今天，从各种遥感观测卫星到层出不穷的无人观测平台，从无处不在的各种环境探测传感器到无时无刻不在产生大量数据的物联网，都在快速记录着现实世界的不断变迁。对现实世界实时动态特征的描述、记录与分析，已经成为 GIS 的一种迫切需求。

学者对现实世界动态特征的研究从未停止，从 20 世纪 60 年代开始就有学者开始进行时空数据模型的研究，但总体进展比较缓慢。当前，有四种经典的时空数据模型：时空立方体模型、快照序列模型、基态修正模型和时空复合模型，重点研究了实体时态变化、实体关系变化及实体变化引起的语义关系事件与活动等。随着研究的深入，为满足新的实际需求，在四种传统时空数据模型上也做了很多扩展研究，例如，基于版本-增量的时空数据模型就集成了序列快照模型、基态修正模型和时空复合模型的特点；又如，采用动态多级索引的基态修正方式来表达地理对象的历史变化。

但是，传统 GIS 起源于地图，而地图是一种对地表空间的静态化描述，在传统的地图应用领域，无论是山川、河流等自然要素还是道路、居民地等人文要素，其变化的速度都是比较缓慢的，地图完全能够满足人们在该时间尺度下对现实世界的认知需要。传统 GIS 对现实世界的抽象与描述方法继承于地图，以处理分析精确的、时空位置相对固定的地理空间信息为目标(当然这些信息绝大多数也是非结构化的，如 4D 产品)，并不擅长处理快速变化的实时信息。因此，基于传统 GIS 数据模型与技术体系的时空 GIS 技术发展缓慢，成熟的软件平台很少。当前主流的 GIS 平台通常都是将这些实时特征数据纳入到时空大数据技术体系，或者搭建专门的实时 GIS 平台。

随着实时动态正在逐渐成为 GIS 数据的一种常态特征，单独为动态特征数据搭建独立的处理平台已经无法满足人们对 GIS 使用的需要。GIS 需要构建一个能够对快速变化的现实世界进行统一描述、存储和分析的软件平台，并在统一平台的基础上，分析和挖掘现实世界的时空规律。

4. 对现实世界关联特征的描述正在向复杂关联扩展

现实世界中的时空实体是普遍关联的，这种关联特征有的可以被人们明确地发现和定义，有的则需要通过一定的分析和计算才能得出，还有更多的关联关系隐藏在普通关系之下，需要在已知关系的基础上，通过层层深入地推导和挖掘才能获得。发现和深入分析时空实体之间隐含在表面关系之下的深度关联，是当前关注的焦点和研究热点。

传统 GIS 描述的关联关系主要包括地理要素之间由于其空间特征产生的空间关系，如拓扑关系、距离关系和方向关系等；由属性特征产生的简单属性关系，如继承关系、概括关系、聚集关系、逻辑层次关系等，以及由时间与空间特征引起的简单时空拓扑关系。空间关系是目前 GIS 中最关注的一类关系，在空间分析、空间数据查询、检索、空间数据挖掘、空间场景相似性评价及图像理解等领域得到了广泛应用。而属性关系常用于辅助较高层次的空间分析、语义关系检索等应用。在现有商业 GIS 软件中，空间关系往往不是作为实际数据存入数据库，而是根据具体的应用需要，利用对象的空间位置和覆盖区域临时计算而来。在一些 GIS 软件(如 ArcGIS、MapGIS)中，可以通过构建关系类，进一步建立关系表来存储属性关系的集合。

传统 GIS 在表达地理要素之间的关联关系时存在以下问题。首先，传统 GIS 的基本数据模型中只有矢量数据模型是面向实体对象的，但它是一种基于图元的数据模型，是对时空实体的高度概括。对于物理空间、人类经济社会空间及信息空间中时空实体之间的关系缺乏描述的基础和机制。例如，事物间因为时间形成的用于归纳、演绎的因果关系，因为数据形成的用于统计学、数学等信息分析领域的数量关系，因为人的情感认知和实体的行为活动产生的社会关系等，均无法进行描述。其次，传统 GIS 难以描述真实情况下关联关系的动态特征。大数据时代，地理信息的泛化更强调信息的动态性。目前 GIS 中侧重对关联关系的静态描述，涉及空间关系的时态变化时描述较简单，且对属性关系的动态变化鲜有描述，缺少对各种关联关系从生成、发展到消亡的全生命周期的详细描述与管理。最后，传统 GIS 中的关系描述难以满足时空大数据环境下的关联分析、深度挖掘和决策支持等应用需求。大数据时代，深度分析需求的增长是 GIS 在分析与挖掘方面所面临的转变之一。目前 GIS 中可以描述的关联关系的类型和特征有限，主要是用于关系计算分析和查询检索，在决策支持和预测分析等相关方面应用能力较弱。

5. 描述活的时空实体正在成为空间信息系统的重要任务

传统 GIS 主要偏重于对地球表面各种时空实体状态的描述和记录，一般不去记录某个或者某类实体自身的动态变化或者演化的规律。但是，现实世界中的大部分时空实体不仅广泛联系而且相互影响和动态变化，表现为实体的位置、结构、形态、关系、属性等的改变，更重要的是这些改变是时空实体自我进化和演变的结果，具有鲜明的行为和认知特征。当需要面对一个无时无刻不在进行变化的现实世界时，这种单纯的状态刻画显然已经无法满足人们对现实世界认知的需要。

由于现实世界中的各种时空实体是广泛关联和相互影响的，通过实时观测获得的只能是现实世界中极少部分时空实体的动态信息。为了能够在空间信息系统中建立一个与现实世界一致的数字世界，就需要根据最新的观测和输入信息，及时更新受其影响的时空实体的信息。

在数字世界中根据关联时空对象自动更新和演化自身状态，从而保持与现实世界同步，具备这种能力的时空实体称为活的时空实体。而在传统的 GIS 中，很难描述这种活的时空实体。

另外，如何用 GIS 描述现实世界中的人及智能机器人等具有自主感知、判断、行为的时空实体，也是当前 GIS 急需解决的重要课题。

1.2　全空间信息系统基本概念

1.2.1　全空间信息系统相关术语

1. 实体

实体作为一个哲学范畴的概念，具有实体本质、具体事物、个别主体、现象的支持者等意义，其含义一般是指能够独立存在的、作为一切属性的基础和万物本原的东西。在全空间信息系统中将客观存在且能够被人类认识并进行相互区分的事物统称为实体。可以从两个方面来理解实体的定义。首先，实体是人类对现实世界认知的产物，现实世界中的万事万物只有被人类认知并能够独立区分出来，才能称为实体；其次，实体是客观存在的，并不会随着人的主观意志而产生变化。

2. 时空实体

实体都是处于一定的时空环境中，随时间不断变化，并具有各自的生命周期。为了进一步强调实体的时间特征和空间特征，实体又称为时空实体。其中"时"强调了实体随时间的变化，即实体从产生到消亡的整个时间过程；"空"强调了实体在空间上的表现形式，如空间位置、空间形态、空间分布等。

3. 多粒度时空实体

实体是可以区分的事物的统称，这种区分是建立在人的认知基础上的。因此，当区分实体的标准越来越详细时，就可以将一个实体分解为复杂度更低的多个子实体。一个实体可以看成是由多个子实体组成，而这些子实体也可以继续划分为更小的子实体。与之对应的，多个实体也可以组合成为更加复杂的父实体。在全空间信息系统中，将这种具有能够逐次分解和组合的特征称为粒度特征，具有粒度特征的时空实体称为多粒度时空实体。

4. 对象

对象(object)的含义有很多，在计算机技术领域，比较著名的是面向对象的概念。面向对象是相对于面向过程而言的一种将计算机中的数据和方法作为一个整体来看待的抽象方式。在面向对象程序设计中，对象包含两个含义，其中一个是数据，另一个是动作；对象则是数据和动作的结合体。对象不仅能够进行操作，同时还能够及时记录下操作结果。在全空间信息系统中，对象是指基于面向对象思想对实体进行抽象，并最终在计算机中构建的描述实体及其多元特征的数据综合体。计算机中的一个对象就代表了现实中的一个实体。这里的数据综合体既包括数字、文本、图形、图像等传统数据，也包括函数、算法、模型、可执行程序等其他各种计算机能够存储、处理和执行的数据。

5. 时空对象

时空对象(spatio-temporal object，STO)是指在计算机中描述时空实体的数据综合体，一个时空对象代表了现实中一个相应的时空实体。时空对象在继承对象概念的基础上，重点强调了在计算机中对实体在空间和时间上表现出的特征的描述。

6. 多粒度时空对象

多粒度时空对象(multi-granularity spatio-temporal objects)是指在计算机中描述多粒度时空

实体的数据综合体，一个多粒度时空对象代表了现实中的一个相应的多粒度时空实体。多粒度时空对象在继承了时空对象概念的基础上，进一步强调了对实体的能够组合和分解的粒度特征的描述。综合来说，对于多粒度时空对象而言，不仅需要描述实体的形态、位置、属性等外在特征，还需要描述实体的信息感知、变化规律等内在特征；不仅需要描述实体的内部构架、组成结构，还需要描述不同实体之间的相互作用和相互关联。

7. 全空间

在全空间信息系统中，全空间是指所有可能出现的，能够明确定义且能够进行相互转换的空间，也可以用泛在空间(pan-spatial)来表示。根据全空间的定义，其具有三个主要特性。第一个特性是空间的泛在性，即不管是室内室外、地上地下等物理空间，还是网络空间、社交空间等虚拟空间，只要能够通过设定参考原点、度量单位等方式进行明确定义，都属于全空间的范畴。第二个特性是空间的扩展性，即全空间并不是一个具有明确边界的固定的空间，它可以随着新空间的加入不断扩展。第三个特性是可转换性，即在一个全空间的体系内，其包含的两个空间总能找到一条转换的路径。

8. 全空间数字世界

数字世界是指在计算机中构建的由时空对象及其相互影响相互作用所形成的世界。全空间数字世界(pan-spatial digital world，PSDW)特指在计算机系统中由多粒度时空对象组成的，能够动态更新与演化的数字世界。全空间数字世界主要包括多粒度时空对象，以及用于多粒度时空对象存储、管理及维护的硬件和软件系统。基于多粒度时空对象的特点，全空间数字世界通常具有全空间、多粒度、多维关联、实时动态和自我演化等特点。

1.2.2 全空间信息系统认知模型

1. 全空间信息系统的目标

通过对全空间信息系统技术背景分析可知，人类对现实世界的空间认知已经从表面走向立体、从静态走向动态、从孤立走向关联、从被动走向主动、从观察走向交互。全空间信息系统的目标就是满足人类对现实世界认知不断深入的需要，在计算机中构建一个能够更直接、更全面、更动态、更关联的描述现实世界的全空间数字世界，解决全空间数字世界的创建、管理、维护等一系列关键技术，为用户提供通过全空间数字世界，展现、认识与分析现实世界的工具、方法和软件平台。

2. 全空间信息系统认知模型的基本概念

认知通常指人们获得知识、应用知识的过程，或者信息加工的过程，这是人的最基本的心理过程。它包括感觉、知觉、记忆、思维、想象和语言等。人脑接收外界输入的信息，外界信息经过人脑的加工处理，转换成内在的心理活动，进而支配人的行为，这个过程就是信息加工的过程，也就是认知过程(彭聃龄，2012)。空间认知是人类最常使用的一种认知，是人类认识理解所处空间环境的一系列心理过程。GIS自从产生以来，就一直是人类认识、描述和分析地理世界的重要工具。对于全空间信息系统而言，构建自己的认知模型，从而更好地描述现实世界，帮助用户更好地理解和分析现实世界，是其需要解决的首要问题。

全空间信息系统认知模型将现实世界抽象为由多粒度时空实体组成的全空间认知世界，并进一步将其抽象为由多粒度时空对象组成的全空间数字世界，如图1.2所示。它是一种直接面向现实世界的认知模型，是对基于实体的认知模型的优化。

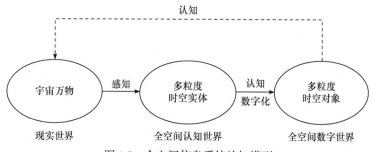

图 1.2　全空间信息系统认知模型

全空间信息系统认知模型的第一个阶段是从人的认知角度出发，在认知世界中建立一个与现实世界相对应的，由多粒度时空对象组成的全空间认知世界。宇宙万物组成的现实世界极其复杂，到目前为止人类对它的认识还非常有限，人们描述和记录的现实世界实际是人的头脑中对现实世界的映射，是一种认知的成果。不过这种认知成果不是指具体的某个人的认知，而是某个行业领域甚至是整个人类的一种共同认知的累加，被称为认知世界。在全空间信息系统认知模型中，人们首先通过对现实世界的观察与感知，将现实世界区分为一个个独立的实体。然后在各种观测设备及多种时空数据源的支持下，进一步建立起实体的时间、空间、粒度等特征概念，并最终将实体抽象为多粒度时空实体。

通过全空间信息系统认知模型的第一个阶段，能够在认知世界中建立起一个完全与现实世界直接映射的、由多粒度时空实体组成的全空间认知世界。其主要表现为如下几个方面。首先，多粒度时空实体能够实现同现实世界万事万物的映射，它既可以是现实中的有形实体，如建筑、道路、河流，也可以是无形实体，如团队、经济体、党派等；既可以将现实空间中的某个空间区域作为实体，也可以将网络空间中的虚拟要素如账号、帖子等作为实体。其次，多粒度时空实体能够映射现实世界的动态变化与演化。多粒度时空实体从产生到消亡都是在动态变化的，一方面这些变化涵盖了实体空间、属性、关联等方方面面的特征；另一方面，这些变化不仅体现在对现实世界外在特征变化的认知，也体现在对变化机理和内在驱动的认知。再次，多粒度时空实体能够映射现实世界的全空间特征，它可以是宏观实体，如星球、海洋，也可以是微观实体，如设备、线路；可以有明确的空间边界和范围，如道路、建筑，也可以是模糊的抽象的空间范围，如森林、山脉和电场、磁场；可以是欧氏空间中的实体，如房屋、桥梁，也可以是非欧氏空间中的实体，如网络节点、机构形态。最后，多粒度时空实体能够映射现实世界的复杂关联。一方面，一个实体可以是多个实体的组成部件，同时它也可能是更多小实体的组合，这映射了现实世界复杂的组成结构关系；另一方面，一个实体可以同多个实体产生关联，进而形成复杂的关联网络，从而映射现实世界中普遍存在的关联关系。

全空间信息系统认知模型的第二个阶段是面向实体在计算机中存储、管理和应用的需求，建立一个与全空间认知世界相对应的，由多粒度时空对象组成的全空间数字世界。在这一阶段，也主要完成两步工作。首先，基于面向对象思想，构建多粒度时空实体的描述框架，并按照描述框架对多粒度时空实体及其特征进行组织，采用数据、模型、规则、知识等形式将其描述为多粒度时空对象；然后，采用数据建模的方法面向具体的计算机系统设计多粒度时空对象的逻辑模型和物理模型，将多粒度时空对象转换为存储在计算机中的数据，并最终构建出一个能在计算机中存储、管理和演化的全空间数字世界。

从多粒度时空实体向多粒度时空对象映射，并构建由多粒度时空对象组成的全空间数字世界是全空间信息系统认知模型的重要组成部分。全空间数字世界具有全空间、多粒度、多维关联、实时动态和自我演化等特点。全空间是指全空间数字世界支持对空间的扩展，能够涵盖所有能够明确定义且能够相互转换的空间；多粒度是指在全空间数字世界中的对象可以进行组合与分解，满足人们从宏观到微观的不同粒度的认知需求；多维关联是指全空间数字世界中的对象之间存在着普遍的关联，这种关联可以随着建模者认识的深入不断扩展；实时动态是指全空间数字世界是一个动态的数字世界，它不仅记录了全空间数字世界中所有对象的历史变化，同时能够通过接入实时信息，使其与现实世界保持同步；自我演化是指全空间数字世界中的对象能够具有感知环境信息并进行自主决策、自主行动的能力，能够根据当前环境进行自我演化与推演，并对未来进行预测和评估。总之，全空间数字世界是一个有历史、有故事、有现在、有未来的，与真实世界相对应的数字世界。

3. 全空间信息系统认知模型的主要优点

首先，全空间信息系统认知模型是一种更符合人类认知习惯的、更自然地认识现实世界的方式。为了建立对地理世界更加自然、通用的数字化描述，很多 GIS 研究都力图实现对真实地理世界的表达，但其实际上最终表达的都是不同研究者对地理世界的不同观点和看法(邬伦等，2005)。全空间信息系统认知模型是一种融合了常识空间认知的认知模型。常识认知是一组自然认知过程，强调的是一种与生俱来的自然认知过程。常识空间认知是一种没有经过专业培训的对客观地理世界的认知能力，反映的是普通人而不是地理领域专家的空间认知能力(李淑霞等，2011)。在人类的常识世界中，普通人都是将现实世界抽象为一个个实体的总和，对现实世界的认知也都是从区分出这些实体并进一步认识这些实体细节特征开始的。全空间信息系统将现实世界映射为多粒度时空实体并抽象为多粒度时空对象，符合人类的认知习惯，能够形成对现实世界更加通用的认知。

其次，全空间信息系统认知模型是一种直接面向现实世界的认知模型。一直以来，大多数 GIS 的数据模型及其组织都是面向地图而不是客观存在的空间实体及其关系(方裕等，2001)，表达的是人类对地图的认知，而不是对真实地理世界的认知(邬伦等，2005)。全空间信息系统突破了传统 GIS 面向地图的以地图符号语言为工具的间接认知方式，以实体直接映射现实世界万事万物，通过多粒度时空实体实现对现实世界的直接认知。

最后，全空间信息系统认知模型是一种更加全面、更加动态的认知模型。传统 GIS 将地理世界映射为地图中的图形要素，是对图形要素代表的位置、形状、分布等空间特征，以及性质、类别、数量、质量等属性特征的认知，是对于图形要素静止状态下的特征的描述。全空间信息系统将现实世界直接映射为多粒度时空实体，认知内容不仅涵盖了实体的形态、位置、属性等外在特征，还包括实体的信息感知、自主决策与自主演化规律等内在特征；不仅涵盖了实体的内部构架、组成结构，还包括不同实体之间的相互作用和相互关联，是一种对现实世界的全方位的认知。与此同时，全空间信息系统认知模型还涵盖了多粒度时空实体从产生到消亡这一过程中所有特征的动态变化，是一种动态的认知模型。

1.2.3　全空间信息系统定义与组成

1. 全空间信息系统的定义

周成虎院士在《地理科学进展》发表的《全空间地理信息系统展望》中首次提出了全空间信息系统(PSIS)的概念，从空间思维的角度提出了将地理信息系统的范畴从传统测绘空间扩展到宇宙空间、室内空间、微观空间等可量测空间，构建无所不在的 GIS 世界的构想(周成虎，

2015)。在国家重点研发计划"全空间信息系统与智能设施管理"项目中，又进一步明确了全空间信息系统概念的内涵与实现途径，提出了通过将现实世界抽象为由包含泛在空间信息的多粒度时空对象组成的全空间数据世界，进而实现对现实世界中各类信息的接入、处理、描述、表达、管理、分析和应用的方法与技术途径(华一新，2016)。

通过全空间信息系统认知模型的分析可以看出，构建全空间信息系统的核心是突破传统 GIS 以地图为模板的建模方式和思维方法，建立一种以多粒度时空对象为核心的直接面向现实世界的抽象和建模方法，并在此基础上，创建一个由多粒度时空对象组成的，具有全空间、多粒度、多维关联、实时动态、自我演化等特点的全空间数字世界。因此，本书给出全空间信息系统的一般定义：全空间信息系统是用多粒度时空对象对现实世界进行直接抽象和描述的技术方法，是创建、存储、管理、分析与表达多粒度时空对象的通用空间信息系统。

对全空间信息系统的定义可以从以下几个方面来理解。

(1) 全空间信息系统改变了传统 GIS 的研究对象。传统 GIS 主要以描述地理世界的地理空间数据作为研究对象，地理空间数据的主要内容是几何数据和属性数据，主要记录了地理世界的空间特征和属性特征。而全空间信息系统则以描述整个现实世界的多粒度时空对象作为研究对象，多粒度时空对象是包括空间特征和属性特征在内的，对现实世界全方位的数据化描述，数据内容涵盖了所有对现实世界描述的数据。随着研究对象的整体跃升，需要构建一套全新的支持多粒度时空对象创建、管理、分析与表达的技术体系。

(2) 全空间信息系统是一个开放的、可扩展的信息系统。首先，全空间信息系统描述的对象是可扩展的。在全空间信息系统认知模型中，现实世界由一个个多粒度时空实体粒子组成，一方面，随着认识的深入，这些实体可以逐次细分为更小粒度的实体；另一方面，随着时空范畴的拓展，也会不断覆盖更多新的实体。其次，对多粒度时空实体的特征描述是可扩展的。多粒度时空实体是对现实世界万事万物的直接映射，不论实体有多少形态、属性、关系，都属于多粒度时空对象的描述范畴。最后，全空间信息系统处理的数据类型是可扩展的，所有对实体特征描述的数据，都可以最终纳入到多粒度时空对象的数据体系中。

(3) 全空间信息系统仍然属于空间信息系统的范畴。首先，时空特征仍然是多粒度时空对象描述的主要内容，是描述其他特征的基础和前提；其次，时空数据仍然是全空间信息系统的主要数据源，是构建多粒度时空对象的主要数据；再次，时空分析与可视化仍然是全空间信息系统的核心能力，是其提供给用户用于认识和理解现实世界的重要手段；最后，全空间信息系统是从 GIS 发展而来的，虽然它构建了全新的理论和技术体系，但它并没有抛弃传统的 GIS 理论与技术，而是对其进行了继承、融合和发扬。

2. 全空间信息系统的组成

计算机系统的发展经历了早期数据完全依附于软件的阶段、通过文件系统使数据与软件相互独立的阶段、通过数据库使数据完全独立并能够广泛共享的阶段，并逐步朝着以数据为中心的方向发展。从全空间信息系统的认知模型和定义来看，全空间信息系统是一个以全空间数字世界为核心的信息系统，围绕这一核心可以将其划分为三个主要组成部分，即全空间数字世界创建工具、全空间数字世界管理工具和全空间数字世界认知工具，如图 1.3 所示。其中全空间数字世界创建工具是构建全空间数字世界的前提，负责多粒度时空对象设计、实例化、整合、调试等创建工作；全空间数字世界管理工具是全空间信息系统的核心，负责全空间数字世界中多粒度时空对象的存储、管理和维护；全空间数字世界认知工具是全空间信息系统对外的门户，是用户认识全空间数字世界并进而认识、分析现实世界的工具集合，包含了对全空间数字世界中多粒度时空对象的查询、分析,以及基于全空间数字世界进行全空间场景构建和多元时空数据产品派生等一系列软件工具。

图 1.3　全空间信息系统的组成

1) 全空间数字世界创建工具

多粒度时空对象的创建主要由多粒度时空对象设计、实例化、整合、调试与发布等内容组成。在全空间信息系统认知模型中,多粒度时空对象描述的是人类对现实世界的直接认知结果——多粒度时空实体。但是这种认知往往根据掌握知识的不同、所处应用领域的不同而产生较大的差异。多粒度时空对象设计工具负责实现将这些认知成果进行固化,形成对某类多粒度时空对象特征的规则化描述。多粒度时空对象实例化则是在多粒度时空对象设计的基础上生成具体的对象实例。在进行实例化的过程中,往往需要进行多粒度时空对象的整合,即要以多粒度时空对象为核心,充分收集、分类、整合、融合对同一时空实体全方位描述的多源时空大数据。在进行多粒度时空对象创建时,不仅需要描述实体自身的特征,还需要维护实体之间的联动,保持实体与现实世界的同步,构建实体的动态演化与内在规律等动态特征。多粒度时空对象调试工具需要建立这种动态特征运行的模拟环境,并对其变化情况进行调试,从而确保在全空间数字世界中多粒度时空对象动态特征的正确性。多粒度时空对象数字化与发布主要负责针对具体的存储环境,将多粒度时空对象转换为具体的数据、模型、规则、知识等,同时负责将新生成的多粒度时空对象融入已有的全空间数字世界中。

2) 全空间数字世界管理工具

全空间数字世界的管理是全空间信息系统的核心内容,主要包括多粒度时空对象的存储、管理、动态与关联特征的维护,以及多粒度时空对象访问体系的建立等内容。多粒度时空对象存储功能包含对象和对象特征数据的存储两个部分。对象数据主要是指对对象整体描述的数据,包含对象元数据、对象特征索引、对象整体变化信息等内容。对象特征数据是指所有对多粒度时空对象特征描述的数据,如描述实体位置和形态的矢量数据、栅格数据,描述实体关联的图数据,描述实体属性的各种统计数据等。多粒度时空对象的管理是指在全空间数字世界中对多粒度时空对象进行增、删、改、查等一系列管理功能。由于多粒度时空对象之间存在着普遍的关联,不管是对单一对象的常规管理,还是进行对象特征的实时更新与动态演化,都会涉及相关对象的联动与更新,多粒度时空对象动态、关联特征的维护功能主要是进行这种联动与更新,从而维护全空间数字世界的一致性。全空间数字世界是一个丰富的、动态的数据世界,为了使用户能够认识和理解全空间数字世界,必须为用户提供一系列访问全空间数字世界的方法及接口。多粒度时空对象访问体系包含对对象集合、对象、对象特征及对象间关系的基础访问方法。

3) 全空间数字世界认知工具

全空间数字世界认知工具是全空间信息系统对外的门户,是人们认识、分析和应用全空间数字世界的桥梁。全空间数字世界认知工具主要包括对多粒度时空对象的查询、分析与交互、对全空间数字世界的可视化展现和基于全空间数字世界派生的多元时空数据产品。全空间数字世界是一个包含丰富数据、信息、知识的数字世界，是一个能够与现实世界保持同步，能够不断变化与演化的动态世界。通过认识全空间数字世界，提取其蕴含的各种信息、知识，发掘隐藏在多粒度时空对象中的深层规律，能够辅助用户更好地认识现实世界，进行科学的空间决策。全空间信息系统应用的技术体系就是构建在一系列对全空间数字世界进行观察与分析的基础工具之上。这些工具包括对多粒度时空对象的查询与分析、对多粒度时空对象组成的场景的访问与展示、对对象之间深层关联的分析与挖掘等。与此同时，对于许多行业用户而言，他们已经习惯了通过地图、电子地图等传统的地理信息产品进行空间认知和空间分析。因此，为了与各种已经成熟的地理信息应用技术相兼容，全空间信息系统也同样支持从全空间数字世界中派生各种常规的时空数据产品。

1.2.4　全空间信息系统的技术特点

全空间信息系统是对 GIS 的全面升级，相对于 GIS 而言，其技术增量主要体现在以下几个方面。

1. 支持的时空范畴更全面

在空间上，全空间信息系统突破了传统 GIS 以地球为参照的地理空间范畴，将空间信息的尺度扩展到微观和宏观空间。在时间上，全空间信息系统将对现实世界的描述扩展为包含过去、现在与未来的全生命周期描述。GIS 通常是在绝对时空观下，在有限的空间范围内对地理世界的位置、形态、分布进行一体化描述。而多粒度时空对象数据模型采用了对象时空观，认为每个对象都可以具有自己独立的对象空间和时间。空间方面，每个对象都可以基于自身的对象空间进行对象外在形态的描述。当需要构建包含多个对象的应用场景时，对象和对象之间可以通过空间参照转换，构成具有统一空间参照的对象集合空间。在这种模式下，可以通过不断在对象集合中扩展新的时空对象来实现空间拓展，并最终形成从微观到宏观的全空间描述。时间方面，每个对象都具有独立的生命周期，记录了多粒度时空对象从产生开始的所有状态变化；通过实时信息的接入及对象之间的联动，多粒度时空对象与现实世界保持同步，记录其当下的状态信息；对多粒度时空对象变化规律进行记录，能够根据环境信息进行多粒度时空对象的动态推演，从而预测其未来的状态信息。

2. 处理的信息内容更全面

首先，从数据模型来看，全空间信息系统将 GIS 的地理空间数据模型发展为多粒度时空对象数据模型，将聚焦于地理世界空间特征和属性特征的描述，拓展为面向现实世界的围绕多粒度时空实体全面特征的描述。其次，从描述的信息内容来看，全空间信息系统实现了时空实体特征多维信息的描述。具体表现为：时间上描述了实体全生命周期的动态特征，空间上实现了对实体在不同粒度、不同空间参照、不同时间状态下的多形态描述，属性特征上支持多时态多维度的属性特征描述和属性特征动态拓展，对象关系上，能够描述不同实体之间广泛存在的动态关联。最后，从实体特征描述方式上看，全空间信息系统实现了对实体特征由被动描述向主动演化的拓展。全空间信息系统不仅记录了实体特征状态，同时记录了实体感知环境信息、自主决策及驱动自身状态变化的规律，多粒度时空对象能够通过这些规律进行主动演化，从而改变自身的状态信息。

3. 提供的时空分析与可视化功能更丰富

在空间分析方面，首先，多粒度时空对象描述的信息是包含时间维在内的四维时空信息，对多粒度时空对象的位置、形态、分布等空间特征的分析都是四维时空分析。例如，GIS 中经典的缓冲区分析、叠加分析、通视分析等都将全面升级为包含时间特征在内的三维时空缓冲区、三维时空叠加和三维时空通视分析。其次，全空间信息系统能够实现对现实世界的多维关联分析。多粒度时空对象记录了时空实体存在的普遍关联，通过分析这些关联，可以挖掘实体间更深层次的内在关系，发现实体之间存在的隐含联系。再次，全空间信息系统能够便捷地进行多源时空大数据分析。多粒度时空对象记录了描述实体各方面特征的时空大数据，可以以实体为核心进行多源时空大数据的融合与关联，在时空大数据的关联与分析上具有天然的优势。最后，全空间信息系统能够实现深入的对象交互与预测分析。多粒度时空对象记录了时空实体感知环境信息进行自我演化的规律，用户可以通过交互改变环境信息和实体演化的特征参数，从而影响实体的推演结果，通过这种深度交互的方式，参与到对多粒度时空对象的预测分析中来。

在可视化方面，全空间信息系统除了继承 GIS 基于电子地图的可视化方法之外，还能够方便地进行时空动态场景的可视化与交互。在全空间信息系统中，通过划定时空范围并向其中添加指定的多粒度时空对象，能够快速搭建出一个不断变化的时空场景，通过三维可视化技术可以全方位展现场景中多粒度时空对象多元特征的变化。建立多粒度时空对象与现实世界中实体的同步操控机制，可以通过操作场景中的多粒度时空对象来实现虚拟世界与现实世界的互动。另外，全空间信息系统这种以实体为基本单元的时空场景构建与交互方法，非常适合同 VR、AR 技术相结合，进行时空场景的虚拟现实展示和对现实场景的虚拟增强。

1.3　全空间信息系统核心技术

1.3.1　多粒度时空对象创建技术

创建多粒度时空对象是构建全空间信息系统的前提，是全空间信息系统核心技术的重要组成部分。按照全空间信息系统认知模型，创建多粒度时空对象主要经过对现实世界的感知与数据获取、多粒度时空实体抽象与多粒度时空对象设计、多粒度时空对象特征建立及多粒度时空对象发布等过程。根据多粒度时空对象的创建过程，可以将其总结为如图 1.4 所示的一系列技术。

(1) 泛在时空数据获取技术。获取描述现实世界的泛在时空数据是认识现实世界的前提，也是创建多粒度时空对象的起点。全空间信息系统可以充分利用泛在时空数据获取技术，将各种实时观测数据、历史观测数据纳入创建多粒度时空对象的数据源中。

(2) 多粒度时空对象交互设计技术。多粒度时空对象是对现实世界认知与抽象的结果。但是这种认知往往根据掌握知识的不同、所处应用领域和环境的不同而产生较大的差异。在创建多粒度时空对象时，需要通过丰富的交互手段将对现实世界的认知结果进行固化，形成针对不同对象的统一的多粒度时空对象特征描述规则。多粒度时空对象交互设计技术包括：对象认知场景设计，对象及其特征设计，以及标识多粒度时空对象唯一性的编码设计。

(3) 多粒度时空对象特征数据处理技术。在建立了统一的多粒度时空对象特征描述规则的基础上，需要进一步进行特征数据处理，将获取到的泛在时空数据最终整合为描述多粒度时空对象特征的数据。主要包括：按照特征描述规则，将多源时空数据整合为对象特征数据；针对

图 1.4　多粒度时空对象创建技术体系

对于描述同一特征的多源时空数据进行融合,形成对于特征的一致性描述;在数据融合的基础上进一步进行特征信息的提取,形成对于多粒度时空对象的整体描述。

(4) 多粒度时空对象动态特征建模技术。多粒度时空对象不仅包含对历史特征的记录,还包含其对于外部环境进行感知、决策和变化的动态特征的描述。为了准确创建这些动态特征,需要搭建动态特征演化的模拟环境,构造动态特征变化的数学模型,并在模拟环境中调试和测试这些动态特征,从而保证动态特征的正确性。

(5) 多粒度时空对象发布技术。多粒度时空对象发布技术主要负责将创建好的多粒度时空对象融入已经建立的多粒度时空对象集合中。首先,多粒度时空对象不是独立存在的,为了融入已经建立的多粒度时空对象集合,需要建立新对象与已有对象之间的关联与联动;其次,根据发布的目标不同,需要将创建的多粒度时空对象存储为用于交换的临时对象集合或者直接存储到多粒度时空对象数据库中。

1.3.2　多粒度时空对象存储与管理技术

多粒度时空对象管理技术主要负责在计算机中存储、检索、管理多粒度时空对象数据。维护多粒度时空对象的动态特征,是建立全空间数字世界的核心技术支撑。多粒度时空对象存储与管理技术体系如图 1.5 所示,主要包括基于云计算基础设施的多粒度时空对象存储技术、多粒度时空对象管理技术和多粒度时空对象服务技术。

(1) 多粒度时空对象存储技术。多粒度时空对象数据主要分为对象特征数据和对象数据两类。对象特征数据包含了所有对现实世界描述的数据类型,既包括常见的矢量数据、栅格数据、数字高程模型数据,也包括激光点云、倾斜摄影测量、街景等新型测绘数据,还包括轨迹、物联网、网络众包等各种时空大数据。为了实现对多元数据的存储,通常需要在云平台的基础上,采用多种数据库混搭技术,构建一个面向多源时空大数据的存储平台。对象数据通常是在特征数据的基础上构建一个存储多粒度时空对象及其特征元数据的综合数据库,通常采用主

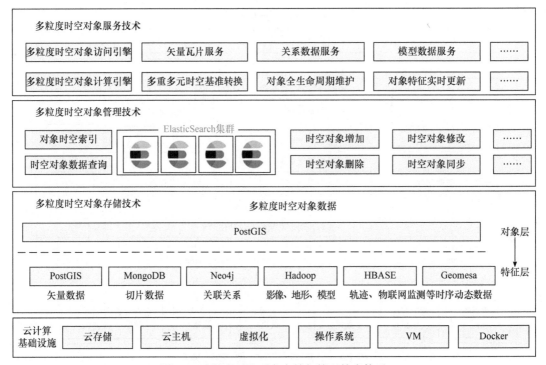

图 1.5　多粒度时空对象存储与管理技术体系

从模式建立对象与对象特征数据之间的关联。

(2) 多粒度时空对象管理技术。是在多粒度时空对象存储技术的基础上，实现对多粒度时空对象高效的增加、删除、修改、查询和对象同步与一致性维护。根据多粒度时空对象数据具有多源、异构、动态和海量的特点，构建多粒度对象的多维混合时空索引，并在此基础上解决多粒度时空对象数据接入、存储、检索、更新等核心技术。

(3) 多粒度时空对象服务技术。通过构建多粒度时空对象访问引擎和计算引擎，为用户提供对多粒度时空对象访问、操作等的交互接口，提供面向多粒度时空对象的常用操作和计算功能。其中多粒度时空对象访问引擎主要定义了一系列对多粒度时空对象访问操作的标准接口，实现基于标准接口的各项对象及其特征的访问与使用。多粒度时空对象计算引擎主要负责搭建高效的多粒度时空对象计算环境，在此基础上定义并实现一系列多粒度时空对象计算算子，包括空间基准转换、全生命周期维护、基本的对象查询计算等。

1.3.3　多粒度时空对象分析技术

传统 GIS 已经形成了一套较为完善的空间分析体系。但是随着研究对象的改变，全空间信息系统需要提供以多粒度时空对象为核心的，面向多粒度时空对象多元、多维度、多尺度、多参照系、多时态、多形态等特征的新的分析技术体系。总体上，多粒度时空对象分析技术体系主要包括如图 1.6 所示的三类主要内容：多粒度时空对象基本特征分析、多粒度时空对象关联分析和多粒度时空对象交互推演分析。

(1) 多粒度时空对象基本特征分析。主要指围绕现实世界中时空实体的空间、时间、属性、关系等特征展开的基本分析。包括实体空间特征、属性特征的计算与提取，基于实体的位置、形态、分布等特征的分析。全空间信息系统将描述的对象由基于地图的图形要素转换为面向现实世界的时空实体后，其特征描述也从二维转换为包含时间在内的四维时空分析，对多粒度时

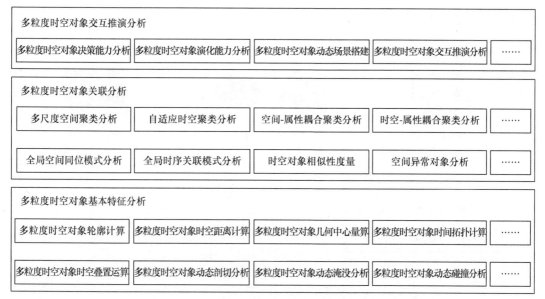

图 1.6　多粒度时空对象分析技术体系

空对象的特征分析也跃升为四维时空分析。例如，从多粒度时空对象的轮廓、重心等形态的计算，到多粒度时空对象之间的距离、叠加等分析，再到多粒度时空对象的通视区域及时空缓冲区的计算等，都是从基本的二维分析与计算升级为四维的时空分析。

(2) 多粒度时空对象关联分析。主要以时空大数据分析为基础，通过提取并分析多粒度时空对象的特征及其关联，来分析与发掘对象之间隐含的内在联系。例如，最常见的多粒度时空对象聚类分析，通过耦合多粒度时空对象的时间、属性、位置等多元特征，能够分析和发现多粒度时空对象分布的底层逻辑和关联。除了聚类分析外，通过分析多粒度时空对象位置、形态、属性、相互关联等特征的时序变化，能够发现其变化的隐含规律，进而进行对象的异常检测及对象特征变化的趋势分析和预测。

(3) 多粒度时空对象交互推演分析。多粒度时空对象交互推演分析是建立在对多粒度时空对象决策和演化能力分析的基础之上的。现实世界的实体总是按照一定的自然规律在进行动态演化。可以将这种演化过程划分为对环境信息的感知与决策阶段和基于决策的状态演化阶段。全空间信息系统为每个实体建立了对应的多粒度时空对象，可以根据需要对不同的实体进行这种决策与演化能力的分析，构建从基本的函数算法到深度学习的不同层次的决策与演化模型。在此基础上，还可以构建多个时空对象相互影响共同演化的动态场景。用户可以通过改变多粒度时空对象的基本特征参数来交互地影响这种演化的进程，并最终通过多粒度时空对象智能演化进行预测分析。

1.3.4　多粒度时空对象可视化技术

传统 GIS 将电子地图作为其基本的可视化表现形式，采用地图符号语言进行地理世界的可视化展现。电子地图是一种对地球表面高度抽象的二维可视化方式，是人们认知地理环境非常有效的工具。全空间信息系统在继承了基于电子地图的可视化方式的基础上，更加强调对时序信息及三维信息的可视化。全空间信息系统可视化技术按照从可视化数据准备到面向不同设备的可视化的过程，主要分为：多粒度时空对象可视场景管理技术、多粒度时空对象特征可视化技术、全空间信息可视化渲染技术与多粒度时空对象可视化交互技术等。多粒度时空对象可视化技术体系如图 1.7 所示。

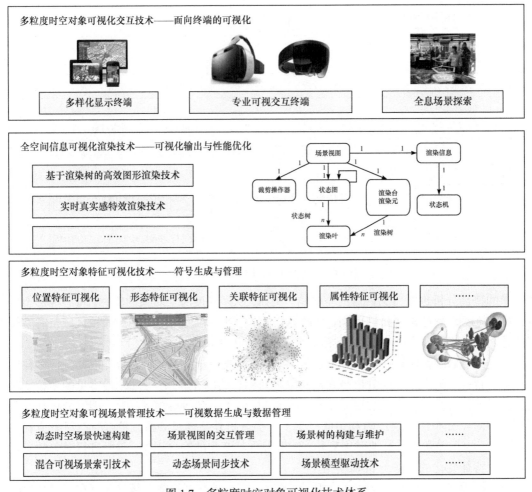

图 1.7　多粒度时空对象可视化技术体系

(1) 多粒度时空对象可视场景管理技术。与传统 GIS 基于静态地图的可视化技术不同，全空间信息系统可视化技术主要面向动态的时空场景，即一定时空范围内多粒度时空对象集合及其变化的过程。进行全空间信息系统可视化的前提就是要构建动态的时空场景，实现对时空场景的管理与维护，建立基于多粒度时空对象的混合场景的高效索引机制，进行场景的动态驱动及场景信息的一致性维护和同步，为全空间信息系统生成用于可视化的时空场景数据。

(2) 多粒度时空对象特征可视化技术。全空间信息系统可视化的主要内容是将多粒度时空对象数据转化为容易被人理解的二三维图形或符号，并且将其以特定的方式进行组合。多粒度时空对象是对现实世界的全方位描述，在进行可视化时需要考虑多粒度时空对象位置、形态、分布、属性、关联等多维特征的符号化展现，需要基于可视化任务，在可视场景中对多粒度时空对象多维特征进行自适应的组合，从而满足用户对于全空间数字世界全方位认知的需要。

(3) 全空间信息可视化渲染技术。可视化渲染是进行可视化输出必不可少的阶段，也是影响可视化效率和效果的关键环节。在全空间信息系统中需要充分借鉴当前主流可视化渲染技术，针对全空间信息系统的全空间、多粒度、全动态等特点进行全空间信息的可视化渲染。在全空间信息系统中，针对多粒度时空对象可视场景组织的特点，可以基于对象树构建渲染树，将可视场景组织成高效率的、利于图形管线渲染的结构来实现高效渲染。针对细粒度下多粒度时空对象形态展现的需求，需要特别注意真实感场景特效的高效实现。

(4) 多粒度时空对象可视交互技术。可视化交互是全空间信息系统在多粒度时空对象查询、管理、分析与推演中广泛应用的一项技术。多粒度时空对象可视场景的三维、动态等特点，给多粒度时空对象的可视化交互带来了更高的技术难度。多粒度时空对象可视化交互需要充分考虑多样化的显示终端，充分借鉴 VR、AR 等新兴的、专业的可视化交互设备与方法，充分借鉴全息场景探索等新的可视化交互手段，形成面向多粒度时空对象的可视交互技术体系。

1.3.5 全空间信息系统平台技术

全空间信息系统平台是综合实现全空间数据世界构建、存储、维护和应用的软件集合。其主要目标是以多粒度时空对象为基础数据模型，在云计算等技术的支撑下，构建实现能够对全空间信息进行建模、处理、管理、分析、可视化等功能的信息系统软件平台。全空间信息系统平台技术框架如图 1.8 所示。

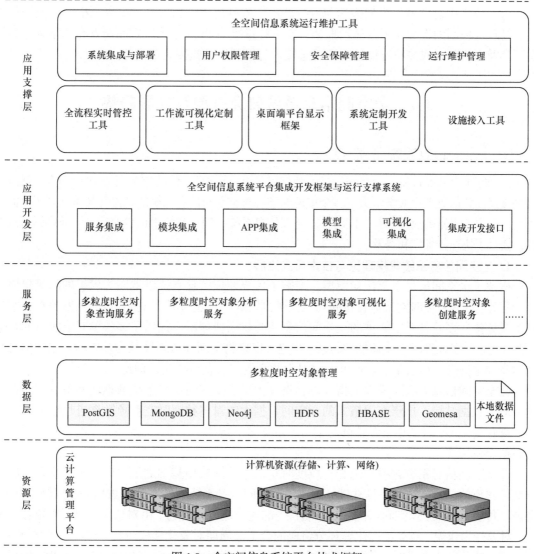

图 1.8 全空间信息系统平台技术框架

(1) 资源层。全空间信息系统是一个面向现实世界的、时空可扩展的空间信息系统，对计算机资源要求较高，需要充分依托主流的云计算技术，发挥云平台在存储、计算等方面的性能优势来构建整个系统的资源层。

(2) 数据层。全空间信息系统数据层主要面向具体的应用环境，根据多粒度时空对象管理技术的基本要求，搭建一个能够实现对多粒度时空对象进行存储、管理、维护和访问的时空数据平台。

(3) 服务层。主要以服务的形式为用户提供面向多粒度时空对象的查询、分析、可视化及创建等多种服务，是构成全空间信息系统平台的主体功能。

(4) 应用开发层。主要为用户提供面向多粒度时空对象的集成开发框架和基本运行支撑。能够高效管理和集成面向多粒度时空对象的访问、分析与可视化的各种数据、模型、模块、服务、APP 等资源，能够辅助用户快速开发、整合和集成各种资源，形成满足用户需要的应用系统。

(5) 应用支撑层。主要为用户提供全空间信息系统平台应用的必要支撑。例如，维护平台平稳安全运行的运行维护工具，支持多粒度时空对象大规模生产的全流程实时管控工具，支持面向行业应用中复杂分析模型构建与运行的工作流可视化定制工具，支持全空间可视场景组织、管理与控制的桌面端平台显示框架，支持轻量级 Web 应用系统定制与发布的系统定制开发工具及面向开放式多粒度设施对象动态接入与管理的设施接入工具等。

1.4　全空间信息系统研究进展与发展趋势

1.4.1　全空间信息系统研究进展

在国家重点研发计划"全空间信息系统与智能设施管理"项目的支持下，由中国人民解放军战略支援部队信息工程大学牵头，多个单位的学者对全空间信息系统的理论与技术展开了全面的研究，取得了丰富的成果。与此同时，全空间信息系统的理念和技术也普遍得到了业内同行的认可，获得了快速的推广和普及。

1. 全空间信息系统建模理论与技术研究进展

构建了全空间信息系统认知模型，突破了传统地理信息系统以地图为模板的间接建模方法，建立了以多粒度时空实体直接映射从微观到宏观的现实世界，以多粒度时空对象在数字世界中具体描述多粒度时空实体的全空间信息系统建模新理论。提出了多粒度时空实体的基本概念，建立了多粒度时空实体抽象方法，构建了以事物空间和认知体系为基础的全空间信息系统建模理论框架，形成基于多粒度时空对象的全空间信息系统建模理论。

在全空间信息系统建模理论指导下，设计了用于全空间信息系统数据访问引擎的多粒度时空对象数据结构；用于在混搭式的全空间数据库中对多粒度时空对象数据进行组织管理的多物理存储模型；以及用于多粒度时空对象数据集的构建、存储、交换和共享的多粒度时空对象数据交换格式。

在全空间信息系统建模理论和多粒度时空对象数据模型基础之上，建立了一套多粒度时空对象建模的技术方法和工具软件，解决了全空间信息系统软件平台的数据来源问题。首先，突破了传统 GIS "工作空间-图层-要素-属性"的建模范式，制定了由对象类定义、对象数据采编、对象行为建模、对象可视化等环节组成的全生命周期对象化建模流程，形成了"类→对象→关系→特征"的多层次、多细节的面向对象的多粒度时空对象数据建模方法。其次，根据多粒度时空对象创建的规律与特点，形成了一系列用于多粒度时空对象建模的软件成果，包括类结构设计子系统、对象数据采编子系统、对象行为建模子系统、对象快速可视化子系统，以及各种多粒度时空对象批量转换工具。在此基础上，进行了大量的、多粒度时空对象的创建实践，并形成了初步的建模标准与规范及面向大批量对象的生产管理工具。

2. 全空间时空对象数据库技术研究进展

构建了基于云平台的全空间时空对象数据库技术体系，研发了多粒度时空对象数据库系统，能够提供多粒度时空对象的存储、访问与搜索服务，为全空间信息系统软件平台的搭建提供了重要的技术支撑。主要解决的技术问题包括：针对多粒度时空对象数据存储的需求，研究了多粒度时空对象特征数据的类型与特点，基于云平台构建了支持多源时空大数据存储的混搭结构的全空间时空对象数据存储服务系统。针对多粒度时空对象数据管理的需求，搭建了基于"主-从"结构的全空间时空对象数据库系统，并在此基础上开发了多粒度时空对象访问引擎、搜索引擎和计算引擎，能够提供基于多粒度时空对象模型的对象数据服务。针对多粒度时空对象组织与管理的特点，建立了基于时空域的多粒度时空对象组织管理方法，形成了包含时空域、对象类、对象、对象关系类和对象生命周期索引的多粒度时空对象综合管理方法。

3. 全空间信息系统软件平台技术进展

研究并搭建了基本的全空间信息软件平台，综合集成与展现了全空间信息系统的理论与技术研究成果。全空间信息系统软件平台采用多粒度时空对象数据模型，基于云平台实现了全空间多粒度时空对象建模、处理、管理、分析、可视化等一系列基本功能，使得全空间信息系统的理论与技术成果真正转化为实际应用产品，为全空间信息系统的应用与推广提供了可用的开发平台。

全空间信息系统软件平台包含一系列软件与工具，能够支持多粒度时空对象的创建、存储、管理、查询、分析、可视化及二次开发，形成了一整套围绕多粒度时空对象应用服务的软件生态，能够全流程支持面向多粒度时空对象的全空间信息系统应用的研发。全空间信息系统软件平台的成功研发标志着全空间信息系统技术初步成熟，具备了应用与推广的基础。

4. 全空间信息系统应用进展

全空间信息系统全面扩展了 GIS 的研究对象与技术体系，对空间信息系统的应用与服务模式产生深远的影响。在全空间信息系统平台的基础上，对全空间信息系统的应用进行了大量的探索。例如，围绕城市设施运行与安全管控，开展了城市基础设施管理示范应用；对高精度地图、高铁网络、人际网络等实体展开特征分析，通过对象化建模为多粒度时空对象，能够描述其随时间变化的属性、状态、形态、关系等特征，支持了对象全方位、全过程、全生命周期的完整表达；基于多粒度时空对象思想提出多粒度时空事件的建模理念(陈敏颉等，2018)，将校史变迁(郭玥晗等，2021)、作战过程(谢雨芮等，2021)等事件进行对象化建模，从多个维度描述了事件的发展经过，用可视分析方法动态地表达了全面、多样、个性化的事件发展过程；在实体对象化的基础上，提取对象的描述信息进行对象化分析，如构建关联关系的贝叶斯网络实现了对象关系的定量分析(张正方等，2021)，提取病例的感染状态变化信息进行空间相关性分析(Chen et al.，2021)等。

1.4.2　全空间信息系统研究范式

范式一词最早由美国著名科学哲学家托马斯·库恩提出，它指某一学科领域中最广泛、最被接受的一组假说、理论、准则和方法的总和，本质上是学科的理论体系和技术框架(Kuhn，1970)。当旧范式中出现理论解决不了的例外，例外情况的累积导致学科发展遇到瓶颈时，就需要范式的突破来解决这些例外。随着 GIS 的研究范畴逐渐从地理空间延伸至全空间，GIS 数据种类从矢量数据、栅格数据逐步扩展至包含激光点云、倾斜摄影、网络众包等多源时空大数据，GIS 需要解决的问题也越来越多，单纯依靠部分技术升级已经很难再推动 GIS 高速发展，需要突破 GIS 现有的理论与技术框架，实现 GIS 研究范式的全面进阶。

1. 地理信息系统研究范式及分析

GIS 研究范式是其赖以运作的理论体系和实践规范，是学科内容和方法的统一，在一定程度上具有公认性。分析 GIS 研究范式需要明确 GIS 的研究对象是什么，GIS 是如何描述现实世界、帮助用户认知现实世界的，以及实现这一目标所建立的技术方法。从研究对象、基本原理和技术方法等三个方面总结 GIS 研究范式，并对该研究范式下的例外情况进行分析(表 1.1)。

表 1.1　GIS 研究范式的基本内容

项目	基本内容	内容描述	例外情况
研究对象	描述地理世界的数据	以矢量、栅格数据为核心的地理空间数据	3D 模型、点云、BIM 等作为分离和例外数据类型
基本原理	描述地理世界的原理	矢量、栅格数据模型	在数据结构上适当调整以适应新的应用需要
	认知地理世界的原理	基于矢量、栅格数据的分析和可视化	
技术方法	地理空间数据技术	获取、处理、管理、分析、可视化	以矢量、栅格技术为核心，不断修补以兼容新数据类型

GIS 的研究对象是描述地理世界的地理空间数据，是建立在地图数据模型体系之上的矢量数据、栅格数据和数字高程模型数据。早期的矢量数据完全来源于地图的矢量化，是地图中点、线、面符号在计算机中的数字化表达。随着 GIS 技术的发展，矢量数据主要来自于各种按照地图模型测量加工后的数据；栅格数据主要来自于矢量数据的栅格化及加工处理后的遥感和摄影测量数据；数字高程模型数据则逐渐由基于等高线的提取转换为对直接高程测量结果的加工。当前 GIS 需要经常处理的例外数据主要分为两类。第一类是地图数据模型体系以外的数据，如倾斜摄影测量数据、点云数据等。第二类是非传统地理空间的数据，如描述近地空间的卫星数据及描述建筑物与其内部结构的 BIM 数据、3D 模型数据等。这些数据有的需要进行数据转换后才能在 GIS 中使用，有的则需要构建单独的处理和管理体系，只是在可视化输出时才与 GIS 数据联合显示。随着研究范畴逐渐向包含微观和宏观的现实世界扩展，GIS 需要处理的例外数据也越来越多。除了数据类型在不断增多，数据内容也逐渐向全空间、复杂关联、多维动态等方面不断拓展。

GIS 的基本原理包含描述地理世界的原理和帮助用户认知地理世界的原理等两部分内容。其中，GIS 对现实世界的描述主要通过矢量、栅格和数字高程模型等地图数据模型来实现。矢量数据模型采用离散化的方式描述地理世界中具有明确定位和明显边界范围的地理要素，栅格数据模型主要描述连续分布的面状地理现象，数字高程模型主要描述地球表面的起伏状态。这三种数据模型基本满足了人们对中观尺度的地球表面认知的需要。在地图数据模型体系的基础上，GIS 建立了一套成熟的用于地理空间认知的理论和方法，例如，通过电子地图技术进行地理空间数据的可视化表达，便于人们通过视觉感受认识地理世界；通过查询和空间分析方法进行地理要素空间位置、分布、距离等特征的分析等，帮助人们定量化理解和分析地理世界。GIS 基本原理的例外情况也主要分为两类，一类是采用地图数据模型以外的数据模型来描述和认知地理世界；另一类是对地理世界以外更加宏观或者微观的现实世界的描述和认知。对于前者，GIS 通常通过提取模型中有用的空间和属性信息，并将其纳入 GIS 地图数据模型中进行使用，但是这样做通常会导致大量信息的丢失。对于后者，通常需要在原有的 GIS 体系之外单独建立相应的数据模型和技术体系进行处理。随着研究范畴的不断扩展，地图数据模型的缺陷也被不断放大，已经严重制约了 GIS 的发展。一方面，人类的认知空间扩展到了从微观到宏观的连续整体，但是地图数据模型只适合描述和表达中观尺度下的地表空间，很难进行描述空间的扩展，也难以描述这种空间范畴的连续变化。另一方面，地图数据模型以静态表达为主，难以直接描述和表达地理实体生命周期的动态演变过程，无法真实、全视角地反映现实世界及其规律。

基于地图数据模型，GIS 建立了一套从数据获取、处理、管理到数据分析和可视化的技术体系。其中，数据获取和处理主要用来获得图形要素的空间坐标及与之关联的属性信息；数据管理则重点解决地理空间数据中图形数据在计算机中的高效存储和访问；数据的分析主要是对地理空间数据的空间位置、分布、形态、关系和距离等特征进行分析；数据可视化主要以电子地图的方式展现图形要素的空间位置、形态、分布及其类别和数量特征。GIS 技术体系是以地图数据模型为基础的，由于无法对例外情况提供通用的支撑，只能通过不断建立相对独立的技术体系来弥补原有技术的不足。但是，在建立新的技术体系之后，往往还需要对其进行一体化融合，其中较为成功案例就是 GIS 的二三维一体化。但是对于大多数技术而言，一体化融合工作开展得极其缓慢而艰难。随着 GIS 需要处理的例外情况越来越多，这种不断建立从数据模型到技术方法的独立技术体系再进行一体化融合的发展模式，已经严重制约了 GIS 的发展，亟须构建一种能够涵盖所有例外情况的技术框架。

2. 全空间信息系统研究范式

全空间信息系统突破了 GIS 的研究范式，将 GIS 发展成为更为通用的空间信息系统，形成了基于多粒度时空对象的全空间信息系统研究范式，其基本内容如表 1.2 所示。

表 1.2　全空间信息系统研究范式的基本内容

项目	基本内容	内容描述	范式进阶内容
研究对象	描述现实世界的数据	多粒度时空对象数据	1. 时空范畴扩展：由地理世界到现实世界 2. 对象内涵扩展：GIS 数据是多粒度时空对象的部分内容 3. 例外数据类型：不再是例外
基本原理	描述现实世界的原理	多粒度时空对象数据模型	1. 数据模型进阶：更全面、更动态、更关联、可演化地描述现实世界，多粒度时空对象数据模型包含 GIS 数据模型的信息内容 2. 认知方式进阶：通过由多粒度时空对象组成的全空间数字世界认知现实世界
	认知现实世界的原理	全空间数字世界的交互、分析与可视化	
技术方法	多粒度时空对象数据技术	获取、处理、管理、分析、可视化	新一代空间信息系统技术体系： 1. 面向对象的泛在时空数据获取与建模技术 2. 时空实体数据整合与融合处理技术 3. 面向对象的时空对象管理与共享技术 4. 多粒度时空对象时空分析推演技术 5. 时空场景可视化与交互技术

全空间信息系统不再局限于用矢量、栅格等数据描述的地理世界，而是将研究对象的范围扩展至包含宇宙万物的现实世界，研究对象扩展为描述现实世界的数据。在全空间信息系统中，将所有描述现实世界的数据都整合为多粒度时空对象及其八元组特征描述的数据。八元组

特征包含时空参照、空间位置、空间形态、组成结构、关联关系、认知能力、行为能力和属性特征等方面的内容，极大扩展了 GIS 研究对象的内涵。由于所有 GIS 作为例外处理的数据都是对现实世界描述的数据，可以将其归纳为多粒度时空对象或多粒度时空对象特征描述的数据。在全空间信息系统中，这些数据都不再是例外数据，而被统一纳入多粒度时空对象的数据体系中来。

全空间信息系统采用多粒度时空对象数据模型来描述现实世界。具体过程为，首先将现实世界直接映射为由多粒度时空实体组成的全空间认知世界，然后将多粒度时空实体描述为多粒度时空对象，构建出由多粒度时空对象组成的全空间数字世界。相较于 GIS 的地图数据模型，通过多粒度时空对象数据模型能够实现对现实世界更全面、更动态、更关联的描述，能够对现实世界进行智能化推演与预测。因此，多粒度时空对象数据模型是一种更加适合描述现实世界的数据模型，是对 GIS 地图数据模型的进阶。在这一进阶过程中，多粒度时空对象数据模型并未抛弃 GIS 地图数据模型的内容，而是对其进行分化与重组，将其融入多粒度时空对象的特征描述之中。全空间信息系统通过构建全空间数字世界，提供面向全空间数字世界的交互、分析与可视化展现工具来帮助用户认知现实世界。与 GIS 提供的基于地图数据模型的地理世界认知方式相比，无论从认知范围、信息内容还是交互方式角度看都是一种全方位的进阶。

全空间信息系统以构建全空间数字世界为目标，围绕多粒度时空对象的创建、管理、分析和可视化构建了新一代时空信息系统技术体系，实现了对 GIS 技术方法的进阶。随着将技术的核心由对地理空间数据的处理跃升至对多粒度时空对象的处理，整个技术体系实现了全面的升级，具体表现为：将空间数据采集技术升级为多粒度时空对象建模技术，将空间数据处理技术升级为多源时空大数据整合技术，将数据管理技术升级为多粒度时空对象管理技术，将空间数据可视化技术升级为时空场景可视化技术，将空间分析技术升级为多粒度时空对象信息挖掘与智能推演技术。

3. 全空间信息系统研究范式分析

随着研究范畴的不断拓展，在 GIS 研究范式下需要处理的例外情况越来越多，通过不断为例外情况建立新的技术体系的方式已经很难适应 GIS 快速发展的需求，寻求 GIS 研究范式的突破已经逐渐成为一种共识。全空间信息系统将 GIS 的研究对象由地理世界拓展为整个现实世界，构建了由多粒度时空对象描述现实世界的理论，建立了全空间数字世界，并实现了与全空间数字世界交互、分析和可视化来认知现实世界的方法，将 GIS 技术全面升级为多粒度时空对象的创建、管理、分析与可视化的技术体系，实现了 GIS 研究范式的全面进阶。范式进阶是新一代时空信息系统的标志，是对 GIS 的体系化的创新。

1.4.3　全空间信息系统发展趋势

1. 代替 GIS 成为新一代的空间信息系统

全空间信息系统是 GIS 的全面进阶，代表了空间信息系统向全时空研究范畴、全维度的现实世界描述、智能化的时空分析与辅助决策的方向发展，将代替现有的 GIS 技术发展成为未来空间信息系统的主要形态。随着人类活动的空间范围不断扩大，以及在生产生活等方方面面对信息系统的依赖越来越多，在室内、地下、水下、太空等非传统空间域下，对空间信息系统的需求也越来越明显。然而在当前的技术体系下，GIS 为这些非传统领域提供空间信息服务的能力存在着天然的技术瓶颈，尤其在如何打破各个空间域的界限，形成包含所有空间域在内的完整统一的技术体系，提供面向整个现实世界的描述、分析与表达能力方面，还存在着理论与技术上的鸿沟。除了对应用时空范围提出新的要求以外，人们对空间信息系统的信息描述内容、提供的分析服务能力等方面也不断提出更高的要求。希望空间信息系统不再是一个只面向地球表面空间与属性特征的单向信息传输与分析的信息系统，而是一个面向整个现实世界多维描述的，可进入与交互的智能的信息系统。全空间信息系统的出现为解决这一难题提供了新的技术途径。全空间信息系统认知模型是一种对现实世界更直接、更全面的认知方式；全空间信息数据模型提供了以多粒度时空对象为核心的，对现实世界多维、动态的数据描述；全空间信息系统核心技术则主要解决如何构建一个可进入、可交互的智能化全空间数据世界。随着全空间信息系统技术的不断发展，其必然将成为人类更加全面认识、理解和分析现实世界的新一代空间信息系统。

2. 推动基于时空实体的空间信息科学全面发展

全空间信息系统是一种以多粒度时空实体为描述对象的空间信息系统，构建了描述多粒度时空实体的多粒度时空对象数据模型，解决了多粒度时空对象创建、存储、管理、分析与表达等关键技术。全空间信息系统的发展将带动包括基于时空实体的空间认知、实体化测绘生产、智能实体构建、基于实体的信息互联及实体化空间信息系统构建等基于实体的空间信息科学发展。人类对现实世界的观测与认知已经从传统较为粗放的面向中观尺度区域的整体认知逐渐向面向更加微观的差异化精确认知和更加宏观的整体性综合认知发展。基于时空实体的认知则是这种差异性和整体性的综合体现。基于时空实体的空间信息科学的优势主要体现在以下几个方面：首先，基于实体的认知是一种更符合人类认知习惯的、更自然和直接地描述现实世界的方式，更容易形成对现实世界的全面的共识性认知。其次，基于实体的测绘不需要像传统测绘那样在一个统一的尺度下进行区域性测绘，而是可以根据认知需要针对单个实体进行多尺度、多方式、多视角的精细化测绘，并能够实时更新和记录实体的变化。再次，所有时空大数据都是对现实世界中时空实体的描述，可以通过实体来整合时空大数据，解决时空大数据的共享使用问题。最后，可以通过建模构建实体之间的信息传输，构建具有感知、决策和行为的智能化实体模型，从而建立一个具有智能的信息系统。总之以全空间信息系统为代表的基于实体的空间信息科学将是未来空间信息科学发展的重要方向。

3. 进一步融入和推动智慧地球等新兴技术的发展

从物联化、互联化、智能化的智慧城市、智慧地球，到利用科技手段进行链接与创造的、实现与虚拟世界和现实世界映射与交互的元宇宙，都需要一个能够全方位描述现实世界的数字世界作为其核心的数据基底，并在此基础上构建虚拟世界与现实世界之间的关联与交互，通过提高虚拟世界的智能化水平来反作用于对现实世界的认知、分析与交互。全空间信息系统具有对现实世界更直接、更全面、更动态地描述、存储、管理和分析的能力，能够更好地同智慧城市、智慧地球、元宇宙相结合，推动其面向实用化的快速发展。全空间信息系统与这些技术相结合的主要优势在于：首先，无论是智慧地球还是元宇宙，都是包含了众多行业和技术领域的庞大的系统。作为其数据基底，需要为所有参与者和使用者提供一个对于现实世界的共识性认知和描述。全空间信息系统认知模型是基于常识性认知的认知模型，更符合人类的认知习惯，便于人们对其创建的全空间数字世界产生一致性的理解。其次，全空间信息系统是建立在直接对多粒度时空实体进行描述的基础之上，描述的信息更全面、更丰富、更动态，另外，围绕多粒度时空实体也更容易进行多源信息的整合与融合，从而为智慧地球、元宇宙提供用于信息关联的时空框架。最后，对实体的建模可以进一步构建其对环境信息的感知、决策与行为，在计算机中构建出一个个智能的多粒度时空对象，从而使得智慧地球、元宇宙成为具有内生智能的真正的智能系统。

第2章 多粒度时空对象数据模型

2.1 GIS 空间数据模型

2.1.1 GIS 地图数据模型

GIS 的核心任务是将现实地理世界抽象和化简为可以通过计算机进行存储和表达的地理空间数据，并在此基础上形成对这些数据进行采集、处理、存储、管理、分析和可视化的技术体系。地理空间数据模型是 GIS 对现实地理世界的一种抽象和模拟，GIS 的基本理论和技术体系都是在其地理空间数据模型的基础上发展起来的。

GIS 脱胎于地图，其数据模型的建立也基本参照了地图学对现实地理世界的认知和抽象方式，也可以称为地图数据模型。在地图中，主要通过地图语言——地图符号来抽象和模拟独立的地表要素和连续分布的面状地理现象。其中独立的地理要素主要采用各种点状、线状和面状符号来表示；连续分布的面状地理现象(如地形)主要采用面状符号、等值线(如等高线)来表示。GIS 继承了地图对于地理世界的抽象方法，形成了以矢量数据模型、栅格数据模型和数字高程模型为核心的 GIS 地图数据模型，如图 2.1 所示。

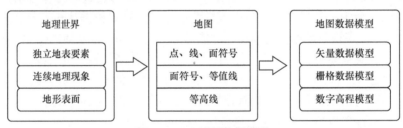

图 2.1 GIS 地图数据模型

1. GIS 地图数据模型介绍

1) 矢量数据模型

矢量数据模型采用离散化的方式描述地理空间中具有明确定位和明显边界范围的地理要素，是目前 GIS 领域应用最广泛、与地图表达最为接近的空间数据模型。早期的矢量数据完全来源于对地图的矢量化，是地图中点、线、面符号在计算机中的数字化表达。随着 GIS 技术的不断发展，通过各种测量技术获取的空间数据逐渐成为 GIS 的主要数据更新手段和数据源，GIS 的空间数据模型也日趋完善，但其总体上仍然以地图作为主要参考模板，以图形要素作为空间特征的主要描述方式。

在对基本空间特征抽象的基础上，矢量模型通常还会增加对各种图形要素间拓扑关系的描述。拓扑关系是一种对空间结构关系进行明确定义的数学方法。在矢量数据模型中增加拓扑关系，可以大大提高矢量数据模型在空间条件查询和空间分析上的便利性。

2) 栅格数据模型

矢量数据模型能够很好地描述地表实体的空间和属性特征，但是很难表达连续分布的面状地理现象。因此，在 GIS 中一般利用栅格数据模型和数字高程模型作为矢量数据模型的补充。

栅格空间数据模型(简称栅格数据模型)是将连续区域按照一定的规则进行二维划分,形成覆盖该区域的多个小单元结构,每一个小单元有各自的大小、位置和明确的属性。一般利用单元栅格实现对连续区域的离散化表示。

在栅格数据模型中不再区分独立的地物要素,而是将一块完整的空间区域按照统一的方式进行组织,因此其非常适合对各种场、气温分布、污染分布等连续分布的面状地理现象进行描述。

3) 数字高程模型

地形是 GIS 研究中一类重要的地理要素,起伏的地形表面可以视为高程随着地表平面坐标变化而形成的空间曲面。在 GIS 中专门建立了数字高程模型来描述地形。数字高程模型(DEM)就是通过有限的地形高程数据实现对地面地形的数字化模拟(即地形表面形态的数字化表达)的一种数据模型。规则格网 DEM 和不规则三角网(triangulated irregular network,TIN)是在 GIS 中常用的数字高程模型。

规则格网 DEM 采用规则网格将区域空间切分为规则网格单元,为每个网格单元赋予一个高程值。TIN 则是采用一系列相互连接且互不重叠的三角形来拟合地形表面。

2. GIS 地图数据模型的不足

GIS 地图数据模型是一种以描述地图要素为核心的空间数据模型。随着空间信息系统应用领域和应用模式的扩展,GIS 地图数据模型已经逐渐无法满足应用的需求,主要表现在以下几个方面。

(1) 难以描述全空间的现实世界。GIS 空间数据模型的描述对象是地图要素,而地图是三维现实世界在二维平面上的抽象和投影,只适合于对中观尺度下地球表面的抽象和描述。当人类的活动主要集中在地球表面时,地图以及基于地图的 GIS 是人们进行空间认知非常有效的工具。但是当人类的空间认知需求拓展到地下、海洋、空中、室内等三维世界,甚至拓展到更微观和宏观的全空间现实世界后,仅仅对中观尺度下地球表面的描述已经无法满足人们的需要,建立能够适应不断拓展的空间范畴的描述体系已经成为新的空间数据模型需要解决的重要难题。

(2) 难以描述现实世界的动态变化。地图和 GIS 主要用于描述变化相对缓慢的山川、河流等地理世界,对现实世界的动态变化并不太关注。随着将认知范围拓展到整个现实世界,对现实世界动态变化的描述也越来越重要。而地图采用的趋近于静态的抽象方式使得 GIS 空间数据模型难以描述动态的现实世界。当 GIS 需要获取和管理动态空间数据时,往往需要在 GIS 地图数据模型之外设计和增加额外的数据模型进行补充。这种专门设计的时空数据模型和数据结构通常都是针对某些特定的应用领域的,不具有通用性,难以适用于不同类型空间实体的多维动态信息的获取、管理和应用。

(3) 难以描述现实世界存在的复杂动态关联。GIS 数据模型中部分描述了地图要素对象间的静态关系,包括基本空间位置关系(如相邻、相连、相交等)和简单属性特征关系(如区划关系、等级关系等),但对于空间实体之间动态变化的各种复杂关系(如组成与分解、个体与整体、下级与上级、接受与传播、执行与控制等)却很少涉及。由于地图数据模型本身不涉及这些信息,缺乏描述、管理与应用这些更加广泛的关联关系的基础和机制。

(4) 难以描述空间实体的自主认知和行为的能力。地图更加注重抽象地理要素的外在形态特征和属性特征,但是对于地理要素内在的变化规律和变化方法关注较少,因此 GIS 无法描述如生命体、智能机器人等具有自主认知和行为能力的"活"的空间实体。另外,随着人们对现实世界认识的不断深入，积累了大量实体动态演化的内在规律和外在表现的知识，这些变化规律是组成实体特征的重要内容，但是 GIS 地图数据模型无法对相关内容进行描述。当需要更真实地抽象和描述一个有自主性和成长性的现实世界的时候，需要建立一种更加适合描述这种自主认知和行为能力特征的数据模型。

(5) 难以满足 AR、VR 等新型可视化技术的需要。GIS 以地图作为空间数据可视化的模板，以地图要素符号化方式进行可视化的方法，使得 GIS 在空间数据的符号化抽象表达、图层化显示控制等方面有着天然的优势，而在 AR、VR 等可视化技术应用方面却有很大的限制。GIS 不能直接进行 AR、VR 可视化所需数据的描述、采集、管理和应用，往往需要另外建立新的数据模型和相对独立的数据处理技术体系。

(6) 难以满足时空大数据分析的需要。GIS 将地理实体抽象为地图要素，为地图要素关联相应的属性数据，并在此基础上实现了叠置分析、路径分析、地形分析等基本的空间分析功能。但是这种基于地图要素的抽象往往会产生对现实世界描述的割裂，例如，为了图形的表达，会将一条道路分割为多段进行描述。这种割裂会导致时空大数据往往无法关联到地图要素对象，也无法基于地图数据模型对其进行有效的管理和共享，更难以满足面向时空大数据的时空关联、深度学习、知识挖掘等应用的需要。

2.1.2　GIS 时空数据模型

GIS 地图数据模型的一个明显问题是很难描述随时间变化的动态信息。为了解决这一问题，大量学者在 GIS 地图数据模型的基础上开展了 GIS 时空数据模型的研究(陈新保等，2009；邬群勇等，2016)，希望为基于时间的地理空间分析、地理知识表达和挖掘提供数据描述。当前时空数据模型主要包括时空立方体模型、快照序列模型、基态修正模型和时空复合模型、面向对象的时空数据模型等 5 种经典数据模型，以及基于经典数据模型的改进。

1. 常见的 GIS 时空数据模型

1) 时空立方体模型

时空立方体模型用几何立体图形表示二维图形沿时间维发展变化的过程，由一个时间维和两个空间维组成，形象地诠释了二维空间向着第三个时间维演变的过程。在时空立方体中，给定一个时间位置就可以获得立方体中相应界面的空间状态。该模型也可以将空间维度中的二维图形扩展为三维空间，这时时空立方体就扩展为一个四维的体结构。该模型比较容易理解，但是随着数据量的增大，对立方体的操作将越来越复杂，同时也带来大量数据冗余。

2) 快照序列模型

快照序列模型在数据库中仅记录当前数据状态，数据更新后，旧数据变化值不再保留，即"忘记"过去的状态。连续的时间快照模型是将一系列时间片段快照保存起来，以反映整个空间特征的状态。由于快照对未发生变化的所有特征进行重复存储，会产生大量的数据冗余，当变化频繁，且数据量较大时，基于此模型的系统效率会急剧下降。

3) 基态修正模型

为避免快照序列模型将未发生变化部分的特征重复记录，基态修正模型只存储某个时间点的数据状态(基态)和相对于基态的变化量。只有在事件发生或对象发生变化时才将变化的数据存入系统中，时态分辨率刻度值与事件或对象发生变化的时刻完全对应。基态修正模型对每个对象只存储一次，每变化一次，仅有很少量的数据需要记录。基态修正模型也称为更新模型，有矢量更新模型和栅格更新模型。其缺点是较难处理给定时刻时空对象间的空间关系，且对很远的过去状态进行检索时，几乎需要对整个历史状况进行阅读操作，效率很低。

4) 时空复合模型

时空复合模型用带修正的基态作为建立累积几何变化的时空复合。将每一次独立的叠加操作转换为一次性的合成叠加，变化的累积形成最小变化单元，将这些最小变化单元构成的图形文件和记录变化历史的属性文件联系在一起表达数据的时空特征，最小变化单元即是一定时空范围内的最大同质单元。其缺点在于多边形碎化和对关系数据库的过分依赖，随着变化的频繁发生会形成很多的碎片。

5) 面向对象的时空数据模型

面向对象的时空数据模型主要利用面向对象技术，将 GIS 矢量数据模型中的地图要素抽象为对象，并将其属性和操作进行封装，把时间维的描述放在对象层面。采用面向对象的方法，可以通过三种方式来记录对象的变化，第一种是当一个或者若干个对象在一次事件中发生变化时，将这些对象所涉及的关系表重建一个新的版本；第二种是对变化的所有对象在对象层面建立一个新的版本；第三种是仅对对象变化所涉及的属性字段增加一个新的值。

6) 时空数据模型的发展

经过多年的发展，众多学者在基础时空数据模型的基础上进行了大量扩展研究，尽可能减少原有模型的缺点，增加时空数据模型的适用性。例如，尽可能集成各种时空数据模型的优点，形成一种综合性的时空数据模型；对原时空数据模型中的时空变化的记录方式进行改进和修正，从而提高模型的使用效率；在原有时空数据模型中进一步扩展或者变化其模型的语义内容，进而扩展原模型的适用范围。例如，龚健雅院士提出了一种将时空过程、地理对象、事件、事件类型、状态和观测等要素有机地结合在一起的实时 GIS 时空数据模型(陈新保等，2009)，能够更好地对实时数据提供支持。

2. GIS 时空数据模型的不足

现有的时空数据模型各具特点，基本能够较好地解决在各自领域中出现的具体问题，在相应的行业中发挥了重要的作用。但是面对用户日益增长的应用需求，当前 GIS 时空数据模型也存在本身无法解决的难题。首先，GIS 时空数据模型并未解决 GIS 地图数据模型难以描述全空间、复杂关联、自主能动的现实世界的问题。当前 GIS 时空数据模型主要是面向 GIS 矢量数据模型，从计算机的角度出发，解决如何在时间变化过程中节省存储量、加快存取速度及更好地表达随时间变化的语义信息。虽然大大提高了 GIS 地图数据模型对于地理世界动态特征描述的能力，但是 GIS 地图数据模型本身固有的其他不足并未在时空数据模型中得到解决。其次，即使在传统的 GIS 应用领域，时空数据模型由于各自具有明显的优缺点和适用范围，也很难形成一种面向整个 GIS 领域的通用时空数据模型。在时空数据模型发展过程中，往往只是针对具体应用需求，侧重于某些具体特征对时空数据模型进行扩展。正是由于缺乏面向 GIS 软件平台的通用时空数据模型，从而导致了关于时空数据模型的理论研究多，应用研究少；模型提出的多，实际实现的少。时空数据模型大都集中在一些特定的热门应用领域，很难得到广泛而深入的应用。

2.1.3 GIS 三维数据模型

1. GIS 三维数据模型介绍

人类生活的现实世界是一个三维空间的现实世界，对三维空间的认知也一直是空间认知的重要内容。GIS 地图数据模型建立的初期就通过增加数字高程模型实现了对三维地形表面的描述。但是随着人类空间认知需求的不断增加，数字高程模型对三维空间描述的缺陷也越来越明显，例如，对于城市建筑、室内空间、地下空间、水下空间等三维空间，几乎无法用传统的数字高程模型来描述。因此，三维 GIS 也一直是 GIS 研究的一个重点方向。

GIS 中的三维数据模型可以归纳为表面模型、体模型和混合模型三类。表面模型是采用某种方法对物体三维表面进行重构所得到的模型，通常通过表面特征点加纹理的方式对物体的三维信息进行记录，数字高程模型就是典型的表面模型。表面模型通常包含网格结构、形状结构、面片结构和边界表示等描述方法。其中边界表示适用于描述具有规则形状的对象，其他三种则适用于描述具有不规则形状的对象(陈新保等，2009)。体模型是一种直接描述物体内部空间的三维数据模型。体模型一般可以分为两大类，一类是在表面模型的基础上进行扩展，将描述表面的面片扩展为体单元。例如，将正方形面片扩展为正立方体网格，将三角面片扩展为不规则四面体，然后用这些体元组合来表示三维物体。另一类是采用体素构造表示(constructive solid geometry，CSG)法，即用预先规定好的立方体、球体、圆柱体等规则体元的布尔运算来表示三维物体。混合数据模型则是根据具体应用场景的需要，采用两种或两种以上的三维模型来描述三维场景的方法。表 2.1 总结了 GIS 中几种三维模型的优缺点。

表 2.1　GIS 中几种三维模型的优缺点(华一新等，2019)

类型	方法	优点	缺点
面模型	边界表示法(B-Rep)	拓扑关系明确；边界表示构模在描述结构简单的 3D 物体时十分有效	几何运算复杂；布尔运算效率低下；表示复杂空间对象时，效率低下；数据更新困难，限制了 B-Rep 模型在 GIS 中的应用
	TIN 模型	拓扑关系完备；几何构模算法成熟；网格单元具有可伸缩性，能有效降低数据冗余；数据更新方便	构建 TIN 模型的算法较为复杂，TIN 模型不便于进行求交运算
	网格(Grid)模型	常用于构建数字地面模型，数据结构简单，模型分析与计算效率高；对平坦或坡度不大的地形表达效率高	对复杂地形表达效率低，存在大量数据冗余；无法表达一些特殊地形(如断崖等)；格网空间位置隐含，空间拓扑关系表达不完备
	线框(wire frame)模型	能较好地模拟复杂地物(如复杂地质建模中断层交错等)；能够很好地表达实体对象的表面和形状	模型无法反映实体的内部结构；难以模拟边界模糊的实体对象；不便进行数据更新
体模型	体素构造表示(CSG)	利用 CSG 可将复杂的物体描述为一棵 CSG 树；建模方法简单，结构紧凑	模型结构越复杂，使用的基本几何单元越多，CSG 树深度越深，所需的存储空间越大，使得对 CSG 树的检索变得冗长，算法也将变得更为复杂；没有显式地表达空间对象之间的拓扑关系
	八叉树(Octree)模型	数据结构简单；可以大大提高空间搜索效率，存取方便，便于几何特征计算、布尔操作及可视化	所需要的存储空间大；模拟不规则对象时存在数据冗余；几何变换效率低
	四面体(TEN)模型	数据结构简单，拓扑表达完整，可以快速处理空间拓扑关系	对于规则物体的表达，存在数据冗余；空间拓扑关系复杂；空间语义表达能力不足
	三棱柱(TP)模型	可以有效地模拟三维层状地层结构；明确表达地层结构的上下对应关系和地层层面	表达复杂地质体的效率不高
混合模型	TIN-CSG 混合模型	采用 TIN 来描述不规则地形，采用 CSG 模型来表达已知的规则目标，适合表达城市三维模型	两种模型分开存储，建模速度和效率不高

类型	方法	优点	缺点
混合模型	TIN-Grid 混合模型	在表达复杂地形时采用 TIN 模型，表达较为平坦的地形及人地物时采用 Grid 模型，充分利用了 TIN 和 Grid 的优点	TIN-Grid 混合模型的算法比较复杂，模型数据结构也比较复杂且管理不便
	TIN-Octree 混合模型	TIN 表达模型表面，Octree 表达模型内部结构，用指针建立两者的联系	Octree 必须随 TIN 的变化而变化，否则会导致指针混乱，导致维护比较困难

随着倾斜摄影测量建模数据、激光点云数据、建筑信息模型数据等三维空间地理数据的类型越来越多，提供统一的三维数据标准及规范，从而实现对三维数据共享和互操作的支持成为一种越来越迫切的需求。开放式地理信息系统协会(Open GIS Consortium，OGC)在 2016 年推出了三维瓦片(3D Tiles)格式，用于解决摄影测量数据、激光点云、BIM、CAD 等大规模异构三维数据在 Web 上的流式传输和渲染问题(张立立等，2020)。又在 2017 年发布了新的格式规范——I3S(Indexed 3D Sense Layer)，用于流式传输具有大数据量、多种类型的三维地理数据集，支持在网络和离线环境下的高性能三维可视化与空间分析。但 I3S 目前的版本适用的数据类型有限，只包括离散三维模型、格网点数据和激光点云，不包含其他类型(丁小辉，2019)。针对上述问题，中国地理信息产业协会 2019 年发布了《空间三维模型数据格式》(T/CAGIS 1—2019)，2020 年发布了《空间三维模型数据服务接口》(T/CAGIS 2—2020)。2021 年，经中国信息协会审查批准，又发布了《全空间三维模型数据格式及服务接口规范》(T/CIIA008—2021)等团体规范。这些规范通常基于混合数据模型，能够支持更多的数据类型、更多的空间场景、更大的空间范围、更高效的数据调度和数据渲染，有的标准还预留了三维模型单体化的接口。

2. GIS 三维数据模型的不足

随着三维 GIS 的快速发展，GIS 的三维数据模型也日趋成熟。但是与此同时，GIS 三维数据模型也有着自身很难克服的缺点，这些缺点主要体现在三个方面：①三维数据模型只是将 GIS 地图数据模型由二维空间扩展到了三维空间，提高了其对现实世界三维特征的描述能力，但是对于如何描述现实世界实时动态、复杂关联、自主能动等特征并没有给出解决方案。②当前的三维数据模型通常更偏重于解决如何快速高效地实现对现实世界的三维可视化渲染，对于行业应用中如何基于三维模型进行深度分析则相对考虑较少。大部分的模型优化都是为了解决面向大范围城市场景及互联网环境下的三维场景的高效调度与渲染等问题。③当前 GIS 的三维数据模型通常自成体系，很难与 GIS 地图数据模型相融合。目前常用的方式是在软件层面通过代码实现二三维模型的联动，这无疑大大增加了 GIS 软件的复杂度，降低了软件执行效率。

2.1.4　时空大数据与空间数据模型

进入 21 世纪以来，随着互联网、物联网和云计算等技术的快速发展与普及，全球数据呈指数级增长，各式各样的数据如洪水般涌来，冲击着社会发展的方方面面，大数据时代也随之到来。

大数据通常是指那些超出正常处理规模，难以采用传统方法在合理时间内管理、处理并整理成为辅助决策信息的非结构化和半结构化数据(张雪英等，2020)，为了区别于传统计算机中单纯指代数据量巨大的概念,将大数据的特征归纳为 volume(规模)、velocity(速度)、variety(多样)、veracity(真实)和 value(价值)的 5V 特征。由于人类生活中所产生的数据有 80%和空间位置有关(徐冠华,1999),同时随着定位技术的进步,定位手段不断丰富,位置精度不断提高,大数据的位置标签越发精确,空间隐喻越发显著。

通常将这些具备空间位置属性和时间属性的大数据称为时空大数据。时空大数据具有时空性、海量性、复杂性和多维性等特点。根据产生方式,常见的时空大数据可分为互联网大数据、移动互联网大数据、物联网大数据和新型测绘大数据等。这些时空大数据往往体量大、种类多、变化快、价值密度低,处理这些数据的技术和方法已经超出了传统以地图数据模型为基础的 GIS 的范围。

当前很少有学者专门提出针对时空大数据的数据模型,并基于这种数据模型对时空大数据进行重新组织。取而代之的是,通过设计和搭建高效的时空大数据平台,将清洗和处理后的时空大数据按照不同的数据类型直接存储。主要原因有以下几点。

(1) 无论是 GIS 的地图数据模型、时空数据模型还是三维数据模型,其根本目的是通过建立空间数据模型,实现地理空间信息的规范化描述,从而提升地理空间数据的价值。但是对于时空大数据而言,其核心价值并不在于数据本身,而是在于隐含在这些数据背后的深层次关联和规律,体现在对这些结构复杂、数量庞大的数据进行数据整合分析,并能够快速将之转化为有价值的信息,从中探索和挖掘自然和社会变化的规律。因此仅仅按照数据模型对时空大数据进行组织,并不能提升时空大数据的内在价值。

(2) 时空大数据来源繁多,无处不有无处不在;数据大多具有非结构化的特点,时空信息通常隐式存在于数据之中;时空信息涵盖的范围广,时空粒度多样化;时空信息变化频繁,时空动态性显著(徐冠华,1999)。这些特点注定了很难通过一种数据模型来描述和规范时空大数据。

虽然对于时空大数据而言,并不适合通过一种通用的数据模型对其进行重新组织,但是一个好的数据模型对于时空大数据的存储、管理和分析仍然非常重要。这种重要性主要体现在以下几个方面。

(1) 时空大数据的价值在于其背后隐含的时空关联与时空规律,但是用户并不一定需要在每次使用时都重新对这些信息进行挖掘与提取,可以通过一种通用的数据模型对挖掘到的关联与规律进行统一描述和存储。

(2) 当前时空大数据应用面临的一个难题就是不同行业部门之间时空大数据资源和服务缺乏有效的整合,形成了众多的“资源孤岛”,造成了资源浪费和重复建设问题。因此,需要进一步提炼这些时空大数据的共同特征,在时空大数据之上构建一个能够便于时空大数据资源整合与共享的数据模型。

(3) 虽然目前主流的 GIS 厂商大都提供了相应的时空大数据处理平台和工具软件,但是,对于时空大数据的存储、管理和应用基本上都是独立于 GIS 的一套单独的技术体系,往往只能在可视化输出的层面将时空大数据分析结果与 GIS 数据叠加实现。由于缺乏核心的数据模型作为支撑,时空大数据与 GIS 数据之间存在明显的割裂,无法形成更加系统深入的联合分析与应用能力。

2.2　多粒度时空对象数据模型概述

2.2.1　多粒度时空对象特征描述框架

通过全空间信息系统认知模型可知,多粒度时空对象是计算机中描述多粒度时空实体的数据综合体，是在全空间数字世界中对多粒度时空实体的数字化映射。构建多粒度时空对象数据模型需要解决的首要问题就是确定需要描述多粒度时空实体的哪些特征，如何描述这些特征。在全空间信息系统认知模型中，全空间数字世界具有全空间、多粒度、多维关联、实时动态和自我演化等特点，为了能够实现这些特点，在全空间信息系统中设计了如图 2.2 所示的多粒度时空对象特征描述框架。

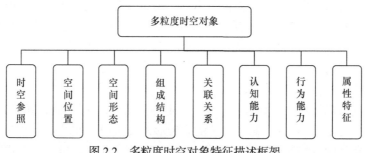

图 2.2　多粒度时空对象特征描述框架

1. 时空参照

时空参照是人类描述时空实体时空位置的基础，包括时间参照和空间参照。在 GIS 中，一般都是将空间与时间进行分离表达。其中空间参照主要用于描述各种图形要素的坐标位置，一般将其作为一个图层的整体特征。时间特征的描述通常分为两类，一类是将时间作为一个数据集的整体特征记录在数据集的元数据中；另一类是当某些图形要素或者其属性随时间发生变化时，将其作为要素的一个属性进行记录。这两种记录方式都是将时间参照作为这个数据集的元数据进行记录。GIS 在进行时空参照的定义与描述时，通常采用牛顿的绝对时空观，即时间和空间是相互独立的。绝对的时间是持续流逝的，且其本性是均匀的，时间具有单向性、持续性与度量的均匀性；而绝对的空间是与外界任何事物无关且永远是相同的、不动的。GIS 通常需要预先建立一个绝对的时空参考框架，并在此框架下进行地理实体时空位置的描述。

在多粒度时空对象特征描述框架中则主要参考了爱因斯坦关于时空的观点，即空间和时间同运动着的物质不可分割，没有脱离物质运动的空间和时间，也没有不在空间和时间中运动的物质，这表明了空间和时间对于物质运动的依赖。在时间参考方面，每个对象都有自身的生命周期和变化规律，这种时间变化与自身状态有关，因此每个对象都可以建立只相对于自身的时间参考系。当然，为了使用方便，在条件允许的情况下也可选择大多数时空实体可以公用的公共时空参考系作为参照。与之类似，对每个实体自身空间特征进行描述时，都可以建立一个只与自身相关的对象空间参考系，只有在需要描述两个实体的相对位置时，才需要建立两个多粒度时空对象共有的空间参考系。

2. 空间位置

空间位置是描述客观世界中实体存在的一种基本状态，在人的能动认知和理解作用下，呈现出不同的位置特征的描述，对空间位置特征的理解与表达是人类描述和把握客观世界最基本的途径之一。有关空间位置的定义目前却没有一个系统的、完整的论述，不同学者在不同研究方向上对空间位置描述内容的关注点存在着较大的差异。GIS 中通常通过坐标描述地理实体的空间位置，即通过记录在建立好的空间参照系下地理实体的坐标来度量和描述地理实体所在的位置。根据地理实体空间形态的不同，分别采用一个坐标点、多个独立坐标点或者坐标点串来表示地理实体的位置。

在多粒度时空对象特征描述框架中，空间位置主要是指在选定的时空参照框架下，对时空对象的定位、空间分布及其变化特征的描述。从概念上来看，任何时空对象的空间位置都是在特定时空参照下描述的空间定位信息，与 GIS 中的空间位置定义基本相同。但是在多粒度时空对象特征描述框架下，空间参照不再是某个图层或者数据集的整体特征，而是将其定义为多粒度时空对象的一个内部特征，因此，空间位置的描述与其参照的实体和选择的时空参照密不可分。例如，在一辆行驶的列车上，人相对于列车的位置是固定不变的，而相对于列车外的树木则在快速变化。多粒度时空对象数据模型这种相对位置的描述方式，可以方便用户快速搭建满足个性化的应用场景。在具体的空间位置描述过程中，也可以选择较为通用的地球空间参考系作为主要的空间参考系。

3. 空间形态

任何事物或现象都是以一定的形态存在于一定的空间中，并且随着时间的变化而变化。形态是指"事物存在的样貌，或在一定条件下的表现形式"，即事物的形状或展现形式。空间形态是指存在于特定空间的事物的形状或展现形式。相比形态的定义，空间形态更加强调事物形态的空间本质属性，即任何事物形态都占据一定的空间。在 GIS 中，空间形态通常是指存在于地球表层空间的地理实体的空间轮廓，一般抽象为点、线、面等几何形状。空间形态是地理实体所固有的特征之一，在地图学中，制图者使用点、线、面三类基本地图符号将对复杂世界的形态认知描绘在地图上。地图所采用的空间形态描绘方法，是人类认知客观世界，传递空间知识最重要的方式。然而，有限的符号体系和图形表达决定了其不可能承载太多的空间形态信息。

在多粒度时空对象特征描述框架中，空间形态是多粒度时空实体在空间中展现出来的形式和形状，是其在计算机中基于多种数据、模型、渲染方式的数字化描述和可视化展现，反映了时空实体不同侧面、不同精度的形状、结构、分布及其随时间和尺度的变化。空间形态是人类感知现实世界、传递空间认知信息最为有效的特征，也是支撑多粒度时空对象可视化表达与空间分析的基础特征。多粒度时空对象描述的实体不再局限于地表的有形物质，还包括从微观到宏观，从有形到无形的更多空间现象。为了能够实现对这些空间形态的一致性描述，在多粒度时空对象特征描述框架中，空间形态的数据描述通常基于对象自身的空间参照来完成，即构建一个只与对象自身形态描述有关的空间参照系，并在此基础上实现空间形态的数据记录。对于自身形态特征并不复杂的对象，也可以基于统一的地球参考系进行形态的描述。

4. 组成结构

对于现实世界的认知，兼顾整体视角和部分视角是人们的本能，从广义上来看，对象间的组成结构含义应归属于整体-部分理论研究范畴。整体与部分是一对对立的概念，不存在绝对意义上的整体，也不存在绝对意义上的部分。一个物体相对于另一个物体来说是部分，但这个物体本身可能又能分出不同的部分，可见整体部分关系是有层级的，并且是一定范围域的整体与部分。整体与部分是直接的关系。这意味着，一般讨论整体与部分的时候，人们只关注直接整体与部分，而不关心部分的部分与整体的关系。整体与部分的关系是有机的。一方面，从系统科学的角度，人们更关心整体与部分和的关系，即整体是由部分构成的，但它不是各个部分的机械相加总和；另一方面，从建模的角度，人们更关心这种关系对整体和部分对象本身的影响。在 GIS 数据模型中，很少关注地理实体的组成结构。

多粒度时空对象特征描述框架中的组成结构描述了时空对象之间部分与整体的构成关系，包括逻辑上的组成关系和空间上的结构关系，是"多粒度"特征的重要体现。一个时空对象往往会是其他(一个或多个)时空对象(父对象)的组成部分，例如，一个摄像头既是道路交通设施的一部分，又是城市监控系统的一部分。同样，一个时空对象往往由多个时空对象(子对象)组成，例如，一个办公室由办公桌、办公椅、文件柜、计算机等组成。在描述时空对象的组成结构关系时，需要清晰描述时空对象间的从属关系和空间结构关系，而且需要注意关系的可变性。

5. 关联关系

现实世界中的实体是普遍关联的，这种因实体之间的关联产生的关系称为关联关系。GIS中关联关系常指的是空间关系。GIS 空间关系是地理实体间由空间位置、空间形态等构成的关系，研究主要基于地理实体的空间特性，分为空间距离关系、空间拓扑关系、空间方位关系等。随着 GIS 的发展，一些 GIS 软件也逐渐开始支持因属性而产生的关联。

多粒度时空对象特征描述框架中的关联关系是指多粒度时空对象之间由空间位置、空间形态、属性特征、组成结构、行为能力等构成的时空对象间的相互作用与联系。从概念上来看，多粒度时空对象关联关系涵盖了 GIS 关联关系概念中地理实体之间由空间位置、空间形态而形成的关联关系，并且扩展到了语义关联关系的层面，其研究范畴更为广泛，适用场景更加多样。在多粒度时空对象数据模型中，将多粒度时空对象映射为节点、关系映射为连边，通过节点和连边构成的网络结构来描述多粒度时空对象之间的关联关系。关联关系节点包含节点所表征的时空对象、节点关联的连边集合及节点具有的属性集合；关联关系连边包含关联关系的类型、关联关系的强度、关联关系的属性及连边所关联的另一个节点。

6. 认知能力

心理学中的认知是一种个体认识客观世界的信息加工活动，主要指人对现实世界的认知，是人们获得知识、进行信息加工或知识应用的一种基本的心理过程。随着以人工智能、物联网、智慧城市等技术为代表的智能时代的来临，机器、设备、传感器等客观时空实体也越来越多地具备了一定的认知特征。认知能力原本是指人脑加工、储存和提取信息的能力，即人们对事物的构成、性能、与他物的关系、发展的动力、发展方向及基本规律的把握能力。但是从广义上看，所有能进行认知活动的时空实体，都可以看作其具有认知能力。

在多粒度时空对象数据模型中，时空对象的认知是指对象能够自主进行信息感知、价值判断、分析决策，以及通过学习提升自身认知能力的一系列活动。而时空对象的认知能力是指对对象能够进行的认知活动的描述。例如，一个对象可以根据行动目标进行分析决策是它的认知能力，而分析决策的过程是它的认知活动。认知能力是认知活动的前提和基础，即有什么样的认知能力，才能进行什么样的认知活动。广义上讲，所有时空对象都可以具备信息感知、价值判断、分析决策等认知能力。对于时空对象认知能力的描述涉及时空对象获取信息、处理信息、理解信息、形成决策、操作控制、发布信息等方面的知识。其中知识体系和认知能力的具体描述方法可参考人工智能技术中的知识表达和知识推理方法。

7. 行为能力

行为通常指客观事物的外在活动，具有明显的外在的物理特征，由一系列简单动作组成，并持续一段时间。从信息系统的角度，行为是指对象所具有的方法、操作和功能，是对现实世界中行为的模拟和反映。在虚拟仿真领域，则通常将行为看作对象随时间的推移而产生的自身状态的序列，是对象所代表的客观事物具有的内在规律在外部干扰下的真实表现。对象的行为能力是指对象拥有的一种能作用、影响自身或其他时空对象的方式，这种方式会随着时空对象自身状态的变化而变化。例如，战斗机拥有的打击行为能力是通过与炸弹的组合来获得的，战斗机在有载弹的情况下即拥有打击行为能力，无载弹的情况下就失去了打击行为能力；通过挂载不同的炸弹，战斗机的打击行为能力强弱是不同的。

多粒度时空对象的行为能力是时空对象拥有的一种能影响和改变自身或其他对象的能力，用于描述时空实体的内在规律，是产生时空对象行为的内驱动力，也是时空对象动态变化的内因。内在规律指的是实体对象在全空间数字世界中所遵循的规则，如自身的物理特性等，外部干扰指的是各种外部干扰因素，包括外部环境的自然规律(重力、风力、温度、物体间的相互作用力等)和其他时空对象的刺激。在多粒度时空对象数据模型中，通过对象特征建模，将行为包含到对象的数据描述中，即将行为描述作为要素包含到对象的特征中，包括内在属性和行为过程。

8. 属性特征

在辞海中，属性定义为事物本身所固有的性质，是物质必然的、基本的、不可分离的特性，又是事物某个方面质的表现。在百度百科中，属性定义为人类对于一个对象的抽象方面的刻画，认为一个具体事物，总是有许许多多的性质与关系。本书把一个事物的性质与关系都称为事物的属性。在 GIS 空间数据模型中，一般通过关系表来描述和记录属性特征。

多粒度时空对象特征描述框架中的属性特征是指对时空实体本身所固有的存在状态与性质的描述。广义上讲，所有对实体特征的描述都可以称为实体的属性。而在多粒度时空对象特征描述框架中，又将时空实体的特征划分为包含属性特征在内的八元组特征。因此，可以从另一个角度理解多粒度时空对象的属性，即在对时空实体特征的描述中，不属于时空参照、空间位置、空间形态、组成结构、关联关系、认知能力、行为能力描述范畴的所有特征，都是多粒度时空对象的属性特征。多粒度时空对象数据模型以多粒度时空实体为描述对象，比起 GIS 的地图要素描述方式，可以承载和描述现实世界中更细化、更复杂、更高维的属性特征信息，可以形成基于多粒度时空对象的时空大数据。与 GIS 相比，多粒度时空对象的所有属性特征都会发生动态变化。在全空间信息系统中，时空对象的生命周期信息是其重要的属性特征信息，是时空对象全生命周期管理的基础数据。

2.2.2　多粒度时空对象数据模型基本概念

1. 多粒度时空对象数据模型的定义

全空间信息系统认知模型描述了从包含万事万物的现实世界到由多粒度时空实体组成的全空间认知世界，再到由多粒度时空对象组成的全空间数字世界的抽象过程。明确了将多粒度时空实体作为多粒度时空对象的描述目标，将实现全空间数字世界全空间、多粒度、多维关联、实时动态和自我演化等特点作为建立多粒度时空对象数据模型的基本要求。多粒度时空对象特征描述框架具体解决了应该描述多粒度时空实体的哪些特征，如何描述这些特征的问题。在此基础上本书给出多粒度时空对象数据模型的定义：多粒度时空对象数据模型就是在全空间信息系统认知模型的基础上，基于面向对象的思想将多粒度时空实体抽象为对象类和对象，并通过包含时空参照、空间位置、空间形态、组成结构、关联关系、认知能力、行为能力、属性特征的多粒度时空对象八元组特征描述方法实现对多粒度时空实体的数字化描述。

2. 多粒度时对象数据模型的组成

多粒度时空对象数据模型是基于面向对象思想构建的，而类、对象、属性和方法则是描述对象模型的基本要素。其中，对象是面向对象建模的目标，是对所抽象的实体的数字化描述。类是指具有相同或相似性质的对象的抽象，是对对象认知的进一步提升。属性和方法描述了对象所特有的性质，其中方法重点描述对象能够改变自身或者外部状态的能力。虽然面向对象思想的核心是将实体抽象为对象，但是由于现实世界是无限复杂的，很难将现实世界直接——对应地抽象为对象，而是通常先将具有相同或相似性质的实体抽象为对象类，再将类实例化为对象。多粒度时空对象数据模型对于实体的描述同样也由多粒度时空对象类数据、多粒度时空对象数据和多粒度时空对象特征数据三部分组成。

1) 多粒度时空对象类数据

多粒度时空对象类是对具有相似或者相同特征的多粒度时空对象的抽象。它规则化地描述了同一类多粒度时空对象八元组特征的描述规则和描述方法，是人们认识和构建多粒度时空对象的前提。多粒度时空对象类数据主要由对象类标识、对象特征项描述和对象通用特征值组成。对象类标识包括对象类的编码、名称等信息，主要用于确定一个对象类的身份。对象特征项描述是对象类的主体部分，主要描述了从该类派生出的对象应该具有哪些特征项，以及这些特征项的描述规则等信息。通常一个多粒度时空对象类只记录对象特征项的描述信息，只有在进行多粒度时空对象实例化时才为该特征项赋予具体的值。但是，当从该类中派生出的所有对象都具有完全相同的特征值时，可以将该值记录在多粒度时空对象类中，在派生出的多粒度时空对象中只记录对该值的引用。对于描述多粒度时空对象认知和行为的函数、算法、模型等资源，一般都记录在多粒度时空对象类中。基于面向对象的思想，多粒度时空对象类之间可以继承、聚合和关联。一个多粒度时空对象类既可以实例化为对象，也可以派生出新的子类。子类能够继承父类所有公开的特征描述，并在此基础上增加自己特有的内容。在一个多粒度时空对象类中可以引用其他类的内容，也可以通过直接组合或者聚合多个类，形成一个新类。

2) 多粒度时空对象数据

多粒度时空对象是多粒度时空对象类的实例化，按照多粒度时空对象类中特征描述规则，为每个特征赋予具体的数值，从而实现对多粒度时空实体的描述。在多粒度时空对象数据模型中，多粒度时空对象和多粒度时空对象特征是分开描述和记录的。在多粒度时空对象数据中只记录了对于对象本质的、整体性的描述数据及对象与特征之间的关联。例如，多粒度时空对象生命周期信息，以及在整个生命周期中都不会发生改变的对象标识、对象类别等，这些数据作为对象整体的、本质的属性特征记录在对象数据中。而对象的八元组特征值则大部分单独记录在多粒度时空对象特征数据中，只是在对象数据中记录了相应特征的整体描述信息和具体特征数据的存储位置及其与对象的关联信息。

3) 多粒度时空对象特征数据

多粒度时空对象特征数据是进行多粒度时空实体描述时记录的具体的实体状态信息。对多粒度时空对象特征项的赋值需要遵循多粒度时空对象类中记录的对象特征项的描述规则，如值域的范围、表达式的规则及特征值之间的关联规则等。为了实现多粒度时空对象数据模型的扩展，允许多粒度时空对象在实例化的过程中增加自己私有的特征项数据。

3. 多粒度时空对象数据模型的特点

1) 多粒度时空对象数据模型能够实现对多粒度时空实体全面的描述

多粒度时空对象数据模型采用了包含时空参照、空间位置、空间形态、属性特征、关联关系、组成结构、认知能力、行为能力的八元组特征描述框架来实现对多粒度时空实体的描述。不仅能够描述多粒度时空实体的位置、形态等空间特征，还能描述多粒度时空实体动态可扩展的属性特征；不仅能够描述不同粒度时空实体之间组合与分解的纵向关系，还能够描述不同时空实体横向间广泛存在的复杂关联；不仅能够描述时空实体本身具有的特征状态值，还能够描述实体驱动自身和其他实体变化的认知能力和行为能力。

通过构建八元组的特征描述框架,能够实现对多粒度时空实体更为全面的特征描述,实现构建具有全空间、多粒度、多维关联、实时动态和自我演化等特点的全空间数字世界的需要。

2) 多粒度时空对象数据模型是一种面向实体的对象数据模型

从多粒度时空对象数据模型的定义可以看出,它是一种以实体为描述目标的,基于面向对象思想的数据模型。首先,面向对象的基本哲学是认为世界是由各种各样具有自己的运动规律和内部状态的对象所组成的,因此对象模型本身非常适合对实体进行描述。其次,面向对象思想的继承、封装和多态三大基本特征能够更好地帮助多粒度时空对象模型实现对现实世界的描述。

在面向对象思想中,继承是指新的类可以使用现有类的所有功能,并在此基础上对这些功能进行扩展、继承的过程,是从一般到特殊的过程。人类对现实世界的认知是一个循序渐进的过程,不可能一次就彻底完成对某一多粒度时空实体的全方位、全细节的所有认知。通过继承的特性,可以将人类对多粒度时空实体当前的认知固化和描述下来,并在后续的认知过程中得到复用。

在面向对象思想中,封装是把过程和数据包围起来,对数据的访问只能通过可信的类或对象操作,对不可信者进行信息隐藏。在多粒度时空对象数据模型中,封装的作用主要体现在两个方面。一方面,通过对多粒度时空对象特征的封装,特征描述数据分级得以进行,从而控制不同级别数据的访问权限,提高数据的安全性。另一方面,封装可以隐藏多粒度时空对象特征的数据描述细节,为用户提供统一的针对对象特征的访问。

随着测绘手段的丰富及时空大数据的发展,时空数据的种类越来越多,数据含义越来越丰富,尤其随着时空大数据的发展,数据的价值密度也变得越来越低。得益于多粒度时空对象数据模型的封装特性,用户不需要关注具体的数据细节,就可以访问具有一定语义信息的空间位置、空间形态等特征信息。

在面向对象思想中,多态是指同一操作作用于不同的对象,可以有不同的解释,产生不同的执行结果。多态增强了基于面向对象思想软件的灵活性和重用性。在多粒度时空对象数据模型中,多态是指其在多粒度、多尺度、多场景下对时空参照、空间位置、空间形态等特征的差异化描述和应用的能力。在对特征描述封装的基础上,实现针对不同的应用环境,动态地为用户提供相应特征信息的能力。

3) 多粒度时空对象数据模型是一种开放的、可扩展的数据模型

多粒度时空对象数据模型对时空的描述是开放和可扩展的。在多粒度时空对象数据模型中,采用了对象时空观,认为每个对象都可以具有自己独立的对象空间和时间,并且将时空参照、空间位置和空间形态作为一种对象特征封装在对象内部。每个对象都可以建立完全独立的时间参照和空间参照,实现对自身时间特征和空间形态的描述。在新的多粒度时空对象中,只需要在其时空参照特征中记录与已知某个对象时空参照的转换方法,就可以将该多粒度时空对象融入已有的多粒度时空对象数据集中。

多粒度时空对象的特征描述是开放和可扩展的。在多粒度时空对象数据模型中,对象与对象特征之间是一种松耦合的集成方式,只是在对象中记录了其与对象特征的关联。因此,可以方便地扩展特征的描述数据,围绕同一特征将多源、多类型的数据组织在一起。

2.2.3　与 GIS 空间数据模型相比的主要优点

多粒度时空数据模型是对 GIS 空间数据模型的全面升级,相对于 GIS 空间数据模型而言,

多粒度时空对象数据模型在描述的对象内容、时空范畴、信息维度及对新技术的支持方面都有显著的优势。

1. 能够实现对现实世界的直接描述

GIS 空间数据模型是基于地图认知模型建立的，描述的目标是采用地图语言对地理世界进行抽象的地图要素。多粒度时空对象数据模型则是在全空间信息系统认知模型的基础上建立的，描述的目标是直接与现实世界映射的多粒度时空对象。地图认知模型将地理世界高度抽象为点状、线状和面状地图符号，GIS 空间数据主要实现了对这些地图符号的数字化描述。全空间信息系统认知模型将现实世界的万事万物抽象为多粒度时空实体，而基于多粒度时空实体的认知是一种更符合人类认知习惯的、更自然的认识现实世界的方式，能够更加直接客观地反映人类对现实世界较为全面的认知。因此，描述多粒度时空实体的多粒度时空对象数据模型也是一种更加真实、更加直接地描述现实世界的数据模型。

2. 扩展了 GIS 空间数据模型的时空范畴

在空间范畴方面，多粒度时空对象数据模型能够支持面向全空间的空间范畴拓展。GIS 空间数据模型适宜于描述中观尺度下的地球表面，当构建空间数据模型时，需要预先构建相应的空间参考框架，并在该框架内对空间数据模型中的空间信息进行统一的描述。因此，当需要将空间尺度扩展为建筑内部空间、设备空间等更小的空间，或者更大尺度的近地空间、太阳系等宏观空间时，由于很难找到一个包含所有空间的统一的空间参考框架，也就很难建立一个统一的 GIS 空间数据模型。尤其是当脱离地球参照，需要描述更加通用的泛在空间时，GIS 空间数据模型就更加无法胜任。多粒度时空对象数据模型采用基于对象的时空观，将空间参照和空间形态内化为时空对象的一个内部特征。对于任意一个多粒度时空对象而言，可以建立一个与外部无关的，只包含对象内部特征描述的空间参考框架。这个框架可以是真实的空间，也可以是网络空间、社交空间等虚拟空间。当需要在一个多粒度时空对象集合中扩展新的时空对象时，只需要建立新时空对象的空间参照与对象集合中任意一个时空对象的时空参照之间的转换即可。

时间特征的描述一直是 GIS 空间数据模型的弱项，尽管学术界提出了大量各具特色的时空数据模型，但是一方面，这些数据模型无法改变 GIS 空间数据模型是基于地图认知的二次建模这一事实；另一方面，也很难找到一种支持整个 GIS 软件平台的通用的时空数据模型。多粒度时空对象模型将时间参照内化为对象的一个基本特征，允许模型针对描述的需要建立不同的时间参照系，这使得每个多粒度时空对象都可以有自己独立的全生命周期描述，进而实现在时间描述上的扩展。通过为每个多粒度时空对象建立自身的全生命周期描述模式，可以实现对空间位置、空间形态、关联关系、组成结构、属性特征等所有特征的动态描述。与此同时，通过接入实时数据可以实现对时空实体当前状态的描述；通过多粒度时空对象认知和行为的推演，实现对时空实体未来状态的推演和预测。

3. 扩展了 GIS 空间数据模型描述的信息维度

GIS 空间数据模型主要聚焦于地图要素的空间特征和属性特征的描述，并且这种特征通常是静态的、不可扩展的。多粒度时空对象数据模型将描述目标由地图要素转换为多粒度时空实体，描述内容也扩展为时空实体的全方位描述信息。这主要表现为：在空间特征描述方面，增加了对多位置、多形态及对它们动态变化的描述。一方面，不同的空间参照可以对应不同的位置与形态描述；另一方面，不同尺度、抽象方法、观测手段等都会产生对空间特征的多维描述。例如，可以利用点状符号、面状符号描述建筑物的二维形态特征，也可以利用 3D 模型、点云、倾斜摄影等方式描述其三维空间特征。这些都可以作为多粒度时空对象数据模型中空间形态特征的多维描述。与此同时，随着时间的变化，对空间形态的描述也可以有不同的版本。在属性特征描述方面，可以随时根据多粒度时空实体状态的变化进行属性的扩展。这些扩展不仅包括属性值的动态变化，也包括描述的属性项随着时间进行的增加、减少和改变。在时空实体的关系描述方面，多粒度时空对象数据模型主要描述了两种关系，一种是组成结构，一种是关联关系。组成结构是描述时空对象部分与整体的构成关系。通常一个时空对象往往会是其他(一个或多个)时空对象(父对象)的组成部分，同样，一个时空对象往往由一个或多个时空对象(子对象)组成，组成结构记录了这种从属关系。关联关系是一种更加一般的描述两个不同时空实体之间具有的某种能够明确认知和抽象的相互关联。由于时空实体之间的关联存在无限种可能，通常在多粒度时空对象数据模型中记录的是时空实体之间较为稳固的、易于认知和抽象的、明确的关联关系。这种关联关系的记录便于人们了解时空实体之间的相关性，同时也便于在此基础上进行更深层次的隐含的关联关系的挖掘。

4. 扩展了 GIS 支持的时空数据的类型

GIS 空间数据模型构建了以矢量数据、栅格数据和数字高程模型为核心的数据体系，并在此基础上发展出了成熟的数据管理、分析和可视化技术。但是随着测绘手段的不断丰富，以及互联网、物联网等技术的快速发展，出现了大量新的时空数据源，如倾斜摄影、激光点云、时空大数据等，很难将这些新的数据源纳入 GIS 数据体系下进行统一管理、分析和可视化。当前主流的做法是单独为这些数据源构建一套相对独立的技术体系，只是在最终可视化的时候，通过显示叠加将这些新的数据与传统空间数据关联在一起。一方面，这种独立外挂的处理方式对于不断扩展和增多的时空数据源来说，并不具备可持续性；另一方面，不断增多的独立体系会产生越来越多的信息鸿沟，无法有效利用多种数据源带来的信息增益。

多粒度时空对象数据模型将八元组特征内化为时空实体的内部特征，将众多数据源内化为不同的实体特征描述方式，从理论架构和数据模型上将各种时空数据源纳入统一的记录和描述体系内，同时支持对更多新数据源的扩展。多粒度时空对象数据模型采用了面向对象思想中封装的概念，对实体特征与特征描述数据，以及特征描述数据与特征信息的使用进行了分离，将特征描述数据封装为对象内部特征，将从特征数据到特征信息的转换封装为对象的内部方法。将对数据的处理交由对数据更加熟悉的对象建模者来完成，用户只需要通过模型提供的方法获取对应的特征信息即可。这种方式极大地提高了数据模型对不同类型数据的扩展兼容能力。

5. 为基于时空实体的空间信息新技术提供底层数据模型支撑

1) 为构建具有内生空间智能的信息系统提供了新的解决方案

狭义的空间智能特指人在大脑中形成一个外部空间世界的模式并能够运用和操作这些模式的能力。随着 GIS 和人工智能技术的不断发展，智慧地球、智慧城市、元宇宙等新概念不断涌现，其中一个很重要的理念就是希望建立一个具备空间智能的空间信息系统。在传统理念下，空间信息系统的智能通常都是由人来实现的，即系统的开发者引入更多的智能分析算法、模型，使得系统能够对管理的数据进行综合研判和分析，从而为用户提供辅助决策支持。然而现实世界的智慧、智能往往都是时空实体内生的，是时空实体根据实时接收到的各种信息，按照一定的自然规律进行自主决策与自动演化的结果。现实世界的智能性，就是由每个包含人类在内的实体进行信息的交互、决策与演化来体现的。实现一个具有内生智能的信息系统的前提，应该是组成这个系统的每个单元都具备各自的智慧。在全空间信息系统中，能够通过行为能力和认知能力两个特征对时空实体的智能和动态演化能力进行建模。随着建模者对时空实体认识的不断深入，这种建模可以更加真实地反映时空实体对外部环境的感知、决策与反应能力。逐步提高系统中每个时空对象的智能水平，将使得基于多粒度时空对象的空间系统具有真正的空间智能。

2) 为虚拟现实和增强现实技术提供数据模型支撑

多粒度时空对象数据模型能够更好地支撑虚拟现实(VR)、增强现实(AR)等新型可视化技术。VR 技术强调用户可进入的沉浸感交互体验，其中一项关键内容就是对场景中的实体进行360°的全方位模拟。AR 技术则强调将真实世界的信息和虚拟世界的信息内容综合在一起，通过一定的可视化技术，在人类感知的现实世界中叠加虚拟世界的信息。而实现这种叠加的前提就是在人的认知世界和计算机的虚拟世界中具有相同的对现实世界的认知和描述方式。多粒度时空对象数据模型则正是在基于人类的常识性认知模型(基于实体的认知模型)的基础上，对多粒度时空实体进行全方位描述的数据模型。

3) 为时空大数据的整合、融合与共享提供新的技术途径

所有时空大数据都是对现实世界中时空实体的描述，时空实体是联通不同时空大数据的天然桥梁。作为对多粒度时空实体进行描述的数据模型，多粒度时空对象数据模型在时空大数据的整合、融合与管理方面具有独特的优势。一方面，可以直接将时空大数据作为多粒度时空对象某个特征的描述数据，建立特征与时空大数据集的关联，通过多粒度时空数据模型进行时空大数据的整合与共享。另一方面，也可以将通过时空大数据挖掘出的信息作为多粒度时空对象数据模型中某项特征的信息，将对时空大数据的挖掘过程建模为多粒度时空对象的行为，从而将时空大数据和多粒度时空对象进行动态绑定，通过多粒度时空对象不同特征之间的信息融合来实现对时空大数据的融合。

2.3　多粒度时空对象建模

2.3.1　多粒度时空对象建模的概念

1. 多粒度时空对象建模的定义

建模即建立模型，就是为了理解事物而对事物做出的一种抽象，是对事物的一种无歧义的书面描述。多粒度时空对象建模就是为了能够在计算机中准确全面地描述现实世界，采用全空间信息系统认知模型，将现实世界中的万事万物抽象为全空间认知世界中的多粒度时空实体，再将多粒度时空实体按照多粒度时空对象数据模型的定义，抽象为全空间数字世界中多粒度时空对象的过程。

多粒度时空对象建模的核心任务是生成多粒度时空对象数据。按照多粒度时空对象数据模型的定义，多粒度时空对象数据主要包含对象类数据、对象描述数据和八元组特征数据。其中，多粒度时空对象类数据是对具有相同或者相似特征对象的抽象，辅助用户构建和认识多粒度时空对象的综合性数据。对象描述数据和八元组特征数据是多粒度时空对象数据的主体。对象描述数据描述了多粒度时空对象的整体信息，八元组特征数据描述了多粒度时空对象的主体内容。

多粒度时空对象建模是一种基于面向对象思想的建模，可以充分使用和借鉴软件开发领域中各种成熟的面向对象建模的理论、方法和工具。面向对象建模方法主要从面向对象程序设计发展而来，它通过对象对问题域进行完整映射。对象包括事物的数据特征和问题特征，它用结构和链接来反映问题域中事物之间的关系，如分类、组装等；它通过封装、继承、消息通信等原则使问题域的复杂性得到控制。面向对象建模方法是对问题域的完整和直接映射，在模拟

现实世界方面具有天然的优势。面向对象建模技术已经在软件开发领域得到了广泛的应用，并形成了通用的图形化建模语言(unified modeling language，UML)。它通过图形化的方式来表达类、类和类之间的关联、类的实例(对象)等要素，通过这些要素之间相互配合来实现对动态系统的描述。多粒度时空对象数据模型是一种面向对象的数据模型，构建多粒度时空对象本身就是一个对象建模的过程，可以充分借鉴和使用各种成熟的面向对象建模技术。

多粒度时空对象建模的目标是构建全空间数字世界。多粒度时空对象建模包含对多粒度时空实体的抽象、化简、数字化等复杂过程，但其最终目标还是建立一个在计算机中用数据描述多粒度时空实体的全空间数字世界。因此，多粒度时空对象建模不仅需要完成单个多粒度时空对象的构建，还需要建立对象与对象之间的关联，并且最终将构建的多粒度时空对象发布到已经创建的全空间数字世界中。

2. 多粒度时空对象建模的基本过程

根据多粒度时空对象建模的定义可以看出，多粒度时空对象建模的基本过程可以划分为如图 2.3 所示的三个部分。

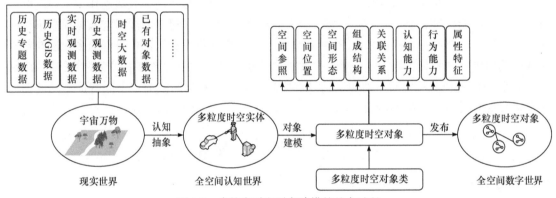

图 2.3　多粒度时空对象建模的基本过程

(1) 现实世界认知与抽象。对现实世界进行深入的研究，将现实世界抽象为由多粒度时空实体组成的全空间认知世界，是进行多粒度时空对象建模的起点。建模者对现实世界进行认知与抽象的主要素材是描述现实世界的各种数据。这些数据从不同侧面描述了现实世界中各种实体的主要特征，大体上可以分为三类。第一类数据是大量的各行各业历史积累的各种经过处理加工的业务数据，如传统的 GIS 数据、地图数据等。这些数据已经在各种信息系统中得到了长期的使用，数据的信息量较为丰富，同时数据的质量能够得到保证。第二类数据是直接对现实世界进行记录和观测的数据，如各种历史的、实时的观测数据，基于互联网和物联网产生的时空大数据等。这些数据是对现实世界最原始、最真实的记录。但是通常数据内容较为单一，没有经过面向实体的抽象与处理。第三类是已经经过对象化建模的对象数据，建模者可以在这些对象数据的基础上对其进行二次加工，通过进一步丰富对象特征以及对象的组合、分解等操作，形成对现实世界更加深入的认识。

(2) 多粒度时空对象建模。在形成了基本的多粒度时空实体认知的基础上，通过多粒度时空对象建模，进一步构建描述多粒度时空实体的多粒度时空对象数据。其主要工作包含创建多粒度时空对象类、对象和对象特征的数据描述。其中，创建多粒度时空对象类主要是通过交互设计工具，将建模者对某一类多粒度时空实体的统一认识抽象为对对象的描述规则；创建多粒度时空对象主要是建立对象与多粒度时空实体的一一映射关系，确定创建的多粒度时空对象的身份标识和整体描述信息；创建多粒度时空对象特征主要是要根据获取到的描述多粒度时空实体的多源数据，按照八元组特征的方式进行重新整合与融合，同时在此过程中通过多种手段，补齐描述多粒度时空实体特征所需的其余数据。

(3) 多粒度时空对象发布。主要指将生成的多粒度时空对象以持久化的形式化保存在相应的存储环境中，同时完成与已经存在的多粒度时空对象集合的关联。根据生成的多粒度时空对象应用目的的不同，可以将其分为两类。一类是主要用于数据生产与交流的多粒度时空对象交换数据。这类多粒度时空对象主要以数据集的方式储存，通常只保存对象特征的描述数据，而不包含对象的动态演化特征。另一类是直接构成全空间数字世界的多粒度时空对象数据。这类数据在发布的过程中不仅要保证多粒度时空对象静态特征的正确性，还要动态地创建发布的多粒度时空对象与已有对象之间的关联和相互影响。

3. 多粒度时空对象建模的主要工作

根据多粒度时空对象建模的定义和基本过程，在进行具体的多粒度时空对象建模工作时，有两类主要的工作需要完成。

一是对多粒度时空对象的设计，包括多粒度时空对象类和对象八元组特征的设计与建模。通过多粒度时空对象设计，基本确定了多粒度时空对象的描述方式与方法。

二是多粒度时空对象的生成，即针对具体的多粒度时空实体，按照多粒度时空对象的设计进行具体对象与特征数据的生成，从而最终形成与多粒度时空实体一一对应的多粒度时空对象。

2.3.2　多粒度时空对象设计

1. 多粒度时空对象类视图设计

多粒度时空对象建模是在建模者对现实世界认知的基础上实现的。而人类对现实世界的认知通常都是在一定的时空范围内、一定的业务场景下完成的。这种认知往往不是针对单个实体的孤立的认知，而是对某一类实体及多类实体之间相互关系的整体认知。因此，多粒度时空对象建模的首要内容就是要在一定时空域、一定行业背景下创建相应的对象类视图，并在构建的对象类视图的基础上进一步抽象与描述对象类及对象类之间的相互关系，从而最终完成多粒度时空对象类的设计工作。图 2.4 展示了某城市街区设施对象类视图。

该类视图涵盖了道路两侧的公用设施和交通设施，并且为每一类设计了相应的基类，实现了对该类设施共有特征的描述。在每一类设施的基类下，又根据具体的设施类型派生出了许多子类，如燃气井盖、电力井盖、雨水井盖等井盖设施继承自公用设施，继承的属性信息包括名称、编码、主管部门代码、主管部门、材质、联系人、联系电话、单元网格、位置、现势性、状态等，形态为点、模型形态。除了继承关系外，在类视图中还包含组成关系。例如，智能路灯类由监控摄像头、光传感器、灯头、灯架、照明控制器、雷达传感器的子类组合而成。

2. 多粒度时空对象八元组特征建模

多粒度时空对象特征建模是在多粒度时空对象类视图设计的基础上，按照多粒度时空对象八元组描述框架，对对象类设计的进一步细化，是构建多粒度时空对象数据模型的主要内容。

1) 时空参照建模

时空参照是多粒度时空对象特征数字化描述的基础。描述多粒度时空对象位置、形态的坐标只有在一定的空间参照下才具备实际的意义。同时，整个对象特征的描述都是在一定的时间范围内的，而时间的记录则需要有相应的时间参照作为参考。

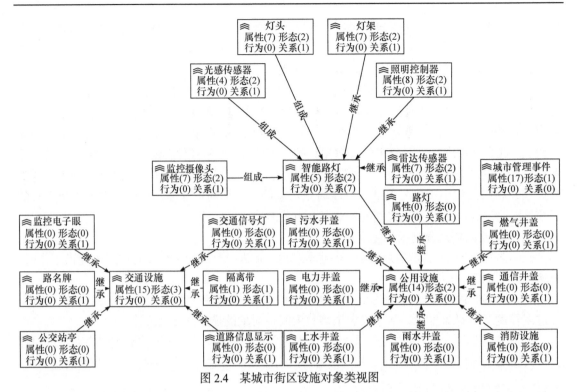

图 2.4　某城市街区设施对象类视图

多粒度时空对象时空参照建模主要包括三个部分。①构建时空参照的数据字典。时空参照的描述相对比较统一，一般需要建立参考原点、参考坐标轴和坐标轴的单位刻度。根据参照维度的不同，可以分为一维参照、二维参照、三维参照和四维参照。构建时空参照数据字典需要预先建立经常用到的时空参照描述对照表。在多粒度时空对象建模过程中用户可以直接引用数字字典中的时空参照。同时，也支持用户针对特殊应用对数据字典进行扩展。②建立时空参照的转换模型。在多粒度时空对象描述框架下，不同的对象可以在各自独立的时空参照下进行描述。但是，当需要将多个多粒度时空对象放在统一的应用场景中时，就必须进行时空参照的转换。因此，任何新建的时空参照都必须构建一个与其他参照相互转换的转换模型。这种转换可以是多对多的转换，也可以是面向最常用时空参照的一对多的转换。③在进行多粒度时空对象实例化的过程中，需要为对象的描述指定具体的时空参照。可以为对象指定一个统一的时空参照，也可以针对不同的特征描述需求分别为不同的特征描述指定对应的时空参照。

2) 空间位置建模

空间位置是多粒度时空对象的一项基本特征，任何时空实体在某一具体时刻一定具有一个具体的位置。因此，空间位置建模是进行多粒度时空对象实例化过程中必不可少的一项特征。多粒度时空对象空间位置的建模主要包括位置模板构建、对象类关联、空间位置实例化和动态位置建模四个步骤。其中位置模板构建提供了关于位置的描述信息，对象类关联为具体的对象类关联合适的位置模板，空间位置实例化负责在对象实例化时为对象指定一个具体的位置数据，动态位置建模则负责为位置实时变化的实体提供一个获取实时位置的方法。

3) 空间形态建模

对于多粒度时空对象空间形态的构建而言，因为空间形态数据模型属于一种通用的建模参考框架，在实际应用时，需要根据具体的应用场景和应用目标来确定空间形态数据构建需要的具体形态类型、尺度范围和时间范围。因此，在进行空间形态建模时，一般采用面向用途的多粒度时空对象空间形态构建方法。即从具体的应用目标出发，将完成整个应用所需要的多粒度时空对象空间形态及其相互联系抽象为空间形态逻辑视图。空间形态逻辑视图包含该应用目标所需要的多粒度时空对象、多粒度时空对象空间形态类型说明及时空范围与尺度范围约束条件等内容。

在明确了多粒度时空对象空间形态逻辑视图的基础上，根据空间形态用途进行空间形态类建模和空间形态实例化工作。空间形态类建模的主要任务是设计空间形态类模板，用于获取满足当前应用需要的全部空间形态信息，主要步骤为设计对象类、设计空间形态形状、设计空间形态样式。空间形态实例化是指在空间形态类模板建立的基础上，集成和生成具体空间形态数据的过程。空间形态实例化可分为自动转换实例化与手动编辑实例化两种类型，两种方式可以联合使用。自动转换实例化的核心是建立起原始数据空间形态信息与空间形态类模板的映射关系。

4) 属性特征建模

与 GIS 相比，多粒度时空对象的属性特征具有可扩展性强，实时动态变化等特点。为了满足多粒度时空对象属性描述的需要，多粒度时空对象属性既包含对象类的共有属性，也包含可扩展对象的私有属性，既要支持对象多态属性特征的描述，也要支持属性特征的关联变化与动态维护。

多粒度时空对象属性特征建模的主要内容包括对象类共有属性特征设计、对象类私有属性特征设计、对象属性特征值录入、对象动态特征维护四个部分。对象类共有属性设计是在进行对象类模板设计时，根据对对象类的抽象，设计整个对象类的共有属性键，主要包括确定属性键的名称、类型、形式化约束、时间约束和范围约束等内容。对象类私有属性设计是在对象实例化之前，根据对象所特有的属性特征，在继承对象类共有属性的基础上，建立该对象特有的属性键描述。对象属性特征值录入时，根据录入的内容不同，可分为静态属性的录入和动态属性的录入。静态属性的录入主要根据调查、统计、分析的结果，将数据一次性录入。动态属性则需要根据对象的生命周期，建立动态属性的时间序列，并按照时间序列进行动态属性数据的组织。对象动态特征维护主要是针对在建模阶段构建的实时动态属性项的键值，将具体的属性值实时持久化为具体的属性数据。

5) 关联关系建模

多粒度时空对象关联关系数据建模是指根据一定的模型、算法，采用转换、计算、推理等技术手段，从数据源或其衍生数据中提取出时空对象间的关联关系，进而形成多粒度时空对象关联关系模型数据的过程。

多粒度时空对象关联关系的建模流程主要包括关系模板构建、类间关系建模、对象关系实例化和动态关系建模四个步骤。关系模板构建是通过对客观现实世界中的实体关系的抽象和认知，形成多粒度时空对象关联关系的定义，构建起关联关系模板。它是关系建模所参照的框架，包含关系的类型、关系的属性等内容的定义。类间关系建模的过程类似于 UML 类图中的类间关系构建，最终的结果是确定了时空对象类模板之间的关系类型(关系模板)。对象关系实例化是在类间关系建模的基础上，通过交互、数据转换、分析挖掘等方式构建起两个时空对象之间的真实关联关系。动态关系建模主要负责随着时间的变化，对关系的增加、删除、修改等操作进行动态的记录与描述。

6) 组成结构建模

多粒度时空对象组成结构建模主要分为对象类的组成结构建模和对象的组成结构建模。

其中对象类的组成结构建模主要在构建对象类视图的过程中完成。

对象组成结构建模方法与对象关联关系建模的方式基本相同。只是在某些应用中，对象组成结构的构建和删除不仅仅意味着二者的"关系连线"构建或消除了，它们还可能通过组成结构传递一些相互作用。在多粒度时空对象组成结构建模的过程中，需要关注组成结构的动态操作及其对对象的影响。组成结构的动态操作类型包括组成结构的构建、更新和删除，不同的操作类型往往对应不同的操作特征。组成结构的操作特征项是指父子对象在建立或删除组成结构时，对对方存在依赖(受到对方约束和影响)的特征项，主要分为位置特征项、形态特征项、属性特征项和行为特征项，这些约束可能是单向的，也可能是双向的，在组成结构建模时，需要根据实际情况建立操作特征项的具体操作方法。

7) 行为能力建模

多粒度时空对象行为能力用于描述时空对象所具有的行为方式，因此对时空对象行为能力的建模就是建立对时空对象行为方式的描述与构建方法体系，为在全空间信息系统中抽象和表达对象的行为能力提供方法和指引。

多粒度时空对象行为建模主要包括行为能力的抽象描述方法和行为能力的表达构建方法。前者主要是从整体上建立多粒度时空对象行为能力的数字化描述规则，后者主要是从实现角度上对多粒度时空对象的行为能力建模提供具体的方法。多粒度时空对象建模的基本思路是，运用基于对象的建模方法，将行为能力包含到对象描述中，即将行为作为要素包含到对象的特征中。具体来说，就是把空间实体在不同尺度下的位置、形态、组成、关系和属性特征作为对象的内在属性来描述，通过抽象建模时的观测值(在一定的时空参照下)来表征。而把规则化的动态变化特征作为对象的行为能力来描述，通过行为模型来表征。

8) 认知能力建模

多粒度时空对象的认知能力决定了对象在时空演化及相互作用过程中的行为执行过程。可以认为对象的认知模型实际上是对象行为的调度机制。时空对象认知能力建模主要解决对象行为调度机制在计算机中的存储与实现。

基于时空对象认知能力的实现方法有很多，在对象行为调度方面，也有多种建模方法可以在实际工程中借鉴使用，如游戏开发中的行为调度、Agent 系统、专家系统及各种人工智能系统等。以专家系统为例，可以把专家知识库的推理能力理解为一种认知能力。因此认知能力的建模与采用的认知实现方式息息相关。总的来讲，认知能力建模主要包括认知能力的形式化描述、认知实现的模块和系统构建及绑定行为的认知调试。

2.3.3　多粒度时空对象生成的基本方法

多粒度时空对象生成的主要工作就是在多粒度时空对象设计的基础上，将获取到的多源数据整合为多粒度时空对象模型数据。这些数据包括各种现有的 GIS 数据、实时获取的各种观测数据、建模者自己掌握的各种知识和资料及各大数据平台积累的时空大数据等。根据建模的数据源不同，可以将多粒度时空对象的创建方法归纳为五种(张江水等，2018)，如图 2.5 所示。

1. 基于对象类模板和建模规范的创建方法

虽然现实中每个时空实体都有各自的特征，但是在进行多粒度时空对象创建的过程中，仍然存在大量相同或者相似的规律。例如，很多楼房都具有相同的形态特征，不同的电梯都具有相同或相近的行为模式，不同的体育场都具有相似的组成结构和属性特征等。对多粒度时空对

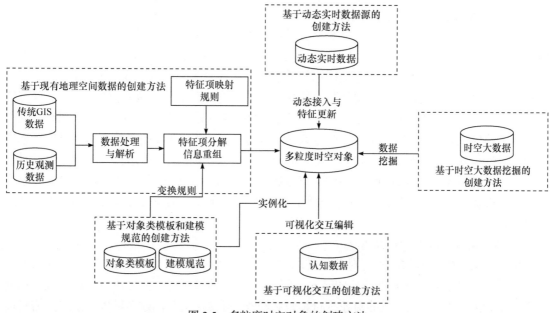

图 2.5　多粒度时空对象的创建方法

象创建过程中相似的抽象规律进行总结就能够形成该领域内的建模规范。当建模规范能够详细描述一类多粒度时空对象的所有特征时，可以进一步将其抽象为多粒度时空对象类。建模规范和多粒度时空对象类通常用于辅助实现自动化或者半自动的多粒度时空对象创建。当某一类多粒度时空对象具有大量相同的特征，在创建时只需要修改很少一部分具体特征值，就可以将多粒度时空对象类进一步具体化为多粒度时空对象类模板。多粒度时空对象类模板中不仅记录对象特征的描述方式，同时记录对象特征的默认值。在进行这类多粒度时空对象创建时，大部分的特征值都直接继承自多粒度时空对象类模板，只需针对少量的特征单独赋值即可完成多粒度时空对象的创建工作。基于对象类模板和建模规范的建模方法的核心就是对象类模板和建模规范的创建，图 2.6 描述了对象类模板的创建过程。

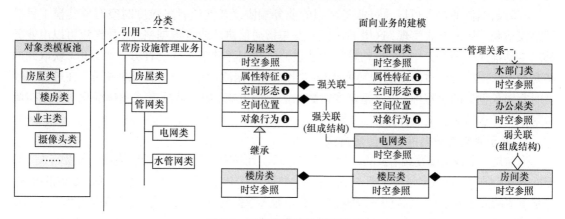

图 2.6　对象类模板的创建过程

在对象类模板池中记录了所有已经建成的对象类模板，通过对现有类模板的引用、继承、组合和关联可以形成面向具体业务的新的对象类模板，新生成的对象类模板同时也可以加入到模板池中，丰富对象类模板池的内容。

2. 基于现有地理空间数据的创建方法

经过多年的发展和积累，目前世界上已经存在海量的地理空间数据。基于现有地理空间数据构建多粒度时空对象是多粒度时空对象创建的一种重要方式。现有的地理空间数据内容丰富，数据量大，但它们大多是基于地图认知模型的，是对地理要素的位置、形态、分布和属性的描述。不同尺度、不同图幅之间的数据往往存在着大量的重叠和割裂的情况。而且，现有的地理空间数据大都存在关联描述少，没有行为、认知、组成结构特征等问题。基于现有地理空间数据的建模主要分为三个过程：①通过数据处理与解析，将数据按照多粒度时空对象数据模型的要求进行数据结构的重组，映射为初步的对象数据；②根据应用需求按照多粒度时空对象模板对初步的对象及其特征项进行分解与信息重组，形成满足建模要求的多粒度时空对象集合；③通过接入实时数据源、引进时空大数据挖掘及可视化交互编辑等方式补充和完善模型的各个特征。

3. 基于可视化交互的创建方法

可视化交互创建多粒度时空对象是在多粒度时空对象可视化的基础上，通过交互的方式实现对多粒度时空对象八元组特征的输入、编辑和修改。通过可视化交互可以直接生成多粒度时空对象，也可以对已经生成的对象进行编辑和修改。可视化交互创建多粒度时空对象需要提供的功能包括：创建具体的时空参照并将其指定给多粒度时空对象；创建对象的属性、位置、形态特征，指定对象属性、位置、形态的数据源或对这些特征进行交互式编辑与录入；指定对象之间的关联关系或者提供关联关系生成的方法；指定对象的组成结构，提供对象进行组合与分解的方法；提供对象行为与认知特征的构造方法，为对象创建具体的行为与认知能力描述与实现方法，并能够对其进行编辑、修改和预览。

4. 基于动态实时数据源的创建方法

动态实时数据主要包括各种类型传感器采集的实时数据流及业务系统收集、计算、分析所产生的一些实时数据。这些数据通常不能满足构建多粒度时空对象所有特征的条件，但是它们能够及时更新数据模型中相应的特征值，是多粒度时空对象与现实世界同步的重要手段，是维持多粒度时空对象动态特征的主要数据源，是创建多粒度时空对象的重要补充。

实时数据流的接入可以通过业务部门的业务端协议转换或者多粒度时空对象建模工具终端协议适配扩展的方式实现，这里的协议主要是指通信协议或者数据格式。数据流可以由业务部门主动推送、设施接入模块主动轮询和通过监听数据存储目录等三种方式来获取。获取到的实时动态数据最终经过协议适配转换为标准化对象数据流，用于对象特征的更新。在进行多粒度时空对象创建的过程中，需要指定实时数据的获取方式、协议适配方式及标准化对象数据流对对象特征进行更新的具体方法。

5. 基于时空大数据挖掘的创建方法

当前是一个数据爆发式增长的时代，宽带、移动互联网、物联网、智能终端的普及与人工智能的兴起，促使全球数据每两年翻一番。时空大数据是其中大量的与时空位置有关的数据的统称，是最重要的大数据之一。时空大数据除了具有一般大数据的特性外，还具有与对象行为对应的多源异构和复杂性，与事件对应的时、空、尺度、对象动态演化、对事件的感知和预测特性(陆锋等，2014)。对时空大数据的挖掘，能够获取时空实体大量不易被认知和发现的重要特征，如隐含的属性、行为、认知、关联等。基于时空大数据挖掘创建多粒度时空对象，主要是在构建好的多粒度时空对象的基础上，通过时空大数据挖掘来更新和丰富多粒度时空对象的特征内容。

第 3 章　多粒度时空对象时空参照

3.1　时空参照概述

时空参照是人类描述客观地物时空位置的基础，包括时间参照和空间参照。在传统 GIS 中，一般都是将空间与时间分离表达，着重描述各类空间参照及地理实体在空间中所处的位置，时间往往被作为地理实体的一个属性。然而，这种描述不够全面，因为时间、空间和属性是地理实体本身固有的 3 个基本特征，它们都是反映地理实体状态和演变过程的重要组成部分(陈达等，2019)。随着人们对客观世界多视角、多维动态的描述，以及各类时态 GIS 建设对时空过程描述需求的日益增加，建立时空参照一体化表达与转换框架，是时空实体对象化建模的必然要求。

时空是物理存在的客观形式，是描述和度量物质及运动的两个基本概念。时空参照框架是时空观的量化表达，各类时空参照的定义依赖于所选取的时空观。在近现代科学史上，牛顿、莱布尼茨、爱因斯坦分别提出了各具代表性的时空观，其中绝对时空观和相对时空观对于 GIS 时空建模有着较大的影响(陈祥葱等，2017)。

1) 绝对时空观

绝对时空观源于牛顿对于时间和空间的认识。他认为，时间和空间是相互独立的，时间是持续流逝的，且其本性是均匀的，表明了时间的单向性、持续性与度量的均匀性；而绝对的空间是与外界任何事物无关且永远相同的、不动的。这种观点与传统的 GIS 表达和应用场景需求是一致的。例如，时间是空间对象属性维度的扩展表达；在进行时空耦合和关联分析时，场景范围内所涉及的时空参照的变化是不做考虑的，等等。

2) 相对时空观

爱因斯坦提出的相对论促进时空观发生了一次巨大变革。狭义相对论认为：时间与空间融为一体，称为"四维时空"(三维空间和一维时间)；空间和时间同运动着的物质不可分割，没有脱离物质运动的空间和时间，也没有不在空间和时间中运动的物质，这表明了空间和时间对物质运动的依赖。由这种观点可知，不存在绝对意义上的时间和空间参照，只有在特定的场景下更为适合的时空参照。

这里所提到的参照是指参考系，然而参考系与参考架和坐标系的区别非常微妙。一般来说，参考系是实际应用中描述物体运动的参考系统，包括具体的参考架和抽象的坐标系。参考架是参考系的物理支撑，而坐标系是参考系的数学抽象(黄珹和刘林，2015)。从这个角度来看，参考系是和坐标系绑定的，但参考架可以不同且不断改善。在讨论某一类参考系时，一般只注重数学层面上的内容(如参考面或轴向定义)，此时参考系经常与坐标系混用。而当参考系指定了具体的应用形式后，通常称为参考框架[如国际地球参考系(international terrestrial reference system，ITRS)与国际地球参考框架(international terrestrial reference framework，ITRF)的关系]，但有时也沿用"××坐标系"的称法。在实际使用中，不同参考系统坐标的转换一定是在两个参考架明确的参考系下才能完成的；然而有些转换的数学原理简单却涉及许多复杂的参数值定义，经常以数学式表达转换过程,这种不指定转换双方的参考架而表达转换原理也是常有的情况。

由此可见,上述术语的应用场合是多样的。在全空间信息系统中,需要根据具体的语境来判断参照(参考系)的具体含义,从应用的角度来讨论各种参照的使用。因此,在后续的使用过程中不再对其相关术语进行明确区分。

3.2　多粒度时空对象时空参照概述

3.2.1　时空参照在多粒度时空对象数据模型中的作用

多粒度时空对象时空参照是指多粒度时空对象用于描述自身时空位置所依赖和使用的时空参照集。作为多粒度时空对象数据模型描述框架的内容之一,时空参照对于准确和全面描述多粒度时空对象的空间位置等信息具有重要意义。任何地理信息数据都必须指定一定的时空参照,因此可以认为时空参照是对象时空信息表达的基准。具体来说,时空参照在描述多粒度时空对象时主要有以下作用。

(1) 更为准确地描述单个对象的时空信息。对于传统的 GIS 数据,通常是以图层或更大的集合为单位,统一对其空间参照进行定义。对于多粒度时空对象,每个对象都至少挂接一个时空参照的引用,可以在对象级别对其进行更为精确的描述。

(2) 在时空参照一体化集成的基础上扩展表达对象的时空信息。例如,将时间参照引入,可以用于表达对象的生命周期和关键节点;将部分天球参照引入,可用于表达远离地球表面的不随地球运动的对象的位置,等等。

(3) 利用对象引用的时空参照,可以更为灵活地进行对象与场景、对象与对象之间的坐标转换。因此,不仅可以获取对象相对于场景的坐标,还可以根据父子对象参照关系计算局部坐标,反映局部对象分布的相对关系。

(4) 为更为复杂的应用奠定基础。例如,在原始数据采集和共享时,必须明确对象数据的时空参照信息;复杂的对象分析与可视化操作,必须在转换至相同时空参照的基础上进行才有意义,等等。

尽管对象引用的时空参照可能有多个,但关联和保存的时空位置数据一般只有一套。因此在全空间信息系统中,基于时空参照的位置坐标转换是非常重要的功能,它使得引用了不同时空参照的对象数据能够在同一环境中使用。有关时间及空间参照的转换方法将在 3.3 节和 3.4 节进行详述。

3.2.2　多粒度时空对象时空参照的形式化表达方法

由相对时空观可知,人类生活在四维时空域内。但受人类认知方式、认知能力和建模需求的影响,系统表达、描述的时空对象可能呈现出多个维度,存在多种描述方式,根据描述方式的差异形成多种参照体系。通过综合分析一维参照(如时间、坐标轴等)、二维参照(如平面坐标系、极坐标系)、三维参照(如大地坐标、三维直角坐标等)、四维参照(如时空参照等),可采用式(3.1)对各类参照进行统一表达。

$$R = \{datum, measurement\} \tag{3.1}$$

式中,datum 为时空基准,其定义参数与描述对象维度一致,时空基准也处于不断的运动变化之中(如大地沉降、海平面上升等),为更精确地描述多粒度时空对象,必须实现时空参照的动态化维护；measurement 为度量，是描述尺度，其定义参数与描述对象维度一致，并定义了维度增长特征(如方向)。

由式(3.1)可知，时空参照变换即为基准与度量的变换。许多空间参照基准的建立，都是基于一定时间段或某一时间点的观测结果计算获得，因此时间与空间本身就具有不可分离性。基于上述定义，此处分别对一维、二维、三维及四维参照进行描述。

1) 一维参照

时间(轴)是典型的一维参照，其特点是单向延续，即以原点为分界点，若向正向移动，则坐标值增大；若向负向移动，则坐标值减小。一维参照的形式化表达为

$$X = (X_0, d, u) \tag{3.2}$$

式中，X_0 为原点坐标；d 为 X 轴的正方向；u 为单位，一般采用国际单位制中的基本单位。

2) 二维参照

二维参照包含平面直角坐标系、极坐标系等。二维参照可以是纯空间参照，也可以是时空参照，如汽车沿道路行驶的里程数与时间。二维参照的形式化表达为

$$(X, Y) = ([X_0, Y_0], [d_x, d_y], [u_x, u_y]) \tag{3.3}$$

式中，$[X_0, Y_0]$ 为原点坐标；$[d_x, d_y]$ 为 X 轴、Y 轴的方向，$[u_x, u_y]$ 为两轴的单位。

3) 三维参照

三维参照系一般选取右手正交坐标系，定义 O 为原点，X、Y 和 Z 为 $[X_0, Y_0, Z_0]$ 三轴方向，是目前最为常用的坐标系，其形式化表达为

$$(X, Y, Z) = ([X_0, Y_0, Z_0], [d_x, d_y, d_z], [u_x, u_y, u_z]) \tag{3.4}$$

式中，$[X_0, Y_0, Z_0]$ 为原点坐标；$[d_x, d_y, d_z]$ 为 X 轴、Y 轴、Z 轴的方向；$[u_x, u_y, u_z]$ 为三轴的单位。

4) 四维参照

按照上述方式，将时间维与传统的空间三维表达结合，即可构成四维时空参照表达。然而就目前而言，基于这种融合的思路对 GIS 研究范围内的时空信息进行描述的方式仍有待探索。实际应用中，仍然较多采用时间参照与空间参照分离———一维与三维组合的方式，分别用于描述时间和空间信息。因此，此处认为绝对时空观的观点对于全空间信息系统大多数表达和应用需求仍是适用的。

3.3　时间参照及转换方法

3.3.1　时间参照概述

时间参照是多粒度时空对象的描述内容之一，主要用于表达对象间的时间关系和全生命周期管理。时间作为时空数据的特征维度之一，对于揭示时空对象的发展变化规律具有重要意义。然而，相比于空间参照，传统 GIS 还未对时间参照建立统一的表达方法，时间更多的是以属性或标签的方式出现。此外，相关研究对于已有时间系统之间的时间转换方法关注较多，而对于如何扩展表达更多的时间参照关注较少。在多粒度时空对象建模的过程中，不同的时空对象可能定义不同的时间参照，需要依据时间参照信息进行时间转换。下面首先引入测绘导航领域常用的时间系统，并基于此对时间参照的统一表达扩展方法进行讨论。

1. 常用的时间系统

直到 20 世纪初，时间的定义仍依赖于"地球自转速度恒定"的假设。后来天文学家观测到地球自转速度的不均匀性及长期变化趋势，出于对高稳定度和准确度的要求，历书时和原子时分别被提出。目前测绘与导航领域常用的时间系统可分为两类：①基于地球自转的时间系统；②独立于地球自转的时间系统(黄珹和刘林，2015)。

基于地球自转的时间系统主要包括协调世界时(coordinated universal time，UTC)、世界时(universal time，UT)、太阳时(solar time，ST)、恒星时(sidereal time，ST，为区别太阳时下文以ST1 表示)等。恒星时是以春分点为参考点，由春分点的周日视运动所确定的时间。依据真春分点和平春分点的定义，恒星时有真恒星时和平恒星时之分。太阳时是以太阳为参考点，由太阳的周日视运动所确定的时间。由于太阳周日视运动的不均匀性，太阳时可分为真太阳时和平太阳时。世界时定义为格林尼治本初子午线处的由平子夜起算的平太阳时，对直接观测所得的世界时(UT0)加入极移改正得到 UT1，对 UT1 加入季节性改正得到 UT2。UTC 是一种均匀但不连续的时间系统，使用原子秒秒长，通过定期的闰秒调整与 UT1 的时差保持在±0.9s 以内。UTC 是目前应用最为广泛的时间系统，以它为标准经过全球划分得到的区时是各地区的标准时间。

独立于地球自转的时间系统主要包括国际原子时(international atomic time，TAI)、GPS 时(GPS time，GPST)、北斗时(Beidou time，BDT)和相对论动力学时。国际原子时秒长定义为铯原子基态的两个超精细能级间在海平面上零磁场下跃迁辐射震荡 9192631770 周所持续的时间，起点定义为世界时 1958 年 1 月 1 日 0 时(与 UT2 仅差 0.0039s)。GPST 和 BDT 均采用原子秒长，起点分别定于 UTC 时的某个时刻，因此与 TAI 仅有固定常数差。相对论动力学时主要包括太阳系质心力学时(barycentric dynamical time，TDB)和地球力学时(terrestrial dynamical time，TDT)[后改名为地球时(terrestrial time，TT)]，以及后续定义的太阳系质心坐标时(barycentric coordinate time，TCB)和地球质心坐标时(geocentric coordinate time，TCG)，这几种时间系统主要用于天体星历和天体力学研究(Soffel and Ralf，2015)。

2. 时间参照的统一描述内容

根据相对性原理，特定时钟所显示的时间取决于两个因素：时钟在观察者读取时间时的速度和时钟所在地的重力位。目前绝对时空观依然能够适用于表达绝大多数 GIS 中的对象，因此除 TCG 和 TCB 及相关的时间转换外，其他部分不再考虑相对论影响。已有的时间系统都可纳入成为时间参照的一部分，并且需要建立统一的时间参照表达模型。

按照绝对时空观的观点：时间是单向、持续并均匀流逝的，时间维具有一维特征，因此时间参照需要包含时间起点和尺度(计量依据)定义。任何时间参照都是一种相对的定义，它的起点往往建立于已有的时间参照之上，讨论该参照起点之前的时间是没有意义的。由于历史原因和技术所限，许多时间参照的尺度也不是均匀的，一维的时间参照转换变得极为复杂甚至出现错误。

鉴于 UTC 时间参照的通用性及原子秒长的均匀性，选择 UTC(或区时)的某个时刻作为时间起点，以原子秒作为尺度已经成为定义新的时间参照的方法。GPST、BDT 及计算机领域常用的 UNIX 时间戳都采用了这种方式进行定义，既有利于与其他时间参照的转换，又可扩展时间的相对意义。时间起点的形式化描述可参考 ISO 8601 标准，如 2018-01-01T00:00:00+08:00。

为了更为精确地描述多粒度时空对象的变化节点，需要建立自定义时间参照，例如，用于描述对象的出厂或出生时间等信息。自定义时间参照需要考虑时区，以及是否具有相对意义，因此对于任意一个时间参照,统一描述内容如图 3.1 所示(Yang et al., 2018)。

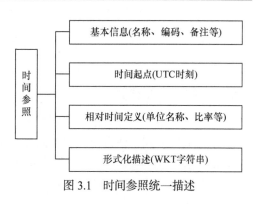

图 3.1 中,基本信息包含时间参照的名称、编码、备注等内容;相对时间是指在该时间参照下,某个时间相对于定义的时间起点的时间间隔。相对时间的单位包括秒、分钟、小时等,其相对于原子秒的比率用于相对时间的数值计算。为了便于时间转换和文件读写,还需要以形式化描述记录时间参照的基本信息,可以参考 OGC 对 Temporal CRSs 的 WKT 表示方法。

图 3.1 时间参照统一描述

此处以 UNIX 时间戳为例进行说明。UNIX 时间戳可以看作一种自定义时间参照,它定义为:从 UTC 时间 1970 年 1 月 1 日零时开始所经过的秒数,具有相对意义,不计算闰秒。相较而言,GPST 以周(周+秒)为单位,计算闰秒。由此可见,该模型对于描述自定义时间参照是通用的。

为了便于时间转换和文件读写,还需要以形式化描述记录时间参照的关键信息,主要包括基本信息、时间起点、单位及其他标记信息。参考 OGC 对空间坐标系定义的 WKT 规范,以 BDT 为例设计的时间参照形式化文本描述为:

TIMECRS["Beidou Time",TDATUM["Time origin",TIMEORIGIN[2006-01-01T00:00:00Z]],CS[temporal,1], AXIS["time",future],TIMEUNIT["week",604800.0,1],AUTHORITY["ONEGIS",1005],REMARK["BDT"," 北斗时间"]]

3.3.2 时间参照的转换

根据各个时间系统的派生关系或直接联系,时间参照转换关系归纳如图 3.2 所示。

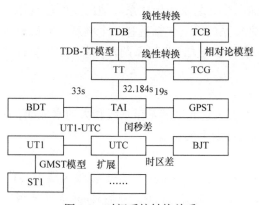

图 3.2 时间系统转换关系

各个时间系统的转换主要分为三类:固定常数差、变化常数差和转换模型。其中,变化常数差包括 UT1-UTC(或 UT1-TAI)和闰秒差,前者数值由天文和空间观测决定,二者数值由国际地球自转服务(International Earth Rotation Service,IERS)定期发布。转换模型可参考国际上提供的开源转换工具,如国际天文学联合会(International Astronomical Union,IAU)发布的 SOFA Time Scale and Calendar Tools 等。

据此,系统中时间参照的转换应满足两方面要求:①实时转换;②两两转换。实时转换是指对所需的文件(IERS 发布的 EOP 文件)进行动态维护,及时更新闰秒、UT1-UTC 等参数,可以实现当前时刻的准确转换。两两转换是指对于任意两个时间参照,给出其中一个参照下的时间 d,可以直接计算出另一个参照下的时间 D。因此,以 UTC 为转换桥梁,不论是用户自定义的时间参照还是已有时间参照,都必须先与 UTC 时间进行转换,再转换至其他时间参照。在时间转换过程中,日期格式的时间往往需要先转换为儒略日格式,才能进行各种加减运算,因此儒略日时间起着非常重要的作用。需要注意的是,时间转换计算应避免出现时间参数早于时间参照起点的情况。

3.4 空间参照及转换方法

3.4.1 空间参照概述

空间参照用于明确对象在空间中的位置。一般来说，不同的空间参照坐标轴指向、原点和度量单位也会不同，使得对象在不同参照中的位置不同，例如，一个对象在 2000 国家大地坐标系和北京 1954 坐标系中的数值是有差别的。事实上，不同空间参照的定义与采用的技术手段甚至是时间(历元)都有很大关系，这种定义上的差别就构成了空间基准的多重性(吕志平和乔书波，2010)。

传统的 GIS 对空间参照已经有很详细的描述，即以直角坐标系或者极坐标系来表示位置。OGC 制定了 WKT 标准来规范坐标系的形式描述，很多开源的程序库如 GDAL、Proj4 等已经支持 WKT 标准，对不同参照进行了唯一标识(如 SRID)，并可以完成坐标系之间的坐标转换。对于多粒度时空对象建模，还需要扩展天球、载体、卫星等参照。本书从应用场景角度对这些空间参照进行分类，并列举几个典型的参照从数学层面进行详细阐述。

1. 地球坐标系

地球坐标系是为了描述地面点的位置和运动而定义一种坐标系，根据所选择的原点不同可以分为地心坐标系、参心坐标系、站心坐标系。其中，CGCS2000、WGS84 的原点是地球质心，其椭球中心与地球质心重合；西安 1980 坐标系、北京 1954 坐标系的原点是参考椭球的中心，椭球定位与局部区域的大地水准面最为密合；东北天(east, north, up, ENU)坐标系属于站心坐标系。

1) 大地坐标系

大地坐标系是大地测量中以参考椭球面为基准面建立起来的坐标系。地面点的位置用大地经度 L、大地纬度 B 和大地高度 H 表示。大地坐标系的确立包括选择一个椭球、对椭球进行定位和确定大地起算数据，其包括地心大地坐标系和参心大地坐标系两种。地心大地坐标系也称为地心地固系，是最常用的参照系。

2) 天文坐标系

天文坐标系用于表示地面点在大地水准面上的位置。它的基准是铅垂线和大地水准面，它用天文经度 λ 和天文纬度 φ 两个参数来表示地面点在球面上的位置。

3) 站心坐标系

一般指的是站心直角坐标系，又称东北天(ENU)坐标系，以站心(如 GPS 接收天线中心)为坐标系原点 O，z 轴与椭球法线重合，向上为正(天向)，x 轴指向北向，y 轴指向东向所构成的直角坐标系。大地坐标系、天文坐标系与站心坐标系如图 3.3 所示。

4) 大地空间直角坐标系

大地空间直角坐标系的坐标原点位于参考椭球的中心，Z 轴指向参考椭球的北极，X 轴指向起始子午面与赤道的交点，Y 轴位于赤道面上按右手系与 X 轴呈 90°夹角，某点的坐标可用该点在此坐标系的各个坐标轴上的投影来表示。一般认为，大地空间直角坐标系是某个定义好的大地坐标系的另一种坐标表现形式。

5) 平面直角坐标系

一般是指各种投影坐标系。将地球椭球体面上的点投影到平面，就需建立一种特殊的平面

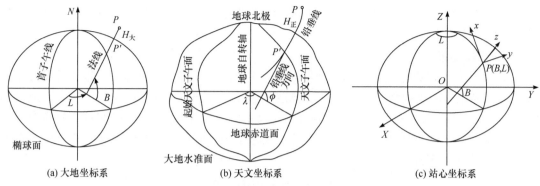

图 3.3 大地坐标系、天文坐标系与站心坐标系

直角坐标系统，即投影坐标系统。投影坐标系统不是单独的，而是定义在地理坐标系统之上的，即以地理坐标系统为基础，用投影方式及相应的一组投影参数表示的坐标系。常用的投影方式包括高斯-克吕格投影、墨卡托投影等。

2. 天球坐标系

天球坐标系是用于描述天体和人造天体在空间的位置或者方向的一种坐标系统，可分为地平坐标系、赤道坐标系、黄道坐标系和银道坐标系等(李征航等，2010)。此处重点关注基本面为地球赤道面的天球坐标系。

1) 历元平赤道坐标系

为了建立一个与惯性坐标系相接近的坐标系，选择某一时刻 t_0 作为标准历元，并将此时刻地球的瞬时自转轴和地心至瞬时春分点的方向，经该瞬时的岁差和章动改正后分别作为 Z 轴和 X 轴的指向，此坐标系即称为标准历元 t_0 的平赤道坐标系。

历元平赤道坐标系中最常用的是 J2000.0 平赤道地心坐标系，其原点位于地球质心，XY 平面为 J2000.0 时刻的地球平赤道面，X 轴指向 J2000.0 时刻的平春分点(J2000.0 时刻平赤道面与平黄道面的一个交点)。此坐标系常被作为地球卫星的惯性坐标系，卫星运动积分等都在此坐标系计算。

2) 瞬时平赤道坐标系

原点位于地球质心，XY 平面为瞬时的地球平赤道面，X 轴指向瞬时平春分点，Y 轴按右手系取向。瞬时平赤道坐标系是历元平赤道坐标系经过岁差改正得到的。

3) 瞬时真赤道坐标系

原点位于地球质心，Z 轴指向瞬时地球自转轴方向(真天极)，X 轴指向瞬时春分点(真春分点)，Y 轴按右手系取向。瞬时真赤道坐标系既考虑岁差影响又考虑章动影响，由 t 时刻对应的瞬时真北天极、瞬时真赤道、瞬时真春分点来确定。它是历元平赤道坐标系经岁差、章动改正得到的。

4) 国际天球参考系

国际天球参考系(international celestial reference system，ICRS)的坐标原点位于太阳系质心，基本平面靠近 J2000.0 平赤道面，主平面原点尽量与 J2000.0 历元的动力学春分点重合，通常也指太阳系质心天球参考系(barycentric celestial reference system，BCRS)。

5) 地心天球参考系

地心天球参考系(geocentric celestial reference system，GCRS)一般指 J2000.0 地心天球坐标系，其定义与 J2000.0 平赤道地心坐标系仅有一个常值偏差矩阵 B，基本平面靠近 J2000.0 平赤道面，主平面原点尽量与 J2000.0 历元的动力学春分点重合，目前 IAU 推荐用此坐标系逐渐取代 J2000.0 平赤道地心坐标系。

3. 火星坐标系

火星坐标系是以火星为原点的多种坐标系，主要用来描述火星表面及火星附近飞行器的位置，主要包括火心火固坐标系、火心平地球赤道坐标系及火心平火星赤道坐标系，火星坐标系示例如表 3.1 所示。依据不同的平赤道面可定义不同的坐标系，且通常在名称中指定参考面和原点。另外，对于火星的平赤道面的定义默认选择的历元为 J2000.0，因此在名称中不再体现。这两种情况对于月球同样适用。

表 3.1 火星坐标系示例

名称	原点	参考面	轴向
火心火固坐标系	火星质心	与自转轴方向垂直的火星赤道面	Z 轴沿火星自转轴方向，X 轴指向参考平面与火星本初子午面的交线方向，Y 轴与 X、Z 轴呈右手坐标系
火心平地球赤道坐标系	火星质心	J2000.0 地球平赤道面	X 轴指向 J2000.0 平春分点，Z 轴指向 J2000.0 平天极，该坐标系为右手坐标系
火心平火星赤道坐标系	火星质心	J2000.0 火星平赤道面	过火星质心且垂直于参考面的直线为 Z 轴，方向为顺火星自转方向，X 轴取历元 J2000.0 的平春分点在火星赤道面上的投影方向，Y 轴垂直 XOZ 平面构成右手系

4. 月球坐标系

月球坐标系是以月心为原点的多种坐标系，主要用来描述月球表面及月球附近飞行器的位置，主要包括月心月固坐标系、月心平地球赤道坐标系和月心平月球赤道坐标系，月球坐标系示例如表 3.2 所示。

表 3.2 月球坐标系示例

名称	原点	参考面	轴向
月心月固坐标系	月球质心	月球的赤道面	X 轴通过月面上的中央湾(Sinus Medii)，Z 轴顺月球自转方向，该坐标系为右手坐标系
月心平地球赤道坐标系	月球质心	J2000.0 地球平赤道面	X 轴指向 J2000.0 平春分点，Z 轴指向 J2000.0 平天极，该坐标系为右手坐标系
月心平月球赤道坐标系	月球质心	J2000.0 月球平赤道面	过月球质心且垂直于该赤道面的直线为 Z 轴，方向为顺月球自转方向，X 轴取历元 J2000.0 的平春分点在月球赤道面上的投影方向，Y 轴垂直 XOZ 平面构成右手系

5. 卫星坐标系

卫星坐标系是以卫星质心为原点的多种坐标系。在讨论卫星的姿态时，首先要选定空间坐标系，为描述卫星的姿态奠定基础。卫星的运动方程一般在 J2000.0 地心惯性系中进行描述，而卫星的状态信息还需要用其他坐标系进行描述。例如，星固坐标系用于描述卫星的质心改正，RTN 坐标系用于轨道比较和经验 RTN 摄动计算。表 3.3 列出了星固坐标系与 RTN(radial-transverse-normal)坐标系的定义，二者原点均位于卫星质心。

表 3.3 卫星坐标系示例

名称	坐标形式	轴向
星固坐标系	X、Y、Z	Z 轴由卫星质心指向地心，Y 轴指向轨道面的负法向，X 轴在轨道面内与 Z 轴垂直指向卫星运动方向，XYZ 轴构成右手系
RTN 坐标系	R、T、N	R 轴为径向(radial)，与地心到卫星质心的向径方向一致；T 为横向(transverse)，在轨道面内与 R 轴垂直，指向卫星运动方向；N 为轨道面正法向(normal)，与 R，T 构成右手系

6. 载体坐标系

载体坐标系也称为附体坐标系，定义在移动的载体上，如汽车、飞机、导弹等。其原点定义在载体的质心，Y 轴定义为载体的速度方向，X 轴指向载体横向，垂直于 Y 轴；Z 轴与 X 轴和 Y 轴所在的平面垂直，且与 X 轴和 Y 轴构成右手坐标系。

3.4.2　空间参照的转换

1. 与地球坐标系有关的坐标转换

与地球坐标系有关的坐标转换包括地球坐标系之间的坐标转换和与其他坐标系的转换。由于前者涉及的大地坐标系与投影坐标系之间的转换类型非常多且相对成熟，这里主要列举其他类型的坐标转换方法。

1) 大地坐标系与大地空间直角坐标系之间的转换

(1) 大地坐标系转换为大地空间直角坐标系：

$$\begin{cases} X = (N+H)\cos B\cos L \\ Y = (N+H)\cos B\sin L \\ Z = [N(1-e^2)+H]\sin B \end{cases} \tag{3.5}$$

(2) 大地空间直角坐标系转换为大地坐标系：

$$\begin{cases} L = \tan^{-1}\dfrac{Y}{X} \\ \tan B = \dfrac{1}{\sqrt{X^2+Y^2}}\left(Z + \dfrac{ae^2\tan B}{\sqrt{1+\tan^2 B - e^2\tan^2 B}}\right) \\ H = \dfrac{\sqrt{X^2+Y^2}}{\cos B} - N \end{cases} \tag{3.6}$$

式中，纬度 B 采取迭代计算方法；$N = \dfrac{a}{W} = \dfrac{a}{\sqrt{1-e^2\sin^2 B}}$；$a$ 为长半径；e 为第一偏心率。

2) 大地空间直角坐标系与站心直角坐标系之间的转换

(1) 大地空间直角坐标系转换为站心直角坐标系：

$$\begin{cases} E = -(X-X_0)\sin L_0 + (Y-Y_0)\cos L_0 \\ N = -(X-X_0)\sin B_0\cos L_0 - (Y-Y_0)\sin B_0\sin L_0 + (Z-Z_0)\cos B_0 \\ U = (X-X_0)\cos B_0\cos L_0 + (Y-Y_0)\cos B_0\sin L_0 + (Z-Z_0)\sin B_0 \end{cases} \tag{3.7}$$

(2) 站心直角坐标系转换为大地空间直角坐标系：

$$\begin{cases} X = -E\sin L_0 - N\sin B_0\cos L_0 + U\cos B_0\cos L_0 + X_0 \\ Y = E\cos L_0 - N\sin B_0\sin L_0 + U\cos B_0\sin L_0 + Y_0 \\ Z = N\cos B_0 + U\sin B_0 + Z_0 \end{cases} \tag{3.8}$$

式中，X_0、Y_0、Z_0 为测站在空间直角坐标系下的坐标；B_0 与 L_0 为测站在大地坐标系下的纬度与经度。

3) 瞬时极地球坐标系与协议地球坐标系之间的转换

协议地球坐标系是指通过约定协议来确定全球坐标系统的物理基准(含原点、尺度、定向)而确定的坐标系，其通过建立和维持一组参考框架来实现，如 WGS84。而瞬时极地球坐标系

则是依地球极点移动后的瞬时位置建立的坐标系，从瞬时极地球坐标系转换为协议地球坐标系的转换关系为

$$
\begin{bmatrix} X \\ Y \\ Z \end{bmatrix}_{EM} = R_Y(-x_p)R_X(y_p)\begin{bmatrix} X \\ Y \\ Z \end{bmatrix}_{E(t)}
\tag{3.9}
$$

式中，x_p、y_p为对应t时刻以角秒表示的极移值。

4) 瞬时极地球坐标系与瞬时极天球坐标系之间的转换

瞬时极天球坐标系(一般也指瞬时真赤道坐标系)转换为瞬时极地球坐标系：

$$
\begin{bmatrix} X \\ Y \\ Z \end{bmatrix}_{E(t)} = R_Z(\theta_G)\begin{bmatrix} X \\ Y \\ Z \end{bmatrix}_{C(t)}
\tag{3.10}
$$

式中，θ_G为对应时刻的平格林尼治子午面的春分点时角。值得一提的是，该转换作为一个步骤，用于基于春分点的协议地球坐标系(通常是指国际地球参考系 ITRS)与地心天球参考系 GCRS 之间的转换。

2. 与天球坐标系相关的坐标转换

1) 历元平赤道坐标系与瞬时平赤道坐标系之间的转换

历元平赤道坐标系转换为瞬时平赤道坐标系：

$$
\begin{bmatrix} X \\ Y \\ Z \end{bmatrix}_{M(t)} = R_Z(-\eta)R_Y(\theta)R_Z(-\xi)\begin{bmatrix} X \\ Y \\ Z \end{bmatrix}_{CIS} = \varGamma\begin{bmatrix} X \\ Y \\ Z \end{bmatrix}_{CIS}
\tag{3.11}
$$

式中，η、θ、ξ为与岁差相关的三个旋转角；$\varGamma$为岁差旋转矩阵。

2) 瞬时平赤道坐标系与瞬时真赤道坐标系之间的转换

瞬时平赤道坐标系转换为瞬时真赤道坐标系：

$$
\begin{bmatrix} X \\ Y \\ Z \end{bmatrix}_{C(t)} = R_X(-\varepsilon-\Delta\varepsilon)R_Z(-\Delta\psi)R_X(\varepsilon)\begin{bmatrix} X \\ Y \\ Z \end{bmatrix}_{M(t)} = N\begin{bmatrix} X \\ Y \\ Z \end{bmatrix}_{M(t)}
\tag{3.12}
$$

式中，ε为当前历元平黄赤交角；$\Delta\varepsilon$与$\Delta\psi$分别为黄经章动与交角章动；N为章动旋转矩阵。

3) 地心天球参考系 GCRS 与国际地球参考系统 ITRS 的转换

该转换在天文测量及卫星定位等领域应用广泛，一般也指地惯系(空固系)与地固系(协议地心坐标系)之间的转换。目前主要有两种转换方法：①采用基于春分点的转换，即把式(3.11)和式(3.12)结合起来即可完成。②采用基于无旋转原点的转换，其具体转换关系为

$$
[\text{GCRS}] = Q(t)R(t)W(t)[\text{ITRS}]
\tag{3.13}
$$

式中，$Q(t)$为天球中间极的运动而产生的旋转矩阵；$R(t)$为地球旋转(将 TEO[①]方向旋转至CEO[②]方向)所产生的旋转矩阵；$W(t)$为天球中间极 CIP 在 ITRS 中的运动而产生的旋转矩阵。这样 ITRS 与 GCRS 间的坐标就可以依据t时刻 CIP 在地心天球坐标系中的位置X和Y、地球

---

① TEO：地球历书原点(terrestrial ephemeris origin)；

② CEO：天球历书原点(celestial ephemeris origin)。

旋转角 θ，以及 CIP 在 ITRS 中的位置 X_p 和 Y_p 5 个参数来完成。

4) J2000.0 平赤道地心坐标系与星固坐标系之间的转换

J2000.0 平赤道地心坐标系转换为星固坐标系：

$$\begin{bmatrix} X \\ Y \\ Z \end{bmatrix}_S = C \begin{bmatrix} X \\ Y \\ Z \end{bmatrix}_{EM} \tag{3.14}$$

$$C = \begin{cases} C(3,i) = -\dfrac{\vec{r}}{r} \\[2mm] C(2,i) = -\dfrac{\vec{r} \times \dot{\vec{r}}}{|\vec{r} \times \dot{\vec{r}}|} \\[2mm] C(1,i) = C(2,j) \times C(3,k) \\[2mm] i = 1,2,3 \end{cases} \tag{3.15}$$

式中，$\vec{r}$ 与 $\dot{\vec{r}}$ 分别为卫星质心在 J2000.0 平赤道地心坐标系中的位置矢量与速度矢量。

3. 与火星坐标系相关的坐标转换

1) 火心平地球赤道坐标系与火心平火星赤道坐标系的转换

火心平地球赤道坐标系转换为火心平火星赤道坐标系：

$$\begin{bmatrix} X \\ Y \\ Z \end{bmatrix}_{MMJ2000.0} = M \begin{bmatrix} X \\ Y \\ Z \end{bmatrix}_{MEJ2000.0} \tag{3.16}$$

$$\begin{cases} M = [x^{\mathrm{T}} \quad y^{\mathrm{T}} \quad p_{\mathrm{Mars}}^{\mathrm{T}}]^{\mathrm{T}} \\[2mm] p_{\mathrm{Mars}}^{\mathrm{T}} = \begin{pmatrix} \cos\alpha\cos\delta \\ \sin\alpha\cos\delta \\ \sin\delta \end{pmatrix} \\[4mm] z = [0 \quad 0 \quad 1]^{\mathrm{T}} \\[2mm] x = z \times p_{\mathrm{Mars}}^{\mathrm{T}} \quad y = p_{\mathrm{Mars}}^{\mathrm{T}} \times x \end{cases} \tag{3.17}$$

式中，M 为火心平地球赤道坐标系转换至火心平火星赤道坐标系的旋转矩阵；α 与 δ 分别为 t 时刻火星平极的赤经与赤纬。

2) 火心平火星赤道坐标系与火心火固坐标系的转换

火心平火星赤道坐标系转换为火心火固坐标系：

$$\begin{bmatrix} X \\ Y \\ Z \end{bmatrix}_{MF} = R_Z(W)R_X(90°-\delta)R_Z(\alpha-\alpha_0)R_X(\delta_0-90°) \begin{bmatrix} X \\ Y \\ Z \end{bmatrix}_{MMJ2000.0} \tag{3.18}$$

$$W = 176.630° + 350.89198226°\mathrm{JD} \tag{3.19}$$

$$\begin{cases} \alpha_0 = 317.68143° \\ \delta_0 = 52.88650° \end{cases} \tag{3.20}$$

$$\begin{cases} \alpha = 317.68143° - 0.1061°T \\ \delta = 52.88650° - 0.0609°T \end{cases} \tag{3.21}$$

式中，W 为火星的自转矩阵参数；α_0 与 δ_0 为火星历元平极在火星天球坐标系的指向参数；α 与 δ 分别为 t 时刻火星平极的赤经与赤纬；JD 为对应时刻的自 J2000.0 起算的儒略日，为对应时刻的自 J2000.0 起算的 t 时刻儒略日世纪数。

4. 与月球坐标系相关的坐标转换

以月心平地球赤道坐标系转换为月心月固坐标系为例，转换关系为

$$\begin{bmatrix} X \\ Y \\ Z \end{bmatrix}_{\text{MF}} = R_Z(\omega)R_X(90° - \delta_0)R_Z(90° + \alpha_0)\begin{bmatrix} X \\ Y \\ Z \end{bmatrix}_{\text{MEJ2000}} \tag{3.22}$$

式中，ω、δ_0 与 α_0 为月球旋转参数，具体可参照月球空间坐标系的相关国家标准。

第 4 章　多粒度时空对象空间位置

4.1　地理信息系统空间位置概述

空间位置作为空间信息研究的基础，对地理实体的定位及关系的表达起着决定性的作用。在国家中长期科技发展规划、地理信息产业发展规划、智慧城市建设规划等国家和行业发展规划中，明确将空间位置信息资源建设和应用作为国家战略产业规划的内容，重点加强关键技术攻关和全国范围内的社会化应用。

据国际文献中心(International Documentation Center，IDC)的统计：人类活动所接触到的信息中，约有 80%的信息与地理位置和空间分布有关；在政府部门所接触到的信息中，约有 85%的信息与地理位置和空间分布有关。各国也都将以空间位置为基础的空间信息技术的发展视为国家战略的重要组成部分。

在地理信息领域，空间位置是 GIS 区别于传统管理信息系统(management information system，MIS)的关键所在，也是 GIS 采集、处理、管理、分析与表达的重要组成部分。开展空间位置基本概念、数据模型、建模方法的研究，对于以泛在位置特征为基础的地理实体的时空定位、邻域统计、叠加分析、模式发现等具有重要意义。

4.1.1　空间位置的相关概念

传统 GIS 重点关注整个或部分地球表层空间中的有关地理现象，以矢量、栅格、表面等空间数据模型对地理实体进行抽象，以空间数据、属性数据描述地理实体的几何特征和属性特征(华一新等，2019)。其中空间数据是空间位置的数字化描述，主要记录地理实体"在哪里"，"空间关系如何"。

空间位置是指地理实体在空间参照系中的位置描述，任何一个地理实体都可以通过该描述来定位其所处的位置。该描述可以是相对的，例如，A 实体相对于 B 实体的偏移量是 $(\Delta x,\Delta y,\Delta z)$；也可以是绝对的，例如，A 实体的位置是 (X,Y,Z)。同时，在相对位置的描述中，既可以采用直角坐标系或球坐标系进行距离和方位的描述，也可以采用空间关系，如邻接、关联、包含、重叠等进行距离和方位的描述；在绝对位置的描述中，采用地理坐标系或投影坐标系进行位置描述(李建松和唐雪华，2015)。

空间位置是描述客观世界中实体的定位信息，在人的能动认知和理解作用下，会呈现出不同的位置特征表达。对于空间位置特征的理解与表达是人类描述和把握客观世界的基本途径。从空间分析的角度，空间位置是借助于空间坐标系来传递空间物体的个体定位信息(郭仁忠，2021)。在地理空间认知领域，对于空间位置的描述主要是从认知和语义的角度研究空间内地理要素的关系(秦昆，2009)。而在基于位置服务的系统中，对空间位置则强调的是地理位置、位置属性及与其他位置的关系(张硕，2013)。

空间位置是多源信息关联的桥梁和纽带，在资源调查、国土安全、公共服务、电子政务、设施管理、灾害监测、医疗卫生等方面都有着广泛的应用。由于空间位置具有多源、多类型、泛在等特性，空间位置既可以使用几何坐标进行定量描述，也可以使用自然语言进行定性表达。定量描述便于计算机进行精确存储与分析，定性表达则可以使公众快速理解与应用。为了充分发挥空间位置在描述多源信息中的作用，GIS 中根据任务需求的不同，既需要几何坐标式的定量信息，如进行空间分析和地理计算，也需要文字描述式的定性信息，如进行地理编码和反编码。由于空间位置描述的多样性，本书对空间位置的研究范畴进行了限定，主要研究能够使用几何坐标进行描述的定量位置，而不涉及使用自然语言描述的定性位置。

4.1.2　空间位置的主要作用

空间是人类赖以生存的环境，地理实体的产生、演化和消亡都在一定的空间中进行。通常认为，空间是三维的，可以在三个互相垂直正交的维度方向上无限延展，具有通用性、延续性和可量测性。位置是空间的表现形式，与具体的地理实体关联。空间位置描述了事物和现象的定位信息，使得人们能够更好地认知客观世界。空间位置是地理实体的本质特征，是各种信息空间定位和空间分析的基础。概括起来，空间位置在 GIS 中主要有以下几个方面的作用。

1) 空间位置是地理实体的本质特征，是空间认知的基本内容

空间数据是各种地理现象和特征的抽象表示，包括空间位置特征、属性特征和时态特征三个部分。其中空间位置特征是空间数据的基础特征，是连接属性特征和时态特征的桥梁。在空间数据的常用表示形式中，无论是地图还是 GIS 都需要空间位置的支撑来表达客观事物的地理分布及其相互联系，空间位置是空间认知的基本内容。

2) 空间位置是距离度量的基础，是地理学有关现象和过程的研究基础

地理学第一定律(空间相关性定律)指出：地物之间的相关性与距离有关，一般来说，距离越近，地物间相关性越大(李小文等，2007)。地理学第二定律(空间异质性定律)指出：空间的隔离造成了地物之间的差异，即异质性(朱阿兴等，2020)。从中可以看出无论是第一定律还是第二定律都是研究距离的变化对地物及其相关性的影响，而空间位置是距离度量的基础，为后续地理现象的解释和地理过程的研究提供了支撑。

3) 空间位置为空间数据精确定位、高效检索提供必需的信息内容

定位与查询是 GIS 基本的检索和分析能力，无论是属性查询还是空间查询都离不开空间位置的参与。属性查询中一般通过构建查询条件，将查询到的地理要素进行空间定位并显示；空间查询中一般基于空间关系构建查询条件，而空间关系的获取往往需要依靠空间位置进行计算。此外，在要素的捕捉与编辑中，也需要以空间位置为基础进行精确定位与交互操作。

4) 空间位置在多源数据融合、空间分析与表达中发挥了重要作用

无论是多源数据融合，还是空间数据叠加分析与显示，正确的空间位置信息都极为重要。GIS 中大量数据处理、分析与表达工具都以空间位置为基础，只有具有正确空间位置的空间数据，才能支撑 GIS 上层应用。

4.1.3　空间位置的问题分析

传统 GIS 采用矢量、栅格和表面模型对离散或连续地理现象的空间位置进行表达，取得了丰硕的成果。但是，随着计算机和传感技术的发展，GIS 的应用领域逐渐拓展，传统数据模型越来越难以适应复杂场景中空间位置多源、动态、多形态和实时的应用需求，主要表现在以下几个方面。

1) 在空间位置获取方面，难以满足多源位置数据的接入

传统 GIS 以 4D(DLG、DRG、DOM、DEM)产品作为其主要数据源，能够满足一般场景中空间位置的应用需求。但是，传感器实时获取的不同类型、不同格式、不同协议的动态数据不能进行有效的适配接入。此外，非传统 GIS 数据类型，如气压、洋流、温度等流场数据，具有明显的立体、多维、时变特征，传统 GIS 往往通过抽取某一时刻、某一高度、某一指标的数据进行降维处理与加载，还无法实现同一平面位置不同高度层的多维时变数据的纵向表达。

2) 在空间位置管理方面，难以满足动态位置数据的组织

传统 GIS 数据模型是一种静态模型，侧重于某一时刻地理实体状态的刻画。然而，现实世界中，大部分地理实体的空间位置都是动态发展变化的。在矢量数据模型中，虽然可以在属性表中增加时间字段，通过创建不同时刻要素的多个副本实现动态位置数据的组织，但是，这种组织方式一方面主要面向位置数据的表达，多个时序要素从本质上来说已经不是同一个地理实体(各自具有独立的唯一标识 FID)；另一方面还会造成数据的大量冗余，严重影响后续数据的分析与应用效率。

3) 在空间位置融合方面，无法支持位置数据的多形态处理

在传统 GIS 中，地理实体一经创建即具有明确的空间位置。然而，现实世界中，随着认知的角度和尺度的变化，地理实体的空间位置可能会发生变化，具有明显的多形态特征。例如，一栋建筑物随着认知尺度的变化会呈现出矢量点、矢量面、二维图标、三维模型等空间形态，这种地理实体的多形态特征在传统 GIS 中还无法进行融合处理与组织管理。

4) 在基于空间位置的分析应用中，难以兼顾位置数据的时间特征

在传统 GIS 的空间分析应用中，往往不考虑空间数据的时间特征，即认为地理要素的空间位置和属性特征不随时间发生变化。然而，现实世界中的地理实体随着时间的推移，其空间位置和属性特征都可能会发生变化。例如，在流行病调查分析中，不同病例在不同的时刻往往具有不同的位置和属性，此时如果想找到某个病例的时空伴随者，传统 GIS 的空间查询就无能为力，需要在执行空间查询时兼顾时间因素。

5) 在空间位置可视化方面，难以对位置变化过程进行连续表达和实时交互

传统 GIS 对空间位置变化过程的可视化表达能力较弱，大多以二维、静态的形式表现，损失了大量信息。虽然可以在属性表中增加时间字段，通过对图层启用时间，支撑要素空间位置动态变化的离散表达，但是这种表达一方面不是平滑连续的，相邻两个时刻之间的位置状态无法进行有效的刻画；另一方面在位置变化过程的表达中无法实现地理要素的实时交互。时态 GIS 虽然在数据模型中增加了时间维，但是时间维只是作为地理要素刚性运动的基准，不适合对动态现象连续变化过程的描述。

4.2　多粒度时空对象空间位置概述

4.2.1　多粒度时空对象空间位置的基本概念

多粒度时空对象的空间位置是指在一定的时空参照框架下，对时空对象的定位信息、空间分布及其变化特征的描述。从概念上来看，任何时空对象的空间位置都是在特定时空参照下描述的空间定位信息，涵盖了传统 GIS 中空间位置的研究内容。同时，多粒度时空对象的空间

位置强调了位置的空间分布和变化特征,其研究范畴更加全面,更加符合人们对于现实世界中空间位置的认知方式。

多粒度时空对象的空间位置描述了时空对象的空间分布,空间分布表示时空对象在空间定位基础上的分布范围和分布状态(离散或连续)。既可以使用二维坐标、三维坐标等矢量形式描述时空对象的空间分布,例如,对于火车对象使用由每个车厢的几何中心构成的三维线条描述其空间分布;也可以使用流场、影像等点位集合描述时空对象的空间分布,如全球风场、区域地块等时空对象的空间分布。

定位信息和空间分布是对空间位置不同角度的描述。例如,对于影像对象,只需要通过四个位置点就可以实现影像对象的空间定位,但是影像对象的范围和状态还需要空间分布补充描述,影像对象的空间分布是由所有像素点的连续分布进行描述的;对于火车对象,每个车厢的几何中心点构成的点集就可以实现火车对象的空间定位,但是火车对象的空间位置还应明确这些离散点的构成方式,即它是由点集构成的三维矢量线来描述火车对象的分布范围和分布状态的。

多粒度时空对象的空间位置包含了时空对象的变化特征,随着时间的推移,同一个时空对象的空间位置会发生变化,即时空对象的空间位置具有动态性。例如,在不同的历史时期,虽然某城市的空间位置都是矢量面,但是矢量面的空间位置会发生变化,如图 4.1 所示。

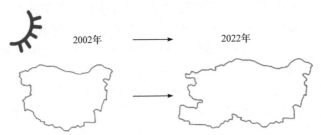

图 4.1　不同时刻同一时空对象的空间位置

综上所述,多粒度时空对象的空间位置不再是一个位置数据的描述,而是时空对象在某一时空参照下、不同变化时刻空间位置的集合。在实际应用中需要根据场景时间自动选择对应的空间位置,同一个时空对象在同一时刻只能有唯一的空间位置;但是,不同场景中的同一个时空对象在同一时刻由于认知尺度的不同可能具有不同的空间位置,例如,在分布式多端应用中,每个窗口设置不同的观察尺度,这时同一个时空对象同一时刻的空间位置可能不同。

具体描述时空对象的空间位置时,可以将其自参照系原点在父参照系等其他参照系中的坐标值作为空间位置数据。但有时仅仅用一个三维坐标 (X, Y, Z) 来描述空间位置信息是不够的,还需要描述时空对象自参照系与父参照系之间的方向关系,也就是时空对象的姿态信息。此外,对于时空对象连续变化的空间位置,可以使用时空轨迹进行描述,通过对象标识与时空对象关联。

多粒度时空对象的空间位置特征在全空间信息系统中的作用主要包括以下几个方面。

1) 多粒度时空对象八元组特征的融合与关联

八元组特征是对多粒度时空对象不同侧面的描述,其中,空间位置是其本质特征。尽管八元组特征在时空对象内部是离散组织和描述的,但是通过空间位置可以实现八元组特征的融合与关联,对外通过统一的访问接口提供对象化服务。在实际应用中,通过访问接口获取不同的时空对象,然后提取时空对象的八元组特征满足不同的分析和应用需求。因此,无论是对于多粒度时空对象建模,还是对于时空对象叠加分析与显示,空间位置都极为重要。

2) 多粒度时空对象的时空查询

传统 GIS 中,要素的查询和定位主要基于空间位置或属性特征。多粒度时空对象的查询和定位不仅兼容了传统 GIS 的查询方式,还能够将时间特征引入查询分析过程,通过给定的空间范围和时间范围,基于时空对象的空间位置,快速查询出与该时空范围有交集的时空对象。例如,在疫情期间,基于"时间+空间"的时空查询方式,可以方便地查询出某一病例的时空伴随者。

3) 多粒度时空对象的时空分析

多粒度时空对象的空间位置包含时空对象的变化特征,时空对象的每次位置变化都在数据中进行了记录和存储。因此,传统 GIS 中的空间分析就演化为多粒度时空对象的时空分析,拓展了空间分析的应用场景和分析能力。例如,在应急管理与灾害救援中,通过时空分析,可以找出 45min 内能够到达出事海域的所有舰船对象。

4) 多粒度时空对象的可视化表达

位置变化是时空对象动态特性可视化中最明显的表达内容,空间位置的变化特征为多粒度时空对象的动态表达提供了数据基础。通过将空间位置的变化特征封装为时空过程,可以实现时空对象空间位置的全生命周期可视化表达。例如,在物流调度与管理中,利用时空过程可视化表达可以展示所有物流车辆的历史轨迹数据。

4.2.2 多粒度时空对象空间位置的特征

1. 多源特征

多粒度时空对象的空间位置可以来自数据库或文件系统中的历史数据,也可以来自 GPS 等传感设备实时传输或网络服务实时发布的数据,还包括函数模拟数据和周期运动数据等多种形式,具有显著的多源特征。因此在空间位置表达时需要充分考虑不同来源的位置信息的接入和访问方式,以采用统一的数据模型对时空对象的空间位置进行抽象。

2. 动态时变特征

多粒度时空对象的空间位置不是静态不变的,而是随着时间的推移,其空间位置会发生变化,根据发生变化周期的不同可以分为长期(地壳运动)、中期(城市建设)、短期(天气变化)和实时(车辆运动)。因此,在数据模型中需要支持离散或连续变化的空间位置的表达。

3. 虚实映射特征

全空间信息系统的时空范畴从地表空间扩展到了宏观和微观的人机物空间以及虚拟空间。多粒度时空对象不仅能够描述现实世界中的时空实体,还能够描述虚拟世界中的时空实体,如社交账号、发帖评论、IP 地址、路由节点等。在虚拟实体的表达中,往往需要根据虚拟实体和现实实体的映射关系给虚拟实体赋予空间位置,进而实现基于空间位置的虚实联动和融合表达。

4. 多尺度特征

多粒度时空对象在不同的认知尺度下往往具有不同的空间位置。例如,在小比例尺时一栋房子使用一个矢量点来表示;但是,随着尺度的变化,在大比例尺下会表现出矢量面的空间位置。这时对空间位置的表达需要采用统一的描述方法来兼容这种位置类型的变化。同时,时空对象的多尺度位置数据需要同时存储和同步更新。

5. 多空间基准

在空间基准方面，随着尺度的变化，多粒度时空对象会呈现出不同的空间位置，对于不同尺度下时空对象空间位置的描述可以采用不同的空间基准，按照这种方式可以最大限度地兼容已有数据。在实际应用中可以根据需求的不同，快速实现空间基准的变换。

4.2.3　多粒度时空对象空间位置的分类

对多粒度时空对象空间位置的科学分类有助于明确多粒度时空对象空间位置的研究内容和研究界限，有助于建立多粒度时空对象空间位置的数据模型。然而多粒度时空对象空间位置的数据来源纷繁复杂、数据记录方式各不相同、数据产生方式千差万别，很难从总体上按照统一的分类标准和分类依据对空间位置进行科学有效的划分。因此，本书按照不同的分类标准，从数据状态变化、数据记录方式、数据产生方式三个方面，对多粒度时空对象的空间位置进行分类。空间位置的分类体系如表 4.1 所示。

表 4.1　空间位置的分类体系

分类依据	空间位置分类	空间位置示例
数据状态变化	静态位置	测量控制点、山峰等时空对象的空间位置
	动态位置	城区对象的轮廓、车辆对象的轨迹等
数据记录方式	矢量形式位置	地块、道路、移动车辆等时空对象的空间位置
	点位集合位置	DEM、TIN、点云、影像等时空对象的空间位置
数据产生方式	数据存储位置	存储在数据库、文件、网络服务器等介质中已经产生的空间位置
	实时接入位置	通过 GPS 接收机和位置模拟软件实时获取的空间位置
	函数模拟位置	导弹飞行弹道、无人机飞行轨迹等
	周期运动位置	卫星的运行轨道等

根据位置数据状态变化与否，多粒度时空对象的空间位置可以分为静态位置和动态位置。静态位置表示时空对象的空间位置不随时间发生变化，如测量控制点、山峰等时空对象。动态位置表示时空对象的空间位置随着时间推移，会发生变化，如城区对象的轮廓、车辆对象的轨迹等。根据空间位置变化频率的快慢又可以将动态位置分为离散变化动态位置和连续变化动态位置。

根据位置数据记录方式的不同，多粒度时空对象的空间位置可以分为矢量形式位置和点位集合位置。矢量形式位置采用点、线、面、多点、多线、多面等矢量数据表示时空对象的空间位置，其位置信息通过构成矢量数据的结点或结点集合来记录，如地块、道路、移动车辆等时空对象的空间位置。根据应用需求，矢量形式位置又可以进一步细分，如划分为矢量点位置、矢量线位置等。点位集合位置采用文件自身包含的点位信息表示时空对象的空间位置，如DEM、TIN、点云、影像等时空对象的空间位置。

根据位置数据产生方式的不同，多粒度时空对象的空间位置可以分为数据存储位置、实时接入位置、函数模拟位置、周期运动位置。数据存储位置表示时空对象已经产生的空间位置，存储在数据库、文件、网络服务器等介质中。实时接入位置表示通过传感器动态接入技术实时获取的时空对象的空间位置，如 GPS 接收机和位置模拟软件可以以一定的时间频率连续地获取实时位置数据。函数模拟位置表示时空对象根据自身参数和外部条件通过模型函数计算的空间位置,如导弹飞行弹道、无人机飞行轨迹等。周期运动位置表示周期性变化的空间位置,往往只需存储一个周期内的数据,然后根据时间和特征参数周而复始地运动,如卫星的运行轨道等。

4.3　多粒度时空对象空间位置数据模型

如何以计算机可以直接理解的形式对时空对象的空间位置进行系统、规范的抽象与表达,是全空间信息系统建模理论的基础问题。解决问题的关键在于如何将计算机求解问题的方法和多粒度时空对象建模的需求进行有机地结合。空间位置作为多粒度时空对象的本质特征,对其描述内容进行抽象和形式化表达,是时空对象空间定位的前提。形式化语言提供了一种对事物及其联系进行抽象表达的形式化工具。空间位置形式化表达就是采用形式化语言对其组成部分进行形式化的描述,从而达到通过"形式"来研究时空对象空间位置本质的目的。形式化表达的空间位置经过一定的计算模型和算法可以被计算机直接加工和处理。

4.3.1　多粒度时空对象空间位置的描述框架

描述多粒度时空对象的空间位置不仅需要考虑时空对象的动态特征、多源特征、多尺度特征和多空间基准,还需要考虑空间位置的类别及其他辅助信息,因此,多粒度时空对象空间位置的描述框架包括认知尺度、位置类型、空间参考、空间姿态、位置数据和位置格式,如图 4.2所示。

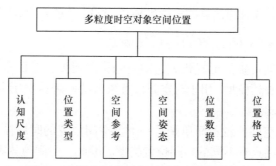

图 4.2　多粒度时空对象空间位置的描述框架

认知尺度描述应用场景中时空对象表达时的尺度信息。在多粒度时空对象中采用谷歌地图的分级方法对认知尺度进行划分,共分为 21 级。时空对象在不同的尺度范围内往往具有不同的空间位置类型,例如,某地块对象在 14～21 级时采用矢量面位置,在 1～13 级时采用矢量点位置。另外,时空对象在相同的尺度范围内也可以采用不同的空间位置类型,例如,某地块对象在 14～21 级时既可以采用矢量面位置,也可以采用点位集合位置(点云、影像等),在表达时采用何种类型需要根据应用需求由用户确定。

位置类型描述时空对象的空间位置属于位置分类中的何种类型,包括矢量形式位置、点位集合位置、实时接入位置、函数模拟位置和周期运动位置等。

空间参考描述时空对象的空间位置所采用的坐标系,可以是地理坐标系、投影坐标系、相对坐标系等类型,不同的坐标系对应不同的位置格式和位置数据。

空间姿态描述时空对象在空间位置上的姿态信息,即时空对象自参照系与父参照系之间

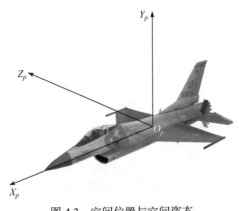

图 4.3　空间位置与空间姿态

的方向关系。如图 4.3 所示，以飞机质心 O_p 为原点建立坐标系 $O_pX_pY_pZ_p$，X_p 轴为飞机的纵轴，即平行于飞机轴线并以指向机头为正；Y_p 为飞机的竖轴，以指向地球外侧为正；Z_p 为飞机的横轴，以指向右侧机翼为正，坐标系符合右手法则，在上述机体坐标系中，采用偏航角、俯仰角和滚转角这三个欧拉角来定义飞机姿态的变化：俯仰角 θ 为绕 Z_p 轴旋转的角度，以绕 Z_p 轴顺时针旋转为正，且俯仰角 $\theta \in \left[-\dfrac{\pi}{2}, \dfrac{\pi}{2} \right]$；偏航角 Ψ，$\Psi \in [-\pi, \pi]$ 为绕 Y_p 轴旋转的角度，以绕 Y_p 轴顺时针旋转为正，且偏航角

$\Psi \in [-\pi, \pi]$；滚转角 φ 为绕 X_p 轴旋转的角度，以绕 X_p 轴顺时针旋转为正，且滚转角 $\varphi \in [-\pi, \pi]$。在实际应用中描述空间位置的同时还需要描述空间姿态，一般情况下时空对象的自参照系和父参照系保持平行或相同，没有旋转，这时的空间姿态记录为 $(0,0,0)$。

位置数据描述的是时空对象某一位置类型的定位数据，对于矢量形式位置，如点、线、面、多点、多线、多面等，每一种位置数据类型使用不同的数据结构进行描述；对于实时接入位置，位置数据记录传感器的协议、格式和访问地址等信息；对于函数模拟位置，位置数据记录函数服务的地址、参数等信息；对于周期运动位置，位置数据记录位置服务的地址、运动参数等信息。

位置格式描述位置数据采用的格式信息，包括二维坐标 (X,Y) 或 (L,B)、三维坐标 (X,Y,Z) 或 (L,B,H)、带有时间信息的三维坐标 (T,X,Y,Z) 或 (T,L,B,H) 等。

4.3.2　多粒度时空对象空间位置的形式化表达

多粒度时空对象空间位置的形式化表达即空间位置建模，是探索一种能够尽可能涵盖时空对象所有位置类型的表达模型，用于对空间位置进行统一表达，为后续空间位置的逻辑结构设计和物理存储奠定基础。

多粒度时空对象的空间位置不简单是某一类型空间位置的时序描述，根据认知尺度和实际应用需求的不同，往往具有不同的空间位置类型。因此，空间位置本身就是一个位置集合，包含时空对象在不同尺度范围、不同应用场景下的空间位置表达。对象 A 的空间位置形式化表达方法为

$$\mathrm{Pos}(A) = \{[P]\} \tag{4.1}$$

式中，P 为某一位置类型的空间位置，P 的集合表示对象 A 的空间位置。根据多粒度时空对象空间位置的描述框架，$P = \{\mathrm{Scale}, \mathrm{Type}, \mathrm{SRS}, \mathrm{Attitude}, \mathrm{Data}, \mathrm{Format}\}$，$\mathrm{Scale} = \{\mathrm{MinScale}, \mathrm{MaxScale}\}$ 为空间位置的认知尺度，由 MinScale 和 MaxScale 共同构成该空间位置适用的尺度范围；Type 为空间位置的类型，对应于位置分类中的不同类别，以枚举的形式提供选择，不同的位置类型具有不同的位置格式和位置数据；SRS 为该位置使用的空间参考；$\mathrm{Attitude} = \{\mathrm{pitch}, \mathrm{yaw}, \mathrm{roll}\}$ 为时空对象的空间姿态，由俯仰角 (pitch)、偏航角 (yaw) 和滚转角 (roll) 组成；Format 为空间位置的格式，以枚举的形式提供选择；Data 为位置数据，其格式由 Type 和 Format 共同确定，是空间位置的具体数据信息，位置数据的表达形式如表 4.2 所示。

表 4.2　位置数据的表达形式

位置类型	位置格式	位置数据	备注
矢量点位置	(L,B)	\<Point\>(L,B)\<Point/\>	
矢量多点位置	(L,B,H)	\<Points Num="个数"\>(L,B,H) (L,B,H)……\<Points/\>	
矢量线位置	(L,B)	\<Polyline Num="个数"\>(L,B) (L,B) ……\<Polyline/\>	
矢量面位置	(L,B)	\<Polygon Num="个数"\>(L,B) (L,B)……\<Polygon/\> \<Polygon\> \<Boundary Num="个数"\>(L,B) (L,B) ……\<Boundary/\> \<Holes\> \<Poly Num="个数"\>(L,B) (L,B)……\<Poly/\> \</Holes\> \<Polygon/\>	
实时接入位置	(L,B)	\<Point URL="服务地址" Protocol="通信协议" Rate="时间频率"\> (L,B) \<Point/\>	以点为例
函数模拟位置	(L,B)	\<Point URL="函数服务地址" Parameters="函数参数"\> (L,B) \<Point/\>	以点为例
周期运动位置	(L,B)	\<Point URL="计算服务地址" Parameters="运动参数"\> (L,B) \<Point/\>	以点为例
……	……	……	……

4.4　多粒度时空对象空间位置建模

4.4.1　多粒度时空对象空间位置建模目标

多粒度时空对象空间位置建模是对时空对象类模板中的空间位置参数进行实例化的过程，既可以通过一定的算法、模型从源数据中提取信息进行自动转换，也可以通过建模工具进行交互采集。

1. 建模目标

多粒度时空对象空间位置的建模目标是采用面向对象的思想构建空间位置模板，在此基础上，实现空间位置的实例化，最终生成具有时间特征的多粒度时空对象空间位置数据。

2. 建模成果

多粒度时空对象空间位置的建模成果是存储于全空间数据库中的空间位置数据集，数据集中的空间位置与对应的多粒度时空对象关联。一个时空对象可以关联多个空间位置数据，每个空间位置数据是该时空对象在某一时间范围内、特定认知尺度下的空间位置信息。

4.4.2　多粒度时空对象空间位置建模流程

多粒度时空对象空间位置的建模流程如图 4.4 所示，主要包括空间位置模板构建、位置模板与时空对象类关联、空间位置实例化和动态位置建模四个步骤，最终实现时空对象空间位置数据的添加。

图 4.4　多粒度时空对象空间位置的建模流程

1. 空间位置模板构建

根据现实世界中空间位置类型的不同，设计不同的位置模板，位置模板中包含不同类型空间位置的参数及约束信息，通过位置模板和位置数据相分离的模式，可以使位置模板更加灵活、可复用、可扩展。位置模板一般作为时空对象模板的子部件进行聚合。

2. 位置模板与时空对象类关联

在时空对象类模板的设计过程中，需要对多粒度时空对象八元组特征的每个部分分别添加，其中就包括空间位置。根据时空对象类空间位置类型的不同，选择合适的位置模板，将其和时空对象类模板绑定，实现位置模板与时空对象类的关联。时空对象类模板和位置模板共同构成对于一类时空对象的抽象描述。同一个时空对象类可能具有不同产生方式、认知尺度和表现形式的空间位置，此时，在时空对象类模板中会包含多个位置模板。

3. 空间位置实例化

在时空对象类模板的基础上，通过人机交互、自动转换等多种建模方式对多粒度时空对象的空间位置进行实例化，这一过程实际上是对时空对象类中位置模板的参数进行填充，实例化出具有各种具体位置信息的多粒度时空对象。在位置建模中，同一个时空对象类具有相同的位置模板集合，但在时空对象实例化时，不同的时空对象往往具有不同的空间位置。

4. 动态位置建模

通过时空对象类模板实例化的空间位置只是某一时刻时空对象的位置信息。现实世界中，随着时间的推移，时空实体的空间位置会发生变化，因此需要对多粒度时空对象的空间位置进行动态建模，包括空间位置的增删改等操作，最终构建多粒度时空对象全生命周期的位置变化信息，为后续基于时空过程的动态位置分析与表达提供数据基础。

4.4.3　多粒度时空对象空间位置建模方法

1. 空间位置模板构建方法

空间位置模板的构建有两种方法，一种是通过模板配置文件导入，通过约定配置文件的格式、字段和内容，采用结构化语言，如可扩展标记语言(extensible markup language，XML)、JSON 等设计模板配置文件，然后在全空间信息系统中加载，生成用户界面(user interface，UI)及相关元素；另一种是按照空间位置的类别和建模规范，通过人机交互生成 UI 及相关元素，实现位置模板的创建。空间位置模板构建方法流程图如图 4.5 所示。

步骤 1，选择位置类型，从空间位置分类表中选择空间位置模板中的位置类型。根据位置类型的标识(如名称)检测该空间位置模板是否已经存在，如果不存在，则创建使用该位置类型的空间位置模板，并跳转至步骤 2。否则，提示是否需要使用该位置类型的模板，如果是，则直接完成；如果否，则重新回到步骤 1。

步骤 2，设置尺度范围，设置该位置模板适用的最大尺度和最小尺度。

步骤 3，确定辅助参数，确定位置格式、空间姿态、空间参考等辅助参数。

步骤 4，设计位置数据参数，对于不同的位置类型，需要使用不同的参数信息进行描述。完成位置数据参数的设计后，即完成了空间位置模板的构建。

2. 位置模板与时空对象类关联方法

位置模板与时空对象类关联是为了在时空对象类模板中添加空间位置的描述信息，同一个时空对象类具有相同的空间位置描述。根据应用需求，一个时空对象类可以关联一个或多个位置模板，例如，居民地对象可以关联矢量点位置和矢量面位置以适应不同认知尺度下时空对象的表达需求。在时空对象类模板创建的过程中必须要有位置模板的关联。位置模板与时空对象类关联方法流程图如图 4.6 所示。

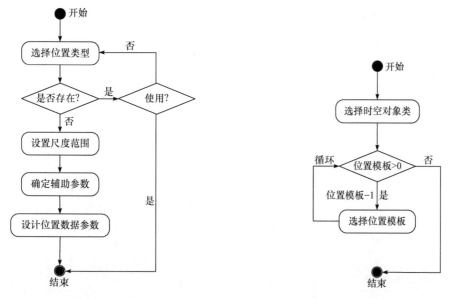

图 4.5　空间位置模板构建方法流程图　　　图 4.6　位置模板与时空对象类关联方法流程图

步骤 1，选择需要添加位置模板的时空对象类，判断时空对象类中需要的位置模板个数。

步骤 2，如果大于 0，从位置模板集合中选择合适的位置模板，添加和时空对象类之间的关联，跳转至步骤 1；否则结束关联。

步骤 3，每循环一次，位置模板的个数减 1，当位置模板的个数为 0 时，结束循环，完成位置模板的添加；否则跳转至步骤 2。

3. 空间位置实例化方法

空间位置实例化就是根据时空对象类模板中描述的空间位置参数信息，通过人机交互或自动转换的方式，实现时空对象位置的生成。其实例化方法和时空对象的实例化方法相同，需要对位置模板中定义的参数和约束信息进行指定。空间位置实例化方法流程图如图 4.7 所示。

步骤 1，选择需要实例化的时空对象类，判断时空对象类中位置模板的个数。

步骤 2，如果大于 0，选择时空对象类模板中的某个位置模板；否则结束实例化。

步骤 3，根据应用需求和数据源信息判断该位置模板是否需要实例化，如果需要，则对该位置模板实例化，并跳转至步骤 1；否则直接转至步骤 1。

步骤 4，每循环一次，位置模板的个数减 1，当位置模板的个数为 0 时，结束循环，完成空间位置的实例化；否则跳转至步骤 2。

4. 动态位置建模方法

多粒度时空对象的空间位置在时空对象的全生命周期内会发生变化，因此需要对空间位置进行动态建模，其建模方式采用版本-增量技术，每一个版本中记录时空对象在该版本时刻的空间位置，通过版本不断增加和变化的增量累加，实现动态位置的建模。动态位置建模方法流程图如图 4.8 所示。

步骤 1，判断时空对象的空间位置是否发生变化。

步骤 2，如果空间位置发生变化，以当前时间创建位置版本，将其添加到多粒度时空对象的版本集合中，同时更新多粒度时空对象的基本信息，如空间范围、时间范围等。动态位置建模是一个循环往复的过程。

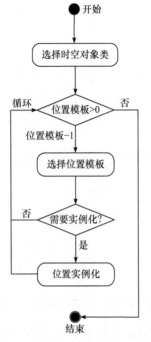

图 4.7　空间位置实例化方法流程图

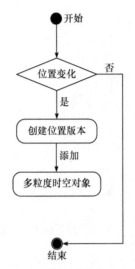

图 4.8　动态位置建模方法流程图

第 5 章 多粒度时空对象空间形态

5.1 地理信息系统空间形态概述

5.1.1 GIS 空间形态定义

形态是形象词, 表示形式或状态, "指事物存在的样貌, 或在一定条件下的表现形式" (辞海编辑委员会, 1979)。任何事物或现象都以一定的形态存在于一定的空间中, 并且随着时间的变化而变化。早在原始社会, 人类就开始在岩壁上用各种象征图形描述与表达客观环境, 汉字的初始形式(象形文字)也是对各种事物形状的勾画模仿。即使到了现代, 人类同样习惯于利用形态来感知和描述周边事物, 例如, 十字路口、环岛的示意图即为对十字路口十字交叉形状和环岛环形环绕形状的模拟绘制。总的来说, 形态是人类感知与表达客观环境和事物最直接、最有效的特征。

空间形态是指存在于特定空间的事物的形状或展现形式, 相比于形态的定义, 空间形态更加强调事物形态的空间特性, 即任何事物形态都占据一定的空间。在地图学领域, 空间形态通常是地理空间中各种地理要素在空间中的轮廓及其外在表现形式。地理要素空间形态的展示方式与地图表达方式密不可分, 制图者使用点、线、面三类基本地图符号将对复杂世界的认知描绘在地图上, 同时, 读图者在对三类基本符号固有认知习惯的基础上读图, 获得对现实世界的认知(王家耀等, 2014)。地图将地理空间中的各种空间形态抽象为点、线、面三类, 其中点主要通过在点位坐标上绘制的地图符号来表达; 线通过定位线及沿定位线循环配置的符号来表达; 面通过轮廓线并在轮廓线内填充符号来表达。地图所蕴含的空间形态描绘方法, 是人类认知地理世界, 传递空间知识最重要的方式。然而, 传统纸质地图有限的符号体系和图面决定了其不可能承载太多的空间形态信息。

GIS 空间形态是地图中点、线、面等图形要素的数字化描述, 包含了这些图形要素的空间轮廓和外在表现形式。GIS 空间数据模型是一种基于地图认知的二次建模, 描述的是地图中的图形要素。GIS 将地图描述与表达的点、线、面等几何形态转变为计算机能够存储与处理的空间数据模型, 一方面提高了空间形态的存储与应用效率, 另一方面增加了空间形态所能挂接的属性信息。但是, GIS 并没有改变源于地图的基于点、线、面的空间形态描述方法。当前人类所处的空间环境正发生巨大的变化, 对这些复杂空间环境的认知要求也越来越高。随着人们对现实世界的认知越来越深入, 需要描述的空间形态信息也越来越复杂。基于点、线、面的平面化的空间形态描述方法在描述复杂的空间形态方面越来越难以满足人类的认知需求。例如, 如今的城市体系越来越复杂, 各种摩天大楼、多层立交不断出现, 只使用平面线形态就很难描述这些具有多层结构的摩天大楼和城市立交桥。

5.1.2 GIS 中常用的空间形态描述方法

1. 基于矢量数据模型的空间形态描述

在传统的 GIS 中, 空间形态和空间位置是融合在一体进行描述的。由于都选择地球作为空间参照，要素轮廓的坐标点串既描述了要素在地表空间中的位置，也描述了要素的空间形态。

矢量数据模型通过记录要素的坐标及其空间关系，精确地表现点、线、面等要素的空间形态。坐标空间通常选择笛卡儿坐标系，在该坐标系下可以进行具有任意位置、长度和面积的空间形态的精确定义。矢量数据结构直接以几何空间坐标为基础，记录采样点坐标。常见的矢量数据格式包括 ArcGIS 的 SHP 数据格式、OpenStreeMap 的 OSM 数据格式、OGC 的 GML 数据格式等，其主要组成部分为几何信息与属性信息。其中，空间形态的描述集中在几何信息中，空间形态描述的基本形式是点、线、面等二维几何图形。

矢量数据描述的空间形态主要由坐标点串组成的中心线或者面状要素的轮廓线构成。当认为要素的空间形态在描述尺度下没有明确的几何意义时，通常将其抽象为一个点，即忽略其在空间上的真实形态特征。作为空间形态缺失的补充，通常会通过符号和样式来描述其外在形态特征。符号和样式是对空间形态的再次抽象，是一种空间形态的定性描述。在矢量数据的描述中，默认线是由一系列点串构成的折线的集合，面是由这些折线包围的空间区域。

2. 基于栅格数据模型的空间形态描述

栅格数据模型将空间分割成规则的网格，称为栅格单元，在各个栅格单元上给出相应的属性值来表示该空间位置上的属性特征。栅格数据本身不区分和单独描述独立要素的空间形态，而是对一定范围空间区域整体形态连续特征的二维描述。

3. 基于数字高程模型的空间形态描述

数字高程模型是在一个区域内，以密集的地形采样点的坐标 X、Y、Z 表达地面形态。地形采样点的平面位置，可以是随机分布的，也可以是规则分布的。规则分布时，只需记录和存储采样点的高程，应用比较方便。

常见的地形表面数据根据采样点组成网格的不同分为规则格网、不规则三角网和六角格网，主要用于描述地面起伏状况，其基本思想是通过连接采样点形成多个连续的立体表面，用这些连续的立体表面来描述地表形态。

4. 基于三维模型的空间形态描述

三维模型是物体的立体表示，通常分为表面模型、体模型和混合模型。任何自然界存在的东西都可以用三维模型表示。表面三维模型通过将物体表面构建为连续的多边形来描述多边形包围的三维形态，通常由网格和纹理两部分构成。网格是由物体的众多点组成的，通过点形成三维模型表面网格。这些网格通常由三角形、四边形或者其他的简单凸多边形组成，这样可以简化渲染过程。网格也可以描述带有空洞的普通多边形组成的物体。纹理既包括通常意义上物体表面呈现的凹凸不平的沟纹，也包括在物体光滑表面上的彩色图案，也称纹理贴图，把纹理按照特定的方式映射到物体表面能使物体看上去更真实。体模型通过直接描述物体内部的三维空间来实现对物体三维形态的描述。通常体模型将物体拆分为大量小的立方体网格或者不规则四面体，对于一些三维形态较为规则的物体，可以拆分为立方体、球体、圆柱体等规则的立体图元。混合模型是指通过两种以上三维模型的组合来描述物体三维形态的方法。

三维模型常用来描述城市中的建筑及各种独立物体的形态，尤其当 GIS 将立体街景测量、倾斜摄影测量及 BIM 等三维建模技术纳入其技术体系以后，三维模型在 GIS 中的使用也越来越广泛。图 5.1 即通过三维模型展示了某城市的三维形态。

5.1.3 GIS 空间形态数据的来源

传统 GIS 中的空间形态数据通常与位置数据是同时获取的。随着三维 GIS 发展，空间形

图 5.1　三维模型描述形态示例图

态数据的来源也越来越多样化，GIS 空间形态数据的主要来源包括以下方面。

1) 地图矢量化

地图中包含了大量地形地物的空间形态信息，通过将地图矢量化能够一次性快速获取大量的空间形态数据。

2) 实地测量

实地测量是获取高精度空间形态的重要手段，测量者采用全站仪、卫星定位系统等测量设备，现场测量地物特征点的点位坐标，并通过内业将这些特征点组合为地物的空间形态。

3) 遥感与航空摄影测量

利用遥感与航空摄影测量技术，能够快速获取大面积的地表地图的可视化信息。通过一系列内业处理，也可以通过影像解译快速获取高精度的独立地物的空间形态。

4) 激光雷达测量

通过激光雷达直接获取物体表面点云数据是目前快速获取高精度地物表面形态的一种常用手段。激光探测及测距(light detection and ranging，LiDAR)通过接收器准确地测量激光脉冲从发射到被反射回的传播时间，结合激光器的高度、激光扫描角度，就可以准确地计算出每一个地面光斑的三维坐标(X，Y，Z)。激光雷达具有分辨率高、精度高、便捷高效等特点，在三维文物重建、三维城市建模、三维地形获取等方面都有着广泛的应用。

5) 倾斜摄影测量

倾斜摄影技术是摄影测量领域近十几年发展起来的一项高新技术。它通过从一个垂直、四个倾斜、五个不同的视角同步采集影像，获取丰富的建筑物顶面及侧视的高分辨率纹理。它不仅能够真实地反映地物情况，高精度地获取地物纹理信息，还可通过先进的定位、融合、建模等技术，生成真实的三维城市模型。目前已经成为获取城市三维形态的主要技术手段。

6) 单体三维建模

单体三维模型经常用 3DMax 等专门的三维建模工具软件生成。通过虚拟 3D 空间构造具有 3D 数据的模型。通常，根据不同的行业需求，可以将其分为：多边形建模(polygon modeling)、参数化建模(parametric modeling)、逆向建模(reverse modeling)、曲面建模(NURBS modeling)等。单体三维建模往往能够更加真实、更加详细地表达实体的三维细节特征。但是，单体三维建模往往也是工作量最大的三维建模方法。

5.1.4　GIS 空间形态的应用

1. 地理空间信息可视化

视觉感知是人们认识现实世界的重要手段。地理空间信息可视化就是要将地学信息借助计算机图形学和图像处理技术转化输出为可以视觉感知的图形符号、图标、文字、表格、视频等可视化形式，其中空间形态是进行可视化输出的主要内容。基于空间形态的地理空间信息可视化主要包括三个方面的内容：①形态轮廓的可视化。轮廓通常是地理实体空间形态在二维平面的抽象，在 GIS 中轮廓包含面状要素的边界和线状要素的中心线，是进行地理空间信息可视化的主体内容。②三维形态的可视化。在 GIS 中三维形态可视化主要分为基于三维面片的三维模型可视化和基于高程信息的模拟三维效果的可视化。如分层设色、地图晕渲等都是模拟三维效果的可视化。③基于符号、纹理等信息的形态可视化。符号、纹理通常是形态、属性等多方面信息的综合，这些可视化通常与前两种可视化方式组合使用。

2. 空间形态特征计算

空间形态特征是人们认知地理实体的重要信息，也是进行大量基于地理实体的空间分析的基础。空间形态数据是进行地理实体空间形态特征计算的基础数据。空间形态特征既包括地理实体的基本形态特征参数，如地理实体的长度、面积、体积、重心及曲率、弯曲度等；也包括对地理实体形态结构特征的提取，如地理实体的特征点、骨架线、曲面结构线等。分形是指一类无规则、混乱而复杂，但其局部与整体有相似性的体系。随着地理分形研究的发展，它也成为空间形态特征计算中一项非常重要的内容。

3. 基于空间形态的分析

基于空间形态的分析是 GIS 空间分析的重要内容。例如，在进行地理实体的匹配过程中，空间形态的相似性可以作为一个重要评判指标；在进行从大比例尺向小比例尺数据的制图综合时，保持地理实体或者某个区域的整体形态特征不发生大的改变是对综合结果的一项重要要求。在 GIS 常用的叠置分析、缓冲区分析等分析中，都需要在形态特征的基础上进行分析计算。三维地形分析是专门针对地表形态的一种空间分析技术，在很多领域都得到广泛应用。常用的三维地形分析包括坡度、坡向等地形因子计算，通视区域分析、水文分析、越野通行路径规划等。

5.1.5　GIS 空间形态的不足

1. 容易形成同一时空实体空间形态描述的割裂

GIS 空间数据模型是基于地图的二次建模，描述的对象是地图中的图形要素，因此 GIS 空间形态并未直接考虑时空实体原本的形态特征。例如，在 GIS 中，为了数据采集方便，经常会将一条道路或者一条河流拆分为多段。这种拆分对于地图或者电子地图的可视化表达而言并没有多少影响。但是，人为地将同一时空实体拆分为多段，影响了人们对时空实体整体空间形态特征的认知，也为基于时空实体空间形态的查询、分析等进一步应用带来了困难。

2. 对同一时空实体多形态描述扩展能力不足

空间形态作为时空实体的内部特征，具有一定的封闭性，即一个实体的空间形态描述通常只与自身的形态特点有关。因此，每个时空实体理论上都可以有多种个性化的形态描述。但是在 GIS 中采用了位置与形态的一体化描述方式，所有要素的空间形态都必须放在统一的空间参照系下进行描述。为了实现这种描述方式的统一性，就只能采用通用的，基于点、线、面形态抽象加符号化的空间形态描述方式，大大限制了时空实体空间形态描述的多样性、可扩展性。

3. 对同一实体的多形态描述无法关联

在传统 GIS 中，一个要素通常只有一种形态描述。在多比例尺数据中，同一时空实体在不同比例尺数据中被赋予不同的编码、属性和空间形态，很难将同一实体在多尺度下的不同形态按照实体进行关联。由于无法融入传统 GIS 的数据模型体系，对于三维模型、倾斜摄影测量、激光点云等形态数据，传统 GIS 通常会构建相对独立的技术体系来存储、管理、分析和可视化，虽然是对现实中同一时空实体的形态描述，却无法对形态描述进行关联，很难基于这些形态数据进行统一的查询、分析与可视化。

4. 形态特征的动态变化描述能力不足

传统的 GIS 空间形态通常是某一具体数据版本下的静止形态，不同版本间的空间形态没有关联。基于传统 GIS 空间数据模型发展出来的时空数据模型，部分解决了空间位置、形态和属性随时间变化的数据描述。但是，空间形态的变化与空间位置的变化往往不在一个时间量级上，这就导致了在时空数据模型中，很难兼顾两种变化的时间尺度，从而导致某一时空数据模型只能应用在特定的应用场景中。

5.2　多粒度时空对象空间形态概述

5.2.1　多粒度时空对象空间形态的定义

在多粒度时空对象的八元组特征中，空间形态是对多粒度时空对象的形状和展现形式的描述，是人类感知现实世界、传递空间认知信息最为有效的特征，也是支撑多粒度时空对象表达与分析的基础特征。

多粒度时空对象描述的实体不再局限于传统 GIS 的地表有形物质，还包括从微观到宏观，从有形到无形的更多空间现象。相应地，多粒度时空对象空间形态也将出现更多的新特性。结合相关学科的形态定义和多粒度时空对象的特点，可将多粒度时空对象空间形态定义为：多粒度时空对象在空间中展现出来的形式和形状，是时空实体、时空现象或过程的现实形态在计算机中基于多种数据、模型、渲染方式的数字化描述和可视化展现，反映了时空实体不同侧面、不同精度的形状、结构、分布及其随时间和尺度的变化。

5.2.2　多粒度时空对象空间形态的分类

1. 基于对空间形态认知结果描述与记录方式不同的分类

多粒度时空对象的空间形态可以看作人类通过视觉对时空实体在空间上的外在表现的认知结果。根据对认知结果描述与记录方式的不同，可以将其分为具象形态和抽象形态。具象形态是对人视觉感知与认知的直接记录，即人眼直接感受到的时空实体的空间形态。抽象形态是对空间形态认知结果深加工后的描述与记录，即在具象形态的基础上，根据形态特征的内在规律，采用抽象方法描述的时空实体空间形态。

1) 具象空间形态

具象空间形态是一种针对时空实体进行直接建模获取的空间形态，即建模者在建模时不需要对空间实体的形态进行预先的抽象和设计，直接对指定的时空实体进行连续性/随机采样，采集的是实体表面的特征值。例如，覆盖形态(即栅格数据)，是基于一定的传感器分辨率和采样高度对地面连续拍摄的结果，建模者不需要对建模对象的形态进行事先抽象，只需要指定采样区域即可。

2) 抽象空间形态

抽象空间形态是在建模者对实体对象充分认知的基础上，按照建模者抽象的形态特征进行数据采样获取的空间形态。抽象空间形态是基于已有的认知模型对现实实体的选择性/离散采样，采集的是人们认知的特征点，例如，地理要素空间形态数据采集，房屋选择的是拐点，连线结果符合人们对房屋的俯视认知模型。

2. 基于空间形态采样方式不同的分类

多粒度时空对象空间形态是在计算机中采用数据描述的时空实体的形态特征。在计算机中，不可能将时空实体的形态特征完完全全记录下来，通常采用采样的方式，选取空间形态的部分特征进行记录。根据空间形态采样方式的不同，可以将其划分为点采样形态(point sampling)、线采样形态(line sampling)、面采样形态(flat sampling)、体采样形态(block sampling)和模拟函数形态(analog)。

点采样形态指的是只采集实体的空间位置而忽视形状，如兴趣点(point of interest，POI)的形态；线采样形态指的是采集狭长实体的骨架线，如河流线的形态；面采样形态指的是采集实体的平面轮廓线或平面特征点，如 GIS 中的居民地、政区等；体采样形态指的是采集实体的三维表面形状或内部三维结构，如建筑外形等；模拟函数形态是对物体形态的整体特征进行数学方法的模拟。

3. 对两种分类方式的分析

以上所述的两种多粒度时空对象空间形态分类方式并不孤立，在实际应用中往往会有联系与重叠。图 5.2 描述了两种多粒度时空对象空间形态的分类方式及其相互关系。其中基于空间形态认知结果描述方式的分类易于和不同的空间形态数据类型相对应，有助于人们对不同空间形态类型数据的理解。基于空间形态采样方式分类的优势是这种分类对应的空间形态数据结构清晰，不同类别间的空间计算方式差异大，相同类别间的空间计算方式差异小等，有利于具体技术实现和相关分析算法的设计。

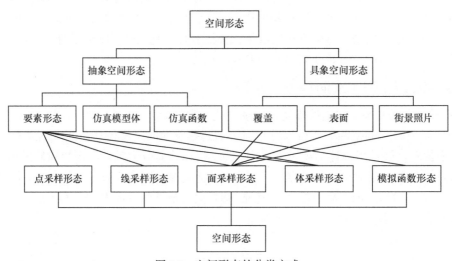

图 5.2　空间形态的分类方式

4. 空间形态的二级分类

上述两种多粒度时空对象空间形态分类方式的分类粒度较粗，为了更好地指导多粒度时空对象空间形态建模与应用，需要在上述分类的基础上，将其划分为更加详细的类型(二级分类)，并允许进行分类扩展。表 5.1 介绍了多粒度时空对象空间形态的分类与典型示例。

表 5.1　多粒度时空对象空间形态的分类与典型示例

形态类型(一级)	形态类型(二级)	典型示例
点采样形态	二维矢量点 (point)	地名数据 兴趣点数据 ESRI shape 二维点数据 ……
	三维矢量点 (point)	谷歌影像标注数据(KML) ESRI shape 三维点数据 ……
线采样形态	二维矢量线 (linestring)	ESRI shape 二维线数据 GeoJSON 二维线数据 ……
	三维矢量线 (linestring)	ESRI shape 三维线数据 ……
面采样形态	二维矢量面(polygon)	ESRI shape 二维面数据 GeoJSON 二维面数据 ……
	三维矢量面(polygon)	ESRI shape 三维面数据 ……
	等值线 (isohypse)	等高线数据 ……
	规则格网 (grid)	全球 DEM 全球海陆地形 GEBCO 全球遥感影像 GeoTiff GRIdded Binary ArcInfo ASCII Grid
	不规则三角网 (TIN)	TIN 全球海陆地形 GEBCO 倾斜摄影影像 GeoTiff ……
体采样形态	规则体(球、椭球、圆锥……) (shape block)	OGR file reader(*ogr) 3DS(*.3ds)
	单体表面模型	3DS(*.3ds) ……
	顶点集不规则体	OSG File(*.osg)
	建筑信息模型 (BIM)	IFC File(*.ifc) ……
模拟函数形态(Analog)	流体动力学基本方程	欧拉方程 拉格朗日方程 ……
	电磁波雷达基本方程	$R_{\max}=\left[\dfrac{P_tG^2\lambda^2\sigma}{(4\pi)^3 S_{i\min}}\right]^{1/4}$

5.2.3　多粒度时空对象空间形态的特点

(1) 统一性。多粒度时空对象空间形态是针对多粒度时空实体外在形态的统一描述，体现了时空实体统一的空间形态特征。

(2) 多态性。多粒度时空对象空间形态包含同一实体在不同状态下的刻画，每一种空间形态均是基于一定状态的实体表达，这种状态可以是温度、压力或者其他外界因素。

(3) 多维性。多粒度时空对象空间形态是对现实世界空间特征的全方位建模，既包含对时空实体基于点位置的符号抽象，也包含对其基于线、面等二维形态特征抽象，同时包含对其三维体形态特征的抽象。

(4) 多尺度性。多粒度时空对象的空间形态在不同尺度下会呈现不同的外在轮廓和表现形式，例如，城市对象的空间形态随着尺度的变化将呈现点、面、体等不同的形式。

(5) 动态性。多粒度时空对象具有生命周期，在对象的整个生命周期内，多粒度时空对象的空间形态会随着时间而变化，例如，随着四季的更迭，树木对象的空间形态呈现不同的形式和状态。

(6) 可表达性。多粒度时空对象空间形态需要为人展现时空实体外在表现、时空过程和现象的视觉感知，因此，多粒度时空对象空间形态的描述必须能够通过一定的可视化方法进行表达。对于具有明确形状外观的实体，可以按照其真实效果进行具象和抽象表达；对于磁场、风场乃至人口流动、气温变化等，可以根据其规律与特征，在科学测量的基础上，对其形态进行相应的可视化设计，并将设计结果作为空间形态进行记录和描述。

5.3　多粒度时空对象空间形态数据模型

5.3.1　多粒度时空对象空间形态描述框架

构建多粒度时空对象空间形态数据模型的核心任务是确定如何采用数据、模型、规则方式等计算机语言进行空间形态的描述。对空间形态的描述主要考虑两个方面的内容，首先是如何在计算机中描述时空实体的时空形态，即描述空间形态的基本信息；其次是如何通过这些空间形态数据进行可视化表达，即辅助空间形态可视化表达的控制信息。图 5.3 描述了在此基础上的多粒度时空对象空间形态描述框架。

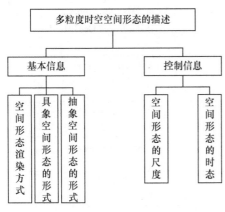

图 5.3　多粒度时空对象空间形态描述框架

多粒度时空对象空间形态描述体系主要包括两方面内容，一方面是空间形态基本信息的描述，包括不同类型的空间形态展现出来的形式和空间形态渲染方式；另一方面是空间形态控制信息的描述，包括空间形态的尺度和时态。其中，空间形态基本信息的描述可以通过具体的数据模型来进行存储与表达，空间形态控制信息的描述可以通过相应的规则和逻辑来实现。

5.3.2　多粒度时空对象空间形态概念模型

多粒度时空对象空间形态概念模型是从多粒度时空对象空间形态到信息世界的第一层抽象，是对多粒度时空对象空间形态的概念化描述，其重点是确定用于空间形态概念化描述的基本信息、尺度信息和时态信息。多粒度时空对象空间形态概念模型主要包括：基于对象-形态-样式的空间形态基本信息描述、基于视距的空间形态尺度描述和基于版本-事件的空间形态时态描述。多粒度时空对象空间形态概念模型如图 5.4 所示。

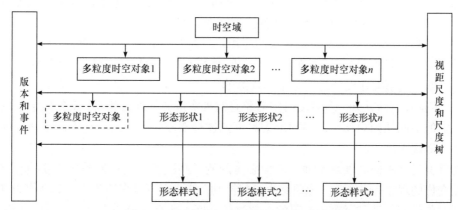

图 5.4　多粒度时空对象空间形态概念模型

1. 基于对象-形态-样式的空间形态基本信息描述

不管是抽象空间形态还是具象空间形态，多粒度时空对象空间形态基本信息都可以通过对象-形态-样式这三层体系进行描述，即每一个多粒度时空对象可以包含多个空间形态，也可以包含其他的多粒度时空对象(子对象形态的组合)，每一个空间形态用一种形态形状描述其空间表现形式，用多种形态样式描述其渲染方式，即对象-形态-样式三层空间形态基本信息描述框架。

对多粒度时空对象空间形态的描述需要考虑整个生命周期的多粒度时空对象空间形态特征。而多粒度时空对象在不同的状态、不同时间和不同尺度下展现的空间形态是不同的，往往需要用多种数据和模型进行不同侧面、不同精度的描述。多粒度时空对象空间形态基本信息形式化描述为：

多粒度时空对象空间形态={
形态 1={形态形状，{形态样式 1，形态样式 2，……}，……}
形态 2={形态形状，{形态样式 1，形态样式 2，……}，……}
……
形态 n={形态形状，{形态样式 1，形态样式 2，……}，……}
}

形态形状描述对象自身在空间上的表现形式。形态样式描述对象渲染的方式，反映多粒度时空实体在现实世界中给人的视觉感受。其中，

形态形状={形状类型、形状维度、形态描述}；形态样式={样式类型、支持形状类型}；形状类型包括空间形态二级分类中的全部形态类型，也支持自定义类型；形状维度说明该形态形状分布的空间维度，现阶段主要包括二维和三维。

样式类型与可视化渲染方式挂钩，支持形状类型与形态形状分类相关，与形状类型一致。

2. 基于视距的空间形态尺度描述框架

由于多粒度时空对象形态的尺度范围扩展到了从宏观空间到微观空间的全空间，要实现空间范围的室内室外、地上地下和天空海洋一体化，建模的核心是对现实世界的直接认知与观测(华一新和周成虎，2017)。在设计多粒度时空对象空间形态尺度描述框架时也应该满足以上基本要求，具体来说，需要满足以下基本原则。

(1) 尺度范围可扩展。空间形态的尺度描述框架不能仅局限于地表，当多粒度时空对象建模尺度范围向宏观空间和微观空间扩展时，空间形态尺度描述框架也应能支持同等范围的扩展，而不能发生概念变化(如从比率尺度转换为级别尺度)。

(2) 尺度刻度连续。多粒度时空对象的应用场景需要能够在太空、地表、地下、室内实现无缝切换。即每一种对象均应该能在空间形态尺度描述框架中找到自己的尺度坐标，这就要求空间形态尺度描述框架在设计时应是空间连续的。

(3) 尺度描述符合认知。多粒度时空对象是对现实世界的直接建模，对空间形态的描述也应符合人类的空间认知规律，即空间形态尺度描述框架需要符合人类在不同空间尺度下对时空实体的认知规律。

李志林通过在不同高度观察地球表面影像的例子阐述了空间对象的复杂度随着空间尺度的变化而变化的现象，他将这一现象称为自然法则。该法则可以表述为"一个具体的空间尺度下，空间对象的变化细节层次是有限的，超过该限度，所有细节均不可见，可以忽略"(李志林，2005；Li and Openshaw，1993)。

由该法则可知，对象的空间尺度与对象的细节层次限度有关，而对象细节层次限度受制于认知主体(人或各类光学设备)的空间分辨率，也就是说，对象认知的空间尺度应以认知主体的空间分辨能力为准，而不是以已有数据的空间尺度(比例尺、分辨率等)为标准。

基于以上分析，可以建立基于视距的空间形态尺度描述框架，其基本思路如下。

(1) 对象某一空间形态存在被感知的最远距离，该距离取决于该空间形态空间范围大小及认知主体的观测极限分辨率。

(2) 小于该极限距离，可以感知更加详细的空间形态，但是存在对象空间形态被感知的最近距离。该距离取决于认知主体的成像焦距及观测范围，小于2倍焦距或超出观测范围，该空间形态不可见。

(3) 在实际应用时，观测范围与显示介质(屏幕大小)相关，可以不作为预设量。

(4) 距离在不同的尺度域，单位级别不一样，在宏观领域，距离单位为千米、光年等，在中观领域，距离单位为分米、厘米等。

3. 基于版本-事件的空间形态时态描述框架

多粒度时空对象空间形态随时间的变化代表了多粒度时空对象本身产生了变化。这种变化可能只是形态特征的变化，也可能同时引起了其他特征的变化(如空间位置、组成结构)。而且，空间形态随时间的变化可能是一次空间数据的更新，也可能是在对象演化过程中，受其他对象的行为影响而产生的变化(如飞机相撞产生的形态变化)，更有可能是一种事件触发的自变化(如雷达的定时开关产生的电磁场形态变化)。因此，多粒度时空对象空间形态的时态描述框架设计需要考虑所属的多粒度时空对象特征及变化的具体原因。具体来说，需要满足以下基本原则。

(1) 能够高效地描述多粒度时空对象空间形态每一个时刻的信息。

(2) 能够记录空间形态变化对多粒度时空对象的影响。

(3) 能够记录空间形态数据更新的具体时间。

(4) 能够支持不同对象间的相互影响带来的空间形态变化。

(5) 能够支持空间形态的自变化过程。

对于时空变化的描述而言，状态和事件是两个最为基础的元素。状态是对象特征保持稳定或缓慢变化的过程，事件是引起对象从一个状态到另一个状态的触发条件，时空对象的整个生命周期就是由不同的状态组成的序列集。如果只是为了描述时空变化，既可以只记录状态(侧重于状态描述的时空数据模型)，也可以只记录初始状态与事件(侧重于变化过程的时空模型)，而对于多粒度时空对象空间形态的时空变化描述而言，既需要描述多粒度时空对象空间形态每一个时刻的信息，又需要支持不同对象间的相互影响带来的空间形态变化，因此状态和事件均进行记录才是空间形态时态描述框架设计的最佳方案。

对状态和事件同时进行记录的时空数据模型很多，比较有代表性的是龚健雅等(2014)提出的实时 GIS 数据模型和张亚军(2010)提出的五维多时空混合模型，前者开创性地将事件定义为"由地理对象时空变化达到某种程度时生成的，可以驱动地理对象产生新的时空变化"，能够支持对象之间基于事件的联动变化模拟。后者从数据库技术实现的角度将状态与事件转化为数据版本和操作，将状态和时间记录真正转化为可实现的数据与逻辑。

图 5.5 为基于版本-事件的空间形态时态描述框架。其中，版本是对空间形态当前状态的标识，空间形态的每一个版本与特定的时间段或时刻具有一对一的关系，版本时间是空间形态变化发生的时间。对于存储空间形态的数据库而言，版本就是某一时刻数据库中的逻辑快照，不同的版本对应不同的数据库状态，随着空间形态的不断变化而变化。事件是驱动空间形态发生变化的原因，也代表空间形态具体的变化。空间形态的某次变化过程产生的原因可能不止一个，因此版本与事件是一对多的关系，事件的类型包括用户进行的数据编辑或更新，也包括对象联动过程中的行为对形态的改变，还包括多粒度时空对象模拟形态自身的变化。

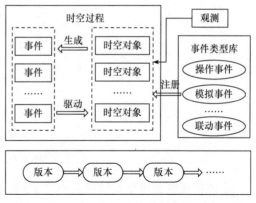

图 5.5　基于版本-事件的空间形态时态描述框架

基于版本-事件的空间形态时态描述框架将多粒度时空对象空间形态变化过程与原因以事件的形式记录，具有事件驱动的特性。将多个时空对象的时空变化过程以版本的形式进行组织存储，具有可行性和易用性。总之，基于版本-事件的空间形态时态描述框架既是空间形态时态描述模型实现的基本原理，也是多粒度时空对象空间形态时态控制技术实现的理论基础。

5.3.3　多粒度时空对象空间形态逻辑模型

多粒度时空对象空间形态逻辑模型是建立在概念模型的基础上，针对空间形态数据访问的细化。如图 5.6 所示，多粒度时空对象空间形态逻辑模型主要包含四个部分，分别是形态样式模型、形态形状模型、版本管理模型和尺度管理模型，分别对应于空间形态概念模型的形态形状、形态样式、版本和事件、视距尺度和尺度树。

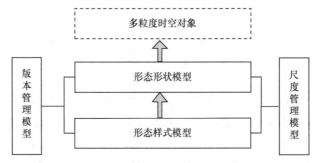

图 5.6　空间形态的逻辑模型

1. 形态样式模型

形态样式是多粒度时空对象空间形态表达的核心，也是不同类型的多粒度时空对象能够在视觉上进行区分及可定制表达的基础。形态样式模型主要解决形态的可视化输出展现，包括形态的符号化渲染和纹理渲染，图 5.7 描述了形态样式模型。

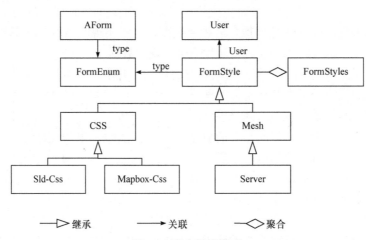

图 5.7　形态样式模型

形态样式逻辑模型类描述表如表 5.2 所示。

表 5.2　形态样式逻辑模型类描述表

序号	类	类名称	类说明
1	FormStyle	形态样式基类	形态样式的抽象，是所有具体的形态样式的基类
2	FormStyles	形态样式集合类	一种空间形态在不同的场景下可能会有不同的渲染方式，FormStyles 代表当前应用场景下所有支持的形态样式
3	FormEnum	对象形态样式列表类	对于特定对象的某一具体形态，可以选择的渲染方式是有限的，FormEnum 约定了该对象形态支持的形态样式列表
4	User	用户类	每个场景的渲染方式理论上是可以完全定制的，因此加入用户概念约束当前场景下具体的形态样式
5	CSS	基于 Cartocss 的符号样式类	基于 Cartocss 的符号渲染方式
6	Mesh	纹理类	基于贴片/纹理方式的形态样式

续表

序号	类	类名称	类说明
7	Sld-Css	SLD 标准符号样式类	基于 Open GIS SLD 标准的符号渲染方式
8	MapBox-Css	MapBox 标准符号样式类	基于 MapBox 标准的符号渲染方式
9	Server	纹理服务类	基于各种栅格/题图切片形式的贴片/纹理渲染方式

2. 形态形状模型

形态形状是多粒度时空对象空间形态数据描述的核心，描述了多粒度时空对象空间形状采样的方式与结果。针对不同类别的空间形态形状逻辑模型，可以基于现有的空间建模标准进行扩展。支持的建模标准包括简单几何建模标准 OGC SFS 建模规范、三维实体建模标准 OGC I3S 建模规范和 BIM 建模标准——IFC 交换格式等。形态形状模型如图 5.8 所示。

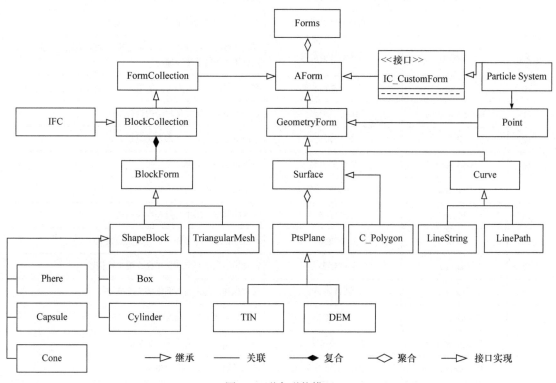

图 5.8 形态形状模型

其中，抽象空间形态类(AForm)是空间形态初始化的入口，包含几何形态(GeometryForm)、块状形态(BlockForm)、组合类形态(FormCollection)和扩展类几何形态(IC_CustomForm)。真三维的 BIM 形态可作为基于 IFC 标准的组合类形态的具体实现，基本结构仍然是块状形态类；流体形态类可作为基于粒子跟踪的扩展类几何形态的具体实现，其模拟的是按照当前流速和方向产生的粒子集。形态形状模型类描述表如表 5.3 所示。

表 5.3　形态形状模型类描述表

序号	类	类名称	类说明
1	AForm	抽象空间形态类	空间形态初始化的入口
2	Forms	空间形态类集合	一个多粒度时空对象可能有多种、多维度、多尺度、多时态的空间形态，用空间形态集合来表示并管理一个对象的所有空间形态
3	GeometryForm	几何形态类	简单要素类空间形态
4	Surface	面状采样形态类	代表对呈面状分布物体的特征点采样
5	Polygon	轮廓面采样形态类	代表一种轮廓面状采样方式
6	PtsPlane	特征点面状采样形态类	代表对现实世界的一种剖分采样方式，即一组特征点对一定区域进行剖分
7	TIN	不规则三角网形态类	代表以不规则三角网对指定区域进行剖分
8	DEM	规则格网形态类	代表以规则格网对指定区域进行剖分
9	Curve	线状采样形态类	现实世界的线状物体大部分都是狭窄面(如道路、河流)，对其骨架线进行采样存储
10	Point	点状采样形态类	在一定粒度下，外形可以忽略不计，只记录一定的位置值
11	FormCollection	组合类形态	各种类型形态按照某种结构进行组合
12	IFC	BIM 形态	按照 IFC 标准对块状形态类进行组合
13	BlockForm	块状形态类	三维建模类型形态
14	ShapeBlock	基本形状块类	用来描述常用的块状形状
15	Phere	圆球类	标准的圆球，用中心点和半径描述
16	Box	方块类	方块类，用中心点和高度、宽度描述
17	Capsule	椭球类	椭球类，用中心点和长半径、短半径描述
18	Cone	圆锥体类	用顶点和底部半径、圆锥体高度描述
19	Cylinder	圆柱体类	用中心点和半径、高度描述
20	TriangularMesh	基本顶点集块类	用来描述采样点集模拟块状形状
21	IC_CustomForm	扩展空间形态接口	其他函数驱动的形态类接口
22	Particle System	粒子跟踪	是对扩展空间形态接口的具体实现，用来模拟流体形态

3. 版本管理模型

版本管理模型层是空间形态时态变化的逻辑抽象，描述了多粒度时空对象空间形态每一个时间点下的状态和产生状态变化的事件，基于版本-事件的空间形态时态描述框架，版本管理模型如图 5.9 所示。

在该模型中，对象操作类(Action)代表一次具体的事件，操作事件类(ActionEvent)代表具体的事件类型，版本类(SimVersion 和 RealVersion)代表每次事件发生对象的稳定状态。版本管理模型类描述表如表 5.4 所示。

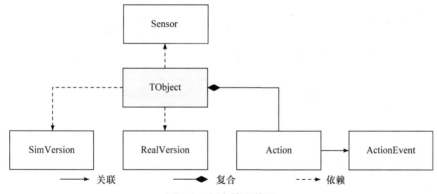

图 5.9　版本管理模型

表 5.4　版本管理模型类描述表

类	类名称	类说明
TObject	时间特征对象类	对具有时间演变特征对象的抽象,具体记录时间参照、对象在该参照下的时间
Action	对象操作类	记录对象的所有操作,包括增、删、改操作记录
ActionEvent	操作事件类	与每次操作一一对应,记录了每次操作事件的名称、原因、索引、类型等信息
RealVersion	对象实际版本类	对于对象的每次操作(增/删/改)系统都会自动生成一个新的版本,记录每次的操作类型、基于的版本号、创建事件、操作列表等信息
SimVersion	对象模拟版本	对于对象的推演会生成模拟版本,每次推演的条件不同,产生的模拟不同,形成类似于支线的信息
Sensor	观测类	对于连续记录数据的传感器,相关信息不记在对象中,在实际应用时实时获取

对于空间形态的版本管理而言,需要定义多粒度时空对象空间形态操作事件的类型和具体的变化,即空间形态能够发生哪些类型的变化,表 5.5 总结了空间形态的操作事件类型。

表 5.5　空间形态的操作事件类型

事件类型	变化示例	事件解析
新生事件	⌐A⌐ → A	多粒度时空对象新增某种空间形态,产生的原因可能是人为采集新增,也可能是新版本数据的接入
变化事件	A → A	空间形态形状发生变化,可能是人为修改编辑,也可能是新版本数据的接入
消失事件	A → ⌐A⌐	多粒度时空对象某种空间形态消失,消失的原因可能是人为删除
分裂事件	A → B_1, B_2, ⋯, B_m	多粒度时空对象某种空间形态由单一形态变为组合形态,变化的原因可能是人为复制

4. 尺度管理模型

尺度管理模型是空间形态多尺度调度的逻辑抽象，描述了多粒度时空对象尺度实例化的形状和可视化形式。尺度管理模型如图 5.10 所示。

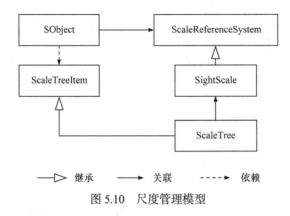

图 5.10　尺度管理模型

在该模型中，空间形态的尺度利用基于视距尺度(SightScale)的描述方法，时空对象类(SObject)依赖于某一尺度的尺度树节点，其形态的空间范围决定其在尺度树上的位置。在尺度调度时，根据场景观测距离与尺度树深度进行对比，得到该观测距离范围内的空间尺度与尺度样式。尺度管理模型类描述表如表 5.6 所示。

表 5.6　尺度管理模型类描述表

类	类名称	类说明
SObject	时空对象类	对具有空间形态及位置特征对象的一种描述，包括空间参考、时间参考、空间形态、属性特征、组成结构、关联关系、行为认知描述、该对象所产生的数据等信息
ScaleReferenceSystem	尺度参照类	尺度的不同度量方式和编号
SightScale	视距尺度	基于观测距离的尺度表达方法
ScaleTree	数据尺度树	对基于对象的所有形态和样式的视距尺度进行排序，得到每一具体对象的尺度范围；对当前时空域下所有对象进行尺度排序，以树形结构保存
ScaleTreeItem	数据尺度	对基于对象的所有形态和样式的视距尺度进行排序，得到每一具体对象的尺度范围

5.4　多粒度时空对象空间形态建模

5.4.1　多粒度时空对象空间形态建模的方法

因为多粒度时空对象空间形态数据模型属于一种通用的模型参考框架，在实际应用时，需要根据具体的应用场景和应用目标来确定空间形态数据构建需要的具体形态类型、尺度范围和时间范围。为了解决这一问题，可以借鉴数据集成领域提出的"数据中台"的概念。"数据中台"即聚合和治理跨域数据，将数据抽象封装成服务，提供给前台以应用价值的逻辑概念(张亚军，

2010)。基于"数据中台"的基本思想，可以采用面向用途的多粒度时空对象空间形态构建方法，即从具体的应用目标出发，将整个应用所需要的多粒度时空对象空间形态及其相互联系抽象为空间形态逻辑视图。多粒度时空对象空间形态逻辑视图包含该应用目标所需要的多粒度时空对象、多粒度时空对象空间形态类型说明及时空范围与尺度范围约束条件，如图 5.11 所示。

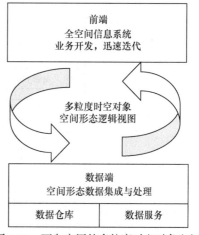

图 5.11　面向应用的多粒度时空对象空间形态构建方法

根据多粒度时空对象空间形态应用的行业背景及具体应用需要，将面向用途的多粒度时空对象空间形态逻辑视图分为五种类型，如表 5.7 所示，包含自定义逻辑视图、行业基础逻辑视图、扩展行业逻辑视图、行业融合逻辑视图和行业融合扩展逻辑视图。

表 5.7　多粒度时空对象空间形态逻辑视图分类

应用行业背景	具体应用需求	
	扩展行业标准	不扩展行业标准
无行业背景	自定义逻辑视图	—
单一行业背景	扩展行业逻辑视图	行业基础逻辑视图
跨行业背景	行业融合扩展逻辑视图	行业融合逻辑视图

以道路对象的空间形态构建为例，常见的道路标准包括《基础地理信息要素分类与代码》及《道路交通管理数据字典》，两者对道路的分类如图 5.12 所示，其中，图 5.12(a)为按《基础地理信息要素分类与代码》分类，图 5.12(b)为按《道路交通管理数据字典》分类。

对应道路对象空间形态的五种逻辑视图具体描述如下。

(1) 自定义逻辑视图是道路对象类型及空间形态类型均可自定义的逻辑视图。例如，道路对象类型可以包含机动车道、非机动车道、人行道，空间形态可以是单线或双线形态，空间形态样式也可以自定义。

(2) 行业基础逻辑视图是对象及其空间形态必须遵循行业标准的逻辑视图。例如，遵循国家基础地理信息要素分类，铁路对象类型包含铁路车站和标准轨铁路对象，前者的空间形态为点形态配合标准车站符号，后者的空间形态为线形态配合标准铁轨符号。

(3) 扩展行业逻辑视图是指对象类型遵循行业标准，对象空间形态与样式可以扩展的逻辑视图。例如，扩展道路交通标准的逻辑视图中，高速公路对象可以具有三维体形态，形体样式可以是道路实景纹理。

(4) 在行业融合逻辑视图中，对象及其空间形态类型遵循多重行业标准的并集。例如，开展基础地理信息与道路交通管理两个行业的联合应用，那么城际公路对象必须拆分为高速公路对象、干线对象、高速公路节点对象、干线交叉点对象，同时空间形态类型必须满足多重行业标准的规定。

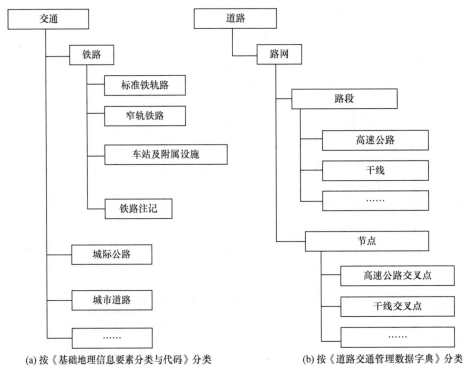

(a) 按《基础地理信息要素分类与代码》分类　　　　(b) 按《道路交通管理数据字典》分类

图 5.12　两类常见的道路行业标准

(5) 在行业融合扩展逻辑视图中，对象遵循多重行业标准的并集，对象空间形态可以进一步扩展。

在多粒度时空对象空间形态构建过程中，数据处理者根据空间形态逻辑视图进行空间形态信息转换与集成，功能开发者基于空间形态逻辑视图所包含的空间形态进行逻辑开发，逻辑视图可复用，并且能在构建过程中实时编辑。

5.4.2　多粒度时空对象空间形态建模的过程

1. 多粒度时空对象空间形态建模的总体流程

多粒度时空对象空间形态建模流程包括空间形态类建模、空间形态实例化与编辑两个主要步骤，如图 5.13 所示。

其中，多粒度时空对象空间形态类建模是根据用途确定需要的多粒度时空对象及需要的空间形态类型，在此基础上，设计空间形态逻辑视图，并对相关对象类型进行编码；多粒度时空对象空间形态实例化与编辑是空间形态构建的基础工作，是基于现有的地理空间数据和数据服务，将其中满足空间形态逻辑数据视图的信息进行提取与组合，得到满足用途的空间形态信息。

2. 多粒度时空对象空间形态类建模

多粒度时空对象空间形态类建模的关键是分析空间形态类模板的设计原则，并设计合理的空间形态类模板。

1) 多粒度时空对象空间形态类模板的设计原则

多粒度时空对象空间形态类模板描述了该对象具有的空间形态类型及对应的空间形态样式说明。多粒度时空对象空间形态逻辑视图根据行业标准和应用需要可以分为五种。但是，考虑

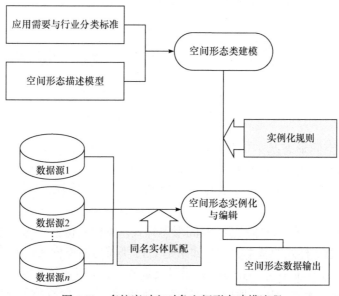

图 5.13　多粒度时空对象空间形态建模流程

到行业融合逻辑视图和行业融合扩展逻辑视图的设计会遇到对象一致性及对象空间形态冲突性的问题，且这种不一致与冲突暂时还没有成熟的自动解决方案，可以将这两者均归入用户自定义逻辑视图，交由用户处理。因此，多粒度时空对象空间形态类模板的继承遵循下述原则。

(1) 支持模板的单继承而不支持模板的多继承，新模板只能继承对象类模板池中的一个模板，如果继承多个模板，如图 5.14 所示，会产生空间形态类型冲突的情况。

(2) 多粒度时空对象空间形态类模板的继承可以传递。如图 5.15 所示，空间形态类模板的特征可以越层传递，即模板 5 既可以保留模板 2 中的空间形态信息，还可以保留模板 1 中的空间形态信息。

(3) 多粒度时空对象空间形态类模板的继承不能形成环路，如图 5.16 所示。

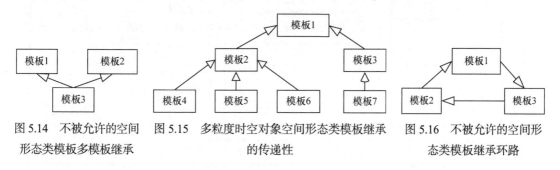

图 5.14　不被允许的空间　　图 5.15　多粒度时空对象空间形态类模板继承　　图 5.16　不被允许的空间形
　　形态类模板多模板继承　　　　　　的传递性　　　　　　　　　　　态类模板继承环路

2) 多粒度时空对象空间形态类模板建立方法

多粒度时空对象空间形态类模板是伴随多粒度时空对象类模板的建立而建立的，两者不可分割。为了方便数据视图的复用，多粒度时空对象类模板的建立可以直接从对象类模板库中直接查询类似的对象类结构，进行编辑或集成。多粒度时空对象空间形态类模板建立流程如图 5.17 所示。

步骤 1：对象类模板的建立。对象类模板的建立可以直接创建，创建时对象模板的类型必须是唯一的(遵循多粒度时空度对象分类编码)，也可以从对象类模板池导入进行修改或者继承对象类模板池中的基本对象类模板。

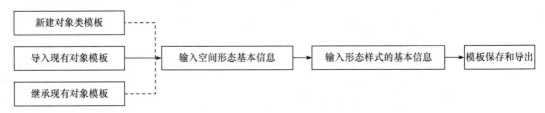

图 5.17 多粒度时空对象空间形态类模板建立流程

步骤 2：输入空间形态基本信息。对象类模板建立后，需要输入或修改空间形态的基本信息，包括添加空间形态的类型、空间形态样式、维度、依赖的位置；可以选填的参数包括视距尺度默认值、三维形态缩放比例的默认值、三维形态旋转矩阵的默认值及生命周期。

步骤 3：输入形态样式的基本信息。空间形态样式基本信息包括样式名称、样式描述信息、支持的空间形态类型、样式的基本类型。如果是 CSS 类符号渲染样式，可以选填样式内容(根据 SLD 或者 MapBox 标准不同而不同)，如果是纹理样式，可以选填数据服务的统一资源定位符(uniform resource locator，URL)地址、数据服务的地理范围、版权等信息。

步骤 4：空间形态类模板的保存和导出。空间形态类模板建立后，经过进一步检查，就可保存到当前模板池中或者导出为对象模板文件格式。

3. 多粒度时空对象空间形态实例化

多粒度时空对象空间形态实例化是指在空间形态类模板建立的基础上，集成和生成具体空间形态数据的过程，其基本流程如图 5.18 所示。

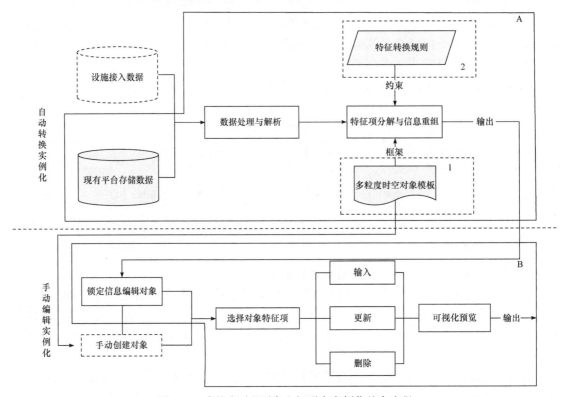

图 5.18 多粒度时空对象空间形态实例化基本流程

多粒度时空对象空间形态实例化可分为自动转换实例化与手动编辑实例化两种类型，两种方式可以联合使用。自动转换实例化的核心是建立起原始数据空间形态信息与空间形态类模板的映射关系。如果映射关系确定，在映射关系基础之上，就可以解析数据进行特征项分解与空间形态信息重组。如果没有特征项映射规则或缺少相关特征信息的映射，就需要采用手动编辑实例化，可以根据空间形态类模板创建新的空间形态，也可以锁定具体某个对象的空间形态进行编辑。

第6章　多粒度时空对象属性特征

6.1　地理信息系统属性特征概述

6.1.1　GIS 属性特征的定义

在《辞海》中，属性被定义为事物本身所固有的性质，是物质必然的、基本的、不可分离的特性，又是事物某个方面性质的表现；百度百科将属性定义为人类对于一个对象的抽象方面的刻画，认为一个具体事物，总是有许许多多的性质与关系；本书把一个事物的性质与关系，都称为事物的属性。

由定义可以看出，属性与事物是密不可分的，事物通常表现为一系列属性的集合，人类通过属性来认识、描述事物，没有属性人们就无法认识事物；而属性是对事物的具体描述，离开了事物，属性就失去了存在的价值。

事物与属性的密不可分还表现在人们通常通过属性的差异来区分事物，一个事物与另一个事物的差异也就是一个事物的属性与另一个事物属性的差异。当两个事物在某个方面具有相同属性时，会将它们按照属性归为一类，这样就可以将现实世界中的事物根据属性划分为不同的种类。因此，属性也是人们对现实世界进行归纳、抽象的主要依据。

GIS 属性特征指用来描述事物或现象的性质的特征，主要用来说明事物和现象"是什么"和"怎么样"，包括事物或现象的类别、等级、数量、名称、质量、状态等(华一新等，2019)。

虽然 GIS 空间数据模型是一种基于地图的二次建模，描述的是对地理世界高度抽象的二维图元。但是 GIS 的属性特征仍然是面向地理实体进行抽象获取的，只不过会将该属性特征重复挂接到每一个图元上。例如，对于一个居民区，虽然在空间上会将其描述为多个独立的面，但是一般不会为每个面取一个单独的名称，而是将该居民地实体的名称作为每个面的名称。

在计算机领域，通常将能够被人类认识并进行相互区分的事物统称为实体，并通过一系列的属性来描述实体与实体之间的差别。从广义上讲，所有对实体特征的描述都可以称为该实体的属性。但是在不同的领域，往往会将属性的含义再具体细分。例如，在面向对象的思想中，将世界抽象为具有不同内部状态和运动规律的对象，这些对象相互作用和交互构成了完整的现实世界。其中将对象的内部状态抽象为属性，将其运动规律、相互作用、相互通信抽象为方法。在面向对象编程中，将属性又区分为类的属性和对象的属性。类的属性是对对象状态的抽象，记录对象状态的描述信息；对象的属性则特指对象的状态值。

6.1.2　GIS 属性特征的描述方法

在 GIS 中，一般采用关系数据库中的关系数据模型来描述属性特征。关系数据模型是在关系结构的数据库中用二维表格的形式表示实体及实体之间的联系的模型。关系数据模型的数据结构非常单一，在关系数据模型中，现实世界的实体及实体间的各种联系均用关系来表示。在用户看来，关系数据模型中数据的逻辑结构是一张二维数据表，一个表对应了现实世界中一个实体的集合。在二维表中，每一行构成一个元组，代表现实世界中的一个实体；每一列记录了实体的某一项属性。在一个元组中，对应的每一个属性项都会有一个取值，记录了该实体相应属性项的特征值，某校园楼房数据表如表 6.1 所示。

表 6.1　某校园楼房数据表

ID	名称	功能	类型	层数	结构
1	1 号楼	教学楼	建筑物	6	砖混
2	3 号楼	实验楼	建筑物	4	钢混

关系表描述了校园楼房的集合，第一行为描述楼房的所有属性项，其余的每一行都描述了一个楼房实体。在描述楼房的元组中，根据属性项的定义，为每个属性项进行赋值。

在关系数据模型中，可以将实体的多个属性拆分在多个表中进行描述，通过表的键值(如唯一标识 ID)进行关联。

关系数据库是建立在严格的数据基础之上的，无论实体还是实体之间的联系都采用关系表示。这种二维表结构非常贴近人们对世界的认知逻辑，易于理解。同时在关系数据模型的基础上，发展出了独立于具体数据库的结构化查询语言(structured query language，SQL)，使得操作关系型数据库非常方便。关系数据库的一个重要特性就是事务一致性(高国伟，2018)，在关系数据库中，严格遵循了 ACID 规则，即原子性(atomicity，A)、一致性(consistency，C)、独立性(isolation，I)和持久性(durability，D)。原子性指在关系数据库中事务的所有操作要么全部做完，要么都不做，事务成功的条件是事务里的所有操作都成功，只要有一个操作失败，整个事务就失败，数据库回滚到事务开始之前的状态。一致性是指数据库要一直处于一致的状态，事务的运行不会改变数据库原本的一致性约束。独立性是指并发的事务之间不会互相影响，如果一个事务要访问的数据正在被另外一个事务修改，只要另外一个事务未提交，它所访问的数据就不受未提交事务的影响。持久性是指一旦事务提交后，它所做的修改将会永久地保存在数据库中，即使出现宕机也不会丢失。

6.1.3　GIS 属性特征的获取方法

GIS 属性特征是人们对地理实体认知成果的直观体现，包含实体的类型、性质、名称、等级状态等方方面面的特征信息。GIS 属性数据的获取主要包括交互录入、自动录入、统计分析、关联分析、目标提取与识别及时空大数据分析等。

1. 交互录入

交互录入是 GIS 获取属性数据最为直接和灵活的方式。在 GIS 的建设、维护和运行过程中，用户通常会获取大量第一手的业务信息，这些业务信息会作为对各种地理实体最直接的描述通过交互的方式录入到 GIS 中。另外，GIS 的很多属性信息是通过用户对各种现存资料的搜集与整理获取的，这些信息散布于大量不同的资料中，通过交互的方式，能够快速灵活地对这些信息进行采集、整理和录入，

2. 自动录入

虽然交互录入属性数据具有直接和灵活的优势，但是对于大量自动更新的属性数据则显得效率过低。尤其随着互联网和物联网的快速发展，数据的产生和更新频率也越来越高。GIS 对于这种高频快速变化的属性数据，只能通过各种技术方法自动化地收集和录入。例如，在互联网上，每时每刻都在产生大量的评论、交易、物流等信息；各种物联网和观测设备也在实时记录

各种视频、音频、位置、温度等实时探测信息，这些信息已经不可能通过手工交互的方式进行录入。GIS 中获取这些信息常用的做法是通过开发和外接第三方组件，实时地对这些数据进行清洗、整理、归档等自动化操作，并将最终形成规范的实体属性数据自动录入到 GIS 中。

3. 统计分析

交互录入和自动录入通常都是针对直接、原始的属性数据。但是在 GIS 中，还存在大量的对于实体的抽象和概括性描述。这些描述通常是通过对第一手数据进行加工处理与统计分析形成的。例如，根据各个企业的经济数据，逐步统计加工形成县、市、省乃至国家的经济数据等。计算、归纳、统计与分析是形成更概括和抽象的 GIS 属性数据的基本手段。

4. 关联分析

对地理实体的刻画和记录通常是多方面多层次的，这些数据往往分散存储在不同的数据表、不同的信息系统中。对于 GIS 而言，要想获取所描述地理实体较为全面的属性数据，最常用的方法就是将多个信息系统、多个数据表的属性进行关联，从而得到所需的完整的属性描述。在很多 GIS 软件中都提供了对属性表的关联等相关功能。

5. 目标提取与识别

目标提取与识别的主要目的是在各种纷繁的信息中发现地理实体，并以实体为核心进行属性的提取和整合。GIS 中对于目标的自动提取与识别最常应用在地图的扫描矢量化中。通过模式识别等人工智能方法，自动提取扫描地图中的点、线、面符号，与此同时通过符号匹配对符号进行识别，并自动记录该地图符号代表的属性信息。GIS 中也经常采用目标自动判读的方式来提取遥感与航空摄影测量影像中的属性数据。例如，在遥感影像中识别出各种类型地块，进而计算地块的面积变化情况。

6. 时空大数据分析

随着时空大数据技术的快速发展，从时空大数据中挖掘和提取隐含的地理实体属性信息也逐渐成为 GIS 获取属性数据的一个重要手段。大数据分析技术的一个显著优势就是能够在杂乱无章的时空数据中提取各种不特定的属性信息，即在不指定特征项的前提下，从大数据中提取各种未知的规律和模式，发现地理实体潜在的属性信息。

6.1.4　GIS 属性特征的应用

属性是人们认识和理解现实世界的基本依据，GIS 中对于属性的应用通常包括属性的查询、分析和可视化。

(1) 属性查询。在 GIS 中，可以通过指定的属性条件来查询具体的地理要素，进而获取该地理要素的空间信息。属性查询是最常用的 GIS 功能。属性查询通常通过构造 SQL 语句来实现，几乎所有的 GIS 软件都提供了构建属性查询 SQL 语句进行地理要素查询的功能。

(2) 属性分析。通常指通过一定函数、算法、模型，对 GIS 中地理要素集合的属性数据进行分析，进而获取这些地理要素之间隐含特征与联系的方法。常用的属性分析既包括对地理要素的统计、分类、分级等基本分析，也包括各种对地理要素之间潜在关联的挖掘、预测等复杂分析。在时空大数据 GIS 中，基于属性数据的实体识别与聚类是较为常用的分析方法。为了对时空大数据进行融合、聚类与深度挖掘，往往需要首先在时空大数据中进行时空实体的识别与匹配(陈崇成等，2013)。根据时空实体的属性特征，通过引入机器学习算法，可以更大程度地提高实体提取与匹配的效率和自动化水平。

(3) 属性可视化。在 GIS 的可视化中，图形要素的位置和轮廓是由空间数据决定的，而采用什么样式的符号来对其可视化则是由属性数据决定的，大多数 GIS 软件都提供了基于要素属性进行符号配置和注记配置的功能。属性数据用于 GIS 可视化的另一个重要方面就是专题地图的制作。GIS 中电子专题地图制作的主要依据就是对地理要素属性数据的分类与分级。

6.1.5　GIS 属性特征的不足

1. 容易形成对同一时空实体属性特征的重复记录

GIS 空间数据模型是建立在对地图要素进行描述的基础之上，这将导致现实中同一个时空实体往往会在 GIS 空间数据模型中被拆分为多个要素。例如，对于同一条河流、道路、居民区，往往会基于其图形特征，被拆分为多个线要素和面要素。尽管 GIS 中对于属性特征的抽象都是基于地理实体完成的，但是在 GIS 空间数据模型中不得不把这些属性特征挂接在与同一个时空实体对应的多个图形要素上。这就导致了同一个时空实体的属性特征在多个地图要素中重复存储的问题。

2. 对属性特征动态变化的描述能力不足

在 GIS 空间数据模型中，很少描述动态的属性特征，其对于时间的处理通常是将时间作为一个属性项，保存在 GIS 的属性表中；或者直接为某个属性项加上时间后缀。例如，将人口、经济等属性项直接描述为某某年人口、某某年经济等。这种描述方式简单直观，适宜于采用关系表来存储和处理。但是，现实中时空实体属性特征的变化是多样的，既包括有规律的连续变化，也包括无规则间断变化；既包括以时、分、秒为间隔的高频变化，也包括按年、月、日发生的低频变化；既包括属性值随时间的变化，也包括属性项随时间的变化。但是 GIS 中采用的关系数据模型很难描述这些属性特征的复杂变化。

3. 对时空实体属性特征描述的扩展能力不足

GIS 空间数据模型通常是针对一个图层或者要素集合建立一个统一的属性表结构，基于此表结构来统一描述图层中每个要素的属性特征。但是现实世界中的时空实体是丰富多样的，任何一种抽象方式都不可避免地会忽略时空实体独有的个性化的特征，更不可能通过统一的属性表来描述这些具有鲜明特色的特征。与此同时，由于 GIS 采用的关系数据模型需要严格遵守范式的要求，因此能够在关系表中描述的属性特征非常有限。很难根据对时空实体认知的不断深入，动态地扩展需要描述的属性特征项和属性特征的类型。

6.2　多粒度时空对象属性特征概述

6.2.1　多粒度时空对象属性特征的基本概念

多粒度时空对象属性特征是指在多粒度时空对象特征描述框架下，对多粒度时空实体在某个时段或时刻所固有的存在状态与性质的描述。广义上讲，所有对实体特征的描述都可以称为实体的属性。在多粒度时空对象特征描述框架中，将多粒度时空实体的特征通过八元组进行描述，其中属性特征是八元组中的一个。因此，可以从另外一个角度理解和认识多粒度时空对象的属性特征，即在多粒度时空实体的所有特征中，不属于时空参照、空间位置、空间形态、组成结构、关联关系、行为能力、认知能力等七个特征的所有特征，都是多粒度时空对象的属性特征。

可以从几个方面来进一步理解多粒度时空对象属性特征的定义：①多粒度时空对象属性特征与其描述的时空实体是密不可分的，每个时空实体都具有属性，而属性一定是对时空实体某一具体特征的描述。②多粒度时空对象属性特征的定义与 GIS 中属性特征的定义有很大的相似性，同时也具有自己特殊的含义。例如，虽然它们都是对实体性质的描述，不过 GIS 中的属性主要是对地理世界中地理实体的描述，多粒度时空对象属性特征是对整个现实世界中时空实体的描述。再如，在 GIS 中对于很多属性关系都作为属性进行描述，而在多粒度时空对象数据模型中，会有专门的关联关系和组成结构来描述这些关系，而不再将其划分为属性特征。③多粒度时空对象属性特征相对于其他七个特征具有更加广泛的含义。多粒度时空对象的时空参照、空间位置、空间形态、关联关系等特征都有明确的定义和内容边界，而多粒度时空对象属性特征的定义则是一种相对宽泛的、描述性的定义。即对于什么是多粒度时空对象属性特征并没有一个明确的边界，用户可以根据实际描述多粒度时空实体的需要对其进行扩展。④多粒度时空对象属性特征是对时空实体的一种动态的、确定性的描述，它会随着时间的变换而改变，任何多粒度时空对象属性特征值都只代表某个时刻或者某个时间段内该时空实体的特征状态。

6.2.2 多粒度时空对象属性特征的特点

1. 动态性

多粒度时空对象属性特征的动态性主要体现在两个方面。一方面，属性特征会独立发生变化。它在多粒度时空对象产生之后而产生，会随着多粒度时空对象的消亡而消失，在多粒度时空对象的生命周期过程中，这些属性会随着时间的推移或快或慢地不断发生变化。另一方面，属性特征也会随着多粒度时空对象的其他特征的变化而被动产生变化。例如，当减少一个地块对象的组成结构中子地块的数量时，它的面积属性会随之相应减少；又如，一辆汽车的重量属性也会随着汽车行驶过程中油料的消耗而不断减少。

2. 多尺度性

属性特征的多尺度性主要表现为在不同认知和抽象尺度上多粒度时空对象的属性特征会呈现不同的特征值。例如，对于同一栋建筑物，根据楼高可以简单将其区分为平房和楼房，也可以根据楼的层数进一步区分为多层、高层和超高层。针对不同的认知角度和应用目的，多粒度时空对象属性特征信息同样存在着多语义尺度的表达。这种多语义尺度的属性本身并没有数据精度的区别，只是不同的语义尺度对应了针对同一时空实体的不同认知和描述体系。例如，在《中华人民共和国民法典》中，将公民划分为 8 岁以下的无民事行为能力人，8~18 岁的限制民事行为能力人和 18 岁以上的完全民事行为能力人；但是在《中华人民共和国刑法》中，针对公民的刑事责任，又重新划分为 12 周岁以下、已满 12 周岁不满 14 周岁、已满 14 周岁不满 16 周岁、已满 16 周岁和已满 18 周岁多个类型。两种分类方法对应着不同的责任类型，并不能简单说刑法中对于年龄级别划分的属性精度比基于民法划分的属性精度高。

3. 可扩展性

多粒度时空对象属性特征与 GIS 中的属性特征相比，另一个特点就是具有可扩展性。GIS 中通常要求对于每个图层或者要素类都有统一的属性结构，在整个应用过程中无法针对单个要素来更改其属性结构。但是在多粒度时空对象属性特征的描述过程中，属性项是针对每一个多粒度时空对象的。虽然也会针对相似的对象抽象出相应的对象类，但是对每个多粒度时空对象个体而言，在继承多粒度时空对象类的属性结构的基础上，允许其随时根据需要扩展自己特有的属性项。多粒度时空对象属性特征的扩展性使其能够更加灵活地全方位描述时空实体的特征。

6.2.3　多粒度时空对象属性特征的分类

1. 依据属性特征在持久性上的差异分类

多粒度时空对象的属性特征对应了该对象的存在状态或性质，依据属性特征所描述的状态或性质在多粒度时空对象全生命周期中持续的时间，可将其分为两类：在整个生命周期中始终不变的本质属性和能够随着时间的变化发生变化的非本质属性。其中非本质属性依据对属性认知目的依赖的强弱又可以分为描述对象内部自身物理存在状态的限定属性和描述对象基于某种认知目的下状态表现的附属属性。

(1) 本质属性：描述对象的本质特征，即对象从出现到消亡这一过程中始终不变的固有属性；当这个属性改变时，也意味着该对象的消亡。例如，一粒豆子，其本质属性是一颗种子，当它发芽变为一个豆苗时，这颗豆子也就演化成了一个新的实体。当然，本质属性也具有多尺度性。当将多粒度时空实体放在一个更大的语义尺度下，例如，将豆子看作一种植物，那么"种子"这一属性也不再是一种本质属性。

(2) 限定属性：描述对象的大小、颜色等客观存在且可能随时间变化的特征，如某条河流的水深、流速、河面宽度，某条道路的路面宽度、路面质地、承重能力等属性。这些属性在对象的生命周期过程中会不断地演化，但是同附属属性相比，它们通常具有相对标准统一的度量标准，具有一定的普适性。如河流的水深、流速会随着不同的季节改变，但是对水深、流速等属性值的含义通常都会有一个统一的解释标准。

(3) 附属属性：描述对象在某一认知目的下的功能、归属等信息，在认知目的发生变化的同时，对象的附属属性也会发生变化。例如，对于同一条道路，其是否可通行这一属性在不同的认知目的下会有不同的含义。对于普通车辆可将其划分为可通行道路，但是对于一些特种车辆，却只能将其划分为不可通行道路，因此附属属性只有与一定的认知目的相匹配才有意义。可以将对附属属性解释参考的认知目的称为语义参照，在进行附属属性描述时，不仅需要记录附属属性的值，同时需要记录该属性值的语义参照。

2. 依据属性特征作用范围的差异分类

在多粒度时空对象数据模型中，属性又可以分为对象类的属性、对象共有属性和对象特有属性。

(1) 对象类的属性：对象类的属性描述了继承该类的对象所包含的属性项及对每个属性项的定义。对象类的属性又分为公有属性和私有属性，其中公有属性可以被该类的子类继承，私有属性则无法被子类继承。不管公有属性还是私有属性都可以作用于从该类派生的对象，对象需要依据对象类的属性为属性项赋予具体的值。

(2) 对象共有属性：对象共有属性描述了某一类多粒度时空对象共同具有的属性值。例如，汽车类具有发动机属性项，代表了所有汽车都需要描述发动机信息，但是不同汽车的发动机可以不同。但是当某个型号的汽车使用了相同的发动机，则该型号发动机可以作为该型号汽车的共有属性。

(3) 对象特有属性：对象自身特有属性特征的描述。特有属性是构成对象属性特征的主体部分，从性质、数量、质量等方面描述了一个对象区别于其他对象的特征。如汽车的发动机编号、排量、汽车的颜色、载客量等。需要说明的是，对象的共有属性和特有属性也具有尺度特征，在不同的抽象尺度下会发生变化。例如，按照型号将汽车抽象为对象类时，该型号汽车会有不同的发动机排量，发动机排量是汽车的特有属性；但是当按照排量将汽车抽象为对象类时，每类汽车都具有相同的发动机排量，排量则变成了该类对象的共有属性。

6.3　多粒度时空对象属性特征数据模型

6.3.1　基于键-值数据模型的属性描述方法

虽然关系数据模型因其所具有的种种优势而得到了广泛应用，但是随着互联网技术的快速发展，尤其是面对大数据技术，其缺点也被快速放大。这些缺点主要表现为：①关系数据模型要求按照结构化的方法存储数据，每个表都具有固定的表结构。但是在大数据中对实体的描述通常是动态的、不断丰富完善的，无法预先设计一个完备的表结构描述实体的属性。②关系数据库为了数据的一致性，在数据读写方面要付出巨大的代价，无法满足大数据中大量的读写操作要求。③在扩展性方面，由于关系型数据库将数据存储在数据表中，当数据量增大时，数据操作的瓶颈出现在对多张数据表的联合操作中，而且数据表越多这个问题越严重。由于无法明确地将问题进行横向的切分，为了缓解这个问题，只能选择速度更快、性能更高的计算机。但是单个计算机的性能毕竟有限，这样通过纵向拓展计算机性能来提高数据库性能的拓展空间非常有限。只有找到一种能够通过横向增加计算机个数来提高数据库性能的拓展方法，才能最终解决这一问题(张旻和李继云，2018)。正是在这些需求的牵引下，非关系型数据库(not only SQL，NoSQL)技术得到了快速发展。

NoSQL 是指非关系型数据库，是对不同于传统关系型数据库的数据库管理系统的统称。NoSQL 代表了某一类型的数据库，这些数据库区别于关系数据库，它们不保证关系数据的ACID 特性，但是 NoSQL 往往具有易扩展、高性能等优势(高国伟，2018)。

在 NoSQL 中，最常用的数据模型为键-值(key-value)模型。键-值模型将传统的关系表拆分为不同的键值对，采用键-值的方式进行属性的描述。表 6.2 通过键-值描述了 1 号教学楼的属性。

表 6.2　键-值表示例

Key	Value	Key	Value
ID	1	类型	建筑物
名称	1 号楼	层数	6
功能	教学	结构	砖混

因为在键-值模型中对实体的描述是不规则的，无法通过计算机自动确认哪些属性对应的是同一个实体，所以，完整的键-值模型需要将实体显式地描述出来。采用键-值模型对 1 号教学楼的完整描述为

1 号教学楼(Object)
{
ID：1
名称：1 号楼
功能：教学楼
类型：建筑物
层数：6
结构：砖混

}

键-值模型摒弃了关系模型中对于元组的完整性约束，可以动态地扩展相应的属性项和属性值。同时键-值中的值也可以进行扩展和嵌套。即一个键的值可以是另一个复杂的键-值组合或者复杂的对象描述和文档。例如，想要为上面的教学楼拓展两个属性，一个是教学楼的开放时间为早 8 点到晚 10 点；另一个是该教学楼只针对信息学院开放，则可以将上面的 1 号教学楼属性扩展描述为

1 号教学楼(Object)

{

ID：1

名称：1 号楼

功能：教学楼

类型：建筑物

层数：6

结构：砖混

开放时间：8:00AM

关闭时间：10:00PM

开放对象：信息学院(Object)

}

其中键"开放对象"的值不是一个简单的字符串，而是对另外一个键-值模型描述的实体"信息学院"的直接引用。

在 NoSQL 中对键-值模型的实现也存在多种形式。例如，在 Redis、MemcacheDB 等键-值数据库中，数据是严格按照键-值对的形式进行组织、索引和存储的。而在 MongoDB、CouchDC 等文档存储数据库中，将数据内容按照文档进行组织，在文档内部，则基本保证键-值的数据描述形式。在 Neo4J、FlockDB 等图数据库中，对于图结点的描述也保持了键-值的形式，在此基础上增加了不同结点之间关系的记录。

6.3.2　多粒度时空对象属性特征概念数据模型

根据多粒度时空对象属性特征的特点及其描述内容，在全空间信息系统中，主要采用键-值的方式进行时空实体属性特征的描述。多粒度时空对象属性特征概念数据模型如图 6.1 所示。

多粒度时空对象属性特征由一系列属性特征项的集合构成，每一个属性特征项则主要由属性键及其描述、属性值及其描述和外部参照三部分内容组成。

1. 属性键及其描述

键是对一个属性项的总体性描述，包括键的名称、类型、形式约束、时间约束、范围约束等，这些描述信息最终形成一个键的标识。

(1) 类型：包括本质属性、限定属性和附属属性三种类型。不同的属性类型对应了不同的描述方式。本质属性同对象的生命周期保持一致，从对象的产生到对象的消亡，属性值一直保持不变。如对象的生命周期、对象的分类与标识码等，在描述本质属性时，不需要描述时间信息。限定属性描述了对象的物理特征，通常采用一个或一组数值来进行描述，具有一定的客观性。附属属性通常是在某一语义参照下的一组值，必须要将属性值放在一定的语义参照下一起使用才有实际意义。

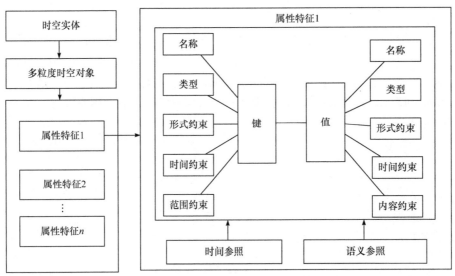

图 6.1　多粒度时空对象属性特征概念数据模型

(2) 形式约束：主要指键标识表达的形式化方法，主要用于对键的查找和引用。键的形式化表达通常采用"类(对象)名："+"键名"的方式，其中类名可以进行嵌套描述。如"建筑：教学楼：开放时间"。但是根据约定，也可以采用命名空间、构建全局 ID 等多种形式。

(3) 时间约束：对于除本质属性外的其他属性，在多粒度时空对象的生命周期中并不一定全程存在。例如，当一栋教学楼更改为 24 小时开放时，其"关闭时间"这一属性项就没有存在的意义。时间约束主要记录了该属性键的存续时段。

(4) 范围约束：描述了该属性键的作用域，即一个属性键能否通过多粒度时空对象类之间的继承、关联、组合与聚合进行传播。

2. 属性值及其描述

属性值是多粒度时空对象属性特征状态的具体描述，对于属性值的描述，通常包括名称、类型、形式约束、时间约束、内容约束五个部分。

(1) 名称：属性值的引用方式，通常将对应键的标识作为属性的名称。

(2) 类型：属性值的类型主要分为静态属性值、动态属性值和实时属性值。静态属性值指多粒度时空对象从属性记录的时刻起一直保持该属性值不变，直到下一个时刻出现了新的属性值。动态属性值指多粒度时空对象在两个时刻记录的属性值之间规律变化，这种变化默认为是一种匀速变化，具体的变化规律需要在内容约束中进行明确。实时属性值表明该属性值会随着时间实时变化，只有通过一定的方法才能获取当前时刻的属性值。

(3) 形式约束：对记录属性值的数据的形式化描述，包括数据的结构、类型、长度等一系列关于数据本身的描述，主要用于数据的读、写和形式化检查。

(4) 时间约束：时间约束主要记录属性值有效性的持续时间。在多粒度时空对象数据模型中，每个属性值都只在一定的时间范围内才是有效的。如果没有记录该属性值的时间约束，则默认该属性值在整个对象的生命周期中都是有效的。

(5) 内容约束：主要对属性值表达的含义进行描述。内容约束主要由一系列的规则构成，主要用于对属性值的值域进行规范。例如，常见的内容约束——将性别的取值限定在"男"和"女"范围内。内容约束也可能是一系列复杂的操作规范。例如，当属性值需要根据第三方资源实时获取时，属性值通常是一个数据库链接或者一个设施数据源的访问地址，这时需要在内容约束中详细描述该数据源的读写规则和读写方法。

3. 外部参照

(1) 时间参照：主要记录动态属性特征对应的时间参照系、时间尺度等信息。时间参照的具体描述信息记录在多粒度时空对象的时空参照特征项中。在属性特征中，主要记录对某个时间参照的引用。动态属性数据中的时间数值需要结合具体的时间参照才具有实际意义。时间尺度信息主要描述在该参照系下最小的时长单位。

(2) 语义参照：记录了用于多粒度时空对象属性特征值解析的数据字典和参考标准。主要包括属性特征的分类分级标准、编码标准、语义体系、行业标准等内容。

6.3.3　多粒度时空对象属性特征的逻辑模型

在多粒度时空对象属性特征概念模型的基础上，按照面向对象的思想，采用 UML 设计了多粒度时空对象属性特征的逻辑数据模型，如图 6.2 所示。在多粒度时空对象属性特征逻辑模型中，将键及键的集合抽象为 Field 和 Fields，将对应的值抽象为 FieldValue，在对象和对象类中同时组合了相应的共有属性值和特有属性值。

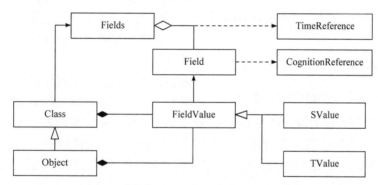

图 6.2　多粒度时空对象属性特征的逻辑模型

(1) TimeReference 是对属性项中关于时间数据中时间单位、时间原点、时间数据格式等一系列内容描述的集合。它属于多粒度时空对象时空参照的描述内容，只是在 Field 中进行引用。

(2) CognitionReference 是对多粒度时空对象属性特征数据进行解译的数据字典，包括对应的应用领域、语义体系、分类编码体系等。CognitionReference 通常作为外部数据表独立进行存储，在 Field 类中进行引用。不过，针对大型复杂的时空实体描述，也会在对象类中构建其相应独立的 CognitionReference。

(3) Field 是对属性项基本信息的描述，主要分为对属性项本身的描述及对属性值的描述。对属性项的描述包括属性项的名称、类型、时间约束、形式约束和范围约束。对属性值的描述包括属性值的类型、形式约束、内容约束和时间约束。通常将 Filed 的标识作为属性值的名称。

(4) Fields 是 Field 的集合，是对所有 Field 信息的总体性描述和记录，可以通过 Fields 管理和引用某个具体的 Field 数据。在多粒度时空对象属性特征逻辑数据模型中，对象和对象类都会关联自己的 Fields 数据，其中对象类的 Fields 记录了所有继承自该对象类的对象和子类的公共属性描述，对象中的 Fields 记录了该对象特有的属性描述。

(5) FieldValue 记录了时空实体某一时刻下的具体状态值。根据属性值时间记录方式的不同，FieldValue 又划分为三种不同的形式：①不记录属性时间，FieldValue 中不包含时间的记录，其生命周期与对象的生命周期完全同步，例如，对于本质属性，其随着对象产生，随着对象消亡。②记录属性变化的时间(TFieldValue)，在属性值中只记录属性变化关键点的时刻和属性值，属性值表现为不断变化的序列。③按时间等间隔记录(SFieldValue)，按照时间间隔逐次记录间隔时间点上属性的值，而不注重属性值的变化。

6.4　多粒度时空对象属性特征建模

6.4.1　多粒度时空对象属性特征建模流程

多粒度时空对象属性特征建模是在多粒度时空对象建模的基础上对其属性特征的细化设计，主要包括对象类属性特征设计、对象私有属性特征设计、对象属性特征值录入、对象实时属性特征维护四个部分，如图 6.3 所示。

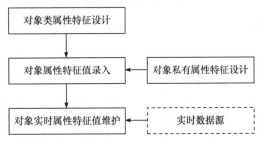

图 6.3　多粒度时空对象属性特征建模流程

1) 对象类属性特征设计

在进行对象类模板设计时，根据对对象类的抽象，设计对象类的属性键和属性值的描述规则，主要包括确定属性键和属性值的名称、类型、形式约束、时间约束、范围约束和内容约束等内容。当对属性键的描述涉及外部参照时，需要在设计阶段提前指定相应的时间参照和语义参照。在对象类属性特征设计过程中可以在对象类中直接为能够确定的共有属性键赋予默认值，在多粒度时空对象派生时，不仅能够继承对象类关于属性键的描述，同时可以继承对象类中属性键的默认值。

2) 对象私有属性特征设计

在对象实例化之前，根据每个时空实体的特征，可以对相应的多粒度时空对象进行特有的属性特征设计。主要工作是在继承了对象类属性的基础上，建立该对象特有的属性键描述。对象私有属性可以在对象实例化之前设计，也可以在实例化过程中进行扩展。

3) 对象属性特征值录入

按照对象属性键设计，录入对象相应属性键的值。根据录入的内容结构不同，可分为静态属性的录入和动态属性的录入。静态属性的录入主要根据调查、统计、分析的结果，将数据一次性完成录入。动态属性则需要根据对象的生命周期，建立动态属性的时间序列，并按照时间序列进行动态属性数据的组织。动态属性又分为历史属性和实时属性，历史属性可以在录入时一次性完成，而实时属性通常在录入时只指定数据源，在属性维护阶段才持久化存储具体的属性值。

4) 对象实时属性特征值维护

主要针对在建模阶段构建的实时动态属性项的键值进行实时处理。实时动态属性项记录的通常是属性项与实时数据源之间的链接，包括数据源的地址、链接方式等。当完成静态建模后，在运行阶段需要根据数据链接实时获取动态属性数据，并更新到相应的属性序列中。

6.4.2　多粒度时空对象属性特征建模实例

以某道路实体属性建模为例，根据建模需求，首先，设计道路类属性特征，包括属性键的描述、属性值的描述及相应的语义参照表；其次，需要为每条道路进行属性赋值，根据道路的特点，在道路对象属性赋值的过程中，可以为道路对象添加私有属性；最后，当对象发布时，需要构建对象实时属性的获取环境，实现对实时属性的维护。

1) 对象类属性特征设计

首先将道路抽象为道路类，然后分别设计每个类的属性特征，其中表 6.3 为道路属性键(KEY)及其特征的描述表，表 6.4 为道路属性值(VALUE)及其特征描述表，表 6.5 为道路类型编码表，是在表 6.4 的道路类型基础上的编码表。

表 6.3　道路属性键(KEY)及其特征的描述表

名称	类型	形式约束	时间约束	范围约束
标识	本质属性	类+标识	全生命周期	可继承
名称	附属属性	类+名称	至当前时刻	可继承
类型	附属属性	唯一标识	至当前时刻	不可继承
宽度	限定属性	类+宽度	至当前时刻	可继承
表面材质	限定属性	类+表面材质	至当前时刻	可继承
车流量	限定属性	唯一标识	每天 6:00am～10:00pm	不可继承

表 6.4　道路属性值(VALUE)及其特征描述表

名称	类型	形式约束	时间参照	内容约束
标识	静态属性	字符型、16 字符	无	无
名称	动态属性	字符型、32 字符	UTC: yyyy-mm-dd	无
类型	静态属性	Int	无	道路类型编码表
宽度	动态属性	Float	UTC: yyyy-mm-dd	0～100
表面材质	动态属性	字符型、16 字符	UTC: yyyy-mm-dd	无
车流量	实时属性	字符型、1024	UTC: hh:mm	0～200

表 6.5　道路类型编码表

编码	类型	编码	类型	编码	类型
1	道路	111	快速路	121	高速公路
11	城市道路	112	主干路	122	一级公路
12	公路	113	次干路	123	二级公路
		114	支路	124	三级公路

在道路的各个属性项中，车流量作为一个实时属性，需要根据属性项的数据源进行实时获取。

2) 对象私有属性特征设计

在进行道路建模时，某条道路作为无人驾驶汽车实验的专用道路，只有特定时间才向公

众开放。因此，在进行建模时需要为这条道路设计开放与关闭时间这一私有属性，如表 6.6
和表 6.7 所示。

表 6.6   某道路私有属性键(KEY)及其特征的描述表

名称	类型	形式约束	时间约束	范围约束
开放时间	限定属性	对象 ID+开放时间	2020.1.1～9999.1.1	不可继承
关闭时间	限定属性	对象 ID+关闭时间	2020.1.1～9999.1.1	不可继承

表 6.7   道路私有属性值(VALUE)及其特征描述表

名称	类型	形式约束	时间参照	内容约束
开放时间	动态属性	时间	UTC：hh:mm	无
关闭时间	动态属性	时间	UTC：hh:mm	无

3) 道路对象属性特征值录入

在道路属性键设计的基础上，为创建的每条道路对象赋予相应的属性值。一条典型道路对象属性赋值的结果以 XML 的方式表达为：

```
<RoadClass>
<语义参考>
<类型>道路编码表</类型>
</语义参考>
</RoadClass>
<道路 0001000100010001>
<标识>0001000100010001</标识>
<名称> FiedValue =  "陇海快速路 01 段"    Time ="2008-11-01"  </名称>
<类型>RoadClass:类型  = 121</类型>
<宽度>
<Time =2008-11-01 FieldValue = 8 >
<Time =2010-11-01 FieldValue = 10 >
</宽度>
<表面材质> Time =2008-11-01 FieldValue ="水泥"</表面材质>
<车流量>
<StartTime =06:00 am>
<EndTime = 10:00 pm>
FieldValue = scr:http://********
</车流量>
<限高> 3 </限高>
</道路 0001000100010001>
```

在道路的属性录入过程中，道路类型引用了道路类中定义的分类编码"RoadClass:类型"，即其值 121 需要在该语义参考下进行解释。在"陇海快速路 01 段"中有一个"限高"的属性项，它不是道路的普遍属性，没有在 RoadClass 中抽象，只是当前道路的私有属性。通常在进行具体道路属性建模之前，需要提前设计好当前对象的私有属性。同时，也允许在进行属性数据录入的过程中实时扩展。

4) 对象实时属性特征值的维护

在属性建模过程中，当前道路的车流量属性为一个实时属性，在属性数据录入时无法实时确定当前道路的车流量，因此录入的只是获取当前车流量这一实时属性特征的数据源。在进行道路对象数据发布时，需要为这一实时属性指定数据获取的方法。通常将这一属性特征项与对象的行为或者某一外部可执行资源方法相挂接。当道路对象发布后，由系统分配资源，通过挂接的对象行为或者外部可执行资源在资源链接中实时获取当前车流量情况。

第7章 多粒度时空对象关联关系

7.1 地理信息系统关联关系概述

客观现实世界中的地理实体之间，要么本身构成关联的网络，如道路网络、通信网络、传感网络、社会网络等，要么隐式地蕴含各种关联关系，如隶属关系、相似关系、因果关系等。有效地建模、表达和管理这些泛在的关联关系，有利于发现和挖掘潜在的信息和知识。

7.1.1 GIS 关联关系的概念

传统 GIS 关联关系一般指的是空间关系。GIS 空间关系指的是地理实体间由于空间位置、空间形态等构成的关系，GIS 空间关系主要研究地理实体的空间特性，分为空间距离关系、空间拓扑关系、空间方位关系等(陈军和赵仁亮，1999)。

GIS 空间距离关系分为点/点、点/线、线/线、线/面、面/面之间的距离，随着空间维度的扩展，GIS 空间距离关系也从二维空间上升到三维空间甚至四维空间。GIS 空间拓扑关系主要研究地理实体之间在拓扑变化下能够保持不变的几何属性。空间拓扑关系为空间点、线、面实体之间的包含、覆盖、相离和相接等空间关系的描述提供了直接理论依据。GIS 空间方位关系主要用来描述具有一定位置和形态的目标之间的方向和位置关系，是有效表达地理空间现象的重要组成部分。

由于 GIS 关联关系理论及其研究结果将直接对 GIS 系统的设计、开发和应用产生影响，其一直受到国际 GIS 及相关学术界的广泛重视。美国国家自然科学基金会从 1988 年起就资助美国国家地理信息与分析中心开展定性空间关系描述方法、自然语言中对空间关系的理解、时空推理、空间知识表达和处理的限制性等研究(陈军和赵仁亮，1999)；同年，美国大学地理信息科学协会(University Consortium for Geographic Information Science，UCGIS)更是把空间关联关系分析问题作为当前 GIS 学术界的十大重点问题之一(Goodchild，1998)；国际上，一些高层次 GIS 学术会议也将空间关联关系研究作为重要议题，如空间数据处理(Spatial Data Handling，SDH)、国际空间数据库研讨会进展(Symposium Advances in Spatial Databases，SSD)、国际空间信息理论会议(Conference Spatial Information Theory，COSIT)、国际摄影测量与遥感学会(International Society for Photogrammetry and Remote Sensing，ISPRS)相关会议等。值得一提的是，国家自然科学基金委员会等相关部门从 20 世纪 90 年代起开始资助基于沃罗诺伊(Voronoi)图的空间相邻关系、时空拓扑关系、三维拓扑关系等的研究，这使得我国在 GIS 关联关系的研究领域取得了长足的发展。

7.1.2 GIS 关联关系的主要作用

GIS 关联关系主要用于空间数据建模、空间数据查询、空间数据分析、空间数据挖掘、地图制图综合、地图理解等方面。具体而言，有以下几方面作用。

1) 有利于维护空间数据的逻辑一致性

GIS 的空间数据建模不仅要表达地理实体本身，还要表达实体之间的关联关系，例如，

ArcInfo、OpenStreetMap 等系统利用关系表来描述结点与弧段、弧段与面之间的拓扑关联关系，使得重叠的端点和多边形边线的坐标只需要存储一次，这样不仅节省了存储空间、利于数据维护，也便于进行数据拓扑一致性检查和查询分析。

2) 有利于实现基于空间关系的数据查询

空间数据的查询往往依赖于地理实体间的空间关联关系。传统的数据库查询语言只支持对简单数据类型的基本逻辑查询，而随着数据库技术的发展，已经将简单数据类型的查询扩展到了基于空间关联关系的查询。

3) 有利于进行空间数据的分析与挖掘

在 GIS 关联关系的基础上，可以进行一些更为深层次的空间数据分析，例如，点分布模式识别建立在处理点实体之间的邻近关系的基础上；叠置分析建立在多个地理实体之间的相交、覆盖等拓扑关系的基础上；网络分析建立在地理实体之间的拓扑邻接关系和空间距离关系的基础上。

7.1.3　GIS 关联关系的不足之处

虽然 GIS 关联关系的研究取得了较大的进展，相关研究成果也得到了广泛的应用。但是，地理实体之间只存在空间位置、空间形态等形成的空间关联关系吗？或者说，GIS 关联关系有什么不足之处呢？下面，来看几个例子：

(1) 查询你和你的朋友近一个月以来都曾到过的餐厅有哪些。

(2) 查询某块宗地的历史隶属关系。

(3) 分析新冠疫情中的超级传播者都曾去过哪些地方。

GIS 关联关系可以很好地处理与空间位置、空间形态相关的查询和分析问题，但是对于上述几个问题，由于涉及更为广泛意义上的地理实体间的语义关系(问题中涉及的好友关系、隶属关系、传播关系等均属于语义关系)，GIS 关联关系就显得无能为力。

事实上，现实世界中的客观实体间存在着各种各样的关系，GIS 研究的空间关联关系仅仅是众多关系中的一种。客观现实世界中有很多对象间的关联关系无法直接通过空间关联关系判断获得，例如，上述例子中的好友关系、宗地隶属关系、疫情传播关系等。然而，这些无法直接通过空间关联关系判断获得的对象关系，在实际的应用中却有十分重要的作用。例如，供电设备与附在其上的变压器及其他电力设备等之间的依赖关系，当供电设备被移除后，附在其上的相关设备也应该被移除掉；通过建立土地地块与业主之间的关系，可以查询到土地的隶属关系、业主拥有的地块数目或类型等；在道路与其相关的维修记录表之间建立联系，可以查询并管理道路所有的维修记录。

传统 GIS 关联关系仅考虑地理实体之间由于空间特征而构成的关系，缺乏语义关系的表达。此外，由于空间信息的内容已经从传统地理空间领域扩展到了更广泛意义上的空间，传统地理实体的空间关系已经不能完全满足要求了，需要面向时空实体范畴研究更为全面的关联关系理论和技术。

7.2　多粒度时空对象关联关系概述

7.2.1　多粒度时空对象关联关系基本概念

在传统 GIS 关联关系研究领域中，关联关系主要指的是空间关联关系，即地理实体之间存在的具有空间特性的关系，通过之前的分析，可以看出 GIS 关联关系将研究范畴划定为地理实体间的空间关系，是不能满足所有应用场景需求的。针对这一问题，不管是专家学者，还是商业公司，都开展了相关研究与尝试。

Geodatabase 是 ArcInfo 8 引入的一个全新的空间数据模型，它使用关系类(relationship class)来定义两个不同的要素类或对象类之间的关联关系。例如，可以定义房子和业主之间的关系、房子和地块之间的关系等。关系类中每个关系都有相同的原始类和目标类，任何对象都可以加入到多种关系类中。Geodatabase 数据模型中的关联关系本质上是数据库表的外键，重点在于创建、修改和删除对象时，确保对象间的参考完整性(referential integrity)(Esri，1999)。但这种方式仍然难以满足复杂的关联关系查询和分析应用，如多级关联查询、时态关联查询等。

全空间信息系统从图论的角度出发，基于对象关联关系的本质特征，提出了多粒度时空对象关联关系的概念，用以描述时空对象间的相互影响关系(华一新和周成虎，2017)。

多粒度时空对象关联关系是指多粒度时空对象之间空间位置、空间形态、属性特征、组成结构、行为能力等产生的时空对象间时空的或语义的关系，用以描述时空对象间的相互作用和影响。从概念上来看，多粒度时空对象关联关系涵盖了 GIS 关联关系概念中地理实体之间由于空间位置、空间形态而形成的关联关系，并且扩展到了语义关联关系的层面，其研究范畴更为广泛，适用场景更加多样。

多粒度时空对象关联关系的基本组成内容如图 7.1 所示，多粒度时空对象映射为节点、关系映射为连边，则可以通过节点和连边构成的网络结构来描述多粒度时空对象之间的关联关系。关联关系节点包含节点所表征的时空对象、节点关联的连边集合及节点具有的属性字段；关联关系连边包含关联关系的类型、关联关系的强度、关联关系的属性及关联的另一个节点。

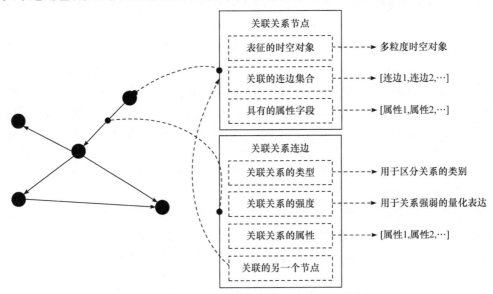

图 7.1　多粒度时空对象关联关系的基本组成内容

需要注意的是，多粒度时空对象关联关系和组成结构是有区别的，它们之间的区别主要在于：组成结构描述的是"整体和部分"之间的关系，是时空实体在结构上的划分，构成的是一个树状结构；而关联关系描述的是"整体和整体"之间的关系，是时空实体在逻辑上的关联，构成的是一个网状结构。

7.2.2　多粒度时空对象关联关系主要特点

多粒度时空对象关联关系具有如下主要特点。

1) 泛在特性

泛在特性是多粒度时空对象关联关系最基本的特点,其不仅可以用于描述时空对象间的空间关系,还可以描述时空对象间的语义关系,可以表达时空对象间广泛存在的各种类型的关系。

多粒度时空对象关联关系的内涵广泛,既可以表达由于空间位置或空间形态构成的拓扑关系,也可以表达时空对象间构建的稳固且明确定义的语义关系。例如,可以根据空间关系构建电线杆与变压器之间的邻接关系,也可以构建变压器与管理员之间的隶属关系。也正是由于这种泛在特性,多粒度时空对象间的关联关系种类繁多,而且各种关系的定义和边界相对比较模糊。

2) 动态特性

客观现实世界中任何事物都是处于永恒的运动之中,多粒度时空对象会随着时间的变化而发生变化。关联关系虽然看不见也摸不着,但它却是在客观现实世界中真切存在的,因此,它也和时空对象一样,会随着时间的推移经历产生、变化、发展、消亡等过程。对于关联关系的描述就是对其进行全生命周期的描述。

例如,地籍管理系统中,一个地块在 t_1 时刻属于管理员 A,而在 t_2 时刻发生了权限变更,归属关系更改为管理员 B。需要注意的是,关联关系的变化并不会导致多粒度时空对象的变化,但是多粒度时空对象的变化有可能会导致关联关系发生变化。

3) 方向特性

多粒度时空对象关联关系具有方向特性,即关联关系需要明确指定其关系的连接方向。在描述关联关系时,要明确区分关系的发出者和接收者,对于某些双向关系,可以用两个方向相反的单向关系表达。在全空间信息系统中,把关系的发出者称为源对象,关系的接收者称为端对象。

例如,父子关系、隶属关系等构成严格树状结构的关系都是单向的,但对于朋友关系、协同关系等这种网状关系而言,即使表面上来看关系都是相互的,但本质上需要分别用两个反向的关联关系进行表达。这种方向特性也保证了在源对象和端对象确定的前提下,它们之间的关联关系也是可以被明确确定的。

4) 约束特性

多粒度时空对象的关联关系具有约束特性,关联关系可以通过多种规则来进行约束,如连接约束规则、依赖约束规则、属性约束规则、空间约束规则、行为约束规则等。这些约束特性保证了关联关系建立的正确性、准确性。例如,在水网系统中,一条消防栓支线可以与一个消防栓相连,但是不可以与一个民用供水管线相连;同样地,一根口径为 25cm 的传输管道若想和一根口径为 20cm 的传输管道相连,中间必须经过一个渐缩管。

7.2.3　多粒度时空对象关联关系分类体系

对多粒度时空对象关联关系进行科学的分类,有助于明确多粒度时空对象关联关系的研究范畴和研究界限,有助于探寻多粒度时空对象关联关系的本质与构成。然而,多粒度时空对象关联关系纷繁复杂,且关系之间的界限模糊,很难从总体上对关联关系进行明确的分类。

在传统 GIS 研究范畴中,对空间关系的分类主要划分为拓扑关系、顺序关系、方位关系等，显然，这样无法满足对含义更为广阔的时空对象关联关系的分类要求。华一新和周成虎(2017)将时空对象关联关系分为属性关联关系、空间关联关系、综合关联关系等，其中属性关联关系是指时空对象间属性特征之间的关系，如上下级关系、指挥关系、同学关系等；空间关联关系是指时空对象所处的空间位置而形成的关系，如相邻、相交、方位关系等；综合关联关系是基于时空对象的时间、空间、属性等特征而形成的关系，如因果关系、聚集关系、共生关系等。ArcInfo 则将 GIS 描述客观现实世界中对象的关联关系分为拓扑关系、空间关系和一般关系(Esri，1999)，其中一般关系是指无法从对象的几何图形或者拓扑结构中推导出的关系，是在原始类中的要素或对象与目标类中的特征或对象之间构成的稳固的、明确的关系。上述研究中的分类方式基本上都是从某一个侧面对关系进行分类，而没有从总体上把握关系分类的标准和依据。本书按照一系列的逻辑依据对时空对象关联关系进行分类，其分类体系如表 7.1所示。

表 7.1　关联关系的分类体系

分类依据	关系分类	关系举例说明
按照关系的基数(cardinal number，CN)	一对一关系	如身份证和公民的一一对应关系、夫妻关系等
	一对多关系	一对多关系往往构成树状关系，例如，一块土地只能属于一个户主，但一个户主可以拥有多块土地
	多对多关系	多对多关系往往构成网状关系，如朋友关系、同学关系、同事关系等
按照关系的连接方向(connect direction，CD)	单向关系	如指挥关系、继承关系、隶属关系等
	双向关系	如朋友关系、同学关系、同事关系等
按照关系构成的网络形状(network shape，NS)	线状关系	前后连接但首尾不相接的网络，如线状地铁线路构成的连通网
	环状关系	首尾相接的网络，如绕城地铁线路构成的环状网
	树状关系	如严格意义上的上下级关系、家族图谱等
	网状关系	网状关系是客观现实世界中最普遍的关系，常见的朋友关系、亲属关系、同事关系都属于网状关系，除此之外，路网、电网、互联网节点等也构成网状关系
按照关系的本质特征(substantive characteristic，SC)	空间关系	时空对象的空间位姿和空间形态所构成的关系，如拓扑关系、方位关系等
	时间关系	时空对象的时间特征所构成的关系，如时间距离关系、时间拓扑关系等
	语义关系	语义关系覆盖范围较广，它一般是对象之间明确的、指定的、稳固的关系，如协同关系、指挥关系、隶属关系等
	综合关系	空间关系、时间关系和语义关系一般都是指时空对象个体之间的关系，而综合关系往往是群体之间的关系，属于现象级别的关系，如共生关系、因果关系、聚类关系等

时空对象关联关系的分类依据不同，分类结果和标准也会不同。客观现实世界中的关系泛在、多样，没有哪一种关系分类可以完全满足实际应用的需求，根据研究性质和内容的需求，可以选用一种或多种分类依据。

7.2.4　多粒度时空对象关联关系主要作用

多粒度时空对象关联关系扩展了 GIS 关联关系的内涵，描述了更为广泛意义上的对象关联关系，因此，多粒度时空对象关联关系除了具备 GIS 关联关系的作用之外，还具有以下几个方面的作用。

(1) 有利于实现基于时空对象关联关系的查询统计。GIS 关联关系的查询主要是空间关联关系查询，如查询与河南省相邻的省份有哪些、查看某地 5km 范围内的酒店有哪些，等等。多粒度时空对象关联关系不仅可以进行空间关联关系查询，还可以实现更为复杂的语义级关联关系查询，如查询某块土地所隶属的单位是哪个、查询你和你的朋友近一个月以来都曾到过的餐厅有哪些，等等。多粒度时空对象还可以支持多级关系查询、子图同构查询等，例如，查询一个用户的 N 阶朋友去过哪些地方，或者查询某个社交关系网中具有某种关系结构的子图都有哪些，等等。这些关系查询模式在传统空间关联关系查询中往往是无法做到或者难以做到的。

(2) 有利于实现基于时空对象关联关系的可视分析。传统的 GIS 数据可视化主要针对的是欧氏空间，而多粒度时空对象关联关系的可视化可以在非欧空间中进行。通过网络可视化布局和连边的路径重规划等技术，不断调整节点和连边的位置，进而从不同的侧面展现时空对象关联关系的潜在特征。例如，通过可视化布局技术，采用力引导算法，将病患关系中度较高的节点布局在网络的中心，从而发现传染病病患中的超级传播者。

(3) 有利于实现基于时空对象关联关系的推理预测。空间数据结合关联关系可以实现更深层次的数据挖掘和知识发现。关联关系作为一种明确定义的时空对象间的关系，可以有效提高数据推理分析的能力。例如，结合用户的部分社交网络关系和微博签到数据，可以推理出用户之间的其他潜在关系；利用位置签到数据及社交网络关系数据，可以发现在社交关系和地理兴趣标签上更具有内聚性的社团结构。

(4) 有利于扩展传统时空对象数据模型的表达能力。传统 GIS 数据模型重点描述对象的空间特征、属性特征，以及部分对象间的空间关系。多粒度时空对象数据模型将关联关系作为模型的重要组成部分，不仅能够描述传统空间关联关系，还可以描述非空间关联关系。除此之外，一些功能性扩展还可以使得关联关系具有约束特性，如关系型数据库的外键约束作用。

7.3　多粒度时空对象关联关系数据模型

7.3.1　多粒度时空对象关联关系的数据来源

多粒度时空对象关联关系的数据来源比较广泛，通过转换、提取等手段，可以直接或间接将这些数据作为关联关系的数据源。

(1) 传统地图数据。传统地图数据或 GIS 数据中具有网络结构的数据，如路网、水系等。这些数据集本身就包含一些拓扑关系数据，可以直接作为多粒度时空对象关联关系的数据源。当然，即使没有拓扑关系数据，也可以通过构建拓扑关系等处理方法，从原始数据集中提取出关系数据。

(2) OpenStreetMap 数据。OpenStreetMap 采用节点(Node)、折线(Way)、关系(Relation)来描述数据和数据间的关联，这些关系数据可以直接作为多粒度时空对象关联关系的数据源，如图 7.2 所示。

```
<nd ref="9176906691"/>
<tag k="building" v="apartments"/>
</way>
<way id="993321559" visible="true" version="1" changeset="112586716" timestamp="2021-10-16T19:09:14Z" user="h4ic8bn3kstr" uid="12863618">
<nd ref="9176894336"/>
<nd ref="9176894335"/>
<nd ref="9176894334"/>
<nd ref="9176894333"/>
<nd ref="9176894332"/>
<nd ref="9176894331"/>
<nd ref="9176894330"/>
<nd ref="9176894329"/>
<nd ref="9176894328"/>
<nd ref="9176894327"/>
<nd ref="9176894326"/>
<nd ref="9176894336"/>
<tag k="landuse" v="construction"/>
</way>
<relation id="193064" visible="true" version="608" changeset="114345895" timestamp="2021-11-29T05:53:11Z" user="琉璃白合" uid="14250389">
<member type="node" ref="7890491725" role=""/>
<member type="node" ref="7855785186" role=""/>
<member type="node" ref="4752891279" role=""/>
<member type="node" ref="7826309937" role=""/>
<member type="node" ref="7826309938" role=""/>
<member type="node" ref="5611951753" role=""/>
<member type="node" ref="7830499566" role=""/>
<member type="node" ref="8308266744" role=""/>
<member type="node" ref="8373909179" role=""/>
<member type="node" ref="8177044599" role=""/>
<member type="node" ref="8308266743" role=""/>
<member type="node" ref="8015596086" role=""/>
<member type="node" ref="8308266742" role=""/>
<member type="node" ref="4525941651" role=""/>
<member type="node" ref="8319166483" role=""/>
<member type="node" ref="8319382860" role=""/>
<member type="node" ref="8015596091" role=""/>
<member type="node" ref="8319382855" role=""/>
<member type="node" ref="8320812739" role=""/>
```

图 7.2　OpenStreetMap 中的 Node、Way 和 Relation

(3) BIM 数据。BIM 数据除了描述各个部件本身，还描述了部件之间的组成关系和结构关系。这些关系可以直接作为多粒度时空对象关联关系的数据源，如图 7.3 所示。

```
#1= IFCORGANIZATION('Synchro','SynchroSoftwareLtd','Ifc Exporter of SynchroSoftwareLtd',$,$);
#2= IFCAPPLICATION(#1,'5.0.0.1','Synchro','Synchro 5.0.0.1');
#3= IFCPERSON($,'Synchro',$,$,$,$,$,$);
#4= IFCPERSONANDORGANIZATION(#3,#1,$);
#5= IFCOWNERHISTORY(#4,#2,$,.NOCHANGE.,$,#4,$,1441639974);
#6= IFCSIUNIT(*,.LENGTHUNIT.,.MILLI.,.METRE.);
#7= IFCSIUNIT(*,.AREAUNIT.,$,.SQUARE_METRE.);
#8= IFCSIUNIT(*,.VOLUMEUNIT.,$,.CUBIC_METRE.);
#9= IFCSIUNIT(*,.PLANEANGLEUNIT.,$,.RADIAN.);
#10= IFCSIUNIT(*,.SOLIDANGLEUNIT.,$,.STERADIAN.);
#11= IFCSIUNIT(*,.MASSUNIT.,$,.GRAM.);
#12= IFCSIUNIT(*,.TIMEUNIT.,$,.SECOND.);
#13= IFCSIUNIT(*,.THERMODYNAMICTEMPERATUREUNIT.,$,.DEGREE_CELSIUS.);
#14= IFCSIUNIT(*,.LUMINOUSINTENSITYUNIT.,$,.LUMEN.);
#15= IFCMEASUREWITHUNIT(IFCPLANEANGLEMEASURE(0.01745),#9);
#16= IFCDIMENSIONALEXPONENTS(0,0,0,0,0,0,0);
#17= IFCCONVERSIONBASEDUNIT(#16,.PLANEANGLEUNIT.,'DEGREE',#15);
#18= IFCUNITASSIGNMENT((#6,#7,#8,#17,#10,#11,#12,#13,#14));
#19= IFCCARTESIANPOINT((0.,0.,0.));
#20= IFCAXIS2PLACEMENT3D(#19,$,$);
#21= IFCGEOMETRICREPRESENTATIONCONTEXT($,'Model',3,1.E-5,#20,$);
#22= IFCPROJECT('2caq5MyQjB397LemwyNZfd',#5,'Synchro Project','This project generated by Synchro Ifc Exporter',$,$,$,(#21),#18);
#23= IFCSITE('1hTDUmylvE4hrdTGp8ndDk',#5,'Synchro Site','This site generated by Synchro Ifc Exporter',$,$,$,$,.ELEMENT.,$,$,$,$,$);
#24= IFCLOCALPLACEMENT($,#26);
#25= IFCRELAGGREGATES('3Aou8j0513LukS@nljc4f7',#5,'ProjectContainer','ProjectContainer for Sites',#22,(#23));
#26= IFCAXIS2PLACEMENT3D(#29,#27,#28);
#27= IFCDIRECTION((0.,0.,1.));
#28= IFCDIRECTION((1.,0.,0.));
#29= IFCCARTESIANPOINT((0.,0.,0.));
#30= IFCLOCALPLACEMENT(#25,#31);
#31= IFCAXIS2PLACEMENT3D(#34,#32,#33);
#32= IFCDIRECTION((0.,0.,1.));
#33= IFCDIRECTION((0.,-1.,0.));
#34= IFCCARTESIANPOINT((5499.00048828125,11891.955078125,965.));
#35= IFCFACETEDBREP(#36);
#36= IFCCLOSEDSHELL((#47,#50,#53,#56,#59,#62));
```

图 7.3　具有结构信息的 BIM 数据

(4) 地理社交网络。地理社交网络数据如图 7.4 所示。

[user]	[check-in time]	[latitude]	[longitude]	[location id]	[from]	[to]
19234	2010-10-19T23:55:27Z	30.2359091167	-97.7951395833	22847	19234	1
19234	2010-10-18T22:17:43Z	30.2691029532	-97.7493953705	420315	19234	2
19234	2010-10-17T23:42:03Z	30.2557309927	-97.7633857727	316637	19234	3
19234	2010-10-17T19:26:05Z	30.2634181234	-97.7575966669	16516	19234	4
19234	2010-10-16T18:50:42Z	30.2742918584	-97.7405226231	5535878	19234	5
19234	2010-10-12T23:58:03Z	30.261599404	-97.7585805953	15372	19234	6
19234	2010-10-12T22:02:11Z	30.2679095833	-97.7493124167	21714	19234	7
19234	2010-10-12T19:44:40Z	30.2691029532	-97.7493953705	420315	19234	8
19234	2010-10-12T15:57:20Z	30.2811204101	-97.7452111244	153505	19234	9
19234	2010-10-12T15:19:03Z	30.2691029532	-97.7493953705	420315	19234	10
19234	2010-10-12T00:21:28Z	40.6438845363	-73.7828063965	23261	19234	11
19234	2010-10-11T20:21:20Z	40.74137425	-73.9881052167	16907	19234	12
19234	2010-10-11T20:20:42Z	40.741388197	-73.9894545078	12973	19234	13
19234	2010-10-11T00:06:30Z	40.7249103345	-73.9946207517	341255	19234	14
19234	2010-10-10T22:00:37Z	40.729768314	-73.9985353275	260967	19234	15
19234	2010-10-10T21:17:14Z	40.7285271242	-73.9968681335	1933724	19234	16
19234	2010-10-10T17:47:04Z	40.7417466987	-73.993421425	105068	19234	17
19234	2010-10-09T23:51:10Z	40.7341933833	-74.0041635333	34817	19234	18
19234	2010-10-09T22:27:07Z	40.7425115937	-74.0060305595	27836	19234	19
19234	2010-10-09T21:39:26Z	40.7423961659	-74.0075433254	15079	19234	20
19234	2010-10-09T21:36:05Z	40.7423961659	-74.0075433254	15079	19234	21
19234	2010-10-09T21:05:23Z	40.7358847426	-74.0049684048	22806	19234	22
19234	2010-10-09T20:55:47Z	40.7275253534	-73.9853990078	1365909	19234	23
19234	2010-10-09T01:37:03Z	40.7568799674	-73.9862251282	11844	19234	24
19234	2010-10-08T21:48:37Z	40.7074172208	-74.0113627911	11742	19234	25
19234	2010-10-08T21:45:48Z	40.7071727167	-74.0105454333	19822	19234	26
19234	2010-10-08T21:43:52Z	40.7070708167	-74.0119528667	15169	19234	27
19234	2010-10-08T21:43:02Z	40.705823135	-73.9966964722	11794	19234	28
19234	2010-10-08T19:28:36Z	40.7693780407	-73.9630830288	1567837	19234	29
19234	2010-10-08T17:24:27Z	40.7808054632	-73.9764726162	35513	19234	30
19234	2010-10-08T00:07:48Z	40.7317243329	-74.0033376217	87914	19234	31
19234	2010-10-07T23:18:10Z	40.7308686424	-73.9755655079	16397	19234	32
19234	2010-10-07T21:58:31Z	40.7422010764	-73.9879953861	17710	19234	33
19234	2010-10-07T21:02:01Z	40.7458101407	-73.9882206917	60450	19234	34

图 7.4　Gowalla 社交网络签到数据集示例

地理社交网络数据是在社会关系网络中耦合了用户的地理位置数据(Crandall et al., 2013)，可以通过人类个体或群体在地理空间中的移动反映出错综复杂的人地关系(陆锋等，2014)。地理社交网络数据是天然的网状结构，可以直接作为多粒度时空对象关联关系的数据源，例如，斯坦福大学网络数据集共享网站(http://snap.stanford.edu/data/index.html)提供了多种类型的地理社交网络数据集。

(5) 知识图谱数据。知识图谱中尤其是地理知识图谱融合语义关系及空间关系，建立了大规模的地理知识库，其数据结构和组织方式非常适合直接作为多粒度时空对象关联关系的数据源，如图 7.5 所示。

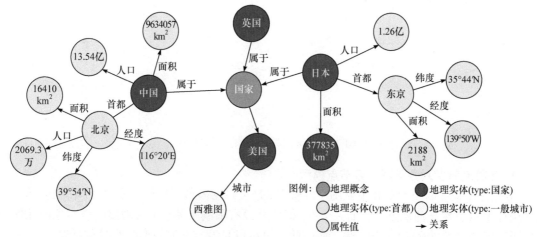

图 7.5　地理知识图谱中的关系数据

(6) 基于文本关系提取的数据。通过自然语言分词、实体关系抽取等技术手段，可以从非结构化的文本数据中提取出实体、属性和关系数据，从而作为多粒度时空对象关联关系的数据源。

7.3.2　多粒度时空对象关联关系概念模型

多粒度时空对象关联关系概念模型包括图、节点、连边、属性、强度和规则等几个部分，下面分别对这些概念模型进行阐述。

1. 多粒度时空对象关联关系图模型

客观现实世界的对象构成纷繁复杂的关联关系网络结构，图模型是最适合描述这种网络结构的一种数据模型。因此，全空间信息系统采用图模型作为基础模型，对多粒度时空对象间的复杂关联关系进行组织和描述。

多粒度时空对象关联关系的图模型定义：设 N 为多粒度时空对象在关系图中映射的节点集合，E 为映射节点之间的关系连边集合，则关联关系图 $G = \{N, E, C\}$，其中 C 为时空对象关联关系类型。

从上述定义中可以看出，关联关系图模型是关系的容器，它负责对某一类关系的节点、连边等内容进行组织。一张图 G 只能关联一个确定的时空对象关联关系类型 C，从某种意义上讲，关联关系类型一旦确定了，那么关系图的类型也就确定了。

在客观现实世界中，一个对象往往拥有多种关系，将所有关系都组织在一张图中是不现实的。因此，本书采用图集合 $G = \{G_i \mid i = 1, 2, 3, \cdots\}$ 的形式对多种类型的 o_1 关系进行组织，同一个对象在不同的关联关系图中会被映射为不同的节点。如图 7.6 所示，多粒度时空对象在关联关系图 G_1、G_2、G_3 中分别被映射为节点 $n(o_1)_{G_1}$、$n(o_1)_{G_2}$、$n(o_1)_{G_3}$。不同类型的图的节点间是没有直接联系的，但它们往往可以通过节点关联的多粒度时空对象而间接联系在一起。

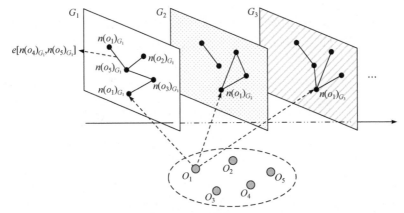

图 7.6　关联关系的图模型示意图

2. 多粒度时空对象关联关系节点模型

节点是多粒度时空对象在关系图中的映射，是关系图模型的构成元素之一。在全空间信息系统中，节点虽然是抽象意义上的一个点，但它并没有限制所关联的多粒度时空对象的几何类型，所关联的对象既可以是点、线、面或体，也可以是没有几何外形的非时空对象。

多粒度时空对象关联关系节点模型：给定多粒度时空对象 $o_i \in O$，其在关系图 G 中的映射节点为 $N = n(o_i)_G = \{o_i, F_N\}$，其中 F_N 为节点的属性集合，不同网络中同一个对象映射的节点不同，即 $n(o_i)_{G_1} \neq n(o_i)_{G_2}$。

图数据库中的节点与客观现实世界中的实体是唯一对应的，所有的节点都组织在一张图中，全图共享所有的节点。但全空间信息系统中的节点模型在不同的图中是不相同的，它们通过所引用的多粒度时空对象确定节点代表的实际含义，这样便于复杂关联关系的数据组织和分析应用。例如，在电力网络结构中，就附属关系而言，变压器和电线杆被映射在附属关系网中；就隶属关系而言，变压器和管理员则被映射在隶属关系网中。同样是变压器对象，但在附属关系网和隶属关系网中属于不同的节点。

节点的属性主要定义了属性字段名称、属性字段类型、属性字段精度等信息。节点的属性可以与多粒度时空对象的属性保持一致，或者是多粒度时空对象的部分属性，也可以添加新的属性，例如，变压器在隶属关系网中的节点新增"资产编号"字段，以便于管理设备资产。

3. 多粒度时空对象关联关系连边模型

连边是关系图中的节点间的关联关系，是关系图的构成元素之一。在全空间信息系统中，连边均是单向的，对于需要表示为双向的连边，可以用两个方向的单向连边来表达。需要注意的是，连边与多粒度时空对象几何形态中的普通线要素不同，它并不具有实际的几何外形，连边只是记录节点的关联情况。

多粒度时空对象关联关系连边模型：给定节点 $n(o_i)_G \in N$、$n(o_j)_G \in N$，则节点间的连边

$E = e[n(o_i)_G, n(o_j)_G] = \{n(o_i)_G, n(o_j)_G, F_E, R, w\}$，连边的方向为由节点 $n(o_i)_G$ 指向节点 $n(o_j)_G$，式中，F_E 为连边的属性集合；R 为连边的约束规则集合；w 为连边的权重值(weight)，也称为连边的强度。可以将节点之间的连边记为 $n(o_i)_G \rightarrow n(o_j)_G$。

连边的属性主要定义了属性字段名称、属性字段类型、属性字段精度等信息。连边的属性一般描述的是两个关联节点间的相关属性，如两个关联的路口之间的距离、两个关联信号塔之间采用的通信方式等。

连边所代表的节点 $n(o_i)_G$ 和 $n(o_j)_G$ 之间的关联属于直接关联，如果两个节点之间没有直接关联，但是可以通过一个或者多个中间节点而建立关联，则这两个节点构成间接关联，且连接两个节点之间的连边集合称为路径。路径的概念在关联关系分析中也有十分重要的作用，例如，本章开篇提到的例子"查询你和你的朋友近一个月以来都曾到过的餐厅有哪些"，这里从"你"到"你的朋友"再到"朋友去过的餐厅"构成一条路径，且路径的长度为 2，即路径中包含两条连边。

这里给出路径的定义：给定节点 $n(o_i)_G \in N$、$n(o_j)_G \in N$，如果它们之间没有直接的连边，但是通过若干个中间节点，可以实现间接的关联，则这些关联的集合称为节点 $n(o_i)_G$ 和 $n(o_j)_G$ 之间的关联路径，即 $p[n(o_i)_G, n(o_j)_G] = e[n(o_i)_G, n(o_{i+1})_G] \bigcup e[n(o_{i+1})_G, n(o_{i+2})_G] \bigcup \cdots \bigcup e[n(o_{j-1})_G, n(o_j)_G]$。

事实上，当路径中连边的集合仅有一条时，就是直接关联；当大于一条时就是间接关联。可以将节点 $n(o_i)_G$ 和 $n(o_j)_G$ 之间的路径记为 $n(o_i)_G \tilde{\rightarrow} n(o_j)_G$。

多粒度时空对象间的关联关系是可以传递的。在关联关系图 G 中，对 $\forall o_a, o_b, o_c \in O$ ($a \neq b \neq c$)，若对象映射在图 G 中的相应节点 $n(o_a), n(o_b), n(o_c) \in N$，则有

(1) 若 $n(o_a) \rightarrow n(o_b)$，且 $n(o_b) \rightarrow n(o_c)$，则 $n(o_a) \tilde{\rightarrow} n(o_c)$；

(2) 若 $n(o_a) \rightarrow n(o_b)$，且 $n(o_b) \tilde{\rightarrow} n(o_c)$，则 $n(o_a) \tilde{\rightarrow} n(o_c)$；

(3) 若 $n(o_a) \tilde{\rightarrow} n(o_b)$，且 $n(o_b) \tilde{\rightarrow} n(o_c)$，则 $n(o_a) \tilde{\rightarrow} n(o_c)$。

4. 多粒度时空对象关联关系属性

属性字段是构成节点和连边的重要元素，它分为节点属性 F_N 和连边属性 F_E。属性字段对于了解节点或连边的性质、内容等具有重要意义。节点和连边属性分别指关系图中节点和连边所具有的属性，可以定义属性字段的名称、标识、类型、值、值域、单位等。

多粒度时空对象关联关系的属性字段：属性字段 $F = \{n, t, \text{vt}, \text{do}, u, v\}$，式中，$n$ 为属性字段的名称；$t \in \{0,1\}$ 为属性字段的类型(0 单字段、1 复合字段)；vt 为属性字段值的类型；do 为属性字段的值域；u 为属性字段的单位；$v \in \text{do}$ 为属性字段的值。

属性字段分为单字段和复合字段两种类型，上述定义给出的就是单字段的定义，复合字段则是由多个字段组合构成的，其定义为：复合属性字段(complex field)是属性字段的集合，复合属性字段 $\overline{F} = \{n, t, F\}$，式中，$F$ 为简单属性字段的集合。

复合属性字段的应用场景有很多，例如，坐标字段就是由两个简单的经度属性字段(数值型)和纬度属性字段(数值型)构成的复合属性字段。需要说明的是，复合属性字段的地位和简单属性字段是一致的，复合字段可以嵌套复合字段，但是过深的嵌套会造成字段的混乱，甚至可能会造成引用错误(形成引用闭环等)，因此不建议字段嵌套深度过大，能够扁平化处理的 (a,b) 字段尽量不要组织成复合属性字段。

属性字段值的类型约束了字段的内容，属性字段值的类型及其值域形式参考表7.2。属性字段的值域是指字段值的取值范围，值域的形式往往与属性字段的值的类型相关，其对应关系如表7.2所示。属性字段的单位是属性值所代表的标准量的名称，如米、帕斯卡、公斤等，属性字段可以没有单位。

表7.2　属性字段值的类型及其值域形式

字段值的类型	编码	值域形式	说明
数值	Number	$[a,b]$、$[a,b)$、$(a,b]$	主要是以浮点、整型等形式描述的值，例如，用于描述长度、面积、次数等内容
文本	Text	—	主要是以字符串的形式描述的值，例如，用于描述节点名称、标注、描述等内容
布尔值	Boolean	$\{0,1\}$	主要是以"是/否"(有/无、对/错)等形式描述的值，例如，用于描述是否显示、是否唯一等内容
枚举值	Enum	—	主要是以可枚举的列表形式描述的值，例如，通信方式中语音、报文、视频等枚举列表内容
日期/时间	DateTime	$[a,b]$、$[a,b)$、$(a,b]$、(a,b)	主要是以"年月日时分秒"的形式描述的值，例如，用于描述节点或者连边生命周期范围等内容

5. 多粒度时空对象关联关系强度

连边(直接关联关系)或者路径(间接关联关系)可以表示多粒度时空对象之间存在着某种关系，但是关联关系并非只是有无的区分，还有强弱的区分。全空间信息系统中用关联关系的强度来衡量和描述多粒度时空对象之间的关联程度。

多粒度时空对象关联关系强度：对 $\forall o_i, o_j \in O$，对应节点 $n(o_i)_G \in N$、$n(o_j)_G \in N$，关联关系强度衡量多粒度时空对象 o_i 和 o_j 之间的关联程度大小，两个节点之间连边的关联强度 $w\{e[n(o_i),n(o_j)]\} \in (0,1]$，$w$ 的值越接近 0 代表关联关系的强度越小，越接近 1 代表关联关系的强度越大。

多粒度时空对象关联关系的强度仅对隶属于同一张关系图的连边有意义，隶属于不同的关系图的连边之间的强度没有可比性。连边的强度值不会等于 0，因为一旦建立了连边就证明关联关系是存在的，但强度值可以等于 1。这里需要说明的是，虽然时空对象关联关系具有传递性，但是它们之间的强度并不具有传递性，即两个节点的路径之间的强度并不等于构成路径的连边强度的乘积，即

$$w\{p[n(o_i),n(o_j)]\} \neq w\{e[n(o_i),n(o_{i+1})]\} \cdot w\{e[n(o_{i+1}),n(o_{i+2})]\} \cdots w\{e[n(o_{j-1}),n(o_j)]\}$$

时空对象间的关联关系强度值可以通过明确指定的方式赋值，也可以通过强度计算模型(或权重计算模型)计算赋值。例如，对于道路网络而言，可以用道路的长度作为强度计算的指标，使得道路越长强度越小，道路越短强度越大；对于社会关系网络而言，可以用通信次数、见面次数、居住地距离等作为强度计算的综合指标，通信次数越多、见面越频繁、居住地距离越近则强度越大，反之亦然。

多粒度时空对象关联关系强度计算模型：给定节点或者连边的关联关系属性集合 $F = \{F_i \mid i = 1,2,3,\cdots\}$ ，设从属性集合中提取出连边强度计算指标集合 $I = \{I_k \mid k = 1,2,3,\cdots\}$ ，则时空对象各个连边的强度(或权重)值 $w\{e[n(o_i), n(o_j)]\} = f_w(I_1, I_2, I_3, \cdots)$ ，其中映射函数 f_w 为时空对象关联关系的强度计算模型。

从上述定义可知，关联关系的属性类型不一定是可参与计算的数值型参数，但是从属性集合中提取出的连边强度计算指标必须是可参与计算的数值型参数，且最终映射函数的处理结果范围为 $(0,1]$ 。

6. 多粒度时空对象关联关系约束规则

多粒度时空对象关联关系用于表达和模拟客观现实世界中的泛在联系，这些联系可以使得对象之间具有一定的约束作用，即当一个时空对象发生变化时，与其相关联的时空对象也会发生一定的变化，关联关系的这种约束作用维护了关系描述的一致性和完整性，这种约束作用主要依靠关联关系的约束规则实现。在全空间信息系统中，关联关系的约束规则主要包括依赖约束规则、属性约束规则、空间约束规则。

(1) 依赖约束规则(dependency constrain rule，DCR)：对于 $\forall o_i, o_j \in O$ ，如果多粒度时空对象 o_i 依赖于 o_j ，那么当 o_j 消亡时， o_i 也消亡，但 o_i 的消亡不一定影响到 o_j 。依赖约束规则的一个典型应用实例就是数据库表中的外键，即当一个元组被删除时，引用该元组的其余表中的元组也要进行级联删除；另一个典型的应用实例是，具有组成关系的建筑物和楼层之间存在依赖约束，当建筑物不存在时，楼层也不应存在。

(2) 属性约束规则(field constrain rule，FCR)：对于 $\forall o_i, o_j \in O$ ，设多粒度时空对象 o_i 的属性字段集合 $F = \{F_s \mid s = 1,2,\cdots\}$ ，多粒度时空对象 o_j 的属性字段集合 $F' = \{F_t' \mid t = 1,2,\cdots\}$ ，若多粒度时空对象 o_i 中的某个属性依赖于 o_j 中的某个属性，则有 $F_s = f(F_t')$ 。其中， $F_s = f(F_t')$ 表明具有属性依赖的两个时空对象之间的属性字段值之间具有一定的函数映射关系，该函数映射关系既可以表示定量关系，也可以表示定性关系。属性约束规则描述的是时空对象属性特征之间存在的约束关系，例如，地籍管理系统中不论子地块的面积如何发生变化，它们的面积总和终归是一个常量值，即构成面积属性字段的约束。

(3) 空间约束规则(space constrain rule，SCR)：对于 $\forall o_i, o_j \in O$ ，设多粒度时空对象 o_i 的空间位置坐标为 (x, y, z) ，多粒度时空对象 o_j 的空间位置坐标为 (x', y', z') ，若时空对象 o_i 和 o_j 之间构成空间约束，则有 $(x, y, z) = f(x', y', z')$ 。空间约束规则描述的是多粒度时空对象空间特征间存在的约束关系，即构成空间约束关系的两个对象，被依赖对象的空间位置会对依赖对象产生影响和约束。空间约束常见于构成一定组成关系的多粒度时空对象之间，例如，一辆货车运送货物，在运送过程中，车辆与货物之间构成空间约束关系，车辆位置的改变会影响货物的位置，当货物被卸下后，车辆与货物的空间约束关系消失，车辆的位置改变将不再影响货物的位置。

7.3.3　多粒度时空对象关联关系逻辑模型

多粒度时空对象关联关系逻辑模型建立在概念模型的基础之上，是对概念模型的具体化，其逻辑模型如图 7.7 所示。

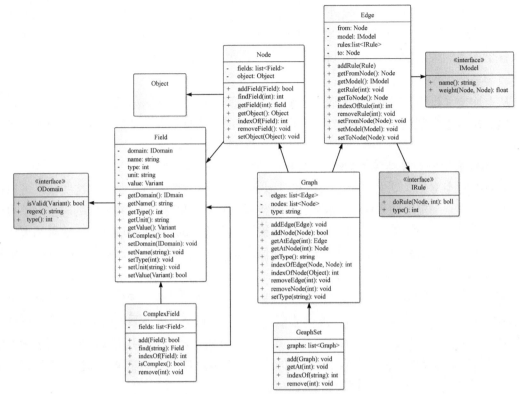

图 7.7　多粒度时空对象关联关系逻辑模型

多粒度时空对象关联关系的逻辑模型主要由节点(Node)、连边(Edge)、图(Graph)、图集合(GraphSet)、属性字段(Field 和 ComplexField)等类及接口构成, 其主要的类和接口说明如表 7.3 所示。

表 7.3　多粒度时空对象关联关系主要类和接口说明

类	类名称	说明
Node	节点	多粒度时空对象关联关系的节点, 每一个节点关联一个多粒度时空对象, 聚合多个字段
Edge	连边	多粒度时空对象关联关系的连边, 每一条连边分别关联一个源节点和一个端节点, 除此之外, 还关联一个强度计算模型、一个或多个关系约束规则
Graph	图	多粒度时空对象关联关系的图, 图是节点和连边的容器, 不同类型的关系被组织在不同的图中
GraphSet	图集合	针对不同类型的多组图进行组织的集合, 可以认为是图的容器
Field	属性字段	多粒度时空对象关联关系的属性字段, 节点和连边都可以拥有一个或多个属性字段
ComplexField	复合字段	复合字段本身也是属性字段, 但它可以聚合多个普通字段
IModel	强度模型接口	关联关系的强度模型接口, 通过扩展该接口, 可以自定义更多类型的关联关系强度计算, 每一个连边都需要关联一个强度模型
IRule	约束规则接口	关联关系的约束规则接口, 全空间信息系统主要实现了依赖约束规则、空间约束规则和属性约束规则, 但通过扩展该接口, 还可以自定义更多类型的约束规则
IDomain	属性值域接口	属性字段的值域接口, 该接口通过正则表达式对属性值的合法性进行判断, 以确保属性值的正确

不同类型的关联关系被组织在不同的 Graph 中, 每一个 Graph 都是由一组 Node 和一组 Edge 构成的, 通过 Graph 可以查找多粒度时空对象在该 Graph 中所对应的 Node。每一个 Edge 都关联两个 Node, 分别是源节点(关系的发起对象所对应的节点)和端节点(关系的接收对象所

对应的节点), 通过这两个节点可以唯一确定 Edge。Edge 关联一个强度计算模型 IModel 和多个关系约束规则 IRule, IModel 可以通过 Edge 的属性或者 Edge 关联的 Node 的属性来计算强度值, IRule 可以通过 doRule 函数执行对 Node 关联的多粒度时空对象的约束规则, 如依赖约束规则、属性约束规则和空间约束规则。IModel 和 IRule 都是以接口的形式提供的, 这也就意味着, 可以根据实际的需要自定义强度计算模型和约束规则。

多粒度时空对象关联关系并不是一成不变的, 而是会发生产生、变化和消亡的过程。在这一点上, 关联关系和多粒度时空对象一样都具有全生命周期。因此, 在实际的工程实现中, 需要在上述模型设计的基础上, 面向多粒度时空对象关联关系的动态变化设计相应的动态数据逻辑模型, 如图 7.8 所示。

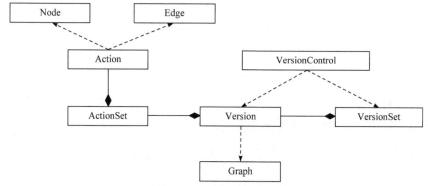

图 7.8   多粒度时空对象关联关系动态数据逻辑模型

动作类(Action)代表一个具体的操作, 每一次操作都会导致关系节点或关系连边的变化, 变化的内容包括增加、删除和修改。动作集合类(ActionSet)是动作类的集合, 它是一次版本的所有操作的集合, 即增量的集合。版本类(Version)关联一个记录当前时刻的完整的关联关系图(Graph), 同时包含动作集合类以记录基于该版本的所有变化增量。版本集合类(VersionSet)是版本类的集合, 包括版本的获取、版本属性修改等内容。版本控制类(VersionControl)是系统进行时空对象关联关系全生命周期组织与管理的操作入口, 只要用户需要对时空对象中的节点或连边进行版本操作就必须创建该版本控制类的对象。

在多粒度时空对象关联关系的动态数据逻辑模型中, 版本(Version)以切片的方式记录了完整的关联关系图(Graph), 而版本之间则以增量的方式记录了离散的变化, 是一种混合“快照+增量”的数据模型。在该模型中, 增量化存储的技术主要是基于“元组级”的, 细粒度可以控制到节点或连边的属性变化(如属性值的变化、关系强度的变化等), 粗粒度可以控制到节点或连边本身的变化(如节点、关系的产生或消亡)。在多粒度时空对象关联关系的动态数据逻辑模型中, 可以根据每个关联关系图的增量变化推导出单个节点或连边的动态变化树状结构, 即以树状结构组织的, 从该节点或连边的创建、变化直到消亡的整个过程。基于该树状组织结构, 可以根据需要方便地切换查看任意状态下的关联关系数据。

7.4 多粒度时空对象关联关系建模

7.4.1 多粒度时空对象关联关系建模目标

多粒度时空对象关联关系数据建模是指根据一定的模型、算法, 采用转换、计算、推理等技术手段，从数据源或其衍生数据中提取出时空对象间的关联关系，进而形成多粒度时空对象关联关系模型数据的过程。

(1) 建模目标。多粒度时空对象关联关系的建模目标是采用面向对象的思维方式构建关联关系模板，并在此基础上，实现关联关系的实例化，进而完成关联关系的数据生成。

(2) 建模成果。多粒度时空对象关联关系建模的成果是图数据，里面包含与时空对象相对应的关系节点数据、节点之间的关系连边数据，以及关系节点和关系连边的属性数据等。这些数据均具有时态性，也就是说，多粒度时空对象关联关系建模的成果是一个时态的图数据。

(3) 建模前提。多粒度时空对象关联关系存在的基础是多粒度时空对象，如果多粒度时空对象不存在，那么关联关系也无法存在。所以，多粒度时空对象关联关系建模的前提是多粒度时空对象必须存在，即两个多粒度时空对象间的关联关系必须介于两个对象生命周期的交集之中。

7.4.2　多粒度时空对象关联关系建模流程

多粒度时空对象关联关系的建模流程如图 7.9 所示，主要经历四个步骤：关系模板构建、类间关系建模、对象关系实例化和动态关系建模。

图 7.9　多粒度时空对象关联关系的建模流程

(1) 关系模板构建。通过对客观现实世界中的实体关系的抽象和认知，形成多粒度时空对象关联关系的定义，从而构建起关联关系模板。它是关系建模所参照的模板框架，主要定义了关系的类型、关系的属性等内容。与多粒度时空对象类模板的构建类似，关系模板的建模只定义了关系的类型和字段，但没有建模实际的关联关系数据。在这一过程中，也可以为关系模板定义强度计算模型，一旦定义了强度计算模型，将会在后续对象关系实例化过程中作为各个关联关系的默认强度计算模型。

(2) 类间关系建模。和时空对象建模过程类似，时空对象的构建必须基于特定的时空对象类模板，因此，关联关系的构建也必须明确指定所参照的关联关系模板，也就是需要建立多粒度时空对象类模板之间的关系。多粒度时空对象类模板间的关系建模过程类似于 UML 类图中的类间关系构建，最终的结果是确定了多粒度时空对象类模板之间的关系类型(即关系模板)。

(3) 对象关系实例化。在多粒度时空对象类模板间关系建模的基础上，通过交互方式、数据转换、分析挖掘等方式，可以构建时空对象之间的关联关系。需要注意的是，多粒度时空对象之间的关联关系必须是类间关系建模步骤中指定的多粒度时空对象类模板间关系集合中的某一个，也就是说，如果两个多粒度时空对象类模板之间没有定义关联关系类型，那么无法构建这两类多粒度时空对象之间的关联关系。对象关系实例化的过程，本质上就是增加节点和连边的过程。

(4) 动态关系建模。对象关系实例化只是完成了多粒度时空对象关联关系的初始版本创建，但由于关联关系是随着时间而变化的，需要通过对关联关系的增加、删除、修改等交互编辑操作实现对关联关系的动态数据建模。

7.4.3 多粒度时空对象关联关系建模方法

根据多粒度时空对象关联关系的建模目标和建模流程,针对建模流程中的关键环节,总结和提炼了一些关联关系数据的构建方法。

1. 关系模板构建方法

关系模板的构建主要有两种,一种是从某种关系模板中克隆,也就是复制一份;另一种就是按照建模的规范和流程交互构建。关系模板构建方法流程图如图 7.10 所示。

步骤 1,定义关系的类型,即关系的语义含义,检测是否已经存在(判断关系类型是否存在的依据就是关系的名称),如果不存在,则创建关系类型,并跳转至步骤 2。否则,提示是否需要使用该关系类型,如果是,则直接完成;如果不是,则重新回到步骤 1。

步骤 2,确定关系的属性字段,包括属性字段的名称、类型、精度、约束等信息。

步骤 3,选择是否需要进行强度建模,如果不需要,则直接完成关系模板构建;否则,进入步骤 4。

步骤 4,为关系模板关联强度计算模型,并设置模型的参数值,一旦关联了强度计算模型,关系的强度则会根据关系强度计算模型自动生

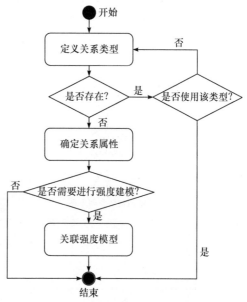

图 7.10 关系模板构建方法流程图

成。完成关系强度模型设置后,即完成了关联关系的模板构建。

关联关系模板可以通过交互系统实现,也可以直接编写模板文件,然后导入到系统中。在定制化需求较强的工程实践中,更多情况下需要交互地进行关系模板设计。但面向大规模关联关系模板构建时,则需要通过数据处理手段与方法直接编写和生成关联关系模板文件,然后批量导入到系统中。

2. 类间关系建模方法

类间关系建模的前提是需要构建的关系类型模板已经存在。在全空间信息系统中,如果两个多粒度时空对象的类模板之间没有构建关联关系,那么是无法为多粒度时空对象添加关联关系的。

多数情况下,类间关系建模是随着多粒度时空对象类模板构建一起完成的,这个过程有些类似于面向对象编程中的 UML 建模。类间关系建模方法流程图如图 7.11 所示。

步骤 1,通过交互选择工具选择第一个时空对象类模板作为起始类。

步骤 2,再选择第二个时空对象类模板作为目标类,当然,目标类也可以和起始类是相同的。如果起始类和目标类不同,则转到步骤 3;如果起始类和目标类是相同的,则转到步骤 5。

步骤 3,判断是否需要双向构建。如果是,则双向构建两个类模板之间的关系;否则,进入步骤 4。

步骤 4,判断是否需要反向构建。反向构建是指起始类模板和目标类模板的位置对调。如果需要反向构建,则按照第二个类到第一个类的顺序构建类间关系;否则,按照第一个类到第

二个类的顺序构建类模板间的关系。

步骤 5，确定关系模板。从现有的关联关系模板中选择一个，作为当前所构建的类间关系。

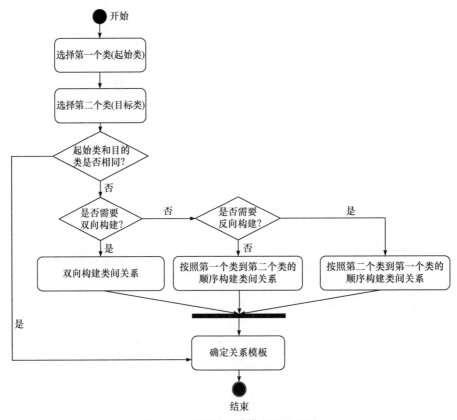

图 7.11　类间关系建模方法流程图

3. 对象关系实例化方法

对象关系实例化就是创建多粒度时空对象间的关联关系数据。方法包括：交互实例化方法、转换实例化方法、抽取实例化方法和推理实例化方法。由于抽取实例化方法和推理实例化方法都涉及数据挖掘、机器学习等方面的知识，内容比较复杂且受限于篇幅，在本书中只做概略阐述。

(1) 交互实例化方法。交互实例化有两种方式，一种方式是通过列表的形式层层过滤，从而构建多粒度时空对象的关联关系，另一种方式是通过可视交互的手段选择多粒度时空对象并构建它们之间的关联关系。第一种方式比较简单，这里重点阐述可视交互的方式构建多粒度时空对象间的关联关系。对象关系交互实例化方法流程图如图 7.12 所示。

步骤 1，通过交互工具选择多粒度时空对象。判断对象的个数，如果小于等于 1，则回到步骤 1 继续选择；否则，进入步骤 2。

步骤 2，判断对象个数是否等于 2，如果是，进入步骤 3；否则，进入步骤 7。

步骤 3，选择关联关系模板，判断是否可以构建两者之间的关联关系，即两个多粒度时空对象类模板之间是否存在该关系模板，如果存在，则进入步骤 4，否则，退出。

步骤 4，构建对象之间的关联关系，创建节点和连边。

步骤 5，设置关系属性。按照关系模板定义的属性字段内容及类型，设置关系的属性值。

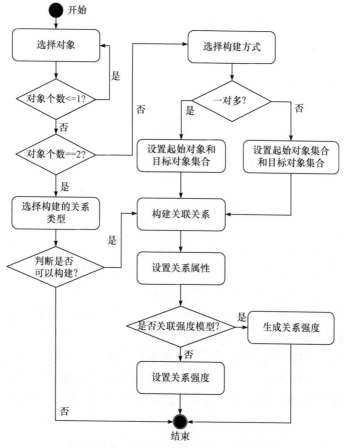

图 7.12　对象关系交互实例化方法流程图

步骤 6，判断关系模板是否关联强度模型。如果是，则直接计算生成两个对象之间的关联关系强度；否则，需要手动设置关联关系强度值。

步骤 7，选择关系的构建方式(一对多/多对多)。如果选择一对多方式，则需要设置起始对象和目标对象集合；否则，说明选择多对多方式，需要设置起始对象集合及目标对象集合。设置完成后，执行步骤 4。

(2) 转换实例化方法。转换实例化方法主要是通过设计和实现数据转换插件，将其他类型或形式的关系数据转换为全空间信息系统中的多粒度时空对象关联关系数据，其应用模式如图 7.13 所示。

(3) 抽取实例化方法。抽取实例化方法就是从一些结构化、半结构化或非结构化数据中，通过实体抽取、关系抽取和属性抽取等操作，实现多粒度时空对象关联关系数据的构建。目前，知识图谱领域在实体和关系抽取方面较为成熟，可以通过知识图谱的数据抽取手段，从原始数据中构建实体和关系，再通过数据补全和数据融合等手段，构建多粒度时空对象及其关联关系数据。

(4) 推理实例化方法。推理实例化方法主要是利用现有的关联关系数据和其他辅助数据，通过机器学习算法、数据挖掘算法等，推理和预测出潜在的关联关系数据。例如，通过现有社交网络及用户签到数据，可以推理出具有潜在好友关系的用户，如果签到数据的信息足够丰富，甚至可以推断出关系的类型。

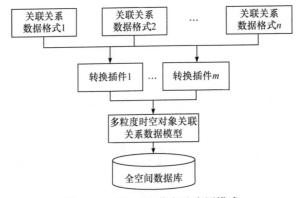

图 7.13 转换实例化方法应用模式

4. 动态关系建模方法

客观现实世界中的对象间的关联关系并不是一成不变的，通过前面的方法构建的是静态的关联关系。动态关联关系建模则是在静态关联关系建模成果的基础上，采用"版本-增量"技术实现对多粒度时空对象关联关系的动态数据编辑。

图 7.14 为基于"版本-增量"方式构建多粒度时空对象动态关联关系流程。多粒度时空对象关联关系图 G 的初始版本为 V_0，中间版本为 V_1 和 V_2。在相邻的两个版本之间，采用增量的方式进行记录，例如，增量 $\Delta V_{0,1}$ 记录了"关联关系节点修改"的操作、$\Delta V_{0,2}$ 记录了"关联关系连边删除"的操作。通过增量的方式可以避免每一次存储都要创建完整快照的问题，一定量的版本切片可以控制增量的深度，从而避免增量深度过大而造成的回溯效率低的问题。

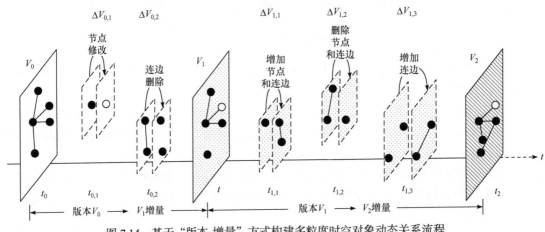

图 7.14 基于"版本-增量"方式构建多粒度时空对象动态关系流程

第8章　多粒度时空对象组成结构

8.1　组成结构概述

泛化/特殊化和分类/实例化等关系在相当长的一段时间内一直是语义和面向对象建模研究的热点之一。然而近些年来，随着对现实世界进行更为精确和完备描述的需求不断被提出，整体部分(whole and part，W/P)关系受到学者越来越多的关注。整体-部分关系在计算机科学、人工智能、认知心理学、认知科学、语言学和哲学等多个学科中都得到了广泛研究，例如，有心理学实验证实，"部分"思想在人类思维过程中起着十分重要的作用，尤其是在描述和区分概念的时候。计算机科学中，在许多成熟的建模领域，如计算机辅助设计(computer aided design，CAD)、软件设计等都体现了"整体与部分拆分"的应用需求(Motschnig-Pitrik and Jens，1999)。为了在某些层面更为贴切地对现实世界建模，有关如何表达整体与部分的探索和研究已经受到越来越多的重视。

组成结构的概念是从对现实世界建模的角度提出的。作为多粒度时空对象数据模型描述框架内容之一，组成结构是以多粒度时空对象来建模现实世界并表达对象间部分整体关系的基础。然而，尽管都是表达整体与部分的含义，不同的学科对于整体部分关系的研究角度和重点也不一样。从这个意义来看，组成结构与已有的研究中整体部分关系表达的含义也不完全一致。在描述多粒度时空对象的组成结构之前，需要解决描述什么和怎样描述这两个问题，这些可以从其他学科或理论的成果和观点得到借鉴。本节将从整体部分理论和面向对象建模技术两个方面展开对多粒度时空对象组成结构的论述。

8.1.1　组成结构与整体部分理论

对于现实世界的认知，兼顾整体视角和部分视角是人们的本能，有关系统论和还原论对于研究客观世界所起的作用也不断被人们所争论。从广义上来看，对象间的组成结构含义应归属于整体部分理论研究范畴，重点关注在一定时空范围内离散的实体，而整体部分理论则不限于此。不过，从整体部分理论可以总结出若干对象建模的指导原则。

整体部分理论研究的首要问题是：什么是整体，什么是部分，或者说为什么整体能称为整体，部分能称为部分。这个问题在哲学层面讨论较多，以整体论、分体论等为代表，其思想可追溯到亚里士多德、黑格尔和胡塞尔等人的研究成果(刘劲杨，2018)。有学者分析黑格尔从辩证法的角度对整体与部分的论述，认为可以从三个方面概括整体与部分的属性：第一，整体与部分是一对对立的概念或者范畴。第二，整体与部分的关系是直接的关系。第三，整体与部分的关系是有机的(冉思伟，2014)。

首先，整体与部分是一对对立的概念或者范畴，不存在绝对意义上的整体，也不存在绝对意义上的部分。一个物体相对于另一个物体来说是部分，但这个物体本身可能又能分出不同的部分，可见整体部分关系是有层级的，并且是一定范围域的整体与部分。实际上人们感知到的整体部分关系一般都是在一定范围域之内的，而对于范围域之外的整体与部分之间的关系则不太注意。从建模的角度看，任意对象都有可能扮演整体或部分的角色，因此从绝对意义上区分谁是整体，谁是部分并没有多大意义，需要视具体的应用场景而定。

其次，整体与部分是直接的关系。这意味着，一般讨论整体与部分的时候，人们只关注直接整体与部分，而部分的部分与整体的关系，即这种整体部分关系是否具有传递性或传递性是否有意义值得讨论，则不是研究的焦点。这里以一个例子进行说明：门是房子的一部分，把手是门的一部分，一般只有"门把手"的说法，而不能说"房把手"。这是因为"把手"发挥作用的范围是"门"，因为把手的作用就是使门打开或关闭，而"房子"不能作为把手的直接整体。尽管某些时候间接整体部分关系没有实际意义，但对于研究领域内所有对象的整体部分关系具有总体约束和控制的功能。

第三，整体与部分的关系是有机的。这可以从两方面进行理解：①从系统科学的角度，人们更关心整体与部分和的关系，即整体是由部分构成的，但它不是各个部分的机械相加总和；整体与部分和之间存在三种关系，即整体大于部分和、整体等于部分和，以及整体小于部分和。②从建模的角度，人们更关心这种关系对于整体和部分对象本身的影响，例如，整体是由部分构成的，离开了部分，整体就不复存在；部分的功能及其变化会影响整体的功能，关键部分的功能及其变化甚至对整体的功能起决定作用；部分是整体中的部分，离开了整体，部分就不成其部分；整体的功能状态及其变化也会影响部分。

从以上整体部分相关研究可以总结对于多粒度时空对象组成结构建模的理论指导：①建模过程中，任何对象都有可能是整体或部分对象，或者具有两种身份，要视具体的场景而定；②整个建模场景需要对组成结构的合理性进行检验，主要是利用非直接的整体部分关系传递；③整体与部分对象的相互作用是重点研究内容，在对象生命周期和多方面属性都有体现。

8.1.2 组成结构与面向对象建模技术

面向对象建模技术可以为组成结构建模提供指导原则吗？答案是肯定的，但是却不能直接用于多粒度时空对象的建模。这其中主要有两方面原因：①传统所述的"对象"是"业务对象"，重点关注程序设计层面，如包含哪些操作和属性、如何提高封装和访问效率等；②面向对象建模在对组成结构或者整体部分表达上本身还存在欠缺，针对如何精确描述"部分"及"整体部分关系"同样存在着不同甚至相冲突的观点。例如，相比于对象之间一般的关系，对象的整体与部分关系在建模时应注意什么？这种整体部分关系建模与成员隶属、成员组合(如俱乐部的成员)之类的关系表达的含义是否一致？

表 8.1 列出了在一些成熟的面向对象建模技术(如 Booch、OMT、Jacobson's OOSE、Martin/Odell、Embley's OSA、UML 等)中，关于整体部分关系的论述。其中，关于整体部分关系的定义描述难以统一，有关如何区分整体部分关系与其他关系也鲜有讨论。

表 8.1 部分 OO 建模中关于整体部分关系的论述

面向对象建模技术	表达术语	特征、解释及示例
Booch	has-relationship aggregation	部分 p 是整体状态 w 的一部分，属性可以被认为是部分
OMT	part-of-relationship; aggregation	属性不被认为是部分；操作传递有待考虑
Jacobson's OOSE	consists-of relationship; composition	一个聚合体是由它的部分对象组合而成的
Martin/Odell	composed-of relationship; aggregation	"组成"是组成部分形成一个整体对象的动作和结果

续表

面向对象的方法	表达术语	特征、解释及示例
Embley's OSA	part-of-relationship; aggregation	属性被认为是部分，例如，"订单号"是"订单"的一部分，然而"学生"与"学生俱乐部"的关系不能称为部分，而是"成员"关系
UML(Version 0.9~1.0)	whole-part relationship; aggregation	若二者具有组成关系，则部分的生命周期一般依赖整体；对象的属性和基于值的聚合表述含义相近等

　　以基于 UML 的建模为例，一对典型与整体部分关系有关且需要区分的概念为聚合 (aggregation)与组合(composition)。聚合体现的是整体"聚集"部分的关系，即 has-a 的关系，此时整体与部分之间是可分离的，它们可以具有各自的生命周期，部分可以属于多个整体对象，如计算机与 CPU、公司与员工的关系等；组合体现的是一种 contains-a 的关系，这种关系比聚合更强，也称为强聚合；虽然同样体现整体与部分间的关系，但此时整体与部分是不可分的，整体的生命周期结束也就意味着部分的生命周期结束，如人和人的大脑。聚合与组合唯一的差别在于"部分"是否可以共享，只能从语义级别来区分，在面向对象的类设计中体现为整体类对象对部分类对象是否具有管理权。

　　上述面向对象的建模理念对于表达对象组成结构具有一定的指导意义。需要注意的是，这其中有关组成结构关系表达的术语很多，然而有些并不描述对象层面的组成结构。例如，订单号属于订单，这只是从程序设计角度而言的，不属于对现实世界实体间关系的表达。

8.2　多粒度时空对象组成结构概述

8.2.1　多粒度时空对象组成结构的基本概念

　　多粒度时空对象的组成结构描述了时空对象之间部分与整体的构成关系，包括逻辑上的组成关系和空间上的结构关系，是"多粒度"特征的重要体现。一个时空对象往往会是其他(一个或多个)时空对象(父对象)的组成部分，如一个摄像头，既是道路交通设施的一部分，又是城市监控系统的一部分。同样，一个时空对象往往由多个时空对象(子对象)组成，如一个办公室，由办公桌、办公椅、文件柜、计算机等组成。在描述时空对象的组成结构关系时，需要清晰描述时空对象间的从属关系和空间结构关系，而且需要注意关系的可变性。

　　时空实体是对现实世界的抽象，根据其建模时是否可进一步划分，分为复杂时空实体和简单时空实体，其中复杂的时空实体一般可以由更小的时空实体构成，因此基于面向对象思想构建的时空对象可以拆分为多个子对象，多个时空对象也可以组合为复杂时空对象(父对象)。通过组成结构描述父对象与其子对象间的空间构成和从属关系，以刻画该时空对象的空间结构特征及语义从属特征，并通过状态更新标记记录该特征随时间的动态变化。

　　由于描述的主体是多粒度时空对象，这里需要对组成结构的描述范围进行说明。第一，组成结构描述的对象范围不是无限制的，这依赖于多粒度时空对象目前所能描述的场景大小。因此，可以初步确定组成结构描述的场景范围为太阳系到亚米级，这也包含了目前绝大多数空间信息系统对现实世界刻画的空间范围。第二，组成结构描述的对象是具有明确时空属性的客观实体的抽象，因而所表达的含义要小于整体部分关系。例如，有文献列出整体部分关系的分类，如表 8.2 所示。

表 8.2　整体部分关系的分类

整体部分关系分类	示例	整体部分关系分类	示例
组件/对象	处理器与电脑	材料/物体	钢铁与自行车
成员/集合	指挥员与管弦乐队	特征/活动	吞咽与进食
部分/整块	切片与馅饼	地点/区域	多伦多与安大略省

就上述的整体部分关系而言，"材料/物体"和"特征/活动"明显不属于组成结构的表达范围，其所指代的整体或部分要么是不可分离的，要么是一个过程，不具备时空实体的基本属性，因而也不能用多粒度时空对象进行表达。同理，在面向对象建模中所提到的"属性聚合"也不属于该范畴，例如，多粒度时空对象数据模型的描述框架由 8 个方面组成，这种关系不能用组成结构进行描述。

第三，组成结构一般兼顾表达逻辑上的组成关系和空间意义上的结构关系，如在图 8.1 所示的二维平面中，尽管大圆 A 在空间上包含小圆 B，但一般不认为 B 是 A 的组成部分；而对于圆环 C，可以认为 B 是其组成部分。

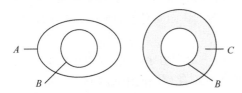

图 8.1　组成结构示意

据此，可给出时空对象组成结构的定义：组成结构是指顾及语义组成和空间结构两个方面，对由客观实体抽象而成的时空对象之间存在的动态的整体部分关系进行的描述(杨振凯等，2021)。从广义上看，组成结构描述了对象之间特殊的归属或包含关系，是一种特殊的关联关系。因此，需要分析与界定本文研究的组成结构关系在关联关系研究中的位置及与地理信息领域其他类型关系的关系。

上述定义中的关联关系是指广义的关系。按照关联关系的本质特征，可将 GIS 中的关联关系分为空间关系、时间关系、语义关系和综合关系(张政等，2017)，其中空间关系最为常用，包含方位、距离及拓扑等关系类型。一般认为，空间关系都可以通过几何信息计算得到，如关联、邻接、包含等，常用于简单的 GIS 空间分析。组成结构是从地理实体建模角度定义的一种整体部分关系，属于语义关系类别。相较于空间关系，语义关系研究偏少，其主要原因是语义关系类别复杂，且大部分语义关系不能通过计算获得，如亲属关系、同学关系等。相比于其他语义关系，组成结构更强调层次性，一般用于描述不同层级对象之间的关系，且需要考虑对象间的相互作用。结合组成结构的定义以及整体部分关系分类的研究，对多粒度时空对象组成结构建模中常用的父子对象关系类别进行汇总，如表 8.3 所示。

表 8.3　组成结构建模中常用的父子对象关系类别

类别	示例	类别	示例
组件关系	处理器与电脑	区域关系	郑州市与河南省
成员关系	指挥员与乐队	…	…
切片关系	桌子腿与桌子		

多粒度时空对象的组成结构可应用于以下几个方面。

(1) 多粒度时空对象查询分析。在传统 GIS 中，要素的查询主要是基于对象属性或空间位置，但无法基于对象之间组成和被组成的关系进行检索。全空间信息系统由于细致地描述和记录了子对象与父对象之间的层级结构关系，可以基于这种组成结构进行查询，依据对象本身查询到组成它的子对象或由它组成的父对象。

(2) 多粒度时空对象的可视化表达。子对象与父对象之间的组成结构往往会形成包含与被包含的关系，当进行可视化表达的时候，可以仅对父对象进行可视化，而不展现子对象的空间形态；而当进入父对象内部，即粒度发生变化的时候，可以对子对象进行可视化，而省略父对象的表达。

(3) 多粒度时空对象关联关系分析。组成结构实质上也是一种特殊的关联关系，因而可以根据组成结构，分析多粒度时空对象之间的深层次关联关系，如共生关系、聚合关系等。

(4) 多粒度时空对象行为传导。由于多粒度时空对象之间形成组成结构，当某一个时空对象由于某一行为发生改变的时候，该行为可能会影响其子对象或父对象。

8.2.2　多粒度时空对象组成结构的特征

多粒度时空对象的组成结构描述了父对象与子对象之间的组成关系，其特征概括起来，主要包括以下几个方面。

(1) 方向性。不同于语义关联中的同学、亲友关系，多粒度时空对象的组成结构是单向的。若对象 A 是对象 B 的子对象，则对象 B 不能是对象 A 的子对象，且对象不构成自身的父(子)对象。方向约束不仅存在于直接的父子对象之间，还用于多层级的约束，即对象间的组成关系不能构成闭合环(李锐等，2021)。因此，基于时空对象间的组成结构构建起多层级的时空对象从属关系网络，该网络可基于有向无环图(directed acyclic graph，DAG)表达，有向无环图中顶点表示时空对象，边表示时空对象间的从属关系。

(2) 动态性。时空对象的组成结构会随时间变化，主要体现在两个方面：①父对象或子对象的创建或消亡，会引起组成结构的变更；②父对象或子对象本身没有改变，但是不再保持组成结构关系，例如，将欧盟和英国分别视作父对象与子对象，英国脱欧则属于组成结构关系的改变。

(3) 反自反性。时空对象不构成自身的父(子)对象，即一个实例不能构成自己的部分。需要说明的是，在实际建模中，该性质仅适用于对象实例，对于对象类不起约束作用。例如，某个房间不能是自己的父子对象，而在建模时，房间类允许将组成结构指向自己，表达大房间内可以嵌套小房间的含义。因此，对象类之间的组成结构是一种规则，约束着对象之间可能出现的组成结构的类型；对象间的组成结构是某一时刻真实存在的构成关系的描述，且会随着时间不断变化。

(4) 多重性。多重性是指一个时空对象可以作为多个对象的子对象或父对象，在不同的应用场景中构成了多对多的关系，例如，摄像头是多个父对象的组成部分。此外，某个对象可以具有父对象和子对象双重身份。以房间为例，可以认为是楼层的子对象；同时，房间是室内门、窗的父对象。

(5) 传递性。在某些情况下，对象的组成结构具有传递性，以行政区划为例，二七区是郑州市的子对象，郑州市是河南省的子对象，则可以认为二七区也是河南省的子对象。组成结构的传递不都是有实际意义的，这是因为人们所感知的组成结构关系都在一定的功能域之内，但传递性计算是确保对象组成结构不构成环状错误的重要方法，同时也为对象检索提供了新途径。

(6) 父子对象依赖性。具有组成结构的父子对象一般具有较强的依赖性，依靠这种关系能够相互作用，相互影响。当父(子)对象发生变化，子(父)对象也可能产生一系列的变化；当两个对象动态创建或删除组成结构关系时，也会对各自产生相应影响，

8.2.3 多粒度时空对象组成结构的分类

按照组成结构的不同特征，可以对组成从多个角度进行分类。例如，除依据表8.3中的父子对象整体部分关系类型进行划分之外，还可按照组成结构的可变性，将其分为静态组成结构和动态组成结构；又如，按照对象间组成结构形成的抽象图结构，可分为直线型结构、树状结构和网状结构等，如图8.2所示。其中，直线型结构是指每个父对象最多只包含一个子对象，是最简单的图结构；树状结构是仅包含父子关系为一对多的图结构，即除根节点外每个对象有且仅有一个父对象，一般用于描述单场景的组成结构关系；网状结构是包含父子关系为多对多的图结构，一般用于描述多个场景的组成结构关系。

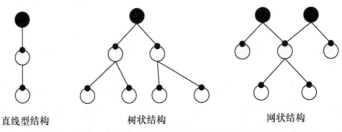

图 8.2 基于图结构的多粒度时空对象组成结构分类

为了更全面地描述组成结构对对象间相互作用传导的影响，此处考虑从约束性对组成结构进行分类。当时空对象建立组成结构关系时，父子对象之间往往形成一定的约束，从而传递对象间的相互作用。即当时空对象的某一方面产生变化时，如空间位置改变、属性特征改变、关联关系改变等，都可能会引起构成它的子对象或父对象发生一定的变化，甚至会影响组成结构的变化，导致组成结构的创建、变更和解体等。可以看出，父对象和子对象形成的组成结构关系，是父子对象相互作用传导的基础。

但须指明的是，父对象的改变不一定会引起子对象相应的变化，即父子对象因组成结构而产生的约束是不同的。据此，将多粒度时空对象的组成结构按照父子对象约束性的强弱分为强约束型结构、弱约束型结构和非约束型结构，如图8.3所示，它们之间的约束强度依次减弱。下面分别对它们进行描述。

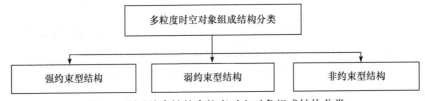

图 8.3 顾及约束性的多粒度时空对象组成结构分类

1) 强约束型结构

强约束型结构也称为刚性结构，子对象与它的父对象之间具有很强的依赖关系。此处认为，当父对象与子对象的生命周期相互影响时，二者建立的组成结构属于强约束型结构，即当父对象的生命周期结束时，子对象的生命周期也伴随结束，或是父对象随着子对象的消亡而消亡。

2) 弱约束型结构

弱约束型结构是指父子对象虽然不存在生命周期约束，但父子对象仍会存在一定的依赖关系，即当父(子)对象位置、属性等发生改变时，会影响其子(父)对象也发生相应的改变。这一结构在空间位置上体现得尤为明显，例如，汽车与其轮子之间存在组成与被组成关系，当汽车的位置发生变化时，其轮子的位置也会发生相应的变化。位置的联动是多粒度时空对象弱约束型组成结构最突出的特点，但不仅仅局限于位置，可以以式(8.1)来表达子对象与父对象之间的变化关系。

$$F_p + \Delta_p \rightarrow F_c + \Delta_c \tag{8.1}$$

式中，F_p 为父对象某一方面的描述特征；F_c 为子对象对应的描述特征；Δ_p 为父对象的变化量；Δ_c 为子对象的变化量。当父子对象的一方发生变化时，另一方也可能发生改变，当改变量相同时，子对象的变化量 Δ_c 等于父对象的变化量 Δ_p。可能发生改变的具体内容将在 8.3 和 8.4 节进行讨论。

3) 非约束型结构

非约束型结构的子对象与父对象之间不存在依赖关系，父子对象的改变并不会引起对方发生变化。在这种组成结构中，仅需要描述父子对象之间的层次关系即可。例如，城市群是由若干城市组成的空间组织形式，相较于行政区划，是一个松散的集合体。因此在描述城市群的组成结构时，一般只记录其构成，而不考虑约束因素。

任何多粒度时空对象之间形成的组成结构都不是一成不变的，组成结构有形成、有变更也有解体。形成是指组成结构的建立；变更是指从一种组成结构变化成另一种，或者组成结构关联的对象发生变化；解体是指组成结构的消失。例如，当人进入车辆驾驶时，人临时成为车的一部分，二者形成约束型结构，当人驾驶车辆到目的地并下车时，与车辆的组成结构关系消失，但是当人重新驾车时，组成结构会重建。

8.3 多粒度时空对象组成结构数据模型

8.3.1 多粒度时空对象组成结构的关系特征

由于组成结构属于一种特殊的关联关系，其关系特性可用关联关系的相关模型进行描述，这里仅对其基本描述内容进行阐述。关联关系数据模型包含的主要元素有：①关系的基本要素：关系网、节点、关系边，以及每种基本元素对应的元素管理集合。②关系网的类型、关系网的类型参数、关系网类型参数的管理集合及关系网的类型参数值。为了方便网络的分类和管理，在模型中将同一种类型的关联关系记录在一个关系网中，即一个关系网只能存储一种类型的关联关系，因此，数据模型中包括了关于描述关系类型的各项内容。③关系规则和关系强度计算模型(文娜，2018)。

8.3.2 多粒度时空对象组成结构的相互作用

多粒度时空对象能够依托组成结构建立父子对象之间的依赖和约束，这里从相互作用的角度对其进行描述。多粒度时空对象之间因组成结构而产生的相互作用十分复杂，可按照作用的方向、作用的强度和作用的内容分别进行讨论。

按照作用的方向可分为子对象对父对象的作用和父对象对子对象的作用。当父对象依赖于子对象时，子对象的变化会引起父对象状态的改变，例如，作为子对象的"人的大脑"坏死了，作为父对象的"人"的生命周期也会终止；同理，大脑脱离了人也会死亡。

按照作用的强度可分为强作用、弱作用和无作用。强作用是指具有组成结构的父子关系具有完全一致的生命周期，父(子)对象的创建和消亡会直接导致子(父)对象同时创建和消亡。无作用是指父(子)对象的改变不会引起子(父)对象发生变化，在这种组成结构中，仅需要描述父子对象之间的层级关系即可，无需考虑对象间的相互作用。弱作用是指父子对象之间具有一定的依赖性，当一方的位置、属性等发生变化时，另一方也会产生变化，变化量可能保持一致，也可能由多个对象共同决定。

作用的内容主要是针对具有弱作用组成关系的对象而言的，主要包括位置、属性和行为能力三个方面，且是双向的。例如，汽车作为父对象，其位置的改变将导致车座位置的同等变化；一架机器的重量由它的各个零件重量的总和决定，当零件子对象缺失或该组成结构关系不再维持时，机器重量也将发生变化。父对象的属性同样可以传递给子对象，例如，某个房间的位置是二楼，则其门窗的位置描述也是二楼。此外，子对象的某些行为能力也能通过组成结构传递给父对象，例如，预警机具有预警侦察的能力，其归属的航母舰队也具备相同的能力。

综上所述，多粒度时空对象组成结构具体的相互作用方式由作用方向、强度和内容共同决定，相互作用方式的多样性也决定了组成结构描述的复杂性，从而构成了相互作用描述的三维笛卡儿积。

8.3.3 多粒度时空对象组成结构的形式化表达

多粒度时空对象的组成结构具有单向性，且相互作用可能存在于两个方向，因此需要对其进行区分描述。此处采用基于对象和基于关系本身两种思路对其进行形式化表达。

基于对象驱动的形式化表达是以对象为中心，构建和查询组成结构数据。基于对象本身，可将组成结构分为两大类：父结构关系与子结构关系。父结构关系是指该对象与某些对象构成的组成结构关系中处于"父对象"角色，子结构关系是指该对象与某些对象构成的组成结构关系中处于"子对象"角色。依据二者的作用强度和内容，对象 A 的形式化表达方法为

$$\text{Com}(A) = \{O, R, I, D\} \tag{8.2}$$

式中，O 为与 A 构成组成结构的对象；$R = \{\text{Parent}, \text{Child}\}$ 为 A 的角色；$I = \{\text{Strong}, \text{Normal}, \text{None}\}$ 为 A 与该对象组成结构作用的强度(强、弱、无)；$D = \{P, A_t, A_b\}$ 为 A 对于该对象的作用内容。其中，$P = \{\text{true}, \text{false}\}$ 为 A 的位置是否对 O 具有作用，即 O 的位置是否依赖于 A，主要用于位置不固定的对象，对于静态对象则字段取值为 false；属性 $A_t = \{A_{t1}, A_{t2}, \cdots, A_{tm}\}$ 和能力 $A_b = \{A_{b1}, A_{b2}, \cdots, A_{bn}\}$ 为集合，且需要事先在父子对象中进行类型定义。需要注意的是，只有当变量 I 不为"None"时，变量 D 才有意义。以某个房间对象 R 为例，其子对象包括窗户 W，其父对象包括楼层 F，则 R 与 W、F 的组成结构关系分别为

$$\text{Com}(R)_1 = \{F, \text{Child}, \text{Normal}, \{\text{false}, \{'C_{AC}'\}, \{\}\}\} \tag{8.3}$$

$$\text{Com}(R)_2 = \{W, \text{Parent}, \text{Strong}, \{\text{false}, \{'N_R'\}, \{\}\}\} \tag{8.4}$$

式(8.3)和式(8.4)从房间角度描述了组成结构的具体信息，其中，房间对于楼层具有弱相互约束，楼层属性中的空调数量 C_{AC} 由所包含房间的空调数量决定；而房间对于窗户具有强相互

约束，一旦房间不存在了，窗户也就不存在了。此外，窗户所属的房间号 N_R 也由房间对象相应的属性决定。

　　基于关系驱动的形式化表达是以组成结构关系为核心，对组成结构进行构建、查询和管理。这种表达是以"节点-边"模型为基础，将具有组成结构的父子对象抽象为端点，组成结构关系抽象为边，因而整个研究范围的对象组成结构关系一般构成一张树状图。基于关系驱动，则组成结构的表达方法为

$$\text{Com}(O_p, O_c) = \{O_p, O_c, D_{pc}, D_{cp}\} \tag{8.5}$$

式中，O_p 和 O_c 分别为父对象和子对象。因为组成结构的方向意义是严格区分且需要双向表达，所以 D_{pc} 和 D_{cp} 分别为父对象对子对象和子对象对父对象的作用强度和内容，具体可参照基于对象驱动的方法中对相互作用的描述。

8.4　多粒度时空对象组成结构建模

8.4.1　多粒度时空对象组成结构建模流程

　　多粒度时空对象组成结构建模是指在明确组成结构数据模型或形式化表达方式的基础上，构建时空对象组成结构数据的过程，其流程如图 8.4 所示。

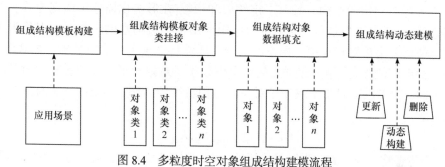

图 8.4　多粒度时空对象组成结构建模流程

　　1) 组成结构模板构建

　　通过对应用场景建模的需求进行分析并对所涉及的实体组成关系进行抽象归类，得出需要构建的组成结构模板。组成结构模板是对象间组成结构数据的基础框架，主要定义了组成结构的类别(行政区划、公司架构等)和类型(强约束、弱约束和非约束)，还包括约束型组成结构包含的相互作用模型。

　　2) 组成结构模板对象类挂接

　　由于组成结构具有方向性，组成结构模板必须指定父子对象类。类似于 UML 中的类间关系设计，在挂接对象类以后，组成结构模板才能用于实例化，且实例化后的父子对象与对象类是对应的。

　　3) 组成结构对象数据填充

　　在组成结构模板挂接对象类的基础上，需要建立对象与组成结构的引用，即通过一定的方法构建具体的组成结构数据。从构建方式来看，组成结构的构建可分为手动构建和批量构建。手动构建一般用于关系明显但相互作用复杂的父子对象组成结构，而批量构建则一般用于构建数据量大且无相互作用的简单组成结构。

　　4) 组成结构动态建模

　　组成结构的动态建模包括对象间的组成结构动态构建(△Build)、组成结构更新(△Update)

及组成结构删除(△Destroy)。组成结构具有特殊性，表现为其不仅受到对象变化的作用，也能传递对象间的变化，从而引起其他对象的变化。组成结构动态建模的驱动因子分为外部因子和本质因子。其中外部因子是指外部环境因素，是影响组成结构变化的间接因素，如时间变化等；本质因子是指对象在外部因子的作用下产生的直接影响组成结构变化的因素，包括对象的产生、消亡和对象特征的变化。

区别于时空对象在建模过程中已经对组成结构进行了构建(预先静态构建)，组成结构动态构建是指在动态场景中的某个时刻指定或自动判定父子对象，从而构建时空对象的组成结构关系。组成结构的更新是指同一对父子对象间的组成结构，其类型或作用项发生了变化，包括：①类型变化，例如，对象 a 和对象 b 之间的组成结构类型由强约束型结构变为了弱约束型甚至是非约束型结构；②作用特征项发生了变化。在两个对象建立组成结构后，其位置、某个属性等会产生相互依赖，此处将其称为作用特征项。作用特征项的改变同样意味着组成结构的更新，例如，子对象的位置不再受父对象影响，即认为是作用特征项不再包含从父到子的位置依赖。多粒度时空对象间组成结构的删除可以分三类情况进行阐述：①对象间的组成结构随着父对象的消亡而删除；②对象间的组成结构随着子对象的消亡而删除；③仅二者之间的组成结构删除，父子对象不消亡。

8.4.2 多粒度时空对象组成结构建模关键步骤

1. 组成结构模板构建

相较于非约束型组成结构，具有一定约束和依赖(在形式化描述中体现为具有作用特征项)的约束型组成结构更为复杂，是时空对象组成结构模板构建的难点。本书将组成结构模板的作用特征项分为位置特征项、形态特征项、属性特征项和行为特征项，如式(8.6)所示。组成结构的约束可能存在于两个方向，父对象依赖于子对象及子对象依赖于父对象的操作特征项一般不同，这里以父对象依赖于子对象的作用特征项为例，详细阐述子对象对于父对象的约束和影响。

$$CI = \{I_{pos}, I_{mor}, I_{att}, I_{beh}\} \tag{8.6}$$

式中，I_{pos} 为位置特征项；I_{mor} 为形态特征项；I_{att} 为属性特征项；I_{beh} 为行为特征项。

(1) 位置特征项的构建内容。当父对象的空间位置受到子对象的约束，即存在位置特征项时，在二者形成组成结构之后，父对象的位置依赖于子对象。具体来看，位置特征项的形式化表达为

$$I_{pos} = \text{AffectType}, \text{ChildObjSet} = \{\text{Obj}_1, \cdots, \text{Obj}_n\}, \text{WeightSet} = \{W_1, \cdots, W_n\} \tag{8.7}$$

式中，AffectType 为作用类型；ChildObjSet 为依赖的子对象集合；WeightSet 为对应于每个子对象的位置权重集合。位置特征项作用类型如表 8.4 所示。若类型为自定义，则表示父对象不受子对象位置的影响，返回本身的位置数值。若类型为中心或模型，则表明父对象的实际位置依赖于子对象位置，可以利用形状中心点或其他模型加权计算得到。

表 8.4 位置特征项作用类型

作用标识码	作用类型	解释
0	自定义	父对象位置与子对象的位置无关，父对象的位置点需根据情况自行指定，例如，某市的位置点在市政府，与区县分布无关
1	中心	父对象位置由子对象位置构成的形状求中心点得到
2	模型	父对象位置由子对象位置通过自定义计算模型函数映射得到

(2) 形态特征项的构建内容。类比位置，形态特征项作用类型如表 8.5 所示。

表 8.5　形态特征项作用类型

作用标识码	作用类型	解释
0	自定义	父对象与子对象各自有自己的形态，互不影响，例如，某房间与其子对象桌子、椅子等
1	部分组成	父对象的形态受子对象的形态影响，可以通过数学方法进行计算，例如，一个国家包含多个省，陇海路由陇海东路、陇海中路、陇海西路组成
2	完全组成	父对象的形态完全由子对象的形态构成，即直接求并而成，一般用于子对象形态没有相交的情况，例如，将某农田中相离的两块菜地组合成为一块新的菜地

(3) 属性特征项的构建内容。由于对象的属性信息本身是一个集合，指定具体的对应属性项，属性特征项的形式化表达如式(8.8)所示。如果父对象的某个属性依赖于子对象，则子对象需要存在同名属性。

$$I_{\mathrm{attr}} = \{i_1 = \{\mathrm{Name}, \mathrm{AffectType}, \mathrm{ChildObjSet} = \{\mathrm{Obj}_1, \cdots, \mathrm{Obj}_n\}\}, \cdots, i_n\} \tag{8.8}$$

式中，$i_1, \cdots, i_n$ 为单个属性项；Name 为属性名称。属性特征项作用类型如表 8.6 所示。

表 8.6　属性特征项作用类型

作用标识码	作用类型	解释
0	自定义	父对象的该属性与子对象互不影响
1	赋值	父对象的该属性由某个子对象的对应属性直接赋值而得
2	加和	父对象的该属性由所依赖的若干子对象的对应属性相加求而得，例如，机器的重量由组成它的零件重量相加确定

(4) 行为特征项的构建内容。受子对象影响的父对象的行为能力可分为两类：①子对象本身具有的行为能力在建立组成结构关系后传递给了父对象；②父对象隐藏的某种行为能力，只有在建立满足条件的组成结构之后才能赋能。因此，对象的行为特征的形式化表达与属性基本一致，区别在于父对象中有条件表达的行为能力是其独有的。行为特征项作用类型如表 8.7 所示。

表 8.7　行为特征项作用类型

作用标识码	作用类型	解释
0	自定义	父对象的该行为能力与子对象互不影响
1	赋予	父对象的该行为能力由某个子对象的对应行为能力直接赋予
2	赋能	在满足某个子对象组成结构构成条件后，父对象的该行为能力被激活

2. 组成结构模板对象类挂接

组成结构模板对象类挂接是指在组成结构模板建立的前提下，指定其关联的父子对象类从而构成完整的组成结构模板链，为建立对象间的组成结构打下基础。假设存在对象类 A 和 B，a 和 b 分别为基于 A 和 B 创建的对象，若 A 和 B 没有挂接至同一组成结构模板，则 a 与 b 之间不能构建组成结构。由此可知，基于对象类的组成结构模板挂接的实质是形成组成结构模板链并存储。对于具体的场景建模而言，组成结构模板链有以下特点。

(1) 组成结构模板链的最大种类数量由组成结构模板和对象类数量共同决定。如果不存在任何对象类，则模板链也不能创建；或是当模板链涉及的对象类删除时，模板链也必须删除。此外，由组成结构的单向性可知，组成结构模板链也要保证不形成闭合环，且两个对象类之间的组成结构模板链一般是固定的，一旦指定了父对象类和子对象类，则不能再创建反向的模板链。

(2) 建模过程中，组成结构模板链与对象间组成结构的最大区别就是模板链的起始方和终止方可以是同一对象类，即允许基于一种对象类创建模板链；而对象的组成结构必须存在于两个不同的对象之间，即"对象 A 由自己本身组成"这种描述是没有任何意义的。例如，大的树枝可由小的树枝组成，这是从对象类的角度说的，因此这种模板链可由树枝类自我指向而创建，但实际的组成结构存在于两个对象之间。

(3) 组成结构对于模板链具有反向约束。当某个模板链存在实例化的组成结构时，该模板链一般不可被编辑或删除，从而避免数据的不一致性。如果支持编辑和删除，则必须对所有实例化的组成结构进行统一维护，例如，在删除模板链时强制删除所有实例化的组成结构数据。

组成结构模板对象类挂接为管理组成结构提供了一种新的思路。因为组成结构是建立于对象之间的，所以直接通过对象访问检索更为快捷。同时，组成结构是依据关系类建立的，依据有限的关系类种类可以实现对组成结构数据的分类检索。

图 8.5 是岛屿场景类视图中挂接的组成结构模板。以"岛屿_cg"类为中心，该类视图涉及 16 个类，其中可与岛屿_cg 类构建组成结构关系的有 10 个类；此外，建筑物、楼层和房间也挂接了组成结构模板，允许在实例化场景时构建对应的组成结构。

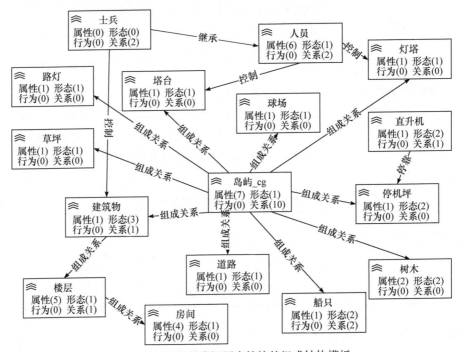

图 8.5 岛屿场景类视图中挂接的组成结构模板

第9章 多粒度时空对象行为能力

9.1 行为能力概述

9.1.1 行为与行为能力

"行为"在《现代汉语词典》中的解释是"受思想支配而表现出来的活动"。不同的领域，如哲学、法律、心理学、社会学、生物学和计算机程序设计等，对行为有不同的认识。狭义上的行为是指客观事物的外在活动，具有外显的物理特征，由一系列简单动作组成，并持续一段时间，如日常生活中所表现出来的一切动作的过程。广义上的行为还包括人的内部心理活动，在心理学上将心理活动视为一种特殊的语言行为。这里采用狭义上的理解，即现实世界中的行为是指客观事物所表现出来的活动。

从信息系统的角度，行为是指对象所具有的方法、操作和功能，是对现实世界中行为的模拟和反映。这里的对象是指由数据及其操作所构成的封装体，是信息系统中用来描述客观事物的一个模块，是构成系统的基本单位。对象包含三个基本要素，分别是对象标识、对象状态和对象行为。表9.1整理了在程序设计和虚拟仿真应用中关于行为的不同理解。

表9.1 关于行为的不同理解

应用场景	认识视角	对行为的理解
程序设计	发生过程	行为是处理施加于对象的外部环境、内部知识和物理结构等各种约束的一种推理过程
	动态变化	行为是指对象具有的所有性质的不断变化
	产生效应	行为是对象面对各种外部刺激或条件时所作出的不同反应
虚拟仿真	对象表现	行为是对象在独自活动或交互作用时，所表现出的动态变化过程
	状态迁移	行为是对象随时间的推移而产生的自身状态的序列，是对象所代表的客观事物具有的内在规律在外部干扰下的真实表现

其中，以虚拟仿真应用中状态迁移的认识和理解最为典型。该观点认为对象状态的变迁是对象行为的结果，对象行为是客观事物具有的内在规律在外部干扰下的真实表现。这种内在规律即客观事物具有的能力，决定行为的表现和内容，称为行为能力。行为能力被认为是对象拥有的一种能作用和影响自身状态的潜能，行为是对象的行为能力在外部环境影响下的具体实施过程。

由于现实世界的复杂性，上述观点也存在一定的局限。例如，认为对象的行为能力是整体的功能，忽视了对象组成结构的作用；把行为能力的作用简化为改变自身状态，但实际上通过对象之间的关联还能作用于其他对象等。因此，本书认为对象的行为能力是指对象拥有的一种能影响和改变自身或其他对象状态的功能。行为能力的特点是：①能力的范围由对象的属性决定，是对象所代表的客观事物内在规律的体现。②行为能力会随着外部环境和对象自身状态的变化而变化，包括有无、强弱，不依附于对象的生命周期。例如，战斗机拥有打击的行为能力，但飞机本身是不具备的(不依附于战斗机的生命周期)，而是通过与炸弹的组合来获得，并且打击行为能力的作用对象是炸弹爆炸范围内的其他对象；战斗机在有载弹的情况下即拥有打击行为能力，当无载弹时就失去了打击行为能力；通过挂载不同的炸弹，战斗机的打击行为能力强弱是不同的。

行为与行为能力的关系表现为：①行为能力决定是否会发生行为和行为的具体内容。例如，汽车拥有行驶的能力使得汽车能够上路行驶，表现出行驶行为。②行为能力的表现过程会受到环境因素和自身状态的影响，产生的行为结果可能不同。例如，汽车由于环境因素或自身状态的限制，行驶能力下降甚至变得不能行驶。③行为可以依赖于多种行为能力协同完成。例如，战斗机拥有飞行、搜索和打击等多种行为能力，其攻击行为由一连串的飞行、搜索和打击协同完成。因此，对象的行为依赖于行为能力的描述与表达。

9.1.2　地理信息系统中的行为描述

在地理信息系统中，由对象在所处时间上状态和行为的描述来表达地理实体的演化过程(俞肇元等，2022)，如城市土地利用变化、人群应急疏散演练。行为表现为对象的选择或动作，由一定的规则和算法来表示。例如，元胞自动机(cellular automata，CA)的元胞转换规则用来表示人类对城市地块的土地利用决策行为；最短路径算法用来表示应急疏散演练中虚拟人的应急逃生行为。因此，地理信息系统中的行为用于表示对象的动态变化过程。其特点包括以下几点。

(1) 将动作与对象分离，通过另行构建专业数据模型和额外开发专门的过程模拟算法分别建模对象和行为，本质上是一种基于过程的建模思想。算法(如 CA)将对象作为操控的目标，通过动态计算对象的显示位置和专业数据模型中特定的属性值来模拟对象在行为过程中的变化。由于必须依赖专门的过程模拟算法来表示行为，仅适用于特定的应用场景，难以描述多样化、复杂化的现实世界。同时，算法将所有对象无差别对待，行为表现为对象的统一行动，因此不能用于表示不同个体的自主行为和个性变化。

(2) 对象以矢量/栅格的表达形态呈现，通过一系列属性值的时序记录来表达对象在行为过程中的状态变化，实质上是一种静态的描述。由于矢量/栅格数据模型的局限，模型只记录对象的属性和空间特征，基本不涉及行为特征(华一新，2016)，因此缺乏对对象行为的直接建模，只是粗略地描绘了对象所具有的特征变化，并且局限于行为过程中几个时间片段的离散表示。

地理信息系统中的行为描述只是对对象演化过程的一种过程模拟，缺乏对对象行为本身的显式建模，不能对对象个体行为进行单独表示。尤为注意的是，地理信息系统中的行为描述将记录/模拟行为的过程作为建模的目的，忽略了真正决定行为过程外在表现的行为能力的作用，在建模理论和方法上缺少对对象行为能力的描述，不能完整地表达对象的行为特征。

从全空间信息系统的视角，传统地理信息系统以地图为模板，以点、线、面要素分图层静态地描述地理实体已经不能满足实际应用的需求，人们更加关注对象的时空动态和多维变化，以及相互影响和交互作用的过程(曾梦熊等，2021)。例如，在军事仿真、交通模拟、人群动态预测等应用中，个体对环境的自适应、多维特征的持续变化及特征变化背后的驱动因素是研究者越来越关心的问题。地图固有的静态特征使得传统地理信息系统无法描述具有多维变化和自主行为的地理实体，尤其是具有认知和行为能力的"活"的地理实体，如生命体、智能机器人等(华一新和周成虎，2017)。当需要更真实地抽象和描述一个具有成长性、自主性的现实世界时，传统地理信息系统侧重于表示行为的过程而缺乏对行为能力建模的方式已经变得不能适应。

9.2 多粒度时空对象行为能力概述

9.2.1 多粒度时空对象行为能力的基本概念

全空间信息系统将现实世界抽象为由各种时空实体组成的模拟世界，时空实体具有时间、空间和变化特征(华一新，2016)。时空对象是对时空实体的数字化描述。在全空间信息系统中，采用多粒度时空对象模型作为建模与表达时空实体的数据模型，将时空实体表示为由时空参照、空间位置、空间形态、组成结构、关联关系、认知能力、行为能力和属性特征八元组构成的多粒度时空对象(张江水等，2018；华一新和周成虎，2017)，是对时空对象的具体实现形式。

与矢量/栅格数据模型不同，多粒度时空对象模型将行为能力作为时空实体的固有属性，通过将时空实体统一建模为具有内部状态(包含空间位置、空间形态、组成结构、关联关系、属性特征)和行为能力的多粒度时空对象，可以直接地构建具有不同行为能力的时空对象个体(曾梦熊等，2021)，其行为能力的执行表达个体的时间、空间和变化特征，使得全空间信息系统成为可以描述多维变化和自主行为的"活"的时空实体。

行为能力描述了时空对象可以实施的动作(王家耀等，2014)。多粒度时空对象的基本行为能力主要包括信息处理能力(如信息获取、分析、传输、发布等)和动作执行能力(如移动、转向、调焦等)，有时还需要描述时空对象的特殊行为(如爆炸、射击、解体等)。在描述行为能力时，不仅要描述相关的各种参数(如车辆的运动速度等)，而且要描述其控制方式(如无人机的操控等)。同时，时空对象行为的发起及其产生的后果往往与所处的环境(由其他时空对象组成)有密切的关系，即时空对象的行为往往不是孤立的(王家耀等，2014)。

时空对象的行为与行为能力的关系为：行为是行为能力在外部环境(由其他时空对象组成)的作用下所表现出的活动，行为能力的执行产生行为并决定行为的内容，行为的结果通过时空对象内部状态的多维特征随时间的时序变化来记录和存储。与矢量/栅格数据模型侧重记录行为过程中的对象状态不同，多粒度时空对象模型显式建模时空对象的行为能力，将时空对象的变化视作其行为能力执行的结果，支持为时空对象个体创建多种不同的行为能力，允许为时空对象个体指定行为能力的控制方式。通过时空对象行为能力的执行，可以更新多粒度时空对象的内部状态，表达时空实体的个性变化，从而推动整个场景的时空演变。

因此，多粒度时空对象行为能力的定义是：行为能力是时空对象拥有的一种能影响和改变自身或其他对象的能力，用于描述时空实体的内在规律，是产生时空对象行为的内驱动力，也是时空对象动态变化的内因。时空对象的行为可能有许多种表现形式，如受到环境的制约而行为的强弱不同，但其行为能力的范围是由时空实体的基本性质决定的，因此更接近事物的本质，是对行为的高层次认识。

多粒度时空对象行为能力作为描述产生时空实体活动及实体之间相互影响和交互作用的重要特征，是体现时空实体相互作用和动态自主的核心(曹一冰等，2018；赵鑫科等，2020)。在全空间信息系统中，行为能力的作用是：①用于驱动和表达时空对象的动态变化，是解释时空对象演化过程的作用机制、调控时空对象演变方向的主要手段。②作为时空对象最具能动性、最有活力的一个特征，通过行为能力建模能够更加灵活地实现在信息空间中构建一个动态的全空间数字世界的目的。

9.2.2　多粒度时空对象行为能力的主要特点

多粒度时空对象行为能力描述了时空实体能够产生动态变化的内在规律，其特点主要包括以下几方面。

(1) 多粒度。行为能力的多粒度主要体现在对时空实体的抽象与建模层次上。当对时空实体的抽象层次发生变化时，时空对象就在多个描述粒度间表现出聚合/离散、组合/分解的状态。尽管行为能力作为时空实体的基本特征并不会随时空对象的描述粒度而改变，但前提是时空实体仍然作为功能性的整体进行建模。例如，战斗机随着建模场景的不同可能会有集群、图标、模型等多个描述粒度，但战斗机始终作为一个功能整体进行建模，当场景切换时战斗机始终拥有打击行为能力。然而，当时空实体进一步细化为由若干个子对象组成的组合对象进行建模时，其行为能力主要由子对象的能力决定，并可能在组合后获得新的行为能力。例如，单独的一辆皮卡汽车仅有移动而没有打击的行为能力，一旦将皮卡汽车和机枪组合，皮卡汽车就获得了打击的行为能力。也就是说，行为能力不仅可以通过父对象继承而来，还可以通过组合子对象进而获取。因此，时空对象的行为能力取决于对时空实体的抽象与建模层次，行为能力的语义与描述粒度有关。

(2) 动态变化。行为能力会随着时空实体所处的时间和空间环境的变化而变化，包括有和无、强和弱。在时间变化方面，行为能力在时空实体的全生命周期内是动态变化的，这种变化不仅体现在能力的强弱，还体现在能力的获取和失去。例如，汽车由于老旧后车况不佳，行驶能力下降，甚至变得不能上路行驶，失去了行驶的行为能力。在空间环境变化方面，行为能力随时空实体所处空间位置和环境因素的不同而发生变化。例如，汽车的行驶能力会随着路面状况的不同而变化(公路、山路、草地等)，同时还受到风力、温湿度等环境因素的影响。

(3) 交互作用。由于时空对象并不是孤立的，其行为能力也不是孤立的，同样存在相互影响，有时还会产生连锁反应。也就是说，行为能力具有交互作用。由其他时空对象组成的外部环境能够影响和作用于行为能力的执行，反过来行为能力的执行也可以作用和改变其他时空对象。但是，由于行为能力本身的限制，交互作用的真实范围仅限于一定距离内的其他时空对象，或具有特定关联关系的时空对象。例如，扫地机器人在规划路径时将受到周围一定距离内的障碍物和垃圾的共同影响，同时扫地机器人执行清扫行为主动将周围垃圾打扫干净，当亏电时主动回归具有关联关系的远处的充电站。

(4) 多能自主。全空间信息系统中的行为能力与传统地理信息系统中的行为最大的区别是行为能力所描述的时空对象是个体，而不是无差别地将所有对象的行为视为统一的行动。因此，时空对象个体可以是多样化、异质化、个性化的，允许具有多能自主的行为能力。多能是指时空对象的行为能力不止一种，在其生命周期内可以拥有多种类别的行为能力，如移动、变形、改变属性值等。自主是指时空对象具有自我控制和任务规划的能力，会根据外界的刺激和自身的状态，由指定的行为能力控制方式决定执行何种行为能力。例如，雷达在自动搜索时，根据回波信号和行为能力控制方式，可以自主决定是继续执行旋转天线还是执行发送目标信息的行为能力。

在全空间信息系统中，根据业务和应用的需求对时空对象所具有的行为能力进行描述。只有认为当前场景中不会发生变化的时空对象，才可以不描述其行为。

9.2.3　多粒度时空对象行为能力的分类体系

对行为能力进行分类往往并不能直接从时空实体的活动来观察和判断，而只能通过对其行为的活动进行分析，进行概念的抽象后才能获得理性的认识。因此，行为的分类是行为能力分类的基础。

由于行为类型多样、过程复杂、表现不确定，随着观察视角的不同，对行为的分类也出现了不同的认识。表 9.2 整理了行为的不同分类方式。

表 9.2　行为的不同分类方式

方式	分类
复杂程度	反射性行为、依赖于环境的行为、基于能力的行为
脚本分类	运动行为、物理行为、简单动作行为、触发行为、关联行为
触发概率	确定性行为、不确定性行为
行为特点/反应	简单行为、可计算行为、智能行为
主体的数量	个体行为、群体行为
主体的类别	刚体行为、流体行为、软体行为、动物的行为、人的行为
定义/受干扰程度	固定行为、简单计算行为、自组织行为、高级智能行为

可以看出，行为的分类偏向于对行为活动的直观认识和简单归类。然而，作为行为产生的内驱动力，行为能力不仅与行为活动的直接表现有关，还与时空实体的自身性质相关。作为行为主体的时空实体具有何种性质，往往对行为能力起着决定性的作用(尽管可能并没有表现出相应的行为活动)。因此，行为能力的分类应侧重于从时空实体的性质，结合其行为活动的特征来认识和判断。

时空实体的行为分为自身的活动和与其他时空实体的交互，行为的活动除改变自身和其他时空对象的状态外，还包括对自身行为能力执行的逻辑判断。因此从行为改变多粒度时空对象特征的角度出发，参考行为类型和层次的分类方法，将多粒度时空对象行为能力划分为逻辑判断和状态变化两大类，其中状态变化行为能力又包含若干小类。基于特征变化的行为能力分类如图 9.1 所示。

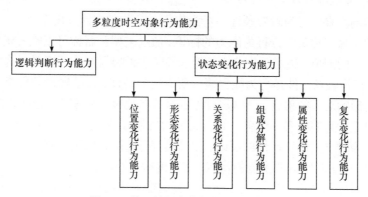

图 9.1　基于特征变化的行为能力分类

(1) 逻辑判断行为能力。该类行为能力的执行是一类特殊的行为，主要用于时空对象行为能力控制方式的辅助决策，是时空对象行为自主的重要体现。逻辑判断行为能力执行时受到自身状态和外部环境的影响，将改变自身行为能力控制方式的逻辑判断，用于行为能力执行的任务规划。

(2) 状态变化行为能力。该类行为能力执行后将引起自身或其他时空对象的空间位置、空间形态、关联关系、组成结构和属性特征的状态发生变化，分为位置变化、形态变化、关系变化、组成分解、属性变化和复合变化六种不同的行为能力。位置变化是指行为能力执行后将引起自身或其他时空对象的空间位置发生变化，如轮船航行、汽车行驶、人群移动等。形态变化是指行为能力执行后将引起自身或其他时空对象的空间形态发生变化，如行政区划调整、道路扩建、装备毁伤等。关系变化是指行为能力执行后将引起两个或多个时空对象之间的关联关系发生变化，例如，航班途中切换到不同的管制中心、组织机构的隶属关系调整等。组成分解是指行为能力执行后将引起自身或其他时空对象的组成结构发生变化，如战斗机投弹、团体解散、星箭分离等。属性变化是指行为能力执行后将引起自身或其他时空对象的属性值发生变化，如传感器采集信息的更新(杨飞等，2020)、汽车行驶过程中油量和速度的变化等。复合变化是指行为能力执行后将引起自身或其他时空对象的若干特征同时发生变化，例如，炸弹的爆炸引发被炸对象的位置、形态、关系、组成和属性同时发生变化。

　　由于现实世界的复杂性，时空对象的行为往往是由多种类型的行为能力交织在一起相互影响和交互作用的结果，从外在活动观察很难进行明确的区分。从行为改变多粒度时空对象特征的角度出发，对行为能力进行分类是非常直观而有效的方法。

9.3　多粒度时空对象行为能力数据模型

9.3.1　多粒度时空对象行为能力的组成

　　多粒度时空对象行为能力由七个部分组成：行为类型、行为名称、行为能力参数、环境影响因素、行为触发条件、行为作用对象及行为计算模型(曹一冰等，2018；赵鑫科等，2020)，其表达式为

$$CB = \{type, name, C_{para}, C_{cond}, C_{trig}, C_{recep}, C_{model}\} \tag{9.1}$$

式中，type 和 name 为行为类型和行为名称；C_{para}、C_{cond}、C_{trig}、C_{recep}、C_{model} 分别为行为能力参数、环境影响因素、行为触发条件、行为作用对象及行为计算模型。

　　行为类型和行为名称是区分行为能力的标识，通过类型和名称可以唯一确定行为能力；行为能力参数是能力的阈值，决定行为能力的范围；环境影响因素是环境对行为的影响，制约行为能力的表现；行为触发条件是行为能力执行所需要的条件，包括触发条件类型和参数；行为作用对象是行为影响对象的集合，可以是对象本身或其他时空对象；行为计算模型则包含具体行为的计算，决定行为的内容和结果，是行为能力的核心(赵鑫科等，2020)。

　　行为能力作为时空实体能动性的反映，除描述其行为能力的组成外，还应包括行为能力本身的获取和失去。由于时空对象多能的特点，多粒度时空对象的行为能力通常以行为能力集的形式进行描述。行为能力的获取和失去通过对行为能力集的操作来实现，包括行为能力的增加、删除和更新。

　　多粒度时空对象的行为能力集及行为能力组成的作用与关系如图 9.2 所示。

　　可以看出，多粒度时空对象的每一种行为能力都由用户交互部分和自主计算部分组成。用户交互部分可以设定行为能力参数、环境影响因素、行为触发条件和行为作用对象，通过用户界面完成各种参数的初始化设置和交互式输入。自主计算部分根据用户交互部分输入的参数，在对应行为计算模型的支持下完成行为能力的执行，驱动时空对象行为的过程。

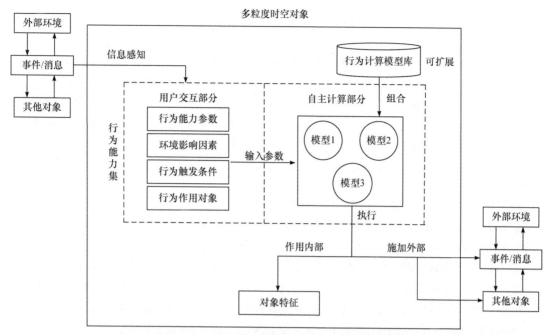

图 9.2　行为能力集及行为能力组成的作用与关系

9.3.2　多粒度时空对象行为能力的形式化描述

为直观地说明多粒度时空对象行为能力的组成结构和属性详情，采用语义化的方式对多粒度时空对象行为能力进行形式化描述。行为能力总体结构的形式化描述为：

Behaviors=[{BehaviorType,BehaviorName,[Parameters],[Conditions],Triggers,[Receptors],[Models]},
{BehaviorType,BehaviorName,[Parameters],[Conditions],Triggers,[Receptors],[Models]},…]

行为能力被描述为一个行为能力的集合，每一种行为能力由行为类型(BehaviorType)、行为名称(BehaviorName)、行为能力参数(Parameters)、环境影响因素(Conditions)、行为触发条件(Triggers)、行为作用对象(Receptors)及行为计算模型(Models)组成。由于行为类型和行为名称的描述比较简单，已包含在行为能力的总体结构描述中，下面对行为能力的其他五个组成部分进行详细描述。

1) 行为能力参数

行为能力参数主要描述行为能力的各种范围，可以包含多个参数，每个参数中包含名称(Name)、类型(ValueType)、取值的长度(ValueLength)、默认值(Value)、阈值(MaxValue、MinValue)等信息。行为能力参数的形式化描述为

Parameters=[{Name,ValueType,ValueLength,Value,MaxValue,MinValue},{Name, ValueType, ValueLength, Value, MaxValue, MinValue}, …]

不同类型行为的行为能力参数在性质和属性上都可能不同，因此不存在通用的行为能力参数。但是，相同类型行为的行为能力参数应尽量保持一致(否则建模就失去了意义)。对相同类型行为的行为能力参数的描述，一方面应提供各种能力属性的默认值，以便于缺省情况下行为能力的执行；另一方面在行为能力被触发执行时，应支持根据实际感知的信息动态计算行为能力参数(如受到干扰情况下雷达探测距离变短)。

以飞机的飞行类行为为例，其行为能力参数主要有飞行的高度、飞行的速度、续航能力

等。假设某型飞机的默认飞行高度是 8000 m，默认飞行速度是 1000 km/h，默认续航能力是 8h，则其描述为：

Parameters=[{Height, int, 4, 8000, 12000, 7000}, {Speed, double, 8, 1000, 1200, 400}, {Endurance, double, 8, 8, 20, 2}]

2）环境影响因素

环境影响因素主要描述空间环境因素对行为能力的影响效能，可以包含多个环境影响因素，每个环境影响因素中包含名称(FactorName)、类别(FactorType)、影响因素的值(FactorValue)和影响的行为能力参数(TargetPara)。环境影响因素的形式化描述为：

Conditions=[{FactorName, FactorType,FactorValue, TargetPara},{FactorName, FactorType, FactorValue, TargetPara}, …]

环境影响因素主要包括风力、温度、地形、地势、路面类型、天气、水流速度等自然条件。根据影响的效能分为正影响和负影响两个类别，表示环境因素对行为能力的增强和削弱。影响的行为能力参数是指该类型的环境因素可能会影响到行为能力中的一个或多个参数。同时，在行为能力数据建模时应统一建立环境效能字典，允许根据每一种环境影响因素的名称查询其影响效能的值。影响效能的取值范围为[−1,+1]，影响效能最终叠加到行为能力的感知信息中。

假设，在对某型号飞机的飞行行为能力进行数据建模时，其环境效能字典为：

Conditions=[{Wind,Positive,5,Speed,0.2},{Temperature,Negative,-20, Endurance,0.1 }]

已知在 5 级风力的条件下对行为能力的速度参数的影响效能为 0.2，在温度为−20℃的条件下对行为能力的续航能力参数的影响效能为−0.1，则最终动态计算的飞机飞行行为能力参数的描述为：

Parameters=[{Height, int, 4, 8000, 12000, 7000}, {Speed, double, 8, 1200, 1200, 400}, {Endurance, double, 8, 7.2, 20, 2}]

3）行为触发条件

行为触发条件主要描述引发行为能力执行的动作或事件，包括触发方式(TriggerType)和触发参数(TriggerParameter)。行为触发条件的形式化描述为：

Triggers={TriggerType, [TriggerParameter]}

触发方式主要包括时间触发、规则触发、事件/消息触发和状态触发。例如，飞机在巡航过程中，飞行行为能力是按时间触发的，直至降落为止；飞机的应答行为能力是按规则触发的，当接收到塔台呼叫时按预定规则执行；飞机的操控行为能力是按事件/消息触发的，由飞行员进行手动操作或输入指令；飞机的告警行为能力是按状态触发的，当飞机的位置、高度、油量等感应值异常时即时报警。触发参数与触发方式、具体的行为类型有关，需要建模者根据所触发的行为能力定制相应的描述参数，允许有多个参数。例如，飞机的巡航，其飞行行为能力的触发参数为某时间参照下的时刻点，同时还包括飞行的目的地位置。

4）行为作用对象

行为作用对象主要描述行为能力触发后所影响的时空对象集合，可分为三类：对象自身(Self)、行为能力作用范围内的其他对象(ActObject)和交互作用的关联对象(RelatedObject)。行为作用对象的形式化描述为：

Receptors={Self, [ActObject], [RelatedObject]}

一般情况下，行为能力在执行时默认的作用对象是自身和行为能力范围内的其他时空对象。例如，飞机的飞行行为作用的对象是飞机自身，发射塔的信号发送行为作用的对象是场景中的所有对象，炸弹的爆炸行为作用的对象是爆炸范围内的其他对象等。但是，有一种情况例外，即时空对象间具有特定关联关系时，行为的作用对象还包括交互作用的关联对象。例如，士兵的撤退行为，除作用于自身回撤和躲避攻击范围内的其他敌人外，由于士兵与己方指挥所之间的指挥关系，还包括士兵主动撤往己方指挥所的过程。因此，在行为作用对象的描述中应增加关联对象列表，以完善行为能力执行的可能性。

5) 行为计算模型

行为计算模型主要描述时空对象行为能力执行的具体计算，可以由多个计算模型组成，每一个计算模型包括模型名称(Name)、模型别名(Alias)、模型描述(Description)和输入参数(InputParameter)。行为计算模型的形式化描述为：

Models=[{Name, Alias, Description, [InputParameter]}]

行为计算模型基于领域知识构建，因此一般需要面向不同的行为类型开发相应的行为计算模型。行为能力参数、环境影响因素、行为触发条件和行为作用对象为行为计算模型提供了基本输入，但是行为计算模型本身不与用户直接交互，而是根据由领域知识抽象的规则和算法自主运算。一些通用的行为计算模型(如基于牛顿运动定律计算连续移动的下一个轨迹点)可以组成行为计算模型库，允许在时空对象之间共享，并支持扩展。不同行为计算模型可以叠加运算，有利于实现复杂的行为。

9.4　多粒度时空对象行为能力建模

9.4.1　多粒度时空对象行为能力建模流程

多粒度时空对象行为能力建模是在行为能力数据模型的基础上，利用模板、组件和算法等方法和技术，建立时空对象行为能力的开发与表达体系。多粒度时空对象行为能力建模的特点是从对象个体的角度出发，致力于构建能力上多能自主、表现上多维动态、过程上交互作用的时空对象行为，以表达现实世界中时空实体的复杂变化。其建模流程是一个从参数设计到技术开发，再到数据实现的完整过程。多粒度时空对象行为能力建模流程如图 9.3 所示。

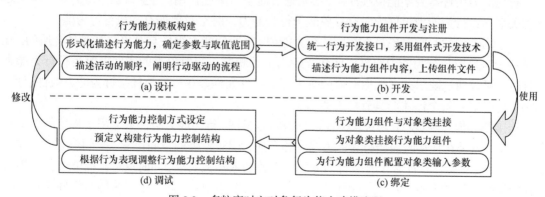

图 9.3　多粒度时空对象行为能力建模流程

1) 行为能力模板构建

通过对应用场景中时空实体多维动态变化的建模需求进行分析，并对所涉及的时空实体交互作用进行抽象归类，得出需要构建的行为能力模板。一种行为能力模板对应时空实体的一种行为的描述，例如，装甲车具有前进、搜索、攻击、撤退等不同行为，需要分别构建不同的行为能力模板。

行为能力模板采用多粒度时空对象行为能力数据模型进行描述，内容包括：定义行为能力的类型和名称，明确行为计算模型的功能、参数和作用，以及确定行为能力参数、环境影响因素、行为触发条件和行为作用对象的属性和阈值。

构建方法分为两步：①采用多粒度时空对象行为能力的形式化描述方法梳理和分析行为能力的建模内容，形成行为能力建模数据。②使用统一建模语言(unified modeling language，UML)的活动图对时空对象在行为过程中的活动进行描述。活动图用于描述时空对象行为活动的顺序，展现从一个活动到另一个活动的控制流，是对行为内部处理流程的直观描述。

2) 行为能力组件开发与注册

行为能力最终需落实到代码层面的实现。为便于行为能力模板明确的需求与功能的具体实现，结合软件工程的方法，采用了组件化开发的方式。组件化是程序设计中对某些可以进行复用的功能进行封装的标准化工作，内容包括组件开发接口的标准化和组件式封装技术。由于时空对象可能具有多种不同的行为能力，组件化是一种非常合适的解决方案。

行为能力组件作为行为能力执行的具体代码模块，其实现过程大致分为两步：①根据行为能力的基本概念和行为能力数据模型，设计标准化的行为能力开发接口，便于大规模应用时的协同开发。②基于计算机程序编码和组件式开发技术，将行为能力封装为标准的行为能力组件。

标准的行为能力组件组成时空对象的行为能力集。为便于行为能力组件的访问和调用，同时减少重复开发，对行为能力组件进行复用和组合，需要对组件的内容进行描述并在全空间信息系统中提前注册。注册的步骤分为：①以自定义的.model 文件格式对组件的功能和参数进行描述，生成描述信息文件。②将行为能力组件和.model 文件压缩成.zip 格式文件，通过系统提供的用户界面上传组件文件和描述信息至数据库，利用描述信息对行为能力组件进行注册。

3) 行为能力组件与对象类挂接

行为能力组件本身不能单独使用，必须通过时空对象起作用。时空对象与行为能力组件之间的关系是：行为能力组件为时空对象赋予行为能力，时空对象拥有和执行行为能力。

由于同类型的时空对象具有相同的行为能力，将行为能力组件与对象类挂接是合适的。挂接是指为对象类与行为能力组件之间建立逻辑上的映射，当对象类的实例需要运行行为能力组件时，可以通过映射关系获取对应的行为能力组件文件。在对象类挂接行为能力组件以后，实例化的时空对象个体才能具有行为能力。

挂接的过程分两步：①为对象类挂接行为能力组件。行为能力组件只适用于特定的时空对象，因此对象类在挂接时需与行为能力组件相适应，即对象类的空间位置、空间形态、关联关系、组成结构和属性特征必须符合行为能力组件的输入参数要求，同时反过来能够被行为能力组件的运行结果所改变。可以为对象类挂接多种行为能力组件，同一个行为能力组件也可以为多个对象类所挂接。②为行为能力组件配置对象类输入参数。根据行为能力组件所注册的描述信息，依次为行为能力组件的输入参数指定对应的对象类属性。行为能力组件在运行时将获取实例化的时空对象中对应的属性值作为行为计算模型的参数值。

4) 行为能力控制方式设定

时空实体的行为特征由行为能力和行为能力的控制方式两部分组成。行为能力描述了时空对象可以实施的动作,控制方式用于对行为能力的使用进行规划。前者体现时空实体的多能,后者体现时空实体的自主。

行为能力的控制方式采用算法结构来实现,如规则推理(rule reasoning,RR)、有限状态机(finite state machine,FSM)、行为树(behavior tree,BT)等,适用于多种行为能力的协同运行。考虑到行为能力组件的模块化特点,本书采用行为树对行为能力的控制方式进行设定。

由于多种行为能力组件协同运行的结果具有不可预知性,设定的步骤包括调整和反馈两个过程:①利用先验知识手动为时空对象构建行为能力的控制结构,尝试行为能力组件的预定义运行。②根据预定义运行的结果,适当调整行为树结构,重新运行和调试,直至符合实际和应用的需要。

9.4.2　多粒度时空对象行为能力建模关键步骤

行为能力建模是一个从设计到调试的反复过程,需要在行为能力组件开发的基础上,通过运行行为能力组件来观察行为的结果,不断地调整和反馈,才能完成对行为能力的完整建模。行为能力建模的关键步骤是负责具体实现行为能力的行为能力组件开发与注册和负责行为能力运行的行为能力控制方式设定。

1. 行为能力组件开发与注册

基于多粒度时空对象行为能力的形式化描述,从代码实现的层面,针对行为能力组件的开发定义了一个标准化的接口规范。行为能力开发接口的形式化表达(曾梦熊等,2022)为:

$$\text{Behavior} ::= < \text{Self,Inputs,Outputs} > \tag{9.2}$$

式中,Self 为行为的主体;Inputs 为影响主体行为能力的对象类集合;Outputs 为主体行为影响的对象类集合。

行为能力开发接口将行为能力参数和环境影响因素转化为 Self 和 Inputs,分别代表行为能力执行中的时空对象自身状态和外部环境(由其他时空对象组成),同时将行为作用对象转化为 Outputs,代表行为能力执行的结果(由改变的时空对象组成),而组件本身的实现过程即为行为计算模型,代表时空对象对外部刺激的反应。同时,由于时空对象动态自主的特点,将行为触发条件交由时空对象自身的控制方式来实现。

标准化的开发接口为行为能力组件的协同开发提供了可能。接口规范是对开发接口的说明,定义了组件的输入和输出,允许基于通用编程语言(如 C++、Java)对接口进行实现。由于接口向下屏蔽了实现的细节,支持多用户的分布式协同开发,有利于大规模复杂场景中多类型行为组件的实现。

行为能力组件将行为能力封装为一个可调用、执行的功能模块(.dll、.jar),内部相当于一个“黑盒”,对外提供特定的功能。由于组件的类型和数量很多,并且同一种行为能力的组件也可由不同的方式来实现,即组件的多态。当准备对行为能力组件进行访问和调用时,需要提前获取组件的描述信息,以了解行为能力组件的功能和参数。

为便于行为能力组件的共享与互操作,采用可扩展标记语言(extensible markup language,XML)对组件的功能和输入参数进行描述。描述的内容包括:组件的功能和版本等基本信息、行为主体的输入参数和影响主体行为能力的输入参数。描述信息采用自定义 XML 文件的形式(.model)提供人工可读的数据内容,同时为便于计算机识别指定了 XML 标签的关键字。行为能力组件描述信息的 XML 关键字如表 9.3 所示。

表 9.3　行为能力组件描述信息的 XML 关键字

分类	关键字	说明
结构	Model	XML 的入口，\<Model>\</Model>之间的内容代表组件的全部描述信息
组件信息	file	组件的文件名，用于注册时生成 URL
	artifactId	组件的名称
	groupId	组件的分组，用于组件的数据管理
	version	组件的版本，允许组件迭代更新
	type	组件的编码类型，如.dll、.jar
	isCondition	组件的分类判别。若返回为 true，则说明是状态变化行为能力，组件的 Outputs 不为空；若返回为 false，则说明是逻辑判断行为能力，组件的 Outputs 为空
行为主体输入参数	parameters	\<parameters>\</parameters>之间的内容代表一组输入参数，parameters 包含 parameter
	parameter	\<parameter>\之间的内容代表单个输入参数的描述，parameter 包含 name、alias、type 和 desc
	name	参数名称，仅支持英文字符
	alias	参数别名，支持中英文字符
	type	参数的数据类型，根据编码类型所属编程语言的基本数据类型进行定义
	desc	参数的描述
影响主体行为能力输入参数	inputs	\<inputs>\</inputs>之间的内容代表外部环境(由对象类组成)对行为能力影响的输入参数，inputs 包含 input
	input	\<input>\</input>之间的内容代表单个对象类对行为能力影响的输入参数，input 包含 name、alias、isDynamic、desc 和 parameters
	name	对象类名称，支持中英文字符
	alias	对象类别名，支持中英文字符
	isDynamic	是否为动态属性类。若是表示对象类为动态属性类，作为行为改变时空对象的特定属性的描述；若否则表示对象类为代表外部环境的其他对象类
	desc	对象类的描述
	parameters	parameters 的内容与含义同行为主体输入参数

　　表 9.3 中所有的属性均以 Key-Value 的键值对形式来保存，结构清晰，是目前脚本语言中通用的轻量级数据交互格式。

　　组件描述信息的另一个重要应用是行为能力组件的注册。在全空间信息系统中，标准化的行为能力组件可以通过复用和组合减少重复开发，只需通过统一资源定位符(URL)指向特定的组件进行逻辑绑定即可。然而，当大量的时空对象需要复用、组合不同的行为能力组件时，快速并准确地发现和识别行为能力组件成了问题的关键。通过组件描述信息，可以将行为能力组件的功能和参数公开暴露，便于快速检索，促进组件的高效利用。

　　全空间信息系统提供行为能力组件管理的用户界面，支持行为能力组件注册和文件上传如图 9.4 所示。

　　上传的行为能力组件文件存储于分布式文件型数据库，通过 URL 提供文件的定位标识，允许被不同的对象类挂接，支持行为能力组件的复用和组合。

图 9.4 行为能力组件注册和文件上传

2. 行为能力控制方式设定

行为能力控制方式指的是时空对象对其行为能力执行的协同机制。时空对象可能不只具有一种行为能力，对多种行为能力的执行需要有复杂的控制方式，以协同不同行为能力的执行。

多种行为能力执行的协同方法可以分为三种：选择、顺序、并行。选择是指仅选取其中一种行为能力来执行，其余不执行；顺序是指依次选取一种行为能力来执行直至所有行为能力执行完毕为止；并行是指同时选取全部行为能力来执行，并且执行的次序不分先后。针对一种行为能力可能需要反复或循环执行的情况，可以采用重复的方法来协同。多种行为能力执行的协同方法如表 9.4 所示。

表 9.4 多种行为能力执行的协同方法

方法	运算	运行逻辑	特点
选择	Select	若为真则选取一种执行，否则不执行	单线程，一次一种
顺序	Sequence	若为真则选取一种执行，直至其中一种为假	单线程，依次执行
并行	Parallel	若为真则选取全部执行	多线程，不分先后
重复	Repeat	若为真则继续执行，否则不执行	循环：多线程，不间断 反复：单线程，有限次

协同方法是时空对象行为能力控制的基本算子，行为能力控制方式是对协同方法的组合运算。通过将选择、顺序、并行和重复的基本算子根据需要组合为复杂的结构，可以为时空对象多种行为能力的执行提供各种复杂的控制方式。

为直观地表示时空对象的行为能力控制方式，全空间信息系统支持以可视化的途径构建图形化的行为树。行为树最早用于游戏策略，是传统有限状态机与层次有限状态机(hierarchical finite state machines，HFSM)的改进技术，具有较好的随机性、扩展性、可复用性，可以构建复杂的执行逻辑。基于行为树进行时空对象行为能力控制方式的设定如图 9.5 所示。

可以看出，行为树结构是一个包含逻辑节点和行为节点的倒挂型树状图，采用模块化的方式描述了一组有限任务之间的切换，本质是一段逻辑代码，可以转换为各种编程语言。行为树由于其模块化、"先决策—后控制"的特点，成为设定时空对象行为能力控制方式的一种有效方法。

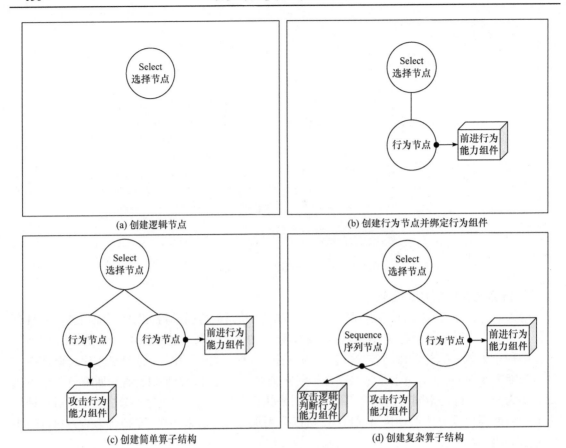

图 9.5　行为能力控制方式的设定

第 10 章　多粒度时空对象认知能力

10.1　认知能力概述

10.1.1　认知与认知能力

1. 认知

认知的相关概念和理论研究最先出现在心理学领域。心理学中认为，认知(cognition)是一种个体认识客观世界的信息加工活动，是人们获得知识、信息加工或进行知识应用的一种基本的心理过程(彭聃龄，2012)。其中，获取知识的过程包括概念的形成、知觉、判断或想象等心理活动；信息加工是基于个体的思维活动对信息或知识进行处理的过程；知识应用是基于个体知识的进一步应用，包括指导个体的认知活动或行为活动。

2. 认知能力

心理学中，认知能力(cognitive abilities)指人脑加工、储存和提取信息的能力，即人们对事物的构成、性能、与他物的关系、发展动力、发展方向及基本规律的把握能力，它是人们成功完成活动最重要的心理条件(车文博，2001)。知觉、记忆、注意、思维和想象的能力都被认为是认知能力。加涅(Gagne et al., 1950)对人的认知能力进行了归纳，主要包括 5 种能力。加涅理论中人的 5 种认知能力及其内涵如表 10.1 所示。

表 10.1　加涅理论中人的 5 种认知能力及其内涵

认知能力	内涵
言语信息	回答世界是什么的问题的能力
智慧技能	回答为什么和怎么办的问题的能力
认知策略	有意识地调节与监控自己的认知加工过程的能力
态度	情绪和情感的反应形成态度，并形成影响行为选择的内部状态或倾向
动作技能	由有组织、协调统一的肌肉动作构成的活动

加涅理论主要从心理学层面对人的认知能力进行了概括，解释了人们认识世界、认识自我、做出决策并付诸行动的一系列认知活动的逻辑。

3. 认知与认知能力的关系

认知与认知能力既有区别又有联系：①认知是一个心理过程，认知能力是实现认知过程的条件和前提，只有具备了相应的认知能力，才能完成认知过程。②认知过程的完成依赖于认知主体多种认知能力间的协同。③认知能力的差异，可能会导致对同一事物出现不同的认知结果。在语言信息、智慧技能、认知策略、态度和动作技能这 5 种认知能力中，不同的主体之间都可能存在差异，这种差异会对主体的认知活动产生不同程度的影响，从而导致主体在进行行为活动时可能采取不同的方法和策略。

10.1.2　认知与认知能力概念的扩展

1. 非生命体认知能力的研究

随着人工智能理论和应用向深度与广度发展，认知与学习是下一代人工智能的核心基础问题已成为广泛共识(吴睿，2022)。越来越多具有自主感知、计算和决策能力的非生命体不断被开发并应用，如各类细分行业的智能机器人、智能无人机、智能家居设备、自动驾驶汽车等。这些非生命体对数据的处理、加工、计算、分析、学习和自适应的决策过程，类似于生命体的认知过程。非生命体认知过程的完成，同样依托于其具备的认知能力。

关于非生命体认知能力的相关理论，目前比较有代表性的观点主要有计算智能、感知智能和认知智能(吴睿，2022)。

1) 计算智能

计算智能以数据为基础，以计算为手段来建立数据和功能上的联系，进行问题求解，实现对智能的模拟和认识。计算智能强调在大量样本数据的基础上，通过计算科学的方法来模拟生物内在的智能行为。该理论在模式识别、优化计算、经济预测、金融分析、智能控制、机器人理论、数据挖掘、信息安全、医疗诊断等诸多领域均得到了广泛应用。

2) 感知智能

感知智能主要通过机器实现人或动物具备的视觉、听觉、触觉等感知能力。将物理世界的信号通过摄像头、麦克风或者其他传感设备，借助语音识别、图像识别等前沿技术，映射到数字世界，再将这些数字信息进一步提升至可认知的层次，如记忆、理解、规划、决策等。例如，大狗(Big Dog)感知机器人及自动驾驶汽车的实验和应用，因为充分利用了人工智能和大数据的成果，其在感知智能方面已越来越接近人类。

3) 认知智能

认知智能是指机器具有主动思考和理解的能力，不用人类事先编程就可以实现自我学习，有目的地推理并与人类自然交互，强化学习(reinforcement learning, RL)是其中的代表性方法。在认知智能的帮助下，人工智能通过获取外界有用信息，洞察信息间的关系，并通过大量的行为尝试和迭代，不断优化自己的决策能力，从而拥有专家级别的实力，辅助人类做出决策。

2. 非生命体认知能力的含义

综合以上分析，人工智能技术已使非生命体在许多领域实现了类似于生命体所具备的"认知"能力。因此，"认知"的概念不仅适用于人的心理活动领域，也可以扩展到非生命体的"认知"领域。

非生命体的认知，是在人工智能、大数据、泛在物联网、高性能计算等新一代信息技术的支撑下，能够实现类似于生命体的认知过程。这一过程中包含了非生命体能够自主进行的信息获取、计算处理、学习、分析并形成决策等一系列活动。

能够完成认知活动的非生命体，其认知过程的完成，需要依托于该实体本身所具备的认知能力。非生命体的认知能力，是能够支持非生命体自主完成分析决策、学习成长、价值与目标判断的一系列能力的总和。事实上，非生命体的认知能力是多样的，这主要取决于该实体本身所具备的感知、学习、计算、决策等认知功能。

3. 全空间信息系统中的认知能力

在全空间系信息系统中，认知能力是多粒度时空对象数据模型的一项重要特征。多粒度时空对象以一种全新的、对象化的方式实现对现实世界中人、机、物等不同类型实体的抽象和描述，其能够表达的内涵与外延相比于传统空间数据结构均有了极大拓展。特别是多粒度时空对象对于认知能力建模的支持，能够将对象构建为一个可以自主感知、自主决策、自主学习的智能体，进而为建立一个动态关联、自主演化的全空间数字世界提供技术基础，这也是传统 GIS 基于现有数据结构难以实现的应用目标。

一个以多粒度时空对象进行描述的实体，无论是生命体或非生命体，在全空间信息系统中，都可以为其构建认知能力。多粒度时空对象模型从数据结构的层面为实体的认知能力建模提供了接口。但是，要为一个实体构建什么样的认知能力，怎样构建认知能力，主要取决于具体的应用场景。全空间信息系统为实体认知能力建模的内容和方法提供了开放性的选择。

10.2　多粒度时空对象认知能力概述

10.2.1　多粒度时空对象认知能力的基本概念

多粒度时空对象作为一种全新的时空数据模型，基于其丰富的八元组特征，特别是认知能力和行为能力两方面特征，能够实现实体智能性和主动性能力的描述。通过对时空对象认知能力和行为能力的构建，时空对象所表达的时空数据，不仅可以被用于可视化显示或时空分析，还能够具备更多的自主能力，如自主获取信息、处理信息、传递信息、调整状态、移动位置、实施动作等。这些自主能力的实现，需要以多粒度时空对象认知能力的构建为前提。因此首先需要对多粒度时空对象的认知和认知能力进行概念界定，以便在实践中明确问题的目标与技术的边界。

多粒度时空对象的认知，是在全空间数字世界中，对象能够自主进行信息感知、价值判断、分析决策，以及通过学习提升自身认知能力的一系列活动。多粒度时空对象的认知能力，是对象能够进行的认知活动的描述。例如，一个对象可以根据行动目标进行分析决策是它的认知能力，而分析决策的过程是它的认知活动。认知能力是认知活动的前提和基础，即有什么样的认知能力，才能进行什么样的认知活动。

多粒度时空对象认知能力的基本作用包括以下几点。

1) 实现时空对象的多能自主

能够抽象为多粒度时空对象的时空实体，无论在现实的物理世界，还是抽象的数字世界中，其存在或行为的执行一定是有特定意图或目标的。而多粒度时空对象的认知能力，要能够根据时空对象所处环境和自身的实时状态信息进行行为目标的价值判断，自主确定行为意图。基于这种意图，可以为时空对象构建行为决策模型，最终构建起多能自主的智能时空对象。

2) 构成行为能力的调用逻辑

在完成时空对象行为目标和价值定义的基础上，可以进行时空对象行为逻辑的构建，而对象行为逻辑的构建与执行，都依赖于多粒度时空对象的认知能力。只有具备认知能力的时空对象，才能够对其所处的环境状态和自身状态进行分析计算，并根据计算结果进行下一步可执行行为的判断与调度，最终完成对象的决策和行为调度过程。

3) 促进认知能力的优化提升

一个具备学习能力的时空对象，会根据自身与外界相互作用得到的反馈信息，对已有的决策模型进行优化，使自身的认知能力得到提升。认知能力提升的主要内容包括：实现更高效的数据分析、更合理的行为决策，甚至在特殊的情况下，改变对象自身的意图或行为目标。

10.2.2　多粒度时空对象认知能力的主要特点

多粒度时空对象认知能力主要用于完成实体认知活动的描述。在全空间信息系统中，并非所有的时空对象都要为其构建认知能力模型。在具体实践中，会根据应用场景的需求构建对象的认知能力。需求不同，认知能力建模的复杂度就不同。在对时空对象认知能力进行分类描述之前，首先对其主要特点进行归纳，主要包括自主性、关联性、开放性、独特性、进化性几个方面。

1) 自主性

具有认知能力的时空对象，能够根据自身状态、环境信息、价值目标等，自主完成行为逻辑的决策和执行，并能够根据行为的执行结果得到外界环境或其他时空对象的反馈信息，自主决定下一步的行为策略。整个决策过程是自适应的、无须人为干预的，因此，自主性是多粒度时空对象认知能力的最主要特征。

2) 关联性

多粒度时空对象的认知能力并非是孤立的，认知能力的实现或产生作用，需要与外界环境或其他时空对象进行信息交换。对象本身作为认知的主体，也需要环境或其他对象作为认知的客体，正是通过对各类输入信息或感知信息的加工，才形成了时空对象不断丰富的知识，并基于这些知识对决策模型进行不断优化。这一特点也是整个全空间信息系统动态关联特征的重要体现。

3) 开放性

理论上，只要在多粒度时空对象模型的基础上，能够实现时空实体自主分析和行为决策的技术方案，都可以用于多粒度时空对象认知能力的构建。多粒度时空对象也以松耦合的方式提供认知模型的接入途径，因此模型构建的方式是开放和灵活的。

4) 独特性

多粒度时空对象认知能力的独特性和关联性并不冲突，独特性的主要含义是：对象类型不同，或者对象类型相同但应用场景不同，其认知能力都有可能不同。在具体应用中，需要根据对象的具体特点和应用场景的需求进行认知能力的单独构建。

5) 进化性

在许多应用场景中，具备学习能力的时空对象需要根据环境的信息反馈不断优化自身的认知能力，这种学习能力体现出的是时空对象认知能力的进化特征。例如，在战场仿真中，如何让作战对象在大量的仿真推演中不断调整自身的行为执行策略，优化决策逻辑，以实现更好的作战效果。认知能力的进化性在实现层面可以参照强化学习(RL)、Agent 等相关方法(Sutton et al.，1999)。

10.2.3　多粒度时空对象认知能力的分类体系

构建多粒度时空对象认知能力的分类体系，是研究认知能力的实现过程和实现方式、进行形式化描述的重要依据。参照加涅对人的认知能力划分方法，多粒度时空对象认知能力分类的推导过程如图 10.1 所示。

在图 10.1 中，首先分析了加涅划分的认知能力所起的作用，以此为基础，将这些作用与多粒度时空对象对应的能力进行了梳理，包括分析决策能力、学习能力、价值判断能力、动作执行能力和信息交换能力。

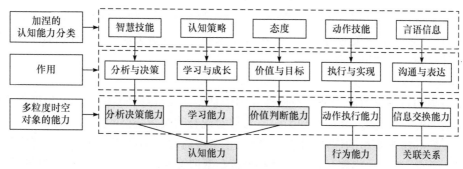

图 10.1　时空对象认知能力分类的推导过程

结合多粒度时空对象的八元组特征进行进一步分析，时空对象与外界的信息交换与关联关系相对应，时空对象的动作执行与行为能力相对应。因此，可以将多粒度时空对象的认知能力归纳为价值判断能力、分析决策能力和自主学习能力三个方面。多粒度时空对象认知能力的分类体系如图 10.2 所示。

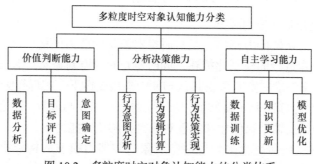

图 10.2　多粒度时空对象认知能力的分类体系

1) 价值判断能力

价值判断能力是时空对象根据其具备的信息和知识，在行为目标集中确定当前状态下行为意图的能力，主要内容包括对现有数据的分析、对行为目标的价值评估和对行为意图的确定。在数字世界中描述和表达的、具备多能自主特征的时空实体，必然有其存在的目标或价值，而价值判断能力则用于确定一个实体存在的价值和意义，如一个智能机器人的工作任务、自动驾驶汽车的行驶目标、特定应用场景下人员的行为动机等。

时空对象的目标和意图决定了它在数字世界中的行为逻辑，同时决定了时空对象行为决策模型的构建方案。时空对象根据其目标和意图进行决策和判断，决定了时空实体在不同状态下如何进行动作的选择。例如，在强化学习的案例中，为一个灭火机器人(或消防员)智能体设置的优先价值目标是救人还是救火？在作战仿真中，当作战智能体生命值偏低时，设定的价值目标是优先消灭敌人还是隐蔽待援？不同的价值判断，可能造成截然不同的仿真结果。

2) 分析决策能力

多粒度时空对象的分析决策能力主要完成三方面的任务，分别是对象行为意图分析、行为逻辑计算和行为决策实现。其中，行为意图分析是根据价值判断能力确定对象的行为意图，分析自身在当前状态下的行动目标。行为逻辑计算是依据当前意图和时空对象信息库中的数据，根据模型库中先验的分析模型进行数据处理和计算，得到行为逻辑分析结果。行为决策实现是在分析的基础上完成对象行为决策的能力，决策的根据主要有两个方面：一是基于对象价值判断确定的行为意图，二是预先设定或学习获得的行为决策模型。

时空对象分析决策能力与价值判断能力的主要区别在于：价值判断能力用于完成对象行为意图的设定，而分析决策能力主要是根据其意图和已有的决策模型，使对象能够进行决策逻辑的计算并得到决策结果。

3）自主学习能力

时空对象的自主学习能力是指根据外界的信息反馈和自身经验积累，对象能够不断完善自身认知能力的一种能力。具体表现为时空对象对现有的或新获得的数据进行训练，进而实现知识库的更新和决策模型的优化。时空对象自主学习能力的实现有一些人工智能方面的方法可供借鉴，例如，基于强化学习的时空对象决策模型训练和优化、基于深度学习的时空对象决策模型自生长等。

10.3　多粒度时空对象认知能力数据模型

10.3.1　多粒度时空对象认知能力形式化描述

1. 多粒度时空对象认知能力模型

多粒度时空对象的认知能力模型，是对时空对象认知能力的构成要素及其在全空间信息系统中的逻辑实现过程进行的模型化描述，同时也是对时空对象某一种或多种认知能力计算机实现过程的表达。多粒度时空对象在其认知能力模型支撑下，实现行为目标和意图的设定、并以此为基础进行行为决策。基于认知能力模型，时空对象在与外界或其他对象的交互过程中得到反馈结果，再根据反馈结果优化和完善对象自身的认知能力。

人工智能领域的一些研究为多粒度时空对象认知能力模型的构建提供了一定的理论基础。在全空间信息系统中，借鉴多智能体系统(muti-agent system，MAS)中自主体的信念-愿望-意图(belief-desire-intention，BDI)理论(Bratman，1987；Bratman et al.，2010)构建时空对象的认知能力模型。在 MAS 中，Agent 基于 BDI 自主地完成与环境和其他个体之间的相互作用，以涌现的方式实现系统的整体演化计算。

一个具备独立认知能力和行为能力的时空对象，也完全具备自主决策、相互作用及推动整个系统自主演化的能力，因此，可以将其看作一个时空智能体(spatio-temporal agent)。以 MAS 中的 BDI 理论为基础，结合多粒度时空对象的建模理论、认知能力的概念及其实现过程，对时空对象的认知能力及其构成要素的形式化表达为

$$\text{Cognition} = [\{\text{INF}\}, \{\text{DES}\}, \text{INT}, \{\text{KN}\}, \{\text{M}\}, \text{E}, \text{DEC}, \text{L}] \tag{10.1}$$

式(10.1)表达了在多粒度时空对象认知能力实现过程中的主要构成要素，具体含义见表 10.2。

表 10.2　多粒度时空对象认知能力的构成要素

内容	全称	含义	解释
INF	Information	信息集	环境信息、其他时空对象信息和自身信息的集合
DES	Desire	目标集	期望或能够实现的目标集合
INT	Intention	意图	当前状态下确定要实现的目标，将导致行为决策
KN	Knowledge	知识库	持久化存储的对象经验信息
M	Model	模型库	行为决策模型，用以实现当前状态下的行为决策
E	Evaluate	评估	根据当前的状态和现有信息对目标集进行评估，决定当前状态下的行为意图

续表

内容	全称	含义	解释
DEC	Decision	决策	基于当前的行为意图,在知识库和模型库支持下决定即将实施的行为
L	Learning	学习	对现有的和反馈得到的信息进行学习,更新知识库,优化模型库

表 10.2 对多粒度时空对象认知能力模型的构成要素进行了介绍。但是,多粒度时空对象的认知能力并非依赖某个单一要素就能实现,它的实现需要多种要素的共同配合。认知能力的实现过程也可以认为是对象所表达的实体的认知过程。认知能力的实现过程如图 10.3 所示。

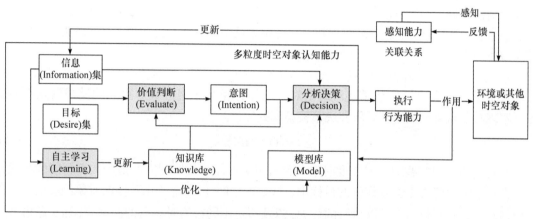

图 10.3　认知能力的实现过程

图 10.3 中,一个具备认知能力的多粒度时空对象,首先是一个能够存储自身和外界信息(Information)的、具有特定愿望或目标(Desire)、能够在任何状态下确定自身行为意图(Intention)的时空智能体。其中,意图的形成,依赖于时空对象基于自身知识库对现有信息和目标的价值判断(Evaluate)。意图决定下一步的行动,而如何采取行动,采取何种行动,则依赖于时空对象基于现有信息、意图、知识库和模型库完成的分析决策(Decision)。另外,在整个时空过程的演化中,时空对象与环境或其他时空对象总是在进行着不断的相互作用,时空对象自身会基于关联关系获得外界的信息反馈。一个具备学习能力的时空对象,能够根据不断更新的信息库进行自主学习(Learning),实现自身知识库的更新和模型库的优化。

2. 多粒度时空对象认知能力的分类描述

在多粒度时空对象认知能力的过程模型中,价值判断、分析决策和自主学习是支撑整个过程形成逻辑闭环的核心环节,同时也与时空对象认知能力的分类体系相对应。为了进一步说明多粒度时空对象认知能力的实现方式,需要对上述三种能力进行更详细的分类描述。

1) 价值判断能力的描述方法

价值判断能力的主要目标是依据时空对象现有知识库和状态信息对目标集进行价值判断和评估,以确定对象在当前状态下的行为意图,进而为行为决策提供依据。形式化表达为

$$E::=\left\langle \mathrm{O},\{\mathrm{INF}\},\{\mathrm{DES}\},\{\mathrm{KN}\}\right\rangle \tag{10.2}$$

式中,O 为价值判断的主体,即时空对象(Object)本身;{INF} 为对象当前的信息集合;{DES}

为行为目标集合；{KN} 为知识库。价值判断的返回值为一个意图(INT)，且 $INT \in DES$ 。

价值判断能力是要构建一种方法，能够根据对象自身的知识库和信息计算所有目标({DES})在当前状态下的分值，并对分值进行排序，最终将得分最高的目标作为当前状态下的意图(INT)。

2) 分析决策能力的描述方法

分析决策能力的主要目标是以时空对象知识库、模型库为基础，在分析对象状态信息的基础上，实现当前意图的决策。

$$DEC::= \langle O,\{INF\},\{KN\},\{M\},INT \rangle \tag{10.3}$$

式中，INT 为对象在当前状态下的意图；{M} 为多粒度时空对象的决策模型库，是对象根据意图和当前信息进行逻辑判断的依据。理论上，只要开发一个松耦合的独立模块，能够根据对象当前信息进行逻辑计算，最终得到有利于实现对象意图的最佳行为选择，就可以加入对象的决策模型库。

3) 自主学习能力的描述方法

自主学习能力的目标是通过对时空对象与外界相互作用过程中得到的反馈信息不断学习，实现对象自身知识库的更新和决策模型库的优化。

$$L::= \langle O,\{INF\} \rangle \tag{10.4}$$

在具体的工程实践中，多粒度时空对象自主学习能力的实现需要借助人工智能的相关方法。在自主学习能力更新或优化的目标中，知识库({KN})是持久化存储的对象经验信息，主要包括对象在不同状态下可以执行的行为，以及执行不同行为时获得的回报等，而对象模型库({M})的构建也依赖于知识库中存储的对象行为经验信息。对象通过自主学习实现知识库中的经验更新，同时也是对模型库的一种优化。

强化学习(RL)作为一种深度学习范式，其主要逻辑是令智能体在环境中不断尝试，根据尝试获得的反馈信息调整策略，最终得到最优策略，因此在实践中，可以采用 RL 的方法实现多粒度时空对象的自主学习。

在上述三种认知能力中，对于一些具备特定目的的、行为逻辑非常固定、不需要通过学习提升其认知能力的时空对象，则无须为其构建自主学习能力和价值判断能力。如各类检测目标固定、动作简单的智能传感设施，或者仿真系统中目标单一且明确的智能体等。实践中，这类"简单"智能对象往往占据了大多数的应用场景。但是，分析决策能力是所有涉及行为调度的时空对象必须要具备的一种认知能力。

10.3.2 基于多粒度时空对象认知树的分析决策模型

在全空间信息系统的应用实践中，多粒度时空对象认知能力的构建目标是让对象在时空演化及相互作用过程中具备自主的分析决策和行为调度能力。因此，下面重点以时空对象的分析决策能力为例，对其具体实现方法进行介绍。

1. 多粒度时空对象认知树的构建依据

多粒度时空对象的分析决策能力主要用于实现对象的自主决策和行为的调度。由于时空对象认知能力实现方法的开放性，在对象行为调度方面，也有多种建模方法可以在实际工程中借鉴使用。例如，可以参照游戏设计中 AI 的决策能力构建时空对象的分析决策能力；可以将

Agent 系统中智能体的反应能力和学习能力作为时空对象认知能力的构成部分；也可以借鉴专家系统中专家知识库的推理能力构建时空对象的认知能力。具体采用怎样的方式，需要综合考虑系统架构、应用场景、对象数据特征等多方面因素。

在全空间信息系统中进行分析决策能力建模时，结合系统架构和应用场景特点，最终借鉴了游戏 AI 中的行为调度方法。在游戏设计中，相对成熟的行为调度方法如简单 AI、有限状态机(FSM)(Mike and Cosey，1996)、模糊状态机(fuzzy-state machine，FuSM)(Mohmed et al.，2018)、行为树(behavior tree，BT)等。由于多粒度时空对象数据模型本身的灵活性和可扩展性，使其与上述方法的结合成为可能。表 10.3 展示了多粒度时空对象分析决策能力的实现方式。

表 10.3 多粒度时空对象分析决策能力的实现方式

方法	优点	缺点
简单 AI	逻辑简单，代码直观，易实现	可复用性差，不适合大量复杂行为逻辑的实现
FSM	封装性和可复用性增强，计算效率高	状态流图复杂，状态类之间耦合度高，可扩展性差
FuSM	相对于有限状态机，增强了行为的随机性	对复杂场景的适应性不足
BT	逻辑清晰，良好的可复用性和可扩展性	简单逻辑的运行效率略低于有限状态机

根据表 10.3 可知，不同的模型具有不同的特点和不同的适用场景，而多粒度时空对象的应用内容是广泛的、开放的，这就要求对时空实体行为与状态的定义具有良好的可扩展性。因此，在进行具有复杂行为能力与认知能力的时空对象设计时，需要采用逻辑更清晰，可扩展性更好的建模方式。

综合比较简单 AI、有限状态机、模糊状态机、行为树等不同方法的特点可以发现，行为树(BT)具有简单灵活、模块化高及较好的随机性、扩展性、可复用性等方面的优势(Nicolau et al.，2017)，更适合复杂系统条件下的智能体控制(Ji and Ma，2014)。行为树作为一种简洁高效的智能体决策逻辑，可以作为时空对象分析决策能力的建模方法进行应用。因此在全空间信息系统中，借鉴行为树的方法，根据树状结构构建多粒度时空对象的分析决策模型，这一模型在全空间信息系统中称为多粒度时空对象的"认知树"。

2. 多粒度时空对象认知树的执行逻辑

多粒度时空对象认知树是一种借鉴自行为树的、用于实现多粒度时空对象分析决策能力的树状数据结构。认知树的基本执行逻辑如下：每次调用都会从根节点开始遍历，自顶向下，根据固定的规则来检索这棵树，最终确定对象需要执行的行为，并进行行为组件的调用。事实上，多粒度时空对象的认知树是一种决策树，因为整棵树最主要的部分是控制节点，它需要对行为的执行条件进行决策，判断出对象在不同情况下可以执行的行为。认知树的基本结构如图 10.4 所示。

从形式上看，多粒度时空对象认知树是一种有向树，主要有两种类型的节点：控制节点和执行节点。其中，控制节点均为内部节点，包含序列节点、选择节点和并行节点三种组合节点；执行节点为叶节点，包含条件节点和行为节点。多粒度时空对象认知树的节点类型及其作用见表 10.4。

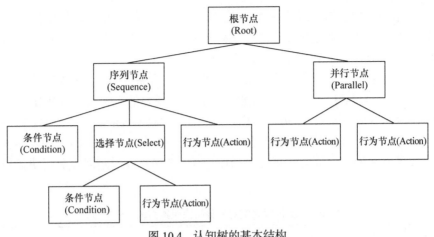

图 10.4　认知树的基本结构

表 10.4　多粒度时空对象认知树的节点类型及其作用

节点类型		标志	用途
控制节点	序列节点	→	顺序执行所属子节点
	选择节点	?	根据规则选择其中一个子节点执行
	并行节点	⇒	所属子节点同时执行，直至全部执行完毕
执行节点	条件节点	Condition	用于判断某条件是否成立
	行为节点	Action	执行节点表示的行为

根据表 10.4 可知，在认知树中，不同类型的节点作用不同。正是依靠这些节点在不同情形下的有机组合，才构成了多粒度时空对象广泛适用的分析决策能力模型。下面分别对认知树中各类节点执行逻辑进行介绍。

1) 控制节点模型

控制节点包含的序列、选择和并行节点均为组合节点，主要担负了多粒度时空对象行为的执行逻辑判断、选择与执行序列，图 10.5 分别展示了认知树的三种控制节点。

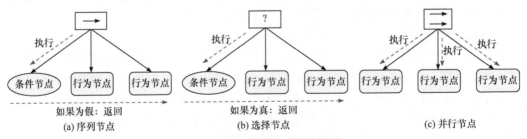

图 10.5　认知树的三种控制节点

图 10.5 中，序列节点从左侧子节点开始执行，如果遇到返回值为"假"的子节点，则不再继续执行，该序列节点返回值为"假"；当且仅当所有子节点均返回为"真"时，该序列节点返回"真"。选择节点的执行顺序与序列节点一致，但对返回值的处理与序列节点相反，只要有一个子节点返回为"真"，就不再继续执行，该选择节点返回为"真"；当且仅当所有子节点均返回为"假"时，节点返回"假"。并行节点的执行顺序与前两者不同，其子节点将会同时执行。

2) 条件节点模型

条件节点也称为判断节点，主要用于行为执行序列或选项的逻辑判断。从实现的角度看，条件节点本质上也是行为节点的一种，都是叶节点，在服务器端，它会生成一个具体的执行任务，来执行条件判断行为，只不过条件判断行为的输出结果为空集，只有返回值 True 或 False，用于表示条件是否成立，如"判断与敌人是否通视？""判断当前生命值是否过低？"等。

3) 行为节点模型

在认知树的所有节点中，作为叶节点的行为节点，处于树的最底端，是最后一个接收信息的地方，意味着它需要对控制节点筛选出来的信息进行具体的操作与反馈。在认知树中，行为节点也称为操作节点，和条件节点类似，在服务器端，行为节点也会生成一个具体的执行任务，来执行行为，只不过此时行为输出结果一般不为空。如"执行打击行为""执行移动行为"，和条件节点相比，行为节点一般都会改变时空对象的状态和属性。

3. 多粒度时空对象认知树的数据结构

1) 认知树数据结构的设计原则

为了尽量减少多粒度时空对象认知树在计算时的响应时间，提高行为调度的效率，认知树的数据结构设计应当满足以下原则。

(1)易于序列化和反序列化。序列化是将目标对象的状态信息转换为可以存储或传输的形式的过程，而反序列化是通过从存储区中读取目标对象的状态，重新创建该对象。由于全空间信息系统是一种在线的、具有并行处理能力的分布式系统，认知树的数据结构需要在客户端和服务端之间进行网络传输，其存储结构要易于进行序列化和反序列化，以便于进行网络传输和结构化存储。

(2) 良好的可移植性和可复用性。为了让多粒度时空对象认知树具备良好的可移植性存储结构，其存储文件要尽可能与上下文无关，这样也有利于进行认知树的复用。当在全空间信息系统中构建大量同类型的、具有相同认知能力和认知策略的对象时，就需要进行认知树的复用，以便为这些同类对象快速构建认知能力。

(3) 便于快速加载和释放。在全空间信息系统进行大规模时空实体仿真计算时，客户端会面临大量实时生成的对象行为调度和计算需求，必然会产生大量的认知树生成、计算、释放等任务。因此，认知树的存储结构需要尽可能具备内存快速加载和释放的能力，以避免大量客户机内存空间占用，提高系统运算效率。

2) 认知树数据结构的存储策略

基于对多粒度时空对象认知树存储原则的分析，需要设计一种合理的数据库存储结构，在考虑上述原则的同时，还要遵循树状数据结构的存储策略。在全空间信息系统中，采用 JSON 格式进行多粒度时空对象认知树的存储。

JSON 作为一种轻量级的通用 Web 数据交换格式，不仅能够满足树状结构数据的表达需求，也易于机器解析和生成，在有效提升网络传输效率的同时，也易于阅读和编写。利用 JSON 格式的另一个好处是，便于在前端为用户提供操作简单、交互性良好的认知树构建界面，这样，用户就能够通过简易拖拽的方式，快速构建起时空对象的认知能力和行为策略，并为时空对象的行为节点设置参数。而前端认知树的构建界面，可以根据用户的逻辑设置和参数设置，直接生成对应的 JSON 文件，并向后台传输，完成序列化存储。多粒度时空对象认知树的存储结构如表 10.5 所示。

表 10.5　多粒度时空对象认知树主要节点的存储结构

控制节点	条件节点	行为节点

{
"name": "执行序列",
"layer": 1,
"index": 0,
"parent":"root",
"type": "sequence"
/"selector"
/"parallel",
"config": null
}
	{
	"name": "攻击判断",
	"layer": 1,
	"index": 1,
	"parent": "节点_m_n",
	"type": "condition",
	"config":
	{
	"modelInstance": "ID",
	"negative": null,
	"successPolicy": null,
	"failurePolicy": null,
	"modelId": "ID",
	"modelName": "name"
	}
	}
		{
		"name": "攻击",
		"layer": 1,
		"index": 1,
		"parent": "节点_m_n",
		"type": "action",
		"config":
		{
		"modelInstance": "ID",
		"negative": null,
		"successPolicy": null,
		"failurePolicy": null,
		"modelId": "ID",
		"modelName": "name"
		}
		}

表 10.5 中，三类节点的 JSON 文件在整体结构上保持了一致性。文件结构中，"name"字段为节点名称，控制节点可为空，条件节点和行为节点为其具体含义，如生命值判断、攻击等。"layer"字段代表该节点在认知树中的纵向层级，根节点为 0，向下逐层递增。"index"字段代表该节点所在当前子树的横向次序，最左侧为 0，向右逐个递增。"layer"和"index"共同完成节点在认知树中的定位。"parent"字段表示该节点的父节点，如果为根节点则为"root"；其他类型的父节点表述结构为："节点_m_n"，其中"节点"为父节点的名称，m 和 n 分别表示父节点所在的"layer"和"index"。"Type"用于标识当前节点的类型，控制节点有"sequence"、"selector"和"parallel"三种类型，条件节点为"condition"，行为节点为"action"。"config"字段是一个新的结构，用于配置行为节点的执行参数。控制节点中，该字段可为空，但是在条件节点和行为节点中，需要对执行参数进行配置，这些参数主要涉及对象及其形态的 ID、行为执行策略等。

10.4　多粒度时空对象认知能力建模

在全空间信息信系统的认知能力建模实践中，主要的目标是实现对象基于自身认知能力的自主行为调度，构建一个自适应、自演化的数字世界。而对象自主行为调度的实现，主要依赖于认知能力中的分析决策能力，因此，分析决策能力成为多粒度时空对象认知能力建模的基本目标。根据全空间信息系统的具体实践，本节主要对时空对象分析决策能力的建模基本流程和认知服务运行机理进行具体介绍。

10.4.1　多粒度时空对象分析决策能力建模基本流程

多粒度时空对象分析决策能力建模基本流程包括四个步骤，分别是建模需求分析、认知树构建、行为实例绑定和认知树调试。

1) 建模需求分析

多粒度时空对象的类型不同，其分析决策能力可能不同，并且在特定的应用场景下，用户关注的时空对象分析决策能力的侧重点也可能不同。因此在建模之前，需要对时空实体的认知能力建模需求进行分析。

需求分析的目标是：明确在当前应用场景下，需要让多粒度时空对象具备怎样的分析决策能力，实际上就要为对象构建一棵怎样的认知树。

需求分析的内容主要包括：当前场景的应用目标、参与对象的类型、对象的属性特征、行为能力、意图及对象的决策逻辑。

2) 认知树构建

全空间信息系统为用户提供了可交互的多粒度时空对象认知树构建方式。在认知树的构建过程中，需要遵循以下绘制原则。

(1) 根节点必须为控制节点，即选择节点、序列节点、并行节点中的一个，而不可以是条件节点或行为节点。叶节点必须为条件节点或行为节点，不可以是控制节点。控制节点下可以嵌套控制节点，但条件节点和行为节点下不可以再嵌套任何节点。

(2) 认知树是一种严格的树状结构，不可以构成回路。认知树同时是一棵发散树，不允许出现汇合节点。根节点有且仅有一个，不允许有悬挂节点或孤立的子树。

(3) 树的各个节点布局顺序是有意义的，其遍历或存取的顺序为从上到下，从左至右。所以，在移动子节点和叶节点时，其位置布局改变有可能会改变其遍历或存取的顺序。

(4) 节点删除时，如果该节点下有子节点，则要先删除子节点，同时其关联的连线也要被删除。

3) 行为实例绑定

多粒度时空对象认知决策的最终实现以及在数字世界中的自适应演化，需要依托于具体行为组件的执行。因此在完成对象认知树构建之后，需要对树中的执行节点进行行为实例绑定，并对时空对象的行为参数进行配置，如对象移动行为的速度，攻击行为的攻击力等。用于挂接认知树的这些行为实例是提前按照认知树接口构建好的逻辑执行组件，行为组件需要根据具体的场景需求进行开发，要符合认知树提供的统一接口规范。

4) 认知树调试

在完成多粒度时空对象认知树与行为组件绑定之后，需要对基于认知树的行为调度进行调试，以确认行为参数设置及认知逻辑构建的合理性。调试过程中，主要根据多粒度时空对象认知树的判断执行逻辑，在服务器端生成执行任务。此外，全空间信息系统提供了认知树调试结果的即时可视化功能，可以将任务处理的结果直接在模型构建子系统中进行展示，通过查看输出的处理结果，可以对认知树的逻辑和结构进行实时修改，以达到场景调试的目的。

10.4.2　多粒度时空对象认知服务运行机理

1. 时空对象认知服务的内涵

认知服务是基于时空对象认知树确定的逻辑、以 Web 服务模式推进系统实现自主演化的一种服务式计算框架。

在完成时空对象认知模型构建和行为组件绑定之后，多粒度时空对象就具备了在全空间信息系统中进行自我演化和相互作用的能力。但是要实现基于对象的时空过程推进，就需要在全空间信息系统中构建时空过程的驱动机制，这种机制实际上是一种计算框架，该框架以 Web 服务的模式，根据多粒度时空对象认知树确定的执行逻辑，提供行为执行任务的生成、分配、计算和汇总功能，并推动整个时空过程向前推进。

2. 时空对象认知服务运行机理的设计目标

认知服务的最终目标是实现多粒度时空对象在全空间信息系统中的自主判断和自我演

化，其运行机理的设计包括功能目标和性能目标两个方面。

1) 功能目标

认知服务的功能目标包括三方面内容，分别是时空过程的推进机制、基于认知树的行为决策逻辑判断和行为执行任务的生成与分配。实现多粒度时空对象基于这三方面的功能机制即可实现在整个时空过程中的自运行和自判断。

2) 性能目标

全空间信息系统的时空对象认知服务，要能够有效支持不同任务场景和大批量时空实体认知判断和行为执行的计算需求。因此从技术上需要采用分布式的数据存储与并行的任务处理框架。同时，在认知树设计、行为计算、结果存储和可视化模块要具备松耦合的特性，以便支持快速的认知树创建、灵活的行为组件挂接和"一机执行、多机同步"的时空过程推演及可视化需求。

3. 认知服务运行机理的实现方式

在功能目标和性能目标分析的基础上，可以确定时空对象认识服务运行机理的实现方式。在全空间信息系统中，进行动态关联、自主决策一类问题的演化仿真时，采用了分布式的存储与计算框架。在推演仿真过程中，按照用户设定的时间步长进行时空过程演化计算。计算内容涉及按帧进行的时间推进、按认知树进行的行为执行任务生成，以及按行为组件进行的执行逻辑计算。多粒度时空对象的认知服务运行机理如图 10.6 所示。

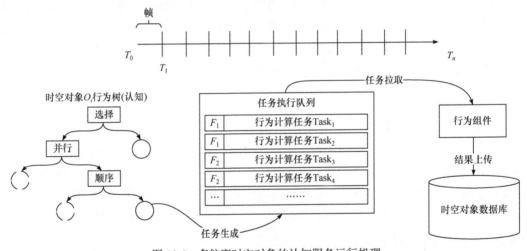

图 10.6　多粒度时空对象的认知服务运行机理

图 10.6 展示了多粒度时空对象认知服务的整体运行机理和计算过程。其中，主要的计算任务量来自行为的逻辑执行过程，每个时空对象按照认知树进行遍历，确定在每个仿真时间节点下需要执行的行为之后，会将需要执行的行为及其参数信息生成任务，这样，每个仿真时间节点就会生成一个任务列表。由一个并行的任务处理框架到任务服务器中轮询请求计算任务，以便尽快计算出行为执行结果并存入面向时空实体的对象化数据库。最后由可视化或应用端到数据库中获取仿真计算结果。

技　术　篇

第 11 章　全空间信息系统平台

11.1　全空间信息系统平台体系架构

全空间信息系统平台是综合实现全空间数字世界构建、存储、维护和应用的软件集合。其目的是采用多粒度时空对象数据模型，基于多粒度时空对象建模工具和多端应用系统实现时空实体的建模、处理、管理、分析、可视化与应用，为系统核心理念验证和行业示范应用提供平台支撑和开发能力。

为了实现全空间信息系统的核心理念，体现全空间数字世界的特点，兼容已有的空间数据类型，全空间信息系统平台不断与云计算、物联网、大数据等新技术融合，形成了一个功能强大、性能强劲的云端平台。平台以 Web 为中心，不同业务领域的系统资源、时空对象数据、时空对象处理与分析功能可以方便地以服务的方式集成和整合到云端。服务的提供者以 Web 方式提供资源、数据和功能，多粒度时空对象建模工具和多端应用系统可以随时随地访问这些资源、数据和功能，使得平台的应用与开发更加简单、易用、开放和整合。

11.1.1　全空间信息系统平台技术架构

全空间信息系统采用多粒度时空对象对现实世界中的时空实体进行直接抽象和描述。时空对象是用户管理、操作和分析的基本单元。因此，全空间信息系统平台需要提供从多粒度时空对象的创建与管理到基于时空对象的分析、可视化与应用等一系列基本功能。为了使全空间信息系统平台具有便捷的操作、随时随地的多端访问、大众化的应用能力及强大的开发能力，平台全面"拥抱"云技术，运用软件工程的方法设计了云端一体的技术架构，包括资源层、数据层、服务层、开发层和应用层。全空间信息系统平台技术架构如图 11.1 所示。

(1) 资源层：在计算机硬件的基础上，依托华为云，搭建云计算环境，实现全空间信息系统平台资源的抽象。同时，资源层承载软硬件资源的统一调度和管理，把分散存在的大量计算资源与存储资源集中为一个虚拟的资源池并提供服务，实现软硬件资源的集中管理。此外，资源层提供资源信息的标准化访问，承载全空间信息系业务和时空对象数据的几何级增长，可以在保持用户体验统一的基础上，实现多个服务器集群、虚拟化平台和数据中心的融合，私有云和公有云的深度融合。

(2) 数据层：为了满足多粒度时空对象八元组特征及其动态特性的存储和访问需求，采用关系型数据库、图形数据库、对象关系型数据库、空间数据库、实时数据库等多种类型的数据库和文件系统设计混搭式存储模式，汲取各种存储技术的优点，根据八元组特征的不同特点选择合适的存储技术，实现时空对象数据的分布式存储。混搭式数据库存储模式是一种扩展性好、适应性强的广义数据库，比传统的主从式、集群式、分布式更有利于实现数据维度、存储容量的扩展，能更好地适应多粒度时空对象的多元特征和动态变化。

(3) 服务层：为了满足多端应用中时空对象的存储和访问需求，采用微服务架构实现了矢量数据服务、栅格数据服务、模型数据服务等细粒度的数据服务，在此基础上通过服务发现与

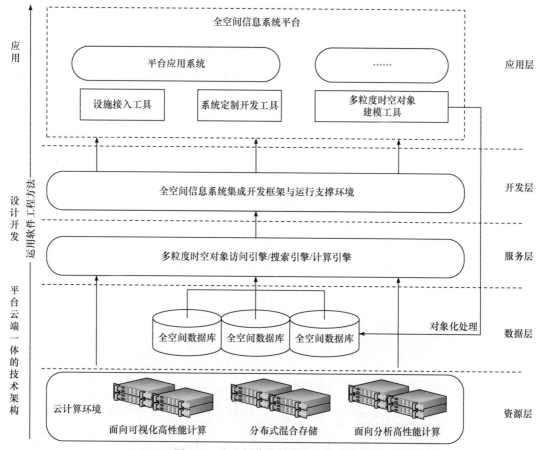

图 11.1　全空间信息系统平台技术架构

服务聚合，对外提供统一的多粒度时空对象服务。基于数据调度、缓存和同步技术，构建了多源访问自动检测和扩展框架，设计了多粒度时空对象访问引擎。基于全文索引、网络爬虫和智能搜索代理技术，设计了多粒度时空对象搜索引擎。基于实时和延迟混合的计算框架，构建了多粒度时空对象并行计算模型，设计了多粒度时空对象计算引擎。

(4) 开发层：为了实现资源发现、资源调用和资源访问，设计了模型、服务、模块、应用系统等资源的运行控制框架，包括服务聚合、插件管理、AppStore 等工具，构建了系统资源中心。为了满足多粒度时空对象处理、分析与可视化的扩展应用和系统定制需求，基于插件技术，设计了全空间信息系统平台集成开发框架，并提供了支撑平台运行基本功能的二次开发库。

(5) 应用层：在集成开发框架和运行支撑环境的基础上，以多粒度时空对象数据模型为核心，实现了支持多粒度时空对象接入、创建、存储、管理、查询、分析、可视化等功能的一系列模块、工具与系统，共同构成全空间信息系统平台，包括设施接入工具、系统定制开发工具、多粒度时空对象建模工具和平台应用系统等。在此基础上，为了满足业务系统个性化应用需求，基于系统动态构建和可视界面重构技术，设计了应用系统可视界面设计工具和装配引擎。

11.1.2　全空间信息系统平台产品体系

为了使全空间信息系统平台具有多粒度时空对象的创建、接入、存储、管理、访问、分析、计算和应用能力，平台设计了"云+端"的产品体系，"云端产品"主要实现多粒度时空对象的接入、存储、管理、访问、分析与计算功能，是全空间信息系统平台的核心和中枢。"客户端产品"通过多样化的多端应用系统和多粒度时空对象建模工具，实现多粒度时空对象的创建、管理、可视化、数据交换与应用，是体现平台能力的关键。全空间信息系统平台产品体系如图 11.2 所示。

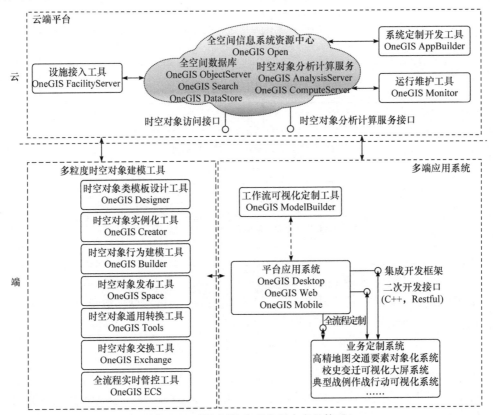

图 11.2　全空间信息系统平台产品体系

　　"云端产品"面向服务端用户，主要解决海量时空对象数据的管理与访问、高性能计算、时空对象分析、资源服务等问题。由一系列服务软件和支撑工具构成，服务软件包括全空间信息系统资源中心(OneGIS Open)，全空间数据库(OneGIS ObjectServer、OneGIS Search、OneGIS DataStore)和时空对象分析计算服务(OneGIS AnalysisServer、OneGIS ComputeServer)。OneGIS Open 主要实现对插件、应用程序、第三方库、服务、模型、数据等资源的管理，为全空间信息系统平台集成和应用系统定制提供支撑。OneGIS DataStore 主要采用主从(Master-Slave)混搭式数据库存储模式，实现多粒度时空对象数据的存储。OneGIS Search 通过构建对象时空索引，实现时空对象的高效检索与访问。OneGIS ObjectServer 在数据存储层之上提供统一的时空对象存储与访问服务。OneGIS ComputeServer 通过构建实时和延迟混合的计算框架，实现基于多粒度时空对象的计算任务，为多粒度时空对象的分析与可视化提供并行调度能力。OneGIS AnalysisServer 提供时空对象分析服务，包括多粒度时空对象的基本分析和扩展分析，时空对象分析服务基于 OneGIS ComputeServer 实现高性能弹性计算。支撑工具包括设施接入工具(OneGIS FacilityServer)、系统定制开发工具(OneGIS AppBuilder)和运行维护工具(OneGIS Monitor)。OneGIS FacilityServer 将传感设备与多粒度时空对象进行动态绑定，通过标准、统一的设施接入接口，实时获取传感器感知的数据，将数据存储在全空间数据库中，解决全空间信息系统平台实时数据的来源问题。OneGIS AppBuilder 在无须编写代码的情况下实现轻量级 Web 应用系统的智能定制与动态构建，构建的应用系统自动发布至全空间信息系统资源中心，供 Web 端用户访问。OneGIS Monitor 是对云端平台上各类软硬件资源进行操作与维护的软件集合，用于实现计算、内存、网络、虚拟机等资源的管理、计量、监控、统计和调度。

"客户端产品"面向最终用户，主要解决时空对象的创建、管理、可视化、数据交换与应用问题，主要由多端应用系统和多粒度时空对象建模工具组成。多端应用系统包括桌面端(OneGIS Desktop)、Web 端(OneGIS Web)和移动端(OneGIS Mobile)平台应用系统及在此基础上的业务定制系统。多粒度时空对象建模工具包括时空对象类模板设计工具(OneGIS Designer)、时空对象实例化工具(OneGIS Creator)、时空对象行为建模工具(OneGIS Builder)、时空对象发布工具(OneGIS Space)、时空对象通用转换工具(OneGIS Tools)、时空对象交换工具(OneGIS Exchange)和全流程实时管控工具(OneGIS ECS)。

平台应用系统支持多粒度时空对象的访问、管理、查询、分析、可视化及二次开发等功能。OneGIS Desktop 主要运行在 Windows 和 Linux 操作系统上，主体采用 C++和 OpenGL 语言开发。OneGIS Web 在 IE、Chrome、Firefox 等浏览器中运行，主体采用 JavaScript 和 WebGL 语言开发。OneGIS Mobile 主要运行在安卓、嵌入式 Linux 等操作系统上，主体采用 C++和 OpenGL ES 语言开发(OneGIS Mobile 与 OneGIS Desktop 采用同一套内核源代码，因此，在结构设计、模块划分、设计模式、代码与库组织等方面具有一定的相似性)。同时，在平台应用系统二次开发工具包的基础上，面向不同的业务需求，用户可以实现业务系统的全流程定制，满足个性化需求。此外，工作流可视化定制工具(OneGIS ModelBuilder)集成在 OneGIS Desktop 中，基于工作流可视化建模技术，解决多粒度时空对象的复杂时空分析任务。

多粒度时空对象建模工具主要解决多粒度时空对象的交互构建、自动转换、大规模生产和数据交换与共享问题。OneGIS Designer 在对现实世界时空实体抽象和认知的基础上，用于多粒度时空对象类模板的设计，约束时空对象的实例化生成。OneGIS Creator 在多粒度时空对象类模板的基础上，交互构建多粒度时空对象数据，并对其八元组特征进行填充。OneGIS Builder 用于多粒度时空对象的行为建模，实现时空对象的行为能力编辑、运行仿真和修改调试。OneGIS Space 用于时空对象的全生命周期显示和八元组特征的可视化检查，将满足要求的时空对象进行服务发布。OneGIS Tools 用于多粒度时空对象的自动转换，即在类模板的约束下将传统 GIS 中的多源数据转换为多粒度时空对象数据。OneGIS Exchange 用于多粒度时空对象交换格式的导入和导出，实现多粒度时空对象数据的交换与共享。OneGIS ECS 通过工艺设计、工序定义、过程质量控制和实时监控等技术，实现数据的输入、处理和质检等全流程控制和管理，用于大规模多粒度时空对象数据的生产。

11.1.3　全空间信息系统平台开发应用模式

全空间信息系统平台基于云端一体的软件应用理念，通过"端"和"云"的密切协同，让"端"在线化、服务化和智能化，使得"端"和"云"之间及"端"和"端"之间成为一个密切协同的整体，更好地提升用户体验。在全空间信息系统平台中，多粒度时空对象数据是全空间信息系统的血液，是连接平台中多端应用系统和多粒度时空对象建模工具的纽带和桥梁，平台中所有的存储、管理、访问、处理、分析和可视化功能都是围绕多粒度时空对象数据展开的。

在"云+端"的产品体系中，云端平台的开放性和扩展性导致全空间数据库中时空对象数据集和系统资源的多样化，对传统的"数据+软件"的黏合应用模式提出了巨大挑战。全空间数据库及在此基础上的全空间信息系统资源中心突破了资源来源不同的限制，设计了资源运行控制和集成开发框架，实现了时空对象数据和资源的定制化耦合应用。

与传统 GIS 应用模式不同，全空间信息系统平台解决领域相关问题的首要工作是业务建模，即采用面向对象的思想，将一个具体的业务问题抽象为多个时空对象及其相互作用的结果。因此，时空对象建模是应用全空间信息系统平台的首要环节。时空对象建模的目的就是将多源、异构、高维、动态的原始数据转换为全空间数据库中的多粒度时空对象数据集，在此基础上，面向业务需求对时空对象进行管理与维护、发掘与可视化、预测与推演等。根据用户业务需求的不同，全空间信息系统平台开发应用模式主要分为四种，如图 11.3 所示。

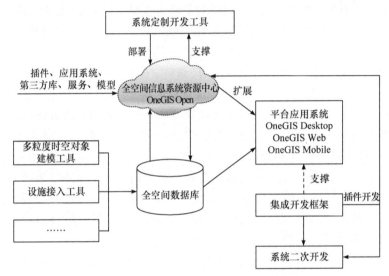

图 11.3　全空间信息系统平台开发应用模式

1) 基于平台应用系统的直接应用模式

平台应用系统的直接使用是全空间信息系统平台最常规的应用模式。首先，使用多粒度时空对象建模工具、设施接入工具将业务相关数据转换为多粒度时空对象数据集，存储在全空间数据库中；其次，在集成开发框架的支撑下，平台应用系统从资源中心加载平台相关插件、支撑库、服务和模型，实现基础平台的运行；最后，通过多粒度时空对象访问引擎从全空间数据库中获取时空对象数据集，运行平台应用系统的处理、分析和可视化功能解决业务相关问题。

2) 基于平台应用系统的扩展开发模式

在平台应用系统中，无论桌面端、Web 端还是移动端均采用基于插件的集成开发框架进行平台的搭建，插件技术的本质特点是系统配置化，也就是无论系统的界面元素还是功能模块都可以通过配置进行动态组合，进而达到预定的效果。因此，用户可以按照集成开发框架中插件的接口规范编写功能插件和 UI 插件，将其上传至全空间信息系统资源中心，然后在平台应用系统中通过插件管理器动态加载所需的插件，实现系统功能和界面的扩展。扩展开发模式一般适用于专业模块的定制开发，不能脱离平台应用系统独立运行。

3) 基于集成开发框架的二次开发模式

如果平台应用系统无法满足用户的应用需求，或者用户追求业务系统的小型化和轻量化，可以基于全空间信息系统集成开发框架和二次开发库定制满足用户业务需求的应用型全空间信息系统。同时，用户根据插件接口规范实现的功能插件和 UI 插件可以和二次开发库中的插件无差别使用，实现模块功能和 UI 元素的复用。

4) 基于系统定制开发工具的轻量级应用程序配置模式

为了使用户在无须编写代码的情况下快速构建 Web 应用程序，自动部署至云端平台，实现全空间信息系统平台的轻量级应用，设计了部署在全空间信息系统资源中心的即拿即用型可配置应用程序 OneGIS AppBuilder。它包含强大的功能微件，使用户可以在应用程序中直观看到地图和工具并立即使用，提高了系统构建的速度和效率。OneGIS AppBuilder 采用响应式界面设计，可灵活配置 Web 应用的界面和布局，一般适用于轻量级的业务需求，实现场景的快速发布与浏览。

11.2　全空间信息系统云端平台

11.2.1　云端平台技术架构设计

全空间信息系统云端平台的主要功能包括丰富的 Web 服务和系统资源托管、时空对象的存储与管理、时空对象的查询与检索、时空对象的分析与处理、Web 应用系统的快速构建、设施数据的实时接入、系统的运维管理等。云端平台技术构架如图 11.4 所示。

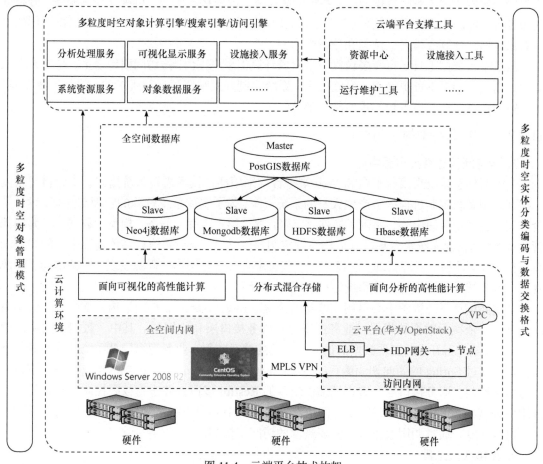

图 11.4　云端平台技术构架

　　全空间信息系统云端平台把计算资源和信息资源利用网络连接起来，提供随时随地的访问、分享和协作能力。此平台主要由云计算环境、全空间数据库、多粒度时空对象计算引擎/搜索引擎/访问引擎和云端平台支撑工具四部分组成。

　　云计算环境包括硬件资源层和操作系统层。硬件资源层包括存储节点、计算节点和网络节点，主要实现了时空对象数据和系统资源的物理存储。在硬件资源层之上部署 Windows 和 Linux 两个版本的服务器操作系统，同时为了实现互联网环境下，内网资源的访问与调度，在操作系统中部署华为云平台，由虚拟私有云(VPC)采用多协议标记转换 VPN(MPLS VPN)构建企业 IP 专网，实现跨地域、高速、安全、可靠的数据通信。华为云平台采用 OpenStack 云操作系统，控制整个云端的海量计算、存储和网络资源。最终构建具备 PB 级分布式数据存储与高性能计算能力的云计算环境，为全空间信息系统平台提供基础软硬件支持。

　　全空间数据库主要面向数据层，基于多粒度时空对象的组织与管理成果，根据时空对象不同特征项信息的类型和特点，充分利用不同类型数据库的优势，设计了 Master+Slave 的混搭式数据库存储模式，实现了多粒度时空对象的快速索引和调度。主数据库(master database，MDB)以 PostGIS 为基础，支持 GIS 领域几何类型的存储扩展；从数据库(slave database，SDB)从性能和稳定性等方面考虑，参照现有各种数据库的特点，分别对时空对象的其他特征项信息进行存储。

　　多粒度时空对象计算引擎/搜索引擎/访问引擎面向服务层，在全空间数据库的基础上，采用微服务架构实现了对象数据服务、系统资源服务、设施接入服务、可视化显示服务、分析处理服务等功能，向云端平台支撑工具、多端应用系统和多粒度时空对象建模工具提供通用的时空对象存储、计算、检索、访问和分析能力。

　　云端平台支撑工具运行在多粒度时空对象计算引擎/搜索引擎/访问引擎之上，是部署在服务端，向客户端提供资源管理、设施接入、系统定制开发和资源运行维护的一系列支撑工具，是全空间信息系统云端平台的重要组成部分。

11.2.2　云端平台支撑工具

1. 全空间信息系统资源中心

　　全空间信息系统桌面端平台和 Web 端平台均采用插件技术进行系统搭建，平台自身及其二次开发和系统定制过程中会产生大量的系统资源，为了实现系统资源的管理与共享，设计了全空间信息系统资源中心，实现了插件、应用程序、第三方库、服务、模型、数据等资源的托管，为全空间信息系统平台集成和应用系统定制提供支撑。全空间信息系统资源中心的主要功能包括：资源注册、资源管理、资源依赖、资源聚合、资源协作、资源发现、资源访问、资源发布、资源统计与搜索等。其系统结构如图 11.5 所示。

　　全空间信息系统资源中心采用浏览器/服务器(browser/server，B/S)架构，整个业务应用系统从下至上依次为数据访问层、业务逻辑层、服务接口层和应用层。其中，数据访问层使用 MyBatis 框架进行开发，实现数据的访问与对象的关系映射。业务逻辑层是系统的核心业务处理模块，通过 Spring 的面向切面编程(aspect oriented programming，AOP)框架进行业务逻辑处理与事务控制。服务接口层向客户端提供统一的 Restful 接口，并进行权限控制和异常处理。应用层是 Web 端应用程序，包括全空间信息系统资源中心门户网站和后台管理网站，采用 Vue 框架进行开发，通过调用服务接口实现资源的访问与控制。

2. 设施接入工具

　　全空间信息系统中的设施由传感器装置或设备构成，能够感知信息并对信息进行处理、传

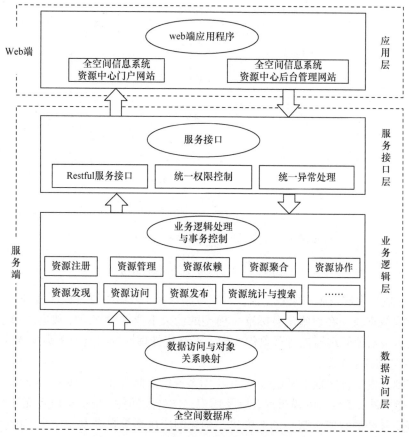

图 11.5　全空间信息系统资源中心系统结构

输乃至存储和显示，如城市基础设施中的监测站点、智能路灯等。有别于一般的时空对象，设施时空对象除了具有描述自身八元组特征的数据外，还会产生数据，这里统称为设施资源。

设施资源是全空间信息系统平台的重要数据源，其动态接入是体现多粒度时空对象多维动态和多元关联的重要方面。设施资源包括设施对象和设施数据，设施对象是传感器实体映射到全空间数据库中的多粒度时空对象，是设施数据的宿主，设施数据是各类传感器实时采集的数据流，具有变化频率快、时效性高等特点。在实际应用中，传感器可以通过有线或无线的方式对接设施接入工具。其接入方式主要分为两种，一种是设施接入工具直接对接传感器；一种是设施接入工具对接业务系统，通过数据流主动推送、实时数据接入模块主动轮询和监听数据目录三种方式，实现设施资源的接入。

传感器类型多样、用途迥异，必然会造成数据通信协议和数据传输格式的不同，同时，在业务系统中，应用场景的差异，也会造成服务类型和数据格式的不同，为了实现不同访问方式下设施资源的标准化接入和无差异访问，设施接入工具采用协议适配的方式将不同的通信协议和数据格式封装为标准化的功能插件，即协议适配器，由设施资源接入模块动态适配。如果插件集合中有对应的适配器(如 Web Socket+JSON 适配器)，则能够实现动态接入，否则就需要开发相应的插件进行适配扩展。设施接入工具系统结构如图 11.6 所示。

设施资源动态接入后，工具通过其元数据信息判断设施是否为新接入，如果是新接入，系统自动根据元数据信息实例化新的时空对象；如果非新接入，则会从全空间数据库中提取已有

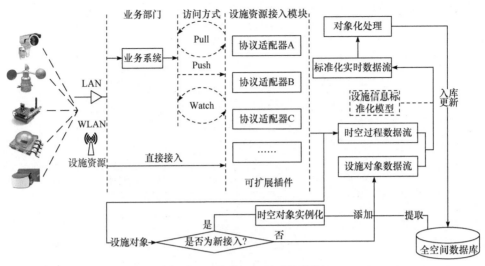

图 11.6　设施接入工具系统结构

的时空对象，最终生成设施对象数据流。对于设施数据，采用时空过程对其进行封装，将其描述为时空过程数据流，在设施信息标准化模型的约束下叠加设施对象数据流形成标准化实时数据流，发送至对象管理器进行对象化处理，最终将处理后的时空对象数据入库更新。

3. 系统定制开发工具

系统定制开发工具实现了轻量级 Web 应用系统的定制与发布。基于 Web 端平台内置的功能模块、功能部件、插件库和模板库，以及用户二次开发插件，用户可以在无须编写代码的情况下实现应用系统的智能定制与动态构建，构建的应用系统自动发布至全空间信息系统资源中心，供 Web 端用户访问。系统定制开发工具体系结构如图 11.7 所示。

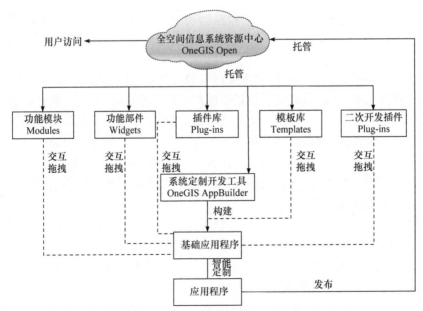

图 11.7　系统定制开发工具系统结构

从图 11.7 中可以看出，无论是功能模块、功能部件、插件库、模板库，还是用户二次开发插件，都在全空间信息系统资源中心进行托管，采用该模式可以充分利用已有资源，提高开发效率和用户体验。首先，用户使用系统定制开发工具从模板库中选择已有的应用框架，如二三维联动应用框架，构建基础应用程序。其次，通过系统定制开发工具的响应式界面，采用交互拖拽技术为基础应用程序添加功能和用户界面(user interface，UI)元素，配置应用程序的界面布局。最后，定制的应用程序自动发布至全空间信息系统资源中心，实现系统的智能定制与动态构建。系统定制开发工具一般适用于轻量级的业务需求，可以实现场景的快速发布与浏览。

4. 运行维护工具

为了满足用户权限管理、安全保障管理、运行维护管理、系统集成与部署等全空间信息系统平台的运维管理需求，面向全空间信息系统运维人员设计了运行维护工具。其中，用户权限管理用于用户管理和权限控制；安全保障管理用于访问控制、入侵监测和日志审计；运行维护管理用于计算、内存、网络、虚拟机等资源的计量、监控、统计和调度。系统集成与部署用于系统部署位置和状态信息的维护管理。其系统结构如图 11.8 所示。

运行维护工具是自动执行的云端平台支撑工具，用户访问全空间信息系统平台时，为保证全空间信息系统平台数据和资源不被非法访问和使用，用户管理模块调用权限控制模块，根据用户权限信息对用户的访问行为进行分析，实施访问控制，仅允许授权用户访问特定的数据、资源和功能。日志信息记录了计算机系统、设备和软件的运行状态，利用日志信息进行日志审计，可以及时掌握平台的安全隐患和运行状态。入侵监测模块监测非法用户的入侵行为，可以提高平台的安全性。信息收集器收集各类网络行为数据，安全日志、审计数据，资源计量、监控、统计和调度数据，通过运行维护工具可以实现收集数据的可视化展现，辅助运维人员了解平台状态。事故恢复模块监测平台各类事故故障，如宕机故障、数据文件丢失故障等，在发生故障时可以通过日志信息，对故障进行恢复。资源管理模块对平台的计算资源、内存资源、网络资源、虚拟机资源等分布式硬件资源进行计量、监控、统计和调度，实现硬件资源利用效率的最大化。系统集成与部署模块可以实时监控网络中部署的平台节点及节点的状态信息。

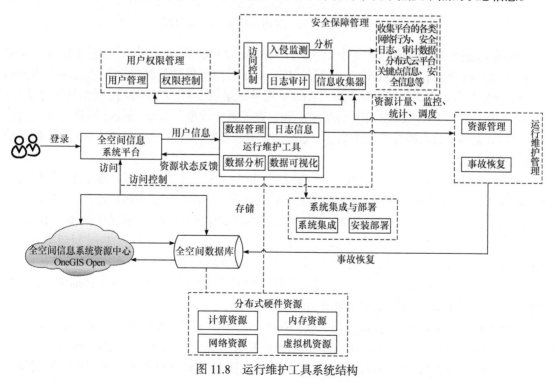

图 11.8　运行维护工具系统结构

11.2.3　云端平台关键技术分析

1. 多粒度时空对象内存数据结构设计

内存数据结构是全空间信息系统云端平台中多粒度时空对象访问和信息交换的基础,根据全空间信息系统基础理论,多粒度时空对象具有八元组特征,因此,在内存结构设计时,需要针对多粒度时空对象的八元组特征分别进行设计。在对每一个特征项进行设计之前,需要对对象类、抽象对象、数据对象、时空对象、版本、动作、事件、过程等顶层概念进行设计,多粒度时空对象内存数据结构顶层设计如图 11.9 所示。

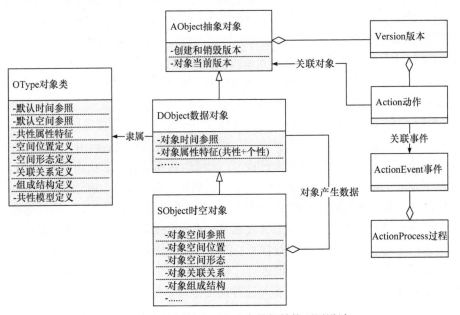

图 11.9　多粒度时空对象内存数据结构顶层设计

AObject 抽象对象记录了时空对象的多个 Version 版本信息,以及版本变更时的 Action 动作、ActionEvent 事件和 ActionProcess 过程。其中,对于时空对象的每次变化(可包含多个 Action 动作)系统都会自动生成一个新的版本。Version 版本记录版本号、创建时间、操作列表等信息;Action 动作记录时空对象的操作,包括增、删、改等操作类型。ActionEvent 事件与每次操作一一对应,记录了每次操作事件的名称、原因、索引、类型等信息。ActionProcess 过程则是操作事件的集合。

DObject 数据对象继承自 AObject 抽象对象,同时又定义了时间参照、属性特征等信息。SObject 时空对象在继承 DObject 数据对象的基础上定义了空间参照、空间位置、空间形态、组成结构、关联关系、行为能力和认知能力,实现了多粒度时空对象八元组特征的描述。DObject 数据对象又作为 SObject 时空对象的成员,描述该时空对象所产生的数据。OType 对象类对某一类时空对象的共有特征进行统一描述,定义了某一类 SObject 时空对象八元组特征的描述规则。

在顶层概念的约束下,对 SObject 时空对象八元组特征的内存结构进行了详细设计,多粒度时空对象内存数据结构详细设计如图 11.10 所示。

SObject 时空对象和 Position 空间位置、Reference 时空参照、Attribute 属性特征、Form 空间形态是组合关系(强关联关系),和 Relation 关联关系、Composition 组成结构、Behavior 行为能力、Cognitive 认知能力是聚合关系(弱关联关系)。其中,Position 空间位置记录位置类型和

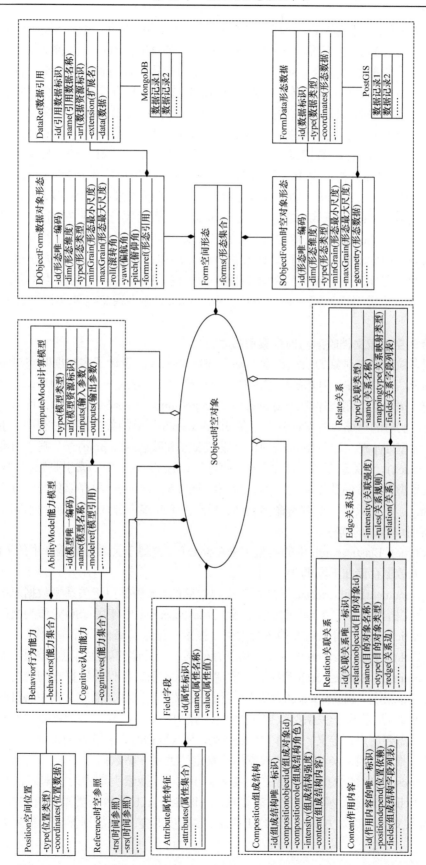

图11.10　多粒度时空对象内存数据结构详细设计

位置数据；Reference 时空参照记录时间参照和空间参照；Attribute 属性特征中的属性项由 Field 字段聚合而成；Form 空间形态包含 SObjectForm 和 DObjectForm 两种形态类型，由此构成多粒度时空对象的形态集合，SObjectForm 形态类型具有时间和空间特征，直接引用自身的几何数据，如几何要素、点云等，DObjectForm 形态类型自身没有明确的时间和空间特征，需要依赖时空对象的空间位置进行定位，如图标、模型等；Relation 关联关系记录目的对象 id、目的对象名称、目的对象类型、关系边等信息，Edge 关系边记录关系强度、关系规则和关系等信息，Relate 关系记录关系类型、关系名称、关系映射类型、关系字段列表等信息；Composition 组成结构记录组成结构 id、组成对象 id、组成结构角色、组成结构强度、组成结构内容等信息，Content 作用内容记录位置依赖关系和组成结构字段列表等信息；Behavior 行为能力和 Cognitive 认知能力都是通过能力模型的执行实现 SObject 时空对象功能的扩展，区别在于 Cognitive 认知能力主要用于对外部环境和内部状态进行认知和判断，进而决定 SObject 时空对象是否执行动作及执行什么动作；Cognitive 的能力模型可以自主学习和自我演化，是实现多粒度时空对象智能性的关键，Behavior 行为能力主要用于响应变化和执行动作，也需要通过能力模型进行实现，不同的能力模型需要不同的计算模型进行支撑。

2. 多粒度时空对象文档映射与时空索引技术

为了实现多粒度时空对象的快速检索，基于 Elasticsearch 设计了多粒度时空对象搜索引擎。Elasticsearch 是以 Lucene 为基础构建的高度可扩展的、开源的全文搜索引擎，它提供了简单易用的 restful 风格的应用程序接口(application programming interface，API)，可以对海量数据进行快速、近实时的存储、搜索和分析。在 Elasticsearch 引擎的数据存储过程中，主要涉及索引(Index)、类型(Type)、文档(Document)、字段(Field)和映射(Mapping)五个基本内容。

(1) 索引(Index)。与关系型数据库中的索引不同，Elasticsearch 中的索引是数据的载体，其作用相当于关系型数据库的数据库实例(Database)。向 Elasticsearch 中存储数据的过程称为索引数据(Indexing)。索引只是一个逻辑命名空间，指向一个或多个分片(Shards)，内部用 Apache Lucene 实现索引中数据的读写。

(2) 类型(Type)。Elasticsearch 中的类型用来存储数据，类似于关系型数据库中的表(Table)，不同结构类型的数据存储在不同的 Type 中。

(3) 文档(Document)。Elasticsearch 是面向文档存储的，文档类似于关系型数据库中的记录(Row)，每一个文档代表了一个具体的时空对象。Elasticsearch 中使用 JSON 作为文档的序列化格式。在 Elasticsearch 中可以对文档进行索引、搜索、排序、聚合分析等操作。

(4) 字段(Field)。Elasticsearch 中的字段用于存储某一个具体的属性信息，类似于关系型数据库中的列(Column)。Elasticsearch 为所有字段建立倒排索引，以保障数据查询的高效性。

(5) 映射(Mapping)。Elasticsearch 中的映射用来定义一个文件，描述文档中有哪些字段，这些字段是什么类型，类似于关系型数据库中的表结构(Schema)。映射分为动态映射和静态映射，动态映射不需要用户自定义，在向 Elasticsearch 写入数据时，系统自动识别数据类型；静态映射需要用户指定字段的类型，系统根据用户指定的类型存储数据。

根据 Elasticsearch 的数据存储模式，多粒度时空对象搜索引擎中时空对象的八元组特征、对象唯一标识、对象类模板等信息需要按照 Elasticsearch 的数据类型进行文档化映射。多粒度时空对象文档化映射方案如图 11.11 所示，多粒度时空对象数据类型映射表如表 11.1 所示。

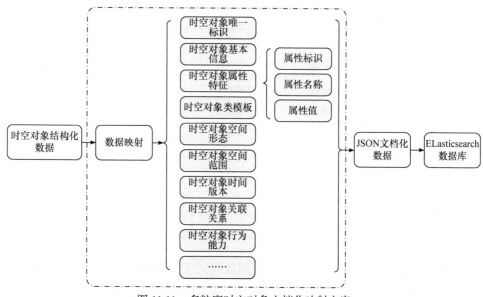

图 11.11　多粒度时空对象文档化映射方案

表 11.1　多粒度时空对象数据类型映射表

字段名	数据类型	映射类型	描述
id	Long	long	时空对象唯一标识符
name	String	text	时空对象名称
otype	Object	properties	时空对象类模板
otype.code	String	text	类模板编码
otype.id	Long	long	类模板 id
otype.srs	Object	properties	类模板空间参考
otype.trs	Object	properties	类模板时间参考
geoBox	Object	properties	时空对象矩形范围
geoBox.maxx	Double	float	矩形范围最大 X 值
geoBox.maxy	Double	float	矩形范围最大 Y 值
geoBox.maxz	Double	float	矩形范围最大 Z 值
geoBox.minx	Double	float	矩形范围最小 X 值
geoBox.miny	Double	float	矩形范围最小 Y 值
geoBox.minz	Double	float	矩形范围最小 Z 值
attributes	List	properties	时空对象属性特征集
attribute.fid	Long	long	属性字段 id
attribute.name	String	text	属性字段名称
attribute.value	Object	text	属性字段值
positions	List	properties	时空对象空间位置集
position.fid	Long	long	空间位置 id
position.type	String	text	空间位置类型

字段名	数据类型	映射类型	描述
position.geom	Geometry	geo_shape	空间位置数据
forms	List	properties	时空对象空间形态集
form.fid	Long	long	空间形态 id
form.dim	Integer	long	空间形态维度
form.type	Enum	long	空间形态类型
form.style	String	text	空间形态样式
form.geomref	Object	long	空间形态引用
……	……	……	……

多粒度时空对象数据模型中,空间位置按照数据记录方式的不同可分为:矢量形式位置和点位集合位置,其中,具有点位集合位置的时空对象通过矩形范围 geoBox 建立时空索引,具有矢量形式位置的时空对象通过 position.geom 建立时空索引。在数据类型映射时,空间位置 position.geom 字段映射为 geo_shape 类型。Elasticsearch 中 geo_shape 类型支持以 GeoJSON 格式定义的点、线、面、外包矩形等复杂几何数据类型。矢量形式位置字段类型映射表如表 11.2 所示。

表 11.2　矢量形式位置字段类型映射表

GeoJSON Type	WKT Type	Elasticsearch Type
Point	POINT	point
LineString	LINESTRING	linestring
Polygon	POLYGON	polygon
MultiPoint	MULTIPOINT	multipoint
MultiLineString	MULTILINESTRING	multilinestring
MultiPolygon	MULTIPOLYGON	multipolygon
GeometryCollection	GEOMETRYCOLLECTION	geometrycollection
N/A	BBOX	envelope
N/A	N/A	circle

为了实现多粒度时空对象数据的高效检索,需要在数据同步至 Elasticsearch 集群的同时为时空对象构建时空索引。其中,时空对象的名称、时空对象的文本型属性特征采用 IK 分词器构建全文索引;时空对象的唯一标识、时空对象的类型采用标准分词器构建索引;时空对象的空间位置采用 Geohashes 构建索引。Geohashes 是一种将经纬度坐标编码成字符串的方法。其基本思想是将全球分为 4 行 8 列 32 个单元,每个单元都用一个字母或者数字标识,每一个单元可以再分解为 32 个单元,不断重复。

3. 多粒度时空对象大数据分析计算框架

全空间信息系统云端平台以对象数据服务对外提供多粒度时空对象的存储和访问,多粒度时空对象是云端平台中访问引擎、搜索引擎和计算引擎管理和操作的基本单元。一方面,全空间信息系统中的空间分析已经从面向要素的静态分析扩展为了基于对象的时空分析。另一方面,随着业务规模的增长和时空对象数量的增加,传统的空间分析方法已经越来越不能满足多粒度时空对象的时空分析需求,例如,从万级新冠疫情流调数据中分析每个病例的出行轨迹,从百万级手机信令数据中找出可能的时空伴随者等,当面对这些分析和计算需求时,采用传统的空间分析方式,要么无法实现,要么效率低下。

全空间信息系统云端平台采用 Spark 分布式计算技术,设计了多粒度时空对象大数据分析计算框架,使云端平台具备了海量时空对象数据的高效计算和洞察挖掘能力,可以将一个时空分析请求,分解到分布式计算集群中,采用这种方式可以充分利用平台软硬件资源,大大提升时空大数据分析的处理效率。多粒度时空对象大数据分析计算框架执行流程如图 11.12 所示。

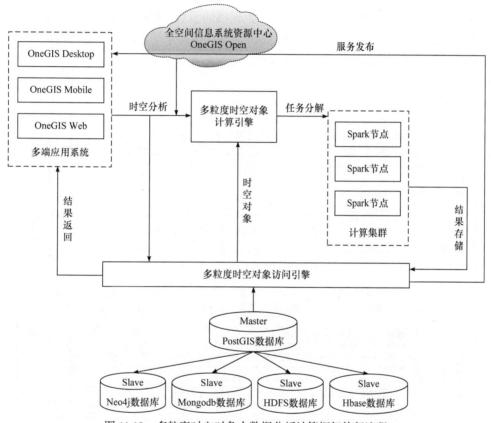

图 11.12 多粒度时空对象大数据分析计算框架执行流程

1) 输入数据源

全空间信息系统平台中,无论是桌面端、Web 端、移动端还是托管在资源中心中的轻量级应用系统都可以执行时空分析。首先根据时空分析的类型和需求通过多粒度时空对象访问引擎,从全空间数据库中提取时空对象,然后将其发送至多粒度时空对象计算引擎。

2) 分布式计算

多粒度时空对象计算引擎首先根据分析任务的类型和复杂度将时空分析任务分解,其次根据当前硬件资源的使用情况将分解后的子任务分配至计算集群中的不同 Spark 节点进行并行计算,最后将并行计算的结果通过多粒度时空对象访问引擎存储至全空间数据库。

3) 内容发布与应用

时空分析的结果会生成新的时空对象或者更新已有的时空对象。时空分析执行完毕后可以采用不同的方式返回和更新结果，既可以通过访问引擎直接返回客户端进行时空对象内容和状态的更新，也可以将分析结果发布为对象数据服务托管至全空间信息系统资源中心供多端应用系统使用。

11.3 全空间信息系统桌面端平台

11.3.1 桌面端平台技术架构设计

桌面端平台是全空间信息系统平台多端应用系统的重要组成部分，是为专业用户提供的用于时空对象访问、检索、分析、可视化与知识挖掘的平台。利用全空间信息系统桌面端平台可以实现从简单到复杂的基于时空对象的 GIS 任务。桌面端平台的主要功能包括：时空对象管理、时空分析、时空对象可视化与动态表达、时空对象分享、系统定制与二次开发等。其技术架构如图 11.13 所示。

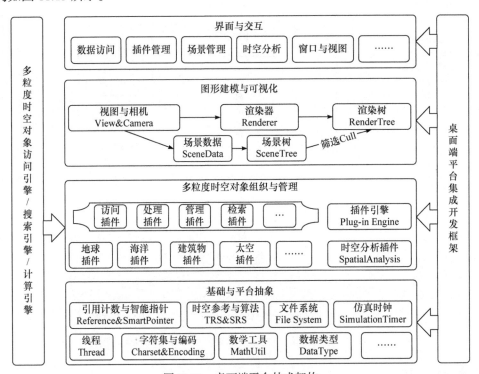

图 11.13 桌面端平台技术架构

多粒度时空对象访问引擎/搜索引擎/计算引擎为桌面端平台提供基本的时空对象访问、搜索和计算分析服务，集成开发框架为桌面端平台提供功能插件和 UI 插件的开发和运行环境。在此基础上，桌面端平台由基础与平台抽象层、多粒度时空对象组织与管理层、图形建模与可视化层和界面与交互层组成。

基础与平台抽象层对数据类型、线程、文件系统、字符集编码等与平台软硬件环境紧密相关的功能进行插件封装，屏蔽了不同软硬件环境中代码运行的差异，实现了一套代码的跨平台应用(Windows、Linux、Android 和 VxWorks)，提高了开发效率，便于代码的长期维护。同时，平台的全局和共用工具也集中在该层，包括引用计数与智能指针、时空参考转换算法、数学工具、仿真时钟等。

多粒度时空对象组织与管理层由插件引擎和各专业插件组成。插件引擎主要完成插件注册、消息分发、插件通信、接口查询等功能。专业插件完成具体的领域建模，可以接收并处理其他插件传来的命令和消息，提供功能接口供其他插件调用。每个插件完成一个业务环节，平台通过增加插件实现功能的扩展。例如，访问插件通过多粒度时空对象访问引擎从全空间数据库中获取时空对象数据并进行内存组织，地球插件是基础地理信息组织与管理的核心插件，主要用于地理单元、道路、行政区等时空对象的组织管理与特征提取。

图形建模与可视化层从图形图像的角度对场景进行建模并交由基础图形引擎(OpenGL 或 OpenGL ES)进行渲染，该层主要为专业插件提供统一的图形建模与场景操作接口。其中，场景树主要用于通用场景建模，渲染器和渲染树主要用于场景渲染，视图与相机主要用于场景数据观察。场景中时空对象的可视化主要从多粒度时空对象的八元组特征中提取信息交由基础图形引擎进行渲染。

界面与交互层主要提供人机交互界面，使用鼠标键盘作为主要的交互设备，采用 Ribbon 面板和标签页作为用户界面。通过操作 UI 元素实现系统功能的调用，平台包含的主要功能模块包括数据访问、插件管理、场景管理、时空分析、窗口与视图等。

11.3.2　桌面端平台关键技术分析

1. 基于 Plug-in 的热插拔集成开发框架

考虑到桌面端平台业务逻辑的复杂性和强大的功能需求，结合插件技术定制灵活、低耦合、高内聚、升级维护方便、支持热插拔等特点，全空间信息系统桌面端平台采用插件式技术搭建集成开发框架，包括 QT 图形界面框架、第三方库、宿主程序、插件引擎、插件集合五个部分。QT 图形界面框架为宿主程序和 Plug-in 插件提供 UI 库；第三方库为宿主程序和 Plug-in 插件提供功能支撑，主要包含 C++扩展库、多粒度时空对象访问引擎、网络通信和数据存储库等；插件引擎定义了插件的接口规范、通信规则及加载方式，是实现插件标准化和热插拔的核心；插件集合是按照插件引擎定义的标准实现的若干功能插件，扩展了桌面端平台的业务能力；宿主程序通过插件引擎动态加载插件 DLL，实现平台功能的动态集成。桌面端平台集成开发框架如图 11.14 所示。

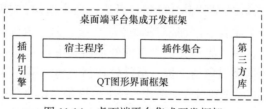

图 11.14　桌面端平台集成开发框架

其中插件引擎是集成开发框架的关键和核心，负责解析插件 DLL，提取其中包含的摘要信息并创建相应的插件对象，加载插件中的功能模块，然后将插件对象存放在插件集合中转交给宿主程序处理。插件按照类型的不同可以分为 UI 插件、功能插件和 UI+功能插件，UI 插件只是为了满足界面定制开发的需求，既没有 Module 模块，也不在插件引擎中注册 Module 模块，不提供相应的 API，无法向其他插件提供功能调用；功能插件与 C++基础库类似，无 UI 界面，不解决具体业务需求，只实现 Module 模块，并注册到插件引擎中，提供相应的 API 供其他插件调用；UI+功能插件既有 Module 模块又有 UI，提供解决具体业务需求的功能，同时又作为基础插件，向其他插件提供功能。在插件引擎内部通过插件类、模块类、命令集合类、事件处理类、事件处理器类、事件监听类、接口类、命令类及相关附属类共同作用完成插件的热插拔。集成开发框架插件引擎技术架构如图 11.15 所示。

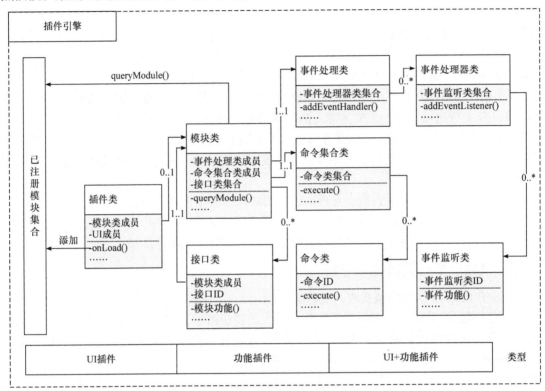

图 11.15　插件引擎的技术架构

　　插件类包含模块类变量、UI 元素和插件加载/卸载方法等成员，负责界面元素的动态加载、模块初始化、插件摘要信息维护等功能，同时将模块类注册至插件引擎的模块集合中；模块类是插件引擎的核心类，包含接口类集合、事件处理类变量、命令集合类变量和模块查询方法等成员，负责模块注册、功能接口操作、模块摘要信息维护等功能，同时可以通过 queryModule 方法获取其他插件类中的模块，调用其功能接口及进行命令通知，实现不同模块之间的信息通信；命令集合类包含命令类集合、添加/移除命令的方法、命令执行方法等成员，负责命令类对象的维护及命令的执行；事件处理类包含事件处理器类集合、添加/移除事件处理器类的方法等成员，负责事件处理器类对象的维护；事件处理器类包含事件监听类集合、添加/移除事件监听类的方法等成员，负责管理事件监听类，每个事件都是由事件处理器发起并分发给事件监听器；事件监听类定义事件功能，负责具体事件的执行；接口类定义接口功能，负责具体接口的执行，并维护模块类成员；命令类定义命令执行函数，负责具体命令的执行。

　　全空间信息系统桌面端平台是在集成开发框架的基础上搭建的系统软件，桌面端平台的所有功能模块和界面元素都是集成开发框架中的标准插件。同时，桌面端用户也可以根据业务需求自定义插件，实现平台功能和 UI 元素的扩展，自定义插件和平台插件可以相互通信和功能调用，实现无差别使用，进而构建一个开放的、可扩展的、易用的桌面端平台。

2. 桌面端平台显示框架设计

　　在集成开发框架的基础上，根据桌面端可视场景组织与管理需求，设计了平台显示框架，用于多粒度时空对象的可视化表达和动态显示。平台显示框架由支撑场景管理与控制的插件模块组成，包括视图管理模块、相机操作器管理模块、窗口管理模块、场景管理模块、绘图引擎模块和数据调度与缓存模块。桌面端平台显示框架结构图如图 11.16 所示。

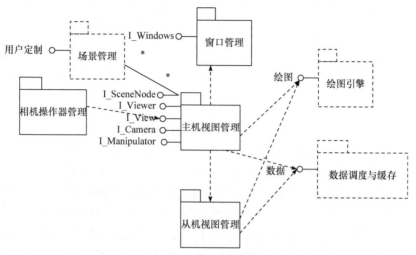

图 11.16　桌面端平台显示框架结构图

视图管理模块主要负责视景器的创建与销毁，视图的创建、删除、更新与检索，渲染任务的分配与多机同步等。在多机渲染模式时，视图管理又分为主机视图管理和从机视图管理，从机视图管理是主机视图管理的简化。

相机操作器管理模块主要实现各种常用的相机操作器，包括地形漫游操作器、飞行驾驶操作器、车辆驾驶操作器、行走操作器、跟踪操作器等。相机操作器主要负责用户与场景的人机交互，可通过鼠标、键盘、操纵杆等输入设备，改变场景的观察点、观察角度或观察方式。

窗口管理模块主要负责窗口的创建、销毁、查询等功能，并实现与显示设备的适配。桌面端平台主要包括二维显示窗口、三维显示窗口、对象访问视图窗口、对象特征窗口、对象关系窗口等。

场景管理模块是平台可视化渲染的核心。显示框架将多粒度时空对象的特征信息抽象为场景图中的节点，由节点构成树状结构，作为场景显示的内容。该模块主要负责节点的遍历、增加、删除、引用维护、碰撞监测等功能。

绘图引擎模块主要实现场景内容的后台绘制，根据视图的内容、窗口的大小、节点的状态和渲染的要求实现特征信息的图形绘制，并将绘制的结果传送至前台窗口显示。

数据调度与缓存模块采用绘制线程与调度线程并行的双线程数据调度策略解决海量数据三维可视化时调度速度慢、绘制效率低等问题。该策略首先将数据调入等待队列，其次根据视点距离进行顶点层次划分，最后利用双线程渲染进行场景绘制。

3. 基于多线程的平台可视化渲染技术

为了加快时空对象处理和显示的效率，桌面端平台总体上采用多线程模式，包括主线程、数据线程、绘制线程等。主线程负责事件响应和场景更新；数据线程负责数据的加载与编译，包括时空对象加载线程、资源加载线程、其他数据加载线程等。绘制线程根据线程模式的不同可分为相机线程和图形环境线程：相机线程负责场景筛选，图形环境线程负责场景绘制。桌面端平台可视化渲染流程图如图 11.17 所示。

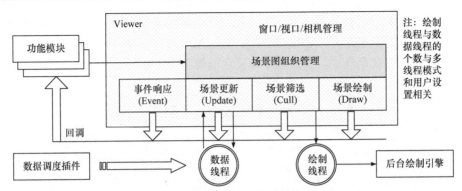

图 11.17　桌面端平台可视化渲染流程图

平台可视化渲染时，各功能模块把时空对象及其八元组特征，组织成场景图中的节点加入到场景的组织和管理中，每一帧在逻辑上由事件响应(Event)、场景更新(Update)、场景筛选(Cull)和场景绘制(Draw)组成。在场景更新时通过数据线程进行数据调度，根据数据类型的不同由相应的数据插件进行数据读写。在场景绘制时由绘制线程调用后台绘制引擎进行绘制。

根据软硬件系统的性能，桌面端平台设计了 SingleThreaded、DrawThreadPerContext、CullDrawThreadPerContext、CullThreadPerCameraDrawThreadPerContext 四种不同的线程模式供用户进行选择，各线程模型的渲染流程如图 11.18 所示。

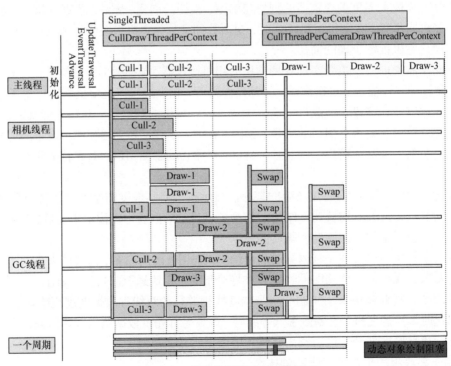

图 11.18　各种线程模型的渲染流程

SingleThreaded 线程模式：即单线程模型，不创建任何线程来完成场景的筛选和渲染，适合任何配置下使用。

DrawThreadPerContext 线程模式：为每个图形环境创建线程并分配到不同的 CPU 上，该模式会在当前帧的所有线程完成之前，开始下一帧。

CullDrawThreadPerContext 线程模式：为每个图形环境创建图形线程并分配到不同的 CPU 上，实现并行渲染，每帧结束前都会强制同步所有的线程。

CullThreadPerCameraDrawThreadPerContext 线程模式：为每个图形环境和每个相机创建线程，不会等待前一次的渲染结束，而是返回仿真循环并再次开始执行渲染函数。如果硬件环境为四核甚至更高的系统配置，使用这一线程模型将能够最大限度地发挥多 CPU 的处理能力。

4. 基于版本技术的多粒度时空对象离散变化特征动态表达

在多粒度时空对象数据模型中，随着时间的推移，时空对象的每个特征项都可能会发生变化，但是数据库不可能记录时空对象每一瞬间的状态，以"阶段性"为时间单元的时空对象状态更新就成了目前时空对象时间特征管理的常用方式，这就是版本管理技术，即存储时空对象发生改变的历史，对时空对象数据的历史演变过程进行记录和追踪。

根据状态变化信息记录方式的不同，版本管理模型分为快照模型和增量模型。快照模型对每一次状态变化进行全量记录，会造成数据的大量冗余，但是便于时空对象某一状态信息的快速提取；增量模型对每一次状态变化只记录发生变化的时间、操作方法、特征项和数据内容，能够大大减少数据的存储量。全空间数据库采用增量模型实现时空对象状态变化信息的记录。多粒度时空对象版本记录方式如图 11.19 所示。

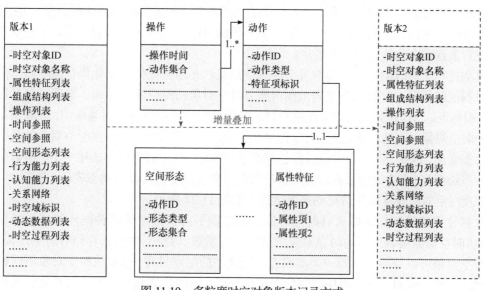

图 11.19　多粒度时空对象版本记录方式

版本技术实现了时空对象离散变化特征的记录。在时空对象数据组织方面，多粒度时空对象的每个版本都可以看作一个由八元组特征组成的"版本对象"，时空对象自身由若干"版本对象"聚合而成，根据任务需求的不同，用户提取不同的"版本对象"进行应用，进而实现多粒度时空对象从创建到消亡的全生命周期管理。在桌面端平台设计时，时空对象不同版本的特征信息映射为时间轴中不同的时间戳，随着系统时间的推移，时间游标运行到某一时间戳会自动触发版本更新命令，不同功能模块根据命令标识和命令参数实现场景的更新。例如，在三维场景中更新空间形态、关联关系、组成结构等图形信息，在特征列表中更新属性特征等文本信息等。同时，通过时间轴交互实现了时空对象状态的历史回溯，方便用户对时空对象不同状态信息的快速查看与追踪。基于版本技术的时空对象离散变化特征动态表达技术如图 11.20 所示。

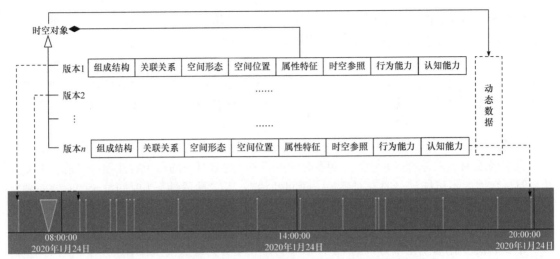

图 11.20　基于版本技术的时空对象离散变化特征动态表达技术

5. 基于时空过程的多粒度时空对象连续变化特征动态表达

全空间信息系统中,时空对象不仅包含离散变化的特征信息,还包含大量连续变化的特征信息,如轨迹数据、动态属性等。一方面,这些动态数据变化频率高,采用版本技术进行组织与管理会造成数据库存储的冗余,影响数据的访问效率,加重客户端表达的负担。另一方面,动态数据的变化特征往往比较单一,通常具有较强的规律性,因此,需要采用新的技术方式实现时空对象连续变化特征的动态表达。

时空过程是对时间变化过程中发生的时空对象八元组特征信息变化集合的描述。传统的时空过程通过提取一定时间和空间范围内所有时空对象的时空演化序列,实现时空过程的描述、组织与表达,这种方式需要从系统全局的角度对时空过程进行管理和维护,能够满足特定场景中时空对象动态特征表达的需求。但是在全空间信息系统中,多粒度时空对象的每个特征都会动态变化,因此,需要将时空过程的粒度进行细化。一个时空过程描述一个时空对象某一特征的连续变化,多个时空过程的叠加实现时空对象连续变化特征的动态表达。基于时空过程的多粒度时空对象连续变化特征动态表达技术如图 11.21 所示。

对象管理器管理加载的所有时空对象,桌面端平台根据系统时钟循环调用系统重绘函数,遍历时空对象集合中所有时空对象的过程处理函数。时空对象内部存储有时空过程列表,每个时空对象可以添加多个同一类型或者不同类型的时空过程,以完成时空对象不同特征连续变化的描述,例如,可以添加空间形态变化过程、空间位置移动过程、属性特征变化过程等。在时空对象的过程处理函数中会循环遍历该时空对象所有的时空过程,调用时空过程的过程模拟函数,将多个变化过程共同作用于时空对象,实现可视化场景中时空对象的形态变化、位置移动、属性变化等时空过程。采用该模式,可以将时空对象的连续变化特征封装在不同的时空过程中,由时空对象自身自主完成特征信息的变化更新,减轻了客户端的调度与控制压力。

6. 基于工作流的复杂时空分析可视化建模技术

桌面端平台提供了基础的时空分析功能,如空间量算、缓冲区分析、通视分析、日照分析、剖面分析等,能够满足一般场景下多粒度时空对象的分析应用需求。但是在面对复杂时空分析业务时,如何有效利用已有时空分析功能和桌面端的二次开发能力进行业务建模,是体现平台

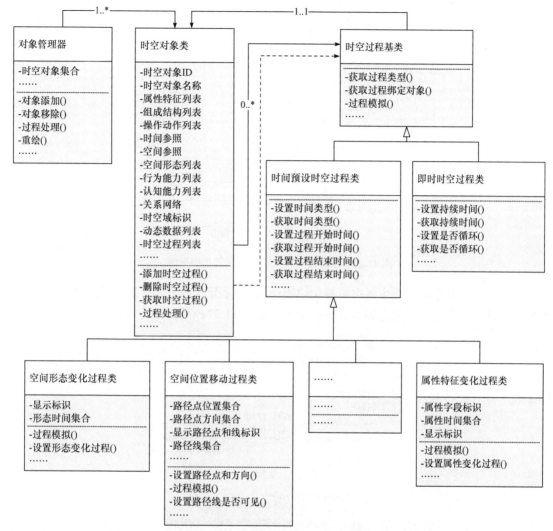

图 11.21　基于时空过程的多粒度时空对象连续变化特征动态表达技术

时空分析能力的关键。因此，基于工作流可视化建模技术，设计工作流可视化定制工具，将其作为桌面端平台的子系统，用于解决多粒度时空对象的复杂时空分析任务。

工作流可视化定制工具支持工作流活动编辑、连接编辑和逻辑控制编辑，可以将复杂时空分析任务分解为模型、服务和可执行程序，实现了复杂时空分析任务到工作流任务的自动转化，支持多粒度时空对象复杂分析应用的可视化定制。工作流可视化定制工具流程设计图如图 11.22 所示。

其中，工作流可视化定制工具用来创建计算机可以处理的业务过程描述。过程定义包含了所有使业务过程能够被工作流执行的必要信息，包含起始和终止条件、各个组成活动、活动的调度规则、各业务的参与者需要做的工作、相关应用次序和数据的调用信息等。工作流执行服务包括一个或多个工作流引擎。工作流引擎是工具的核心组件，主要包括过程定义解释、过程实例创建与控制、活动调度、工作表管理、应用程序调用等功能。控制数据是指被工作流执行服务和工作流引擎管理的系统数据，如工作流实例的状态信息、每一活动的状态信息等。

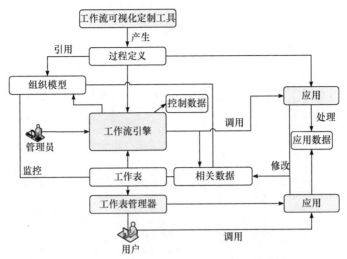

图 11.22　工作流可视化定制工具流程设计图

工作流可视化定制工具主要由可视化建模模块、流程定义模块、模型控制模块和工作流引擎模块组成。工作流可视化定制工具模块结构图如图 11.23 所示。

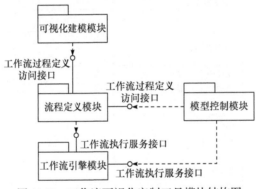

图 11.23　工作流可视化定制工具模块结构图

可视化建模模块主要包括图形化流程设计子模块和 XML 生成子模块，用于实现流程模板文件的读取与显示，流程节点和线的添加、删除与修改，基本的放大、缩小和复位，以及流程模板文件的导出等功能。

流程定义模块主要包括工作流过程定义、过程参数定义、工作流活动定义、工作流迁移条件定义及基础数据类型定义等子模块。

模型控制模块采用活动网络图将工作流过程抽象为一个由节点和连接弧组成的有向图，其中，节点代表活动，连接弧代表活动间的顺序迁移关系。模型控制模块的过程模型由起止逻辑、活动执行逻辑和过程控制逻辑组成。

工作流引擎模块主要包括工作流运行时服务、工作流实例化日志管理和工作流异常处理三个子模块。工作流运行时服务是工作流管理的核心，为工作流实例提供运行环境，包括流程图的解释、资源的分配、逻辑的控制等。工作流实例化日志管理是按照工作流的执行顺序记录流程运行过程中活动执行的顺序关系、活动执行时的状态变化情况、活动执行时间及活动执行的异常情况等。工作流异常处理是指工具外部异常，工作流异常或活动执行异常所引起的工作流活动失败或工作流程失败，主要处理工作流不能按照预定义的工作流模型正常执行的情况。

11.4　全空间信息系统 Web 端平台

11.4.1　Web 端平台技术架构设计

为满足 Web 端用户多粒度时空对象访问、分析与可视化的应用需求，基于 Web 三维可视化引擎 Cesium 设计了全空间信息系统 Web 端平台，主要功能包括时空对象访问、时空对象管理、时空对象分析与可视化、插件管理、场景管理、应用管理等。Web 端平台技术架构如图 11.24 所示。

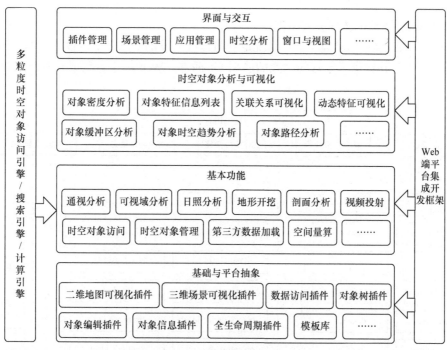

图 11.24　Web 端平台技术架构

平台基于多粒度时空对象访问引擎、搜索引擎、计算引擎，在 Web 端平台集成开发框架的支撑下，提供了一系列即拿即用的时空对象访问、分析与可视化功能，实现了 Web 端平台的系统应用。Web 端平台由基础与平台抽象层、基本功能层、时空对象分析与可视化层和界面与交互层组成。

基础与平台抽象层对多粒度时空对象访问、处理、分析与可视化的基础功能进行 Web 插件封装，屏蔽了不同第三方库中代码运行的差异，实现了基础功能的统一接口访问，提高了开发效率，便于代码长期维护。同时，用户在系统定制过程中形成的一系列应用框架也以模板库的形式集中在该层。

基本功能层在基础与平台抽象层功能插件的基础上，针对 Web 端平台的特点，对 Web 端平台的基本功能进行逻辑组织与技术实现，主要包括时空对象访问、时空对象管理、第三方数据加载、空间量算、通视分析、可视域分析、日照分析、地形开挖、剖面分析与视频投射等，为时空对象的专业分析与特征可视化提供支撑。

时空对象分析与可视化层基于多粒度时空对象访问引擎/搜索引擎/计算引擎提供专业的

基于时空对象的空间分析和可视化功能，以粗粒度的 Web 插件在平台集成开发框架中实现，主要包括对象缓冲区分析、对象时空趋势分析、对象路径分析、对象密度分析、对象特征信息列表、关联关系可视化、动态特征可视化等。时空对象分析与可视化层是 Web 端平台的核心和平台能力体现的关键。

界面与交互层基于 Web 端 UI 提供人机交互界面，使用鼠标键盘作为主要的交互设备，采用成熟的 UI 组件库(如 React 和 Antd)搭建 Web 端界面框架。通过操作 UI 元素实现系统功能的调用。平台包含的主要功能模块包括插件管理、场景管理、应用管理、时空分析、窗口与视图等。

11.4.2　Web 端平台关键技术分析

1. 基于 Web 插件的集成开发框架

为了满足 Web 端平台功能扩展、系统定制与二次开发的需求，平台设计了基于 Web 插件的集成开发框架，并提供了丰富的功能插件和 UI 插件。Web 端平台集成开发框架如图 11.25 所示。

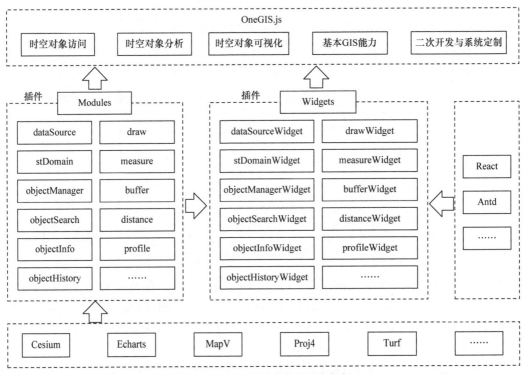

图 11.25　Web 端平台集成开发框架

Web 端平台封装了 OneGIS.js 文件作为整个集成开发框架的依赖入口和功能出口，对 Cesium、Echarts、Proj4、Turf 等第三方依赖库和平台功能进行模块化封装(只封装 js 代码逻辑，与 UI 无关)，形成功能模块 Modules。再基于 React 和 Antd 对 Modules 增加统一风格的 UI，形成功能部件 Widgets(UI 主题风格可全局配置)。功能模块 Modules 和功能部件 Widgets 统一通过 OneGIS.js 文件对外提供使用，并支持动态扩展。同时保留 Cesium 等第三方库的原生接口，避免对第三方库的源码进行改造，方便对其进行升级和维护。

除了功能和 UI 封装，Web 端平台还提供了一系列托管在全空间信息系统资源中心的 Web

应用插件和模板，实现 Web 端平台的扩展。应用插件库由平台内置的一系列 Web 地图可视化插件构成，包括 MapBox 二维地图可视化插件、Cesium 三维场景可视化插件、多粒度时空对象可视化插件、图表可视化插件、专题地图可视化插件等。模板库由用户在系统定制过程中形成的一系列应用框架构成，包括二维地图应用框架、三维场景应用框架、二三维联动应用框架、分屏对比应用框架、多维分析应用框架等，用于应用程序的智能定制与动态构建。

2. 海量时空对象分块异步加载技术

为了解决海量时空对象加载和可视化时面临的数据量大、请求时间长、客户端内存过载等问题，Web 端平台采用多线程分块异步加载技术实现了海量时空对象的可视化。海量时空对象分块异步加载流程图如图 11.26 所示。

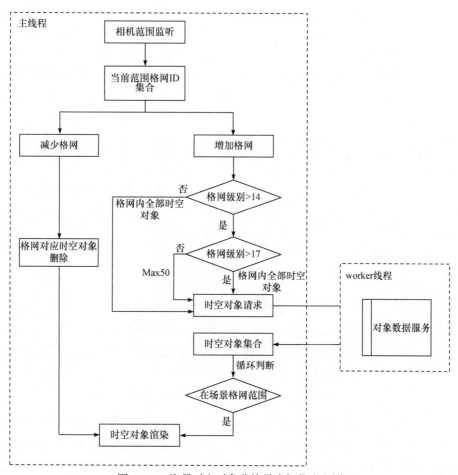

图 11.26　海量时空对象分块异步加载流程图

在数据加载时，将时空对象请求和时空对象渲染分为两个线程，worker 线程负责时空对象的请求，主线程负责时空对象的渲染和调度。主线程以格网为单位进行相机范围监听，只请求新增的格网范围内的时空对象。根据格网级别的不同，设置不同的时空对象请求数量，对于 15～17 级格网，每个格网范围内最多请求 50 个时空对象，17 级以上格网请求全部时空对象。主线程中的数据请求交由 worker 线程负责，获取的时空对象再返回主线程渲染，实现时空对象的异步加载和渲染。当时空对象不在当前相机范围内时，及时调整时空对象的显示状态，减少硬件设备的渲染压力。对于 worker 线程返回的时空对象，先判断其是否在当前场景格网范围内，如果不在，就不再进行渲染，防止交互操作时操作变换过快造成的渲染滞后及显示错误。对于已经渲染过的时空对象在前端进行缓存，当场景格网发生变化时，先遍历已经缓存的格网范围内的时空对象，通过控制时空对象的显示状态，减少与后台交互的次数。

11.5　多粒度时空对象建模工具

11.5.1　多粒度时空对象建模工具技术架构设计

为了解决全空间信息系统平台的数据来源问题，设计了多粒度时空对象建模工具，通过人机交互、自动转换、全流程实时管控实现多粒度时空对象数据的生产，为全空间信息系统平台处理、分析、可视化与应用提供数据基础。多粒度时空对象建模与传统 GIS 中的数据采集有着本质的不同。在传统 GIS 中，数据采集主要关注如何通过数据记录客观实体的空间特征和属性特征，而多粒度时空对象建模则体现了建模者对时空实体全方位的认知与抽象。根据人们对时空实体的认知规律，构建了一整套全新的建模方法与流程。多粒度时空对象建模基本流程如图 11.27 所示。

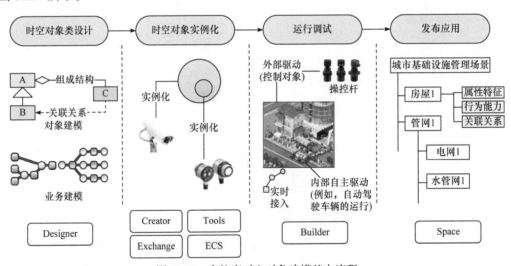

图 11.27　多粒度时空对象建模基本流程

时空对象类设计是建模工具中创建时空对象的起点，将现实世界中具有相同或相似特征的时空实体进行抽象，形成对象类模板，作为一类时空对象实例化的约束。时空对象实例化是在时空对象类设计成果的基础上，通过为时空对象类赋予具体的特征数据，从而形成能够表达真实的、动态的时空实体的多粒度时空对象数据。运行调试是对实例化的结果进行验证和检验，将多粒度时空对象加载到应用场景中，根据其行为能力进行不断运行和修改，保证多粒度时空对象的动态特征与现实世界一致。发布应用是将构建好的多粒度时空对象加载到应用程序中，实现多粒度时空对象的全生命周期显示和八元组特征的可视化检查，将满足要求的时空对象进行服务发布。

多粒度时空对象建模工具是由一系列子工具组成的软件集合，包括时空对象类模板设计工具(OneGIS Designer)、时空对象实例化工具(OneGIS Creator)、时空对象通用转换工具(OneGIS Tools)、时空对象交换工具(OneGIS Exchange)、全流程实时管控工具(OneGIS ECS)、时空对象行为建模工具(OneGIS Builder)、时空对象发布工具(OneGIS Space)。根据数据生产方式的不同，主要分为交互构建、自动转化、数据交换与共享、大规模生产四种建模方式。多粒度时空对象建模工具体系结构图如图 11.28 所示。

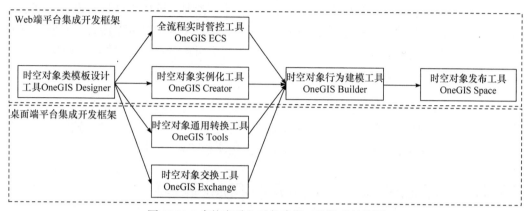

图 11.28　多粒度时空对象建模工具体系结构图

OneGIS Designer、OneGIS Creator、OneGIS Builder、OneGIS Space 和 OneGIS ECS 是基于 Web 端平台集成开发框架的应用程序，OneGIS Tools 和 OneGIS Exchange 是基于桌面端平台集成开发框架的应用程序。OneGIS Creator、OneGIS Tools、OneGIS Exchange 和 OneGIS ECS 都是用于时空对象实例化的工具，其中 OneGIS Creator 用于时空对象的交互构建，OneGIS Tools 用于时空对象的自动转换，OneGIS Exchange 用于时空对象的交换与共享，OneGIS ECS 用于大规模时空对象数据的生产。

11.5.2　时空对象类模板设计工具

OneGIS Designer 是类模板设计工具，利用该工具可以实现面向对象的时空建模，使得时空对象类模板的设计如同面向对象程序设计一样简单直观。该工具支持交互可视化拖拽，支持 UML 设计中的继承、关联、组合和聚合等概念，通过类视图、字段、时间参照字典、空间参照字典、位置字典、形态字典、关系字典、组成字典、行为模型、认知模型等概念的逻辑组织完成时空对象类模板的设计。时空对象类模板设计工具系统结构图如图 11.29 所示。

类视图是对同一场景中时空对象类的逻辑组织，用户根据实际应用需求的不同可以创建面

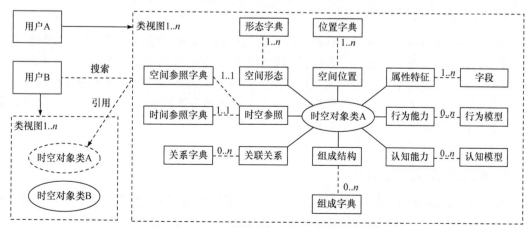

图 11.29　时空对象类模板设计工具系统结构图

向不同场景的多个类视图，同一用户的不同类视图之间及不同用户的类视图之间可以通过引用实现类模板的共享，例如，用户 B 通过检索发现时空对象类 A 已经创建，并且满足自己的业务需求，此时就可以通过交互可视化拖拽将时空对象类 A 添加到自己的类视图中。在时空对象类模板的创建过程中，根据时空对象类的特点和业务需求，对其八元组特征进行设计，例如，从空间参照字典和时间参照字典中选择默认的时空参照，设计不同类型的字段添加至属性特征，开发行为模型库与行为能力关联等，最终建立满足不同应用需求的时空对象类模板集合。

11.5.3　时空对象实例化工具

OneGIS Creator 是时空对象实例化工具，利用该工具在时空对象类模板的约束下，完成时空对象八元组特征的创建、编辑与删除，进而实现多粒度时空对象的全生命周期管理。该工具主要用于少量时空对象的交互构建。时空对象实例化流程图如图 11.30 所示。

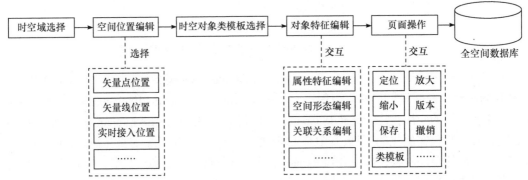

图 11.30　时空对象实例化流程图

时空域是全空间信息系统中在一定的时间和空间范围内时空对象组成的数据集合，是多粒度时空对象的组织单元。时空对象实例化时首先需要明确其时空域，其次根据时空对象位置类型的不同选择相应的工具进行参数配置和空间位置采集，采集完成后系统自动弹出具有该空间位置类型的时空对象类模板供用户交互选择。选择时空对象类模板后，就可以对类模板中时空对象的八元组特征进行实例化，如空间形态的选择和样式编辑、关联关系的编辑等；接着可以通过页面操作实现视图的放大、缩小、版本的指定、类模板的过滤等功能；最后将交互构建的多粒度时空对象存入全空间数据库。

11.5.4　时空对象通用转换工具

OneGIS Tools 是时空对象通用转换工具，该工具基于桌面端集成开发框架，在时空对象类模板的约束下，实现了传统 GIS 数据到多粒度时空对象的自动转换，能够兼容已有的空间数据类型，实现大量时空对象数据的生成。由于 GIS 数据的多源特征，在系统设计时，面向不同的数据源，实现了一批专用的数据解析插件：首先将多源数据转换为多粒度时空对象交换格式，然后在交换格式的基础上采用通用转换插件进行批量入库。时空对象自动转换流程图如图 11.31 所示。

11.5.5　时空对象交换工具

OneGIS Exchange 是时空对象交换工具，该工具基于桌面端集成开发框架，实现多源 GIS 数据与多粒度时空对象数据之间的相互转换，主要用于全空间信息系统与传统 GIS 之间的数据交换。时空对象交换工具系统结构图如图 11.32 所示。

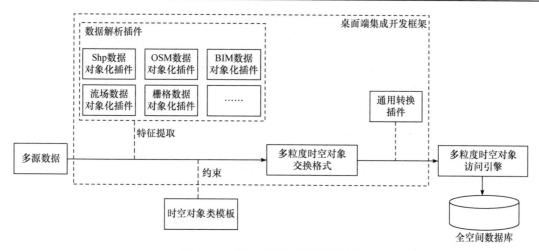

图 11.31　时空对象自动转换流程图

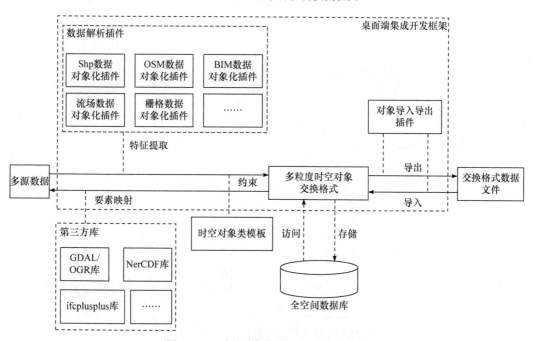

图 11.32　时空对象交换工具系统结构图

　　GIS 中的多源数据通过数据解析插件进行特征提取,在时空对象类模板的约束下转换为多粒度时空对象交换格式内存结构,然后通过对象导入导出插件实现交换格式数据文件的生成,同时也可以通过多粒度时空对象访问引擎将数据存储至全空间数据库。反过来,交换格式数据文件和全空间数据库中的时空对象数据通过对象导入导出插件和多粒度时空对象访问引擎可以转换为多粒度时空对象交换格式内存结构,然后在第三方库的支撑下进行要素映射,最终将时空对象数据转换为 GIS 中的多源数据。

11.5.6　全流程实时管控工具

　　OneGIS ECS 是全流程实时管控工具,利用该工具可以协同、高效、实时地管理和监控整个数据生产流程,实现大规模多粒度时空对象数据的生产,解决实际业务建模中涉及环节多、覆盖范围广的问题。全流程实时管控工具将建模的各个生产环节及生产流程定义为相应的工艺和工序,通过工艺设计、工序定义、过程质量控制和实时监控等技术,实现多粒度时空对象数据的输入、处理和质检的全流程管理和控制,完成大规模时空对象数据的生产。全流程实时管控工具系统结构图如图 11.33 所示。

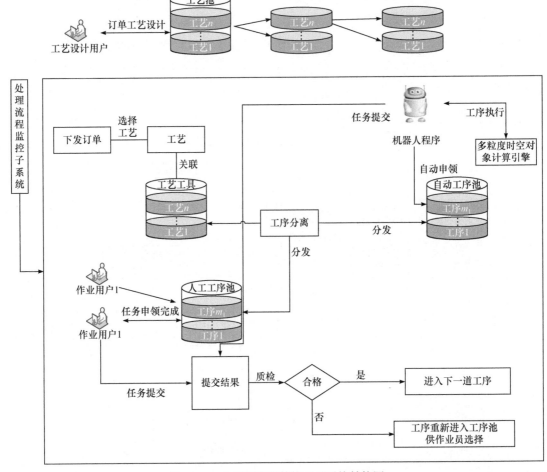

图 11.33　全流程实时管控工具系统结构图

　　为实现全流程实时管控,工艺设计用户基于工艺交互设计系统,利用专业知识,面向实际需求,为多粒度时空对象数据生产设计不同的工艺,并进行工序化定义,各个工序根据所需操作不同装配不同的处理工具。

　　处理流程监控子系统实现工序完成过程的全流程监控。当订单任务下达时,根据不同的订单需求选择对应的工艺,通过工序分离工具,将工序分离为需要作业用户人工完成和需要机器人程序自动完成两类,分别存入人工工序池和自动工序池,并为工序建立先后关联关系,进行工序任务分发。机器人程序到自动工序池中申领需要处理并就绪的工序任务,并将任务交由多粒度时空对象计算引擎处理;同时作业用户到人工工序池中主动申领作业任务,调用相应的工具完成任务并提交。完成的作业任务提交到质检任务池,由专业人员或者相关算法进行质检,如果作业任务符合要求,则将合格的工序作业结果提交到下一道作业工序中,否则,将工序任务返回到对应的工序池中,供作业员或者机器人程序重新申领。

11.5.7　时空对象行为建模工具

OneGIS Builder 是时空对象行为建模工具, 主要用于场景设计和仿真调试, 即在该子系统中完成时空对象行为逻辑的编辑及仿真推演和调试修改, 保证多粒度时空对象的动态特征与现实世界一致。该工具采用分布式计算应用模式, 数据的访问、处理和结果展示在不同的终端, 同时, 各个端的数据内容和结果保持同步。服务端负责行为处理任务的生成和分发, 以及行为处理结果的存储和访问; 运行时环境负责拉取行为处理任务, 调用相应的行为组件对任务进行处理, 并将处理的结果推送至服务器端; 客户机端从服务端请求数据, 实时展示行为处理的结果。时空对象行为建模工具系统结构图如图 11.34 所示。

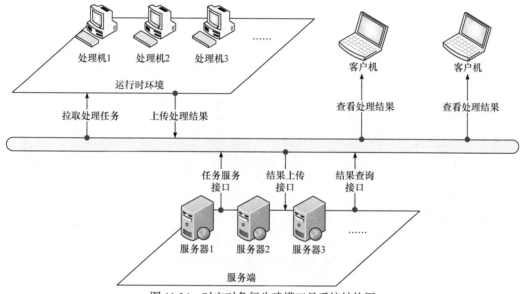

图 11.34　时空对象行为建模工具系统结构图

行为建模的整个流程包括: ①行为实例化, 将时空对象和具体的行为进行绑定, 并对行为的参数进行设置; ②行为 AI 构建, 将零散的行为组织成一棵行为树(决策树), 用于行为执行的逻辑判断; ③场景仿真, 按照仿真步长推动整个场景的执行, 并将执行结果输出展示。时空对象行为建模流程图如图 11.35 所示。

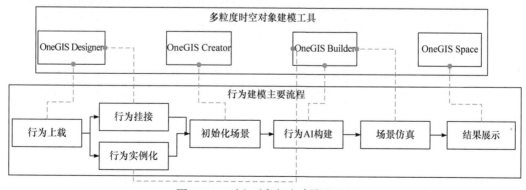

图 11.35　时空对象行为建模流程图

OneGIS Designer 主要完成行为组件的上载和管理, 以及将行为挂载至时空对象类(包括行为字段的映射)。OneGIS Creator 主要完成仿真场景的对象初始化。OneGIS Builder 是行为建模的核心，主要完成时空对象的行为实例化、行为树构建和场景仿真。OneGIS Space 用于行为运行结果的展示。

11.5.8　时空对象发布工具

OneGIS Space 是时空对象发布工具，该工具基于 Web 端集成开发框架实现，一方面用于时空对象的全生命周期显示和八元组特征的可视化检查；另一方面可以将满足要求的时空对象进行服务发布，供多端用户访问。时空对象发布工具系统结构图如图 11.36 所示。

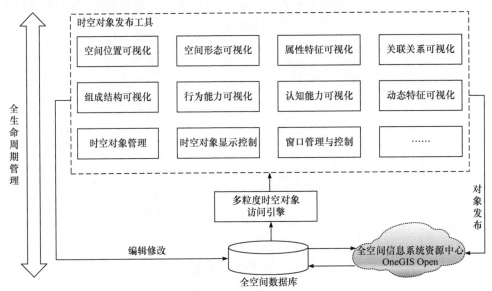

图 11.36　时空对象发布工具系统结构图

第12章 多粒度时空实体分类与编码及数据交换格式设计

12.1 多粒度时空实体分类与编码

分类是将具有共同的属性或特征的事物或现象归并在一起，而把不同属性或特征的事物或现象分开的过程。分类是人类思维所固有的一种活动，是认识事物的一种方法。编码主要用于对数据的存储、管理、检索和交换。分类与编码作为信息技术应用标准化的基础性工作之一，是实现信息表达、交换与集成的前提。客观、明确、无歧义、统一的信息分类编码，是计算机建立信息系统及数据在其中进行交换的先决条件，是保证数据质量的客观性条件(潘明惠，2004)。

在全空间信息系统中，多粒度时空对象模型所描述的时空范畴由地理世界扩展到现实世界，对象内涵从几何、属性等内容拓展到时空参照、组成结构、关联关系、认知能力等八个方面。传统的基础地理信息要素分类与编码标准不能满足多粒度时空对象建模需求，迫切需要在已有相关领域的分类编码标准的基础上，制订能够描述现实世界实体的分类与编码规范。

12.1.1 多粒度时空实体分类

多粒度时空实体分类应遵循如下原则。

(1) 科学性。分类规则应符合现实世界实体的基本组织原则。信息分类视角选择应在满足全空间信息系统需求的同时，充分兼顾各领域传统信息的分类体系。

(2) 兼容性。分类规则应与相关的国家标准及相关行业标准协调一致，如果有相应的国家标准，则优先采用国家标准信息。

(3) 可扩展性。根据实际应用需求，可以自定义分类体系。收录新的国家标准、行业标准或自定义分类标准时，不必打乱已建立的分类体系。同时，还应为分类的进一步延拓细化创造条件，并充分考虑可持续发展的需要。

(4) 实用性。在对事物或概念进行分类编码时，既要保证科学合理，又要立足于实际管理需求，满足全空间信息系统的需求。

按照全空间信息系统研究与应用领域，将多粒度时空实体分为八个基本类别。多粒度时空实体的基本分类如表 12.1 所示。

表 12.1 多粒度时空实体的基本分类

基本分类	说明
地理实体	分布在地表的地理环境中的各种自然现象和人文现象
地质实体	地质领域研究的，分布在地表以下的底层中的实体
海洋实体	包括舰艇、海洋水体、海底地貌等与海洋相关的各种实体
生命体	在地球上分布的包括人在内的各种生命体
空天实体	地球地表以上的大气层，以及外层空间中的大气、星体、天文现象等客观实体
设备	由人创造的，在人的社会活动中能够被反复使用的物质资料

基本分类	说明
网络空间实体	计算机设施及计算机网络构成的数字社会，是所有可用的电子信息、信息交换及信息用户的统称
其他实体	其他没有在基本分类中描述的实体

在基本分类的基础上，为了兼容现有的国家标准或行业标准(如《基础地理信息要素分类与代码》(GB/T 13923—2022))，同时能够扩展使用自定义标准，在全空间信息系统中，收录国家标准或行业标准时，按照国家标准和行业标准研究对象的研究和应用领域，将这些标准分别收录于不同的基本分类，由多粒度时空实体基本分类与国家标准或行业标准定义的分类共同组成多粒度时空实体分类体系。

12.1.2　多粒度时空实体编码

多粒度时空实体编码应遵循如下原则。

(1) 科学性。使用科学合理的编码方法，通过实体编码能够直接获知该编码是否为国家标准或行业标准，以及分类等级信息。

(2) 稳定性。编码不宜频繁变动和修改，以避免造成人、财、物的浪费。

(3) 可扩展性。在扩充新的分类时，为新增加的实体分类留有足够的可扩充备用码，不必打乱已建立的分类体系。

在全空间信息系统中，多粒度时空实体的分类编码采用不定长字符串描述。多粒度时空实体编码方法如表 12.2 所示。

表 12.2　多粒度时空实体编码方法

码段	长度	描述和说明
大类码	2 字节	地理实体、地质实体、海洋实体、生命体、空天实体、设备网络空间实体、其他实体等
编码体系标识	4 字节	用于标识现有收录各种国家标准、行业标准、自定义标准的顺序编号
自定义编码标识	1 字节	如果为 0，表明分类码使用现有国家标准或行业标准的分类与编码；如果为 1，表明分类码使用自定义分类与编码
分类码	变长	当使用国家标准或行业标准时，分类码直接使用该标准的编码；当使用自定义编码时，分类码由不同等级子类编码组合而成，各级编码长度为 3 字节

1. 大类码

大类码使用 2 字节长度，用于标识多粒度时空实体的基本分类，如表 12.3 所示。

表 12.3　多粒度时空实体大类码编码

码段	多粒度时空实体基本分类	编码
大类码 (2 位)	地理实体	01
	地质实体	02
	海洋实体	03

续表

码段	多粒度时空实体基本分类	编码
大类码 (2 位)	生命体	04
	空天实体	05
	设备	06
	网络空间实体	07
	其他实体	08

2. 编码体系标识

编码体系标识为 4 字节长度的顺序码，用于标识当前编码体系中已经收录的现有国家标准、国家军用标准、自定义标准的顺序号。在某大类码下，收录的第一个分类编码体系的编码使用 0001 开头。

3. 自定义编码标识

用于标识当前收录的编码体系是自定义编码还是现有国家标准或行业标准，如果为 0，表明分类码使用现有国家标准或行业标准的分类与编码；如果为 1，表明分类码使用自定义分类与编码。

4. 分类码

分类码采用不定长的字符串，其长度与自定义编码标识有关。当自定义编码标识为 0 时，分类码直接使用现有的国家标准或行业标准，分类码长度为现有的国家标准或行业标准编码长度。使用现有国家标准、行业标准时的编码方法如图 12.1 所示。

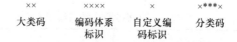

××	××××	×	×****×
大类码	编码体系 标识	自定义编 码标识	分类码

图 12.1　使用现有国家标准、行业标准时的编码方法

例如，在收录现有国家标准《基础地理信息要素分类与代码》(GB/T 13923—2022)后，该标准中测量控制点(编码为 1100000)在全空间信息系统中的编码则为 01000101100000。使用国家标准或行业标准时的多粒度时空实体编码如图 12.2 所示。

01	0001	0	1100000
大类码 (地表实体)	编码体系标识	自定义编码标识 (现有国家标准或行业标准)	分类码 (现有国家标准或行业标准中的编码)

图 12.2　使用国家标准或行业标准时的多粒度时空实体编码(示例)

当使用自定义编码时(自定义编码标识为 1)，分类码由不同等级子类编码组合而成，各级子类编码长度为 3 字节。使用自定义编码时的编码方法如图 12.3 所示。

××	××××	×	×××	×××	×××	×××	×××
大类码	编码体系 标识	自定义编 码标识	一级子类	二级子类	三级子类	…	N级子类

图 12.3　使用自定义编码时的编码方法

例如，在收录自定义标准《家装建材分类与编码》后，该标准中彩色电视机在全空间信息系统中的编码为 0600031005003。使用自定义编码时的多粒度时空实体编码如图 12.4 所示。

06	0003	1	005	003
大类码 (设备)	编码体系标识	自定义编码标识 (自定义标准)	一级子类 (家电)	二级子类 (彩色电视机)

图 12.4　使用自定义编码时的多粒度时空实体编码(示例)

12.2　多粒度时空实体八元组特征分类与编码

在全空间信息系统中，多粒度时空实体包含时空参照、空间位置、空间形态、组成结构、关联关系、认知能力、行为能力和属性特征等八元组特征。在全空间信息系统中，采用线分类法，在八元组特征分类的基础上，按从属关系再次分为一级分类、二级分类和三级分类。多粒度时空实体八元组特征分类与编码采用 14 字节长度字符串，如图 12.5 所示。

××	××××	××××	××××
大类码	一级分类	二级分类	三级分类

图 12.5　多粒度时空实体八元组特征分类与编码方法

其中，大类码长度为 2 字节，使用 01、02 等分别表示多粒度时空实体的各个特征；如果某特征无二级分类或三级分类，则二级编码或三级编码使用由空格组成相应长度的字符串。

12.2.1　时空参照分类与编码

1. 时间参照

常用的时间参照分类与编码如表 12.4 所示，其中 UTC 是目前国际上应用最为广泛的时间系统，以它为标准经过全球划分得到的区时是各地区的标准时间。北京时间是中国国家标准时间，采用的是"协调世界时 UTC"，在国内应用最为广泛。

表 12.4　时间参照分类与编码

大类码	一级分类		二级分类	
	名称	编码	名称	编码
01 (时空参照)	时间参照	0001	协调世界时(UTC)	0001
			北京时间	0002
			国际原子时(TAI)	0003
			GPS 时间(GPST)	0004
			北斗时间(BDT)	0005
			世界时(UT1)	0006
			地球时(TT)	0007
			太阳系质心力学时(TDB)	0008
			……	……

2. 空间参照

在全空间信息系统中，按应用场景将空间参照分为地球坐标系、火星坐标系、月球坐标系、卫星坐标系、载体坐标系等空间参照类型，再按从属关系进一步分类。空间参照分类与编码如表 12.5 所示。

表 12.5　空间参照分类与编码

大类码	一级分类		二级分类		三级分类	
	名称	编码	名称	编码	名称	编码
01 (时空参照)	空间参照	0002	地球坐标系	0001	大地坐标系	0001
					天文坐标系	0002
					站心坐标系	0003
					投影坐标系	0004
					……	……
			火星坐标系	0002	火心火固坐标系	0001
					火心平地球赤道坐标系	0002
					火心平火星赤道坐标系	0003
					……	……
			月球坐标系	0003	月心月固坐标系	0001
					月心平地球赤道坐标系	0002
					月心平月球赤道坐标系	0003
					……	……
			卫星坐标系	0004	星固坐标系	0001
					RTN 坐标系	0002
			载体坐标系	0005	载体坐标系	0001
			……	……	……	……

12.2.2　空间位置分类与编码

　　根据空间位置数据产生方式的不同,多粒度时空实体的空间位置可以分为数据存储位置、实时接入位置、函数模拟位置和周期运动位置。空间位置的分类与编码如表 12.6 所示。

表 12.6　空间位置的分类与编码

大类码	一级分类		说明
	名称	编码	
02 (空间位置)	数据存储位置	0001	存储在数据库、文件、网络服务器等介质中的空间位置
	实时接入位置	0002	通过 GPS 接收机和位置模拟软件实时获取的空间位置
	函数模拟位置	0003	导弹飞行弹道、无人机飞行轨迹等
	周期运动位置	0004	卫星的运行轨道等

12.2.3　空间形态分类与编码

　　多粒度时空实体可以包含多个空间形态,每一个空间形态用一种形态形状描述其展现形式，用多种形态样式描述其渲染方式。

1. 空间形态形状的分类与编码

按照空间形态的数据采样方式，可以将空间形态分为点采样形态、线采样形态、面采样形态、体采样形态和模拟函数形态。表 12.7 定义了空间形态形状的分类与编码。

表 12.7　空间形态形状的分类与编码

大类码	一级分类	二级分类 名称	二级分类 编码	三级分类 名称	三级分类 编码	说明
03 (空间形态)	0001 (形态形状)	点采样形态 (point sampling)	0001	二维矢量点 (point)	0001	具有二维坐标，可准确描述实体的平面空间形态，如城市的中心点
				三维矢量点 (point)	0002	具有三维坐标，可准确描述实体的三维空间形态，如卫星的位置
		线采样形态 (line sampling)	0002	二维矢量线 (linestring)	0001	由具有起点和终点的一系列二维坐标点组成，可描述二维线状实体，如地图中的河流、道路等
				三维矢量线 (linestring)	0002	由具有起点和终点的一系列三维坐标点组成，可描述三维线状实体，如三维油气管道、地下坑道等
		面采样形态 (flat sampling)	0003	二维矢量面(polygon)	0001	具有一定的范围或轮廓，可描述平面上块状的实体，如城市地块和湖泊坑塘等
				三维矢量面(polygon)	0002	具有一定的范围或轮廓，可描述三维面状的实体
				等值面 (isohypse)	0003	空间中的一个曲面，在该曲面上基于空间位置的某属性特征或函数值相同，如等势面、等温面、等压面等
				规则格网 (grid)	0004	规则网格将区域空间切分为规则的格网单元，每一个格网单元对应一个数值
				不规则三角网 (TIN)	0005	根据区域的有限点集将区域划分为相连的三角面网络，三角面的形状和大小取决于不规则分布的测点的密度和位置
				……	……	
		体采样形态 (block sampling)	0004	规则体(球、椭球、圆锥……) (shape block)	0001	使用几何方程式描述的形状，如椭球形状使用 $\dfrac{x^2}{a^2}+\dfrac{y^2}{b^2}+\dfrac{z^2}{c^2}=1$ 描述
				单体表面模型	0002	3D 模型等
				顶点集不规则体 (triangilarmesh)	0003	由空间表面集合描述的体采样形态
				建筑信息模型 (BIM)	0004	使用 BIM 文件描述的时空实体空间形态
				场	0005	使用场文件(*.nc 等)描述的时空实体空间形态，如温度场等
				……	……	
		模拟函数形态 (analog)	0005	流体方程	0001	通过流体方程描述的形态，如欧拉方程、拉格朗日方程等
				电磁波传播方程	0002	通过电磁波传播方程描述时空实体的形态
				……	……	
		……	……	……	……	

2. 空间形态样式的分类与编码

形态样式描述了多粒度时空实体形态形状的渲染方式。多粒度时空实体的空间形态样式分类与编码如表 12.8 所示。

表 12.8　空间形态样式的分类与编码

大类码	一级分类	二级分类		三级分类		说明
		名称	编码	名称	编码	
03 (空间形态)	0002 (形态样式)	符号	0001	点状符号	0001	通过符号的类型、大小、颜色、显示级别、字体和标注信息等表达时空实体空间形态
				线状符号	0002	
				面状符号	0003	
				体状符号	0004	
		模型文件样式	0002	模型文件	0001	通过模型文件样式(3DS、BIM 等)表达时空实体空间形态
		网格	0003	不规则三角网	0001	通过设置每个格网填充样式(颜色、纹理贴图)等参数，绘制立体模型以表达时空实体的空间形态
				二维规则格网	0002	
				立体规则格网	0003	
		点集合形态样式	0004	点云	0001	用于展现点云形态的样式
		场形态样式	0005	场形态样式	0001	展现场(如气温)形态形状的样式
		纹理贴图	0006	纹理贴图	0001	基于贴片/纹理方式的形态样式
		……	……	……	……	

12.2.4　属性特征分类与编码

参考 Oracle、MySQL 等数据库字段类型，将多粒度时空实体属性值分为数值、文本、布尔值、枚举值、日期/时间、大型对象(large object，LOB)数据等不同类型。属性值的分类与编码如表 12.9 所示。

表 12.9　属性值的分类与编码

大类码	一级分类		二级分类		说明
	名称	编码	名称	编码	
属性特征 (04)	数值	0001	整数类型	0001	由整型(int)、长整型(long int)等整数类型描述的属性值
			小数类型	0002	由浮点型(float / double)、定点型(decimal)等小数类型描述的属性值
	文本	0002	定长型	0001	主要是以固定长度的字符串(char)描述的属性值
			变长型	0002	以实际字符串长度描述的属性值，如 varchar 类型
			文本字符串	0003	字符串长度超过 255 时，使用文本字符串(text)文本类型
	布尔值	0003			主要是以"是/否(有/无、对/错)"等形式描述的值，如用于描述是否显示、是否唯一等内容

大类码	一级分类 名称	一级分类 编码	二级分类 名称	二级分类 编码	说明
属性特征 (04)	枚举值	0004			主要是以可枚举的列表形式描述的值，如通信方式中"语音、报文、视频"等枚举列表内容
	日期/时间	0005	日期	0001	主要是以"年月日"形式描述的日期类型的属性值
			时间	0002	主要是以"时分秒"形式描述的时间类型的属性值
			日期时间	0003	主要是以"年月日时分秒"形式描述的日期时间类型的属性值
	大型对象 (LOB)数据	0006	二进制数据	0001	可存储最大长度为4Gb的二进制数据(binary LOB，BLOB)，如多媒体图像、视频、声音等
			二进制对象文件	0002	在字段外部保存的大型二进制对象文件(BFile)，最大长度为4Gb
	……	……			

12.2.5 关联关系分类与编码

按照关联关系的应用领域，多粒度时空实体关联关系分为社会关系、军事关系、经济关系、自然关系等。多粒度时空实体关联关系的分类与编码如表12.10所示。

表 12.10 关联关系的分类与编码

大类码	一级分类 名称	一级分类 编码	二级分类 名称	二级分类 编码
05 (关联关系)	社会关系	0001	血缘关系	0001
			夫妻关系	0002
			亲属关系	0003
			好友关系	0004
			同事关系	0005
			合作关系	0006
			雇佣关系	0007
			……	……
	军事关系	0002	协同关系	0001
			指挥关系	0002
			通信关系	0003
			驾驶关系	0004
			编队关系	0005
			敌对关系	0006
			……	……

续表

大类码	一级分类		二级分类	
	名称	编码	名称	编码
05 (关联关系)	经济关系	0003	经济联盟关系	0001
			经济共同体关系	0002
			经济合作关系	0003
			经济制裁关系	0004
			贸易往来关系	0005
			……	……
	自然关系	0004	共生关系	0001
			寄生关系	0002
			群居关系	0003
			食物链关系	0004
			……	……
	……	……		

12.2.6　组成结构分类与编码

组成结构的分类与编码如表 12.11 所示。

表 12.11　组成结构的分类与编码

大类码	一级分类		示例
	名称	编码	
06 (组成结构)	组件关系	0001	处理器与电脑
	成员关系	0002	指挥员与乐队
	切片关系	0003	桌子腿与桌子
	区域关系	0004	郑州市与河南省
	……	……	……

12.2.7　行为能力分类与编码

多粒度时空实体行为能力可分为逻辑判断行为能力和状态变化行为能力。其中,逻辑判断行为能力改变时空实体的行为控制方式,状态变化行为能力改变时空实体的空间位置、空间形态、关联关系、组成结构和属性特征。多粒度时空实体行为能力的分类与编码如表 12.12 所示。

表 12.12　行为能力的分类与编码

大类码	一级分类		二级分类	
	名称	编码	名称	编码
07 (行为能力)	逻辑判断行为能力	0001	逻辑判断行为能力	0001
	状态变化行为能力	0002	位置变化行为	0001

续表

大类码	一级分类		二级分类	
	名称	编码	名称	编码
07 (行为能力)	状态变化行为能力	0002	形态变化行为	0002
			关系变化行为	0003
			组成分解行为	0004
			属性变化行为	0005
			复合变化行为	0006

12.2.8 认知能力分类与编码

在全空间信息系统中,将多粒度时空实体的认知能力分为价值判断、分析决策、自主学习三个基本类型。认知能力的分类与编码如表 12.13 所示。

表 12.13 认知能力的分类与编码

大类码	一级分类		说明
	名称	编码	
08 (认知能力)	价值判断	0001	依据时空实体现有知识库和状态信息对行动目标集进行价值判断和评估,以确定时空实体在特定状态下的行为意图
	分析决策	0002	以时空实体知识库、模型库为基础,在分析时空实体状态信息的基础上,根据时空实体意图进行行为决策
	自主学习	0003	时空实体在与外界相互作用的过程中存在大量的信息更新,基于机器学习方法对这些不断更新的信息进行学习和训练,并用于时空实体知识库的更新和决策模型库的优化

12.3 多粒度时空对象数据交换格式设计

12.3.1 多粒度时空对象数据集

多粒度时空对象数据集是由多粒度时空对象数据构成的集合,它采用特定的结构对多粒度时空对象数据进行组织。多粒度时空对象数据集可以按照一定的时空域进行组织,即将某一个或多个时空域中的多粒度时空对象组织成一份数据集;也可以按照特定的专题内容进行组织,即将一个或多个时空类的多粒度时空对象组织成一份数据集,从而构成专题数据集。

多粒度时空对象数据集的内容如图 12.6 所示。

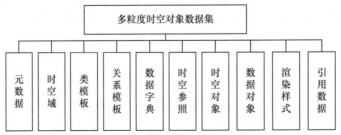

图 12.6 多粒度时空对象数据集的内容

1) 元数据

元数据是对多粒度时空对象数据集的描述性信息，主要包括多粒度时空对象数据集的时空范围、版本、编码、统计信息等内容，是对数据集的总体描述。

2) 时空域

时空域是多粒度时空对象数据的组织单元，一份多粒度时空对象数据集至少包含一个时空域。多粒度时空对象数据集允许将多个时空域中的对象组织在一起，这个时候的时空域就是多个。

3) 类模板

类模板是多粒度时空对象的抽象，它将具有共同特征的对象抽象并组织成一个类。多粒度时空对象数据集中的对象可能涉及多个类模板，也就是说，可以将多个专题内容的多粒度时空对象数据组织成一个数据集。

4) 关系模板

关系模板是多粒度时空对象关联关系的抽象，它将具有共同特征的对象关系抽象并组织成一个关系模板。与类模板类似，多粒度时空对象数据集可以包含多个不同的关系模板，它们共同构成对复杂关系网络的抽象描述。

5) 数据字典

数据字典对多粒度时空对象数据所引用的枚举型数据字段进行定义，是数据字段的集合。

6) 时空参照

时空参照是多粒度时空对象时间参照系统和空间参照系统的描述数据，既包括系统支持的时空参照，也包括时空对象所引用的用户自定义的时空参照。

7) 时空对象

时空对象是数据集的核心内容，它存储了多粒度时空对象数据的时空参照、空间位置、空间形态、组成结构、关联关系、属性特征、行为能力和认知能力等数据内容。

8) 数据对象

数据对象文件存储多粒度时空对象所产生的数据，这些数据往往变化频次较高但结构相对简单，如轨迹定位数据、温湿度传感数据等。

9) 渲染样式

渲染样式是指多粒度时空对象数据集在可视化时的样式数据，记录了图形、图像、模型等数据的样式信息。渲染样式可以使多粒度时空对象数据集按照指定的样式绘制。

10) 引用数据

引用数据是指多粒度时空对象数据集中所引用的文件数据。有一些数据结构复杂，不适合在多粒度时空对象数据中进行描述，所以采用引用文件的方式单独描述。

多粒度时空对象数据集是对多粒度时空对象数据集合的统称，并不是具体的数据格式。全空间信息系统将多粒度时空对象数据交换格式作为数据集的载体。

12.3.2　多粒度时空对象数据交换格式主要作用

多粒度时空对象数据交换格式是全空间信息系统或全空间信息系统与其他信息系统之间实施数据双向交换时所采用的数据格式，是多粒度时空对象数据集的具体体现，以文件的形式对多粒度时空对象数据集进行组织。

多粒度时空对象数据交换格式主要有以下几方面作用。

1) 便于不同系统之间的数据共享

数据共享是数据交换格式存在的最基本的目的和意义，不同的系统之间由于底层实现逻辑和采用的数据接口不同，无法直接实现数据集的共享和互操作。多粒度时空对象数据交换格式作为一种中间格式，可以屏蔽系统实现逻辑的差异，从而实现全空间信息系统或全空间信息系统和其他信息系统之间的数据共享。

2) 便于了解多粒度时空对象数据的结构和内容

多粒度时空对象数据交换格式作为一种文件格式的数据集组织形式，对数据的组织结构和内容都进行了明确的规定，这样有利于用户对多粒度时空对象数据结构和数据内容进行了解，例如，用户可以通过检查多粒度时空对象数据交换格式发现数据集中存在的问题。

3) 作为全空间信息系统的数据标准

通过多粒度时空对象数据交换格式，可以直接将数据导入全空间信息系统数据库中，也可以将数据库中的数据导出成交换格式，是全空间信息系统直接支持的数据格式，也是全空间信息系统的数据标准。

4) 有利于多源异构数据的融合处理

可以将多源异构数据通过处理工具或交互手段，处理成多粒度时空对象数据交换格式，再导入全空间信息系统数据库中，从而实现多源异构数据的融合处理。

12.3.3 多粒度时空对象数据交换格式设计要求

多粒度时空对象数据交换格式的设计应当在满足系统需求的条件下，尽可能参考国内外现有数据交换格式标准，以及国内外现有 GIS 软件的内部数据和交换格式，并符合以下几方面要求。

1) 完备性

完备性是指多粒度时空对象数据交换格式所包含的数据应当完整，不能出现数据集中某些引用数据不存在或数据内容缺失的情况。也就是说，多粒度时空对象数据交换格式的内容应当构成数据闭环。

2) 简单性

简单性是指多粒度时空对象数据交换格式应当尽可能简单，使得用户易读易懂。这是因为，如果设计的多粒度时空对象数据交换格式过于复杂，可能会导致用户难以理解和编程，从而影响数据的推广和共享。在确保数据完备性的条件下，多粒度时空对象数据交换格式应尽可能简单。

3) 继承性

为了易于用户理解数据内容、便于现有信息系统的读取，多粒度时空对象数据交换格式应当具有继承性。继承性是指多粒度时空对象数据交换格式应当尽可能符合和使用现有标准，例如，使用 OGC 规定的 GeoJSON 数据格式对矢量空间数据进行组织。

4) 可扩展性

由于人们对全空间信息系统的认知和理解存在一定的局限性，目前所制定的多粒度时空对象数据交换格式标准不一定能够完全适合未来的系统。应当在不影响现有系统运行的前提下，对部分未来有变化的数据内容留有扩展空间。

12.3.4 多粒度时空对象数据交换格式实现方法

为了便于不同系统之间的数据共享，在遵循设计要求的基础之上，全空间信息系统设计了一种轻量级的多粒度时空对象数据交换格式，其总体框架如图 12.7 所示。主要分为 5 个层次，包括数据描述层、通用范式层、数据定义层、数据存储层、引用和渲染层。

图 12.7　多粒度时空对象数据交换格式总体框架

1. 数据描述层

数据描述层，即元数据(.metadata 文件)。元数据是整个文件数据集的入口，每一份多粒度时空对象数据交换格式文件都必须包含.metadata 文件，且不论数据交换格式文件使用何种格式(XML 或 JSON 或 BINARY)进行组织，元数据文件的格式都是固定不变的，即以文本明码的方式存储。多粒度时空对象数据交换格式的命名格式为：[数据集名称].metadata。

多粒度时空对象数据交换格式的元数据文件标识为 "[Multi-granularity Spatio-temporal Object Data File]"，它位于第一行，是区别于其他类型文件的主要依据。其余字段均采用 "'字段名称' = '字段值'" 的方式进行描述。fileFormat 字段表示该数据集中其余文件是采用 JSON 结构、XML 结构或 BINARY 结构中的哪种结构。version 字段表示多粒度时空对象数据交换格式的版本号，不同版本的交换格式在内容上会有所差别，版本号字段有利于区分不同版本的数据交换格式，从而提高数据交换格式的版本兼容性。characterset 字段表示多粒度时空对象数据交换格式的编码字符集，它决定了数据交换格式将采用何种字符集进行编码。stime 和 etime 字段分别表示数据集的起始时间和终止时间，也就是多粒度时空对象数据交换格式数据集的时间域。geoBox 字段表示数据集的空间范围，由两组三维点坐标表示，分别是左下角点和右上角点，也就是多粒度时空对象数据集的空间域。authority 字段表示机构信息，即多粒度时空对象数据集的生产单位。

多粒度时空对象数据交换格式元数据文件(.metadata)示例内容如下：

```
[Multi-granularity Spatio-temporal Object Data File]
fileFormat=JSON
version=1.0
characterset=utf-8
stime=1547793044036
etime=1547845035064
geoBox=[114.286262854661,9.71438415139322,0.0][114.286287410203,9.7145325694367,0.0]
authority=OneGIS
```

2. 通用范式层

多粒度时空对象数据交换格式的通用范式是对整个数据存储格式的约束，主要包含三部分内容，即时间参照(.trs 文件)、空间参照(.srs 文件)和数据字典(.datum 文件)。时间参照和空间参照分别对时间参照系统和空间参照系统进行定义和存储，定义的内容采用 WKT(或 WKB)格式；数据字典是对数据存储格式中引用到的数据字段进行定义和描述。

1) 时间参照和空间参照

时间参照和空间参照的结构基本一致，都包含两个部分：一个是系统支持的，标识为 system；一个是用户自定义的，标识为 derived。时间参照和空间参照的编号规则为：[机构名称]:[编号]。具体定义内容按照 WKT(或 WKB)的格式要求，以兼容传统地理信息系统的标准规范。

多粒度时空对象数据交换格式时间参照文件(.trs)示例内容如下：

```
{
    "system": [
        {
            "id": "onegis:1001",
            "wkt": "TIMECRS[\"Beidou Time\",TDATUM[\"Time origin\",TIMEORIGIN[2006-01-01T00:
00:00Z]],CS[temporal,1],AXIS[\"time\",future],TIMEUNIT[\"week\",604800.0,1],AUTHORITY[\"ONEGIS\",1005]
,REMARK[\"BDT\",\"北斗时间\"]]"
        },
        {
            "id": "onegis:1002",
            "wkt": "TIMECRS[\"GPS Time\",TDATUM[\"Time origin\",TIMEORIGIN[1980-01-06T00:00:
00Z]],CS[temporal,1],  AXIS[\"time\",future],TIMEUNIT[\"week\",604800.0,1],AUTHORITY[\"ONEGIS\",1004],R
EMARK[\"GPST\",\"GPS 时间\"]]"
        }
    ],
    "derived": []
}
```

多粒度时空对象数据交换格式空间参照文件(.srs)示例内容如下：

```
{
    "system": [
        {
            "id":"epsg:4326",
            "wkt": "GEOGCS[\"GCS_WGS_1984\",DATUM[\"D_WGS_1984\",SPHEROID[\"WGS_1984\
",6378137,298.257223563]],PRIMEM[\"Greenwich\",0],UNIT[\"Degree\",0.0174532925199943295]],VERTCS[\"EG
M2008_Geoid\",VDATUM[\"EGM2008_Geoid\"],PARAMETER[\"Vertical_Shift\",0.0],PARAMETER[\"Direction
\",1.0],UNIT[\"Meter\",1.0]]}"
        }
    ],
    "derived": []
}
```

2) 数据字典

数据字典对多粒度时空对象数据交换格式所引用的枚举型数据字段进行定义，是数据字段的集合。数据字典中每一个数据字段的定义都包含 name、desc 和 content。其中，name 字段是数据字段的类型名称，如"valueType""spatialDataType"等；desc 字段是数据字段的类型描述，如"属性数据类型""空间数据类型"等；content 字段是数据字段的内容信息，是由"键值对"组成的集合，定义了数据字段的枚举值。

多粒度时空对象数据交换格式数据字典文件(.datum)示例内容如下：

```json
[
    {
        "name": "valueType",
        "desc": "属性数据类型",
        "content": [
            {
                "key": "SHORT",
                "name": "16 位整型"
            },
            {
                "key": "INT",
                "name": "32 位整型"
            },
            {
                "key": "LONG",
                "name": "64 位整型"
            },
            {
                "key": "FLOAT",
                "name": "32 位浮点型"
            },
            {
                "key": "DOUBLE",
                "name": "64 位浮点型"
            },
            {
                "key": "TEXT",
                "name": "字符型"
            },
            {
                "key": "DATETIME",
                "name": "日期型"
            },
            {
                "key": "BOOLEAN",
                "name": "布尔型"
            }
        ]
    }
]
```

3. 数据定义层

多粒度时空对象数据交换格式定义层实现对象数据的规范、约束和定义，主要包含类模板(.class 文件)、关系模板(.relation 文件)和时空域(.domain 文件)。

1) 类模板

类模板文件的命名格式为：[数据集名称].class。当文件内容超过额定大小时，可以将文件进行分割，分割后的文件命名格式为：[数据集名称].[n].class，其中 n 为文件序号(从 2 开始编号)，类模板文件的结构和内容如表 12.14 所示。fields 为属性字段的集合，属性字段是对属性的定义，属性字段的结构和内容如表 12.15 所示；forms 为空间形态字段的集合，空间形态字段是对空间形态的定义，空间形态字段的结构和内容如表 12.16 所示；connectors 为连接字段的集合，连接字段是对类模板之间的关系进行定义，连接字段的结构和内容如表 12.17 所示；models 为行为能力字段的集合，行为能力字段的结构和内容如表 12.18 所示。

表 12.14　类模板文件的结构和内容

关键字	值类型	说明
id	64 位整型	类模板的唯一标识
name	字符型	类模板的名称
desc	字符型	类模板的描述
srs	字符型	类模板引用的空间参照标识
trs	字符型	类模板引用的时间参照标识
fields	集合	属性字段的集合
forms	集合	空间形态字段的集合
connectors	集合	连接字段的集合
models	集合	行为能力字段的集合

表 12.15　属性字段的结构和内容

关键字	值类型	说明
id	64 位整型	属性字段的唯一标识
name	字符型	属性字段的名称
caption	字符型	属性字段的标题
desc	字符型	属性字段的简要描述
type	字符型	属性值的数值类型
domain	字符型	值域，包含属性"值域类型"和"值域值"
defaultValue	字符型	默认值

表 12.16　空间形态字段的结构和内容

关键字	值类型	说明
id	64 位整型	空间形态的唯一标识
name	字符型	空间形态的名称
type	字符型	空间形态的数据类型

续表

关键字	值类型	说明
geotype	字符型	空间形态的位置类型
dim	16 位整型	空间形态的维度，取值为 2 或 3
minGrain	64 位浮点	空间形态最小可视尺度
maxGrain	64 位浮点	空间形态最大可视尺度

表 12.17　连接字段的结构和内容

关键字	值类型	说明
id	64 位整型	连接字段的唯一标识
name	字符型	连接字段的名称
type	字符型	连接的类型
relation	对象	relation 只有当"type = association"时才不为空，具有两个属性：关系的唯一标识、关系的名称
target	对象	连接目标对象，包含两个属性：类模板的唯一标识、类模板的名称

表 12.18　行为能力字段的结构和内容

关键字	值类型	说明
id	64 位整型	行为字段的唯一标识
name	字符型	行为字段的名称
desc	字符型	行为的描述
params	集合	行为参数的标识集合，对行为参数定义，同属性字段
inputs	集合	输入参数的标识集合，对输入参数定义，同属性字段
outputs	集合	输出参数的标识集合，对输入参数定义，同属性字段

多粒度时空对象数据交换格式类模板文件(.class)示例内容如下：

```
[{
    "id": 3547,
    "name": "道路",
    "desc": "描述道路",
    "srs": "epsg:4326",
    "trs": "onegis:1001",
    "fields": [
        {
            "id": 4113,
            "name": "name",
            "caption": "名称",
            "desc": "输入名称",
            "type": "double",
            "domain": {
                "type": "range",
```

```
                    "value": [2.34, 100.87]
                },
                "defaultValue": ""
            }
        ],
        "forms": [
            {
                "id": 304466800640,
                "name": "default",
                "type": "model3d",
                "geotype": "point",
                "dim": 3,
                "minGrain": 0.0,
                "maxGrain": 0.0
            }
        ],
        "connectors": [
            {
                "id": 4131,
                "name": "",
                "type": "association",
                "relation": {
                    "id": 65453,
                    "name": "控制关系"
                },
                "target": {
                    "id": 3547,
                    "name": "道路"
                }
            }
        ],
        "models": []
    }]
```

2) 关系模板

关系模板文件描述类模板之间的关联，包括继承、关联、依赖、组合等关系。关系模板文件命名格式为：[数据集名称].relation。关联关系的结构和内容如表 12.19 所示。

表 12.19　关联关系的结构和内容

关键字	值类型	说明
id	64 位整型	关系的唯一标识
name	字符型	关系的名称
mappingType	字符型	关系映射类型，如一对一、一对多、多对多
fields	集合	关系的属性字段，同属性字段

多粒度时空对象数据交换格式关系模板文件(.relation)示例内容如下：

```
[
    {
        "id": 4923,
        "name": "控制",
        "mappingType": "onetomany",
        "fields": [{
            "id": 4113,
            "name": "name",
            "caption": "名称",
            "desc": "输入名称",
            "type": "double",
            "domain": {
                "type": "range",
                value": [2.34, 100.87]
            },
            "defaultValue": ""
        }],
        "rules":[]
    }
]
```

3) 时空域

时空域本质上是对数据集的一种组织方式，包含了当前数据集的基本时间和空间范围等信息。时空域文件名称格式为：[数据集名称].domain。时空域的结构和内容如表 12.20 所示。

表 12.20　时空域的结构和内容

关键字	值类型	说明
id	64 位整型	时空域唯一标识
name	字符型	时空域名称，如"地球时空域"
desc	字符型	用于对当前的时空域进行简要描述
sTime	浮点型	当前时空域的起始时间
eTime	浮点型	当前时空域的结束时间
parentId	64 位整型	当前时空域的父时空域标识号
trs	字符型	时间参照唯一标识
srs	字符型	空间参照唯一标识
geoBox	对象	几何范围对象，[23.56,12,0,50.36,23.69,5469.5]分别表示 minx、miny、minz、maxx、maxy、maxz

多粒度时空对象数据交换格式关系模板文件(.domain)示例内容如下：

```
[{
    "id": 5789613,
    "name": "地球时空域",
```

       "desc": "描述信息",
       "sTime": 598646,
       "eTime": 12465348,
       "parentId": 4569831,
       "trs": "onegis:5698",
       "srs": "epsg:4326",
       "geoBox": [23.56,12,0,50.36,23.69,5469.5]
   }]

4. 数据存储层

多粒度时空对象数据存储层实现对象数据的存储，是整个数据交换格式的核心，主要包含时空对象(.object 文件)和数据对象(.dobject 文件)。时空对象文件存储多粒度时空对象数据，包含时空参照、空间位置、空间形态、组成结构、关联关系、属性特征、行为能力和认知能力等数据内容；数据对象文件存储多粒度时空对象所产生的数据，这些数据往往变化频次较高但结构相对简单，如轨迹定位数据、温湿度传感数据等。虽然在理论层面没有区分数据对象和时空对象，但在技术层面，为了便于数据组织管理和技术实现，多粒度时空对象数据交换格式数据存储层将数据对象和时空对象分别存储成两个文件。

1) 时空对象

时空对象文件命名的格式为：[数据集名称].object。当文件超过额定大小时，可以将文件分割，分割后文件命名为：[数据集名称].[n].object，其中 n 为文件序号(从 2 开始编号)。时空对象的结构和内容如表 12.21 所示，其中，attributes 为时空对象属性值的集合，其结构和内容如表 12.22 所示；forms 为时空对象形态值的集合，其结构和内容如表 12.23 所示；models 为时空对象行为的集合，行为记录的结构和内容如表 12.24 所示；network 为时空对象的关系记录，关系记录的结构和内容如表 12.25 所示；compose 为时空对象的组成结构，是子对象唯一标识的集合；dataGenerate 为时空对象产生的数据对象的标识号集合；versions 为时空对象的版本集合，记录了对象的所有版本变化信息，版本的结构和内容如表 12.26 所示。

表 12.21 时空对象的结构和内容

关键字	值类型	说明
id	64 位整型	时空对象唯一标识
name	字符型	时空对象名称
oType	64 位整型	时空对象实例化所参考的类的标识
trs	字符型	时间参照的编号，如 onegis:1001
srs	字符型	空间参照的编号，如 epsg:4326
realtime	浮点型	时空对象创建时相对于时间参照的真实的时间
geoBox	集合	时空对象的空间范围，[23.56,12,0,50.36,23.69,5469.5]分别表示 minx、miny、minz、maxx、maxy、maxz
sdomain	64 位整型	时空对象所属时空域唯一标识
parent	64 位整型	父对象的唯一标识，这里的父对象和继承及组成结构的父子概念不同，这里的父对象是空间参考意义上的父，即子对象的空间位置坐标依赖于父对象的空间参照
attributes	集合	时空对象属性值的集合
forms	集合	时空对象形态值的集合

续表

关键字	值类型	说明
models	集合	时空对象行为的集合
network	对象	时空对象的关系记录
compose	集合	时空对象的组成结构
dataGenerate	集合	时空对象产生的数据对象的标识号集合
versions	集合	时空对象的版本集合

表 12.22 属性值的结构和内容

关键字	值类型	说明
fid	64 位整型	对象类模板中所定义字段的标识
name	字符型	字段的名称
value	字符型	属性值

表 12.23 形态值的结构和内容

关键字	值类型	说明
id	64 位整型	形态的标识
formRef	字符型	形态所引用的内容，指形态数据为外部引用文件
type	16 位整型	形态类型
dim	16 位整型	形态的维度，取值为 2 或 3
minGrain	64 位浮点	形态的最小可视尺度
maxGrain	64 位浮点	形态的最大可视尺度
geom	对象	形态依赖的位置信息，GeoJSON 格式

表 12.24 行为记录的结构和内容

关键字	值类型	说明
id	64 位整型	行为的唯一标识
execTime	浮点型	行为相对于时间参照的执行时间
inputs	集合	输入参数的集合，为 key-value 键值对
outputs	集合	输出参数的集合，为 key-value 键值对

表 12.25 关系记录的结构和内容

关键字	值类型	说明
refObject	64 位整型	关联的时空对象的唯一标识，也作为节点的唯一标识
properties	集合	节点属性集合，节点私有，存储的为 key-value 键值对
edge	对象	节点关联的边

表 12.26　版本的结构和内容

关键字	值类型	说明
vtime	64 位整型	当前版本的时间
actions	集合	操作的集合

base	基本信息	具体输出哪个属性由 actions 中的 objectOperationType 决定，例如，某一个 action 的内容为：
		{
		　"id"：1087888603813650400,
		　"operation"：{
		　　"actionOperationType"："adding"，
		　　"objectOperationType"："form"
		　}
		}
		说明增加了形态 form，标识号为 1087888603813650400

attribute	属性信息	
form	形态	
relation	关系	
compose	组成	
model	行为	
reference	时空参照	

2) 数据对象

数据对象文件的命名格式为：[数据集名称].dobject。数据对象的结构和内容如表 12.27 所示，其中，dType 为数据对象的类模板的唯一标识，数据对象的类模板和时空对象的类模板在结构上是一致的，区别在于对于数据对象而言，类模板中只有属性特征是起作用的。

表 12.27　数据对象的结构和内容

关键字	值类型	说明
id	64 位整型	数据对象唯一标识
name	字符型	数据对象的名称
dType	64 位整型	数据对象的类模板的唯一标识
dataSource	64 位整型	数据对象的来源对象，即由谁产生的，记录了产生数据对象的多粒度时空对象唯一标识
data	字符型	引用数据的文件名称，如 cars.track

多粒度时空对象数据交换格式数据对象文件(.dobject)示例内容如下：

```
[{
    "id":100099277,
    "name":"轨迹数据",
    "dType":9872,
    "dataSource":4013686669312,
    "data": "cars.track"
}]
```

data 是记录数据对象的文件引用地址，如轨迹数据文件的引用地址。这些文件采用 CSV 文件格式组织数据，即第一行定义字段名称，从第二行开始为对应字段的数据，字段和字段之间采用空格或英文逗号分隔开。轨迹数据文件(.track)的示例内容如下：

```
time x y z speed
1729299 120.921 35.211 0.0 98
1730299 120.926 35.235 0.0 101
```

1731299 120.910 35.237 0.0 111
1732299 120.920 35.277 0.0 100
1733299 120.915 35.289 0.0 92
1734299 120.914 35.302 0.0 94
1735299 120.946 35.342 0.0 97

5. 引用和渲染层

多粒度时空对象数据交换格式的引用层是指数据对象、时空对象等所引用的文件或数据，例如，数据对象引用的轨迹数据文件(.track)就属于引用层文件，时空对象引用的三维模型(.osgb、.ive、.glb 等)也属于引用层文件。

多粒度时空对象数据交换格式的渲染层(.style)是指时空对象的渲染样式文件，全空间信息系统采用层叠样式表(cascading style sheet，CSS)的方式对渲染数据进行描述。其中，"."代表类模板的样式，"."后紧接的是类模板的唯一标识，表示所有派生自该类模板的时空对象都需要采用类模板的渲染样式；"#"代表时空对象的样式，"#"后紧接的是时空对象的唯一标识，表示仅有该对象采用定义的样式渲染。当有多个类或者多个时空对象采用同样的渲染样式时，可以用"空格"将其分隔开。

多粒度时空对象数据交换格式渲染层文件(.style)的示例内容如下：

```
.304466800640 {
line-color: rgb(0, 0, 0);
    line-width: 1px;
    line-type: solid;
}


.30345522232 .635527333 {
    line-color: rgb(233, 155, 0);
    line-width: 1px;
    line-type: solid;
}


#1086198533566107649 {
    line-color: rgb(255, 0, 0);
    line-width: 1px;
    line-type: dot;
}


#12663556263633673 #736266363627182 #88737283912 {
    line-color: rgb(255, 121, 0);
    line-width: 1px;
    line-type: dot;
    fill-color: rgb(0, 0, 255, 0.2);
}
```

第 13 章　全空间信息系统数据管理

13.1　多粒度时空对象数据管理模式

传统 GIS 通常采用横向分块、纵向分层的方式对空间数据进行组织与管理(华一新等, 2019), 是一种数据管理和可视化为一体的静态数据组织方式。然而, 多粒度时空对象是动态变化的, 很难直接确定不同时间的时空对象所属的图层和图幅。此外, 采用静态、平面的图层管理三维动态的时空实体需要先进行降维处理, 势必会导致信息损失。由此可见, 横向分块、纵向分层的方式不适用于全空间信息数字世界的数据管理, 需要面向多粒度时空对象管理需求研究新的数据组织管理方法。

本书提出了时空域的概念, 研究并实现了基于时空域构建全空间数字世界, 即华一新等(2017)提出的多粒度时空对象模型组织与管理的技术方法。

13.1.1　多粒度时空对象数据管理要求

多粒度时空对象是构成全空间数字世界的基本要素, 是全空间信息系统的主要体现。为实现全空间信息系统数据的组织与管理, 从全空间数字世界构建、管理和认知的角度出发对时空对象的组织与管理提出以下要求。

1) 便于全空间数字世界的构建

传统 GIS 将客观现实世界抽象为静态的、平面的地图, 这种数据组织与管理方式不适用于构建动态的、立体的全空间数字世界。全空间数字世界是无限复杂的, 是客观现实世界的真实映射。全空间信息系统按照人们对客观现实世界的认知规律, 逐次地对一定时空范围或者一定主题内容的现实世界进行时空对象集合的构建, 最终将它们合并成一个完整的全空间数字世界。因此, 全空间信息系统所采用的多粒度时空对象数据管理方式必须要便于全空间数字世界的构建。

2) 便于全空间数字世界的管理

首先, 全空间数字世界中的时空对象数据体量巨大、类型多样、尺度不同, 需要根据对象的时空分布规律, 按照时空范围和专题内容划分为不同的对象集合, 从而实现多粒度时空对象数据的快速检索和高效管理。其次, 在全空间数字世界管理过程中, 需要进行大量的时空对象集合建立、修改、删除、拷贝、导入和导出等操作, 这些操作往往集中在特定的时空范围和主题内容。因此, 全空间信息系统所采用的数据管理方式必须要利于按照时空范围和主题内容对多粒度时空对象集合进行操作。

3) 便于全空间数字世界的认知

客观现实世界中的实体是具有层次性的, 即大的实体是由小的实体组成的。这就需要在对认知区域建立全局概念的基础上, 逐次渐进到实体的个体及其细节。因此, 在进行全空间数字世界的多粒度时空对象数据组织与管理时, 同样需要按照时空范围逐次构建从整体到局部的时空对象逻辑视图, 以满足用户认识全空间数字世界的需要。

13.1.2　全空间信息系统的时空域

1. 时空域的概念

为了满足多粒度时空对象数据组织与管理的需要，全空间信息系统提出了时空域的概念。时空域是全空间信息系统中在一定的时间和空间范围内的时空对象组成的数据集合，即通过约束时空范围和主题内容形成的多粒度时空对象集合(spatio-temporal domain，STD)，形式化描述为

$$STD = <(t, TR), (v, SR), E, STD' > \tag{13.1}$$

式中，$t = [t_1, t_2]$ 为以时间参照 TR 描述的从 t_1 时刻到 t_2 时刻的区间；v 为以空间参照 SR 描述的空间区域；E 为在该时空域内的多粒度时空对象集合；STD' 为子时空域的集合，子时空域的集合可以为空，表示当前时空域没有嵌套任何子时空域。通常为了便于对象管理，将 v 划定为规则形状的三维包络，但有时为了应用需要，也可将 v 划定为不规则的三维包络。主题约束不是强制性约束，通常由时空域内时空对象类的集合来体现。

时空域可以是一个确定的时空范围内多粒度时空对象的集合，也可以是多个时空范围内多粒度时空对象集合的并集。因此，时空域可以更一般地形式化描述为以下三种形式：

$$STD = <(t, TR), (\sum v_i, SR), E, STD' > \tag{13.2}$$

$$STD = <(\sum t_i, TR), (v, SR), E, STD' > \tag{13.3}$$

$$STD = <(\sum t_i, TR), (\sum v_i, SR), E, STD' > \tag{13.4}$$

式(13.2)表示多个空间区域对应一个时间区间的时空域，式(13.3)表示多个时间区间对应同一个空间区域的时空域，式(13.4)表示多个子时空域合并而成的时空域。

2. 时空域的特点

时空域是按照时空范围划分的数据集合，是多粒度时空对象的组织单元。全空间数字世界以时空域为单位进行管理，实现多粒度时空对象集合的增加、修改、删除、导入和导出等操作。时空域能够基本满足全空间信息系统对多粒度时空对象数据组织与管理的要求，具有以下特点。

1) 时空域具有时间和空间维度上的可延展性

时空域是全空间数字世界中时空对象的组织单元，可以将全空间数字世界看作若干时空域的集合。时空域的边界可以是闭合的，也可以是开放的。由于多粒度时空对象会随着时间发生空间范围和属性特征的变化，时空域可以根据多粒度时空对象数据集合的时空范围动态地调整其时间和空间边界。这一特点可以从式(13.1)中看出，当 $t \to \infty$ 并且 $v \to \infty$ 时，全空间数字世界也可以看作一个在时空上无限扩展的时空域。

2) 时空域之间是可以相互嵌套的

即父时空域包含若干子时空域，子时空域可以嵌套包含更小范围的时空域，而且父时空域和子时空域在逻辑结构上是一致的。通过对时空域的逐级划分，可以形成多粒度时空对象的时空分布逻辑视图，不仅便于人们认识全空间数字世界，也便于通过不同级别的时空范围实现时空对象的高效检索与管理。

3) 时空域之间可以相互重叠

多个时空域之间可以相互独立，也可以存在重叠或相交的情况，也就是说，不同时空域之间有可能存在相同的多粒度时空对象。虽然，不同时空域下可能包含相同的多粒度时空对象，但在全空间信息系统数据库中的多粒度时空对象是唯一的。在进行时空域的交集、并集等集合

操作时, 必须对相同的多粒度时空对象进行识别, 以确保多粒度时空对象在全空间信息系统的唯一性。

4) 时空域可以包含多个主题内容

传统 GIS 中一个图层只能包含一个主题或一种类型的要素, 而全空间信息系统的时空域可以包含多个主题或多种类型的对象。相比于传统 GIS 的数据管理方式, 全空间信息系统的数据组织与管理方式更加灵活, 也更符合客观现实世界的认知规律。

3. 时空域的内容

根据式(13.1)中时空域的定义, 作为多粒度时空对象的组织管理单元, 其数据主要由时空范围的描述数据和时空对象的集合数据组成。为了对时空域内的多粒度时空对象进行组织与管理, 还需要在时空域内记录时空对象的组织数据。这些组织数据包括子时空域、时空对象类模板、时空对象关系类模板和时空对象生命周期序列。

1) 子时空域

子时空域是对时空域的进一步划分, 这些划分可以是对时空区域的划分, 也可以是对同一时空区域不同专题的划分。

2) 时空对象类模板

时空对象类模板是对具有相同空间形态、相似属性特征与组成结构、相近认知与行为能力的对象的抽象与描述。时空对象类模板是一种层次结构, 一个类可以派生出子类。从建模的角度看, 时空对象继承自时空对象类, 是时空对象类的实例化。

3) 时空对象关系类模板

时空对象关系类模板是对时空对象之间相同类型关联关系的抽象, 包括关系的内容、关系的类型、关系的属性、关系的规则等描述信息。每种关系类模板的实例化都能够构成一个记录对象间某种关系的关系网。

4) 时空对象生命周期序列

每个多粒度时空对象都有独立的生命周期, 记录其特征的变化情况。时空对象生命周期序列是时空域内所有时空对象生命周期的有序集合, 是将所有时空对象按照生命周期中的演进特征变化的时间点进行排序, 顺序记录时空域内所有对象的变化过程。

4. 时空域的操作

时空域是多粒度时空对象的数据集合, 通过对时空域的操作可以实现多粒度时空对象的批量操作。以时空域为单元的操作内容包括创建、删除、维护、集合、克隆等。

1) 时空域的创建操作

全空间信息系统所构建的数字世界中至少包含一个时空域, 每个多粒度时空对象在生成时至少隶属于一个时空域, 时空对象和类模板可以被多个时空域引用。时空域需要在创建时空对象之前先创建, 需要指定时空域的时空范围和包含的类模板。时空对象关联关系和时空域生命周期则需要跟随全空间数字世界的生成过程, 动态地创建和维护。

2) 时空域的删除操作

删除时空域时将会删除时空域内的各种管理信息。由于时空对象和类模板可以被多个时空域引用, 删除时空域时只是减少了时空域内所有时空对象和类模板的引用计数, 当引用计数为零时才会在物理存储上彻底删除时空对象和类模板。

3) 时空域的维护操作

时空域的维护主要涉及当时空对象离开或者进入一个时空域时对时空域的操作。当时空对象出现在一个时空域范围内时,只有当前时空域包含了该时空对象的类模板,才会自动在时空域内添加此时空对象的引用;当一个时空对象离开某个时空域范围时,一般不影响其曾经存在的时空域的状态。

4) 时空域的集合操作

时空域的集合操作主要包括求取多个时空域之间的交集、并集、差集等。其操作的核心是对不同时空域内时空对象及类模板的识别、合并与分解。

5) 时空域的克隆操作

时空域的克隆操作是指将某个时空域下的多粒度时空对象集合复制至另一个时空域中,但复制后的多粒度时空对象需要赋予新的标识(即复制后的是不同的多粒度时空对象)。

13.1.3　基于时空域的多粒度时空对象数据管理

1. 数据管理框架

多粒度时空对象数据类型多、内容复杂,不仅具有多维度特征信息,对象之间还存在着复杂的关联关系。传统 GIS 中"图层-要素"的空间数据组织方式已经无法满足多粒度时空对象数据组织的需求,所以,需要根据多粒度时空数据模型特征设计符合全空间信息系统应用需求的数据组织方式。图 13.1 为多粒度时空对象数据组织方式。

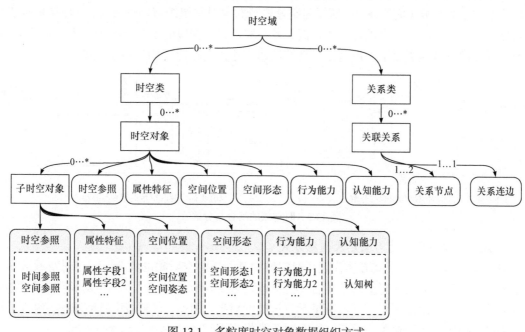

图 13.1　多粒度时空对象数据组织方式

数据组织的根部是时空域,它定义了多粒度时空对象数据集所在的空间范畴和时间范畴。这一点有些类似于传统 GIS 中工作空间的概念,但不同点在于传统 GIS 中的工作空间没有时间范畴,全空间信息系统将三维的工作空间扩展为四维的时空域,从而支持对时空对象数据的组织与管理。

每一个时空域下面都存在两个分支,一个是时空类,另一个是关系类,时空域下可以包含零个或多个时空类及关系类。之所以采用这样的方式对数据进行组织,是因为从数据结构上来看,关联关系是独立于多粒度时空对象之外的,而且,这样的方式也利于对关联关系进行统一的操作和分析应用。

每一个时空类下面可以包含零个或多个时空对象，每一个时空对象又可以包含一个或多个子对象，这也是全空间信息系统数据模型多粒度的具体体现。如果多粒度时空对象没有子对象，那么它的下面会是时空参照、属性特征、空间位置、空间形态、行为能力和认知能力。时空参照包括多粒度时空对象的时间参照和空间参照信息；属性特征和传统 GIS 的要素属性类似，以二维表的方式进行组织；空间位置包括坐标和姿态两部分；空间形态和行为能力均以列表的方式进行组织；认知能力以认知树的方式进行组织，其组织结构为树状结构。

每一个关系类下面可以包含零个或多个关联关系，每一个关联关系包含两个关系节点和一个关系连边。由于关系是具有方向性的，关系节点类型包括关系源节点和终关系端节点，关系的方向则由源节点到端节点来表达。关系连边主要包括关系的类型、属性、强度等信息。

2. 数据组织方式

1) 基于子时空域的对象层次组织方式

如图 13.2 所示，时空域可以按照时空范围或者专题进行组合与分解，把一个时空域划分为子时空域后，还可以对子时空域进行继续划分。例如，一个描述城市的时空域可以按照各个区划分为子时空域；某个区也可以按照街道范围进一步划分为子时空域。考虑到边界对象的完整性，允许不同子时空域之间有时空覆盖。例如，在同一个城市时空范围内，也可以按照教育、医疗等不同专题划分子时空域。按照子时空域进行时空对象组织有两种形式，一种是将时空对象划分到不同的子时空域中进行物理存储，另一种是只在相应的子时空域中加入对象的引用，这种组织方式只是为了便于用户基于时空域快速构建面向特定应用的对象视图。

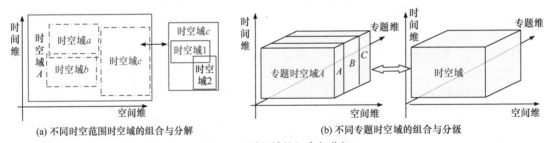

(a) 不同时空范围时空域的组合与分解   (b) 不同专题时空域的组合与分级

图 13.2　时空域的组合与分解

2) 基于时空对象类的对象层次组织方式

如图 13.3 所示，每个立方体代表了时空域中某一类时空对象的集合，一个时空域被划分为互不相交的多个类别的时空对象集合。时空域记录了其所包含的所有时空对象类模板数据，而每个时空对象类模板则记录了所有继承自该类的对象。例如，在某城市时空域中，包含了道路、桥梁、楼房等多种对象类模板，每个对象类模板下记录了继承自该类的对象。

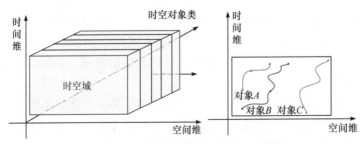

图 13.3　基于类模板的时空对象数据组织

3) 基于时空对象关系类的时空对象网状组织方式

如图 13.4 所示,每个立方体代表了一种时空对象关系类模板中对象和关系形成的关系网,若干关系网的叠加形成了整个时空域的对象关系网。各个关系网并不是互相独立的,同一个对象可以在多个关系网中出现,从而将这些关系网关联在一起,形成一个复杂的大型网络。图中时空对象 B 出现在上下两个关系类的关系网中,通过对象 B 可以将对象 A、C、D、E 进一步关联在一起。

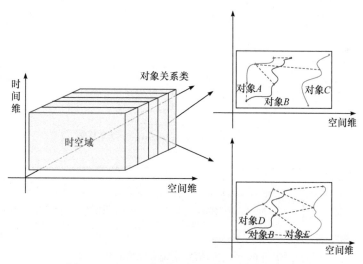

图 13.4　基于对象关系类的时空对象数据组织

4) 基于时空对象生命周期序列的线性组织方式

在时空域内,每个对象都在按照自己的生命周期演进。用户一个最常用的操作就是浏览某个时刻下,时空域内所有时空对象的状态特征。将时空域内所有对象按照状态发生变化的时刻进行排序,并按照时间顺序进行时空对象集合的线性组织,形成时空对象生命周期序列。如图 13.5 所示,将对象 A、B、C 生命周期中发生状态变化的结点按照时间顺序重新排列,形成包含 9 个结点的序列,在每个结点上记录对应的对象和状态变化信息。

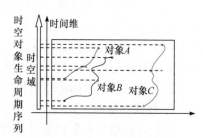

图 13.5　基于时空对象生命周期序列
的时空对象数据组织

13.2　全空间信息系统数据库

13.2.1　数据库总体架构

全空间信息系统以多粒度时空对象数据模型为载体,存储时空对象的时空参照、空间位置、空间形态、属性特征、组成结构、关联关系、行为能力和认知能力等信息。对于数据存储层而言,数据模型的每个信息分量又具有不同的存储特点和存储要求,这就导致传统的单一结构化查询语言(structured query language,SQL)数据库解决方案无法完全适配全空间信息系统数据存储的需求。

全空间信息系统采用"混搭式"数据库模式(即多种异构数据库协同模式),充分利用各种异构数据库的优势，实现了面向多粒度时空对象数据模型的分布式数据库架构，其总体架构如图 13.6 所示。

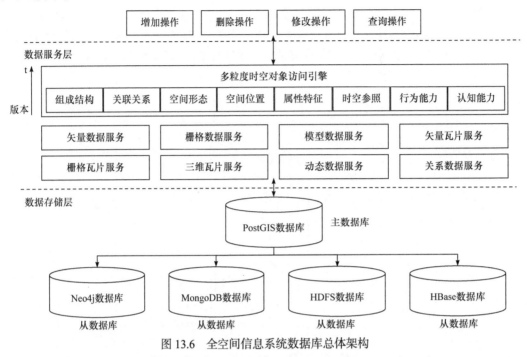

图 13.6　全空间信息系统数据库总体架构

　　多粒度时空对象的数据来源多样、类型丰富，包括矢量数据、影像数据、地形数据、三维模型数据、倾斜影像数据、BIM 数据、动态时序数据等，数据源具有多类型、多尺度、多维、动态关联等特点。采用分布式混合数据库策略可以满足多源异构海量时空数据的存储与管理需求，进而支持对多粒度时空对象关系型数据、图类型数据、文件型数据、切片型数据、时序型数据的存储与管理，且每一种数据存储类型都可以部署一个或多个节点。

　　本书分别按照数据存储层和数据服务层对全空间信息系统数据库的总体架构进行阐述。

1. 数据存储层

　　数据存储层负责多粒度时空对象的数据存储与管理，按照存储的多粒度时空对象数据内容和类型划分为主数据库和从数据库。全空间信息系统采用 PostGIS 作为主数据库，并将 Neo4j、MongoDB、HDFS、HBase 等 NoSQL 数据库作为从数据库。对于传统 GIS 而言，一个 SQL 数据库就可以满足应用需求，但是全空间信息系统建模的对象类型多、种类全，不仅包含矢量数据、栅格数据这样的结构化数据，还包括流式数据、关系数据、文本数据等非结构化数据。所以，全空间信息系统的数据存储层采用主从数据库结构以适配多源异构数据的存储管理需求。

　　关系型数据库 PostGIS 作为主数据库，存储了类模板数据、关系模板数据、版本数据及多粒度时空对象的总体结构信息，主数据库采用数据库二维表的方式记录相关信息。类模板数据是对多粒度时空对象数据模板的定义，描述了对象的时空参照定义、属性字段类型、空间形态类型、空间位置类型、行为能力和认知能力类型等内容，以作为多粒度时空对象实例化时的参考框架。关系模板数据记录了类模板之间的组成关系、关联关系、继承关系等类间关系，以及关系的类型和关系属性字段类型。版本数据记录了多粒度时空对象的版本变更信息，它是实现多粒度时空对象历史数据存储与管理的关键。对于多粒度时空对象数据而言，绝大多数数据是存储在主数据库中的，但是部分特征数据是存储在从数据库中的，例如，矢量切片类型的空间形态数据存储在 HDFS 数据库中。

存储在从数据库中的多粒度时空对象特征数据主要包括以下几种类型。

1) 多粒度时空对象空间形态数据

矢量类型的多粒度时空对象空间形态数据主要存储在主数据库中，但是由于关系型数据库支持的空间数据类型有限，部分空间形态数据是存储在从数据库中的，这些数据主要分为两种，一种是普通文件型数据，另一种是切片型数据。普通文件型的空间形态数据主要存储在从数据库 MongoDB 中，并通过建立的摘要信息实现对空间形态数据的内容检索，如影像数据、地形数据、三维模型数据、倾斜摄影数据、BIM 数据等；切片型的空间形态数据主要存储在从数据库 HDFS 中，借助 HDFS 的分布式存储能力实现海量切片数据的存储与管理，如影像瓦片、地形瓦片、三维瓦片等。在存储策略方面，可以将更新周期较长的对象空间形态数据预先处理为瓦片形式，以提高客户端的访问效率。

2) 多粒度时空对象关联关系数据

多粒度时空对象关联关系数据属于图类型的数据，即以图结构的方式描述的数据。这种关联关系数据存储在从数据库 Neo4j 中，以进行对象间关系的网络分析和复杂查询。

3) 多粒度时空对象的行为和认知数据

多粒度时空对象的行为组件和认知能力的行为树存储在从数据库中，行为组件和行为树均属于普通文件型数据，因此，多粒度时空对象的行为组件和行为树文件均存储在从数据库 MongoDB 中。

4) 多粒度时空对象产生的时序数据

多粒度时空对象产生的时序数据是指连续产生且更新频率较高的数据类型，如轨迹位置数据、物联网传感数据等，对于这类数据，全空间信息系统数据库基于消息处理框架(如 Kafka、RabbitMQ、GeoMesa 等)实现流式数据的高吞吐能力，并将数据存储在从数据库 HBase 中。

2. 数据服务层

数据服务层在数据存储层的基础上，既可以提供细粒度的多类型基础数据服务，也可以提供粗粒度的多粒度时空对象数据服务，是多粒度时空对象访问引擎实现的基础。

细粒度的数据服务包括矢量数据服务、栅格数据服务、BIM 数据服务、模型数据服务、矢量瓦片服务、栅格瓦片服务、三维瓦片服务、动态数据服务、关系数据服务等。其中，矢量数据服务、栅格数据服务、矢量瓦片服务、栅格瓦片服务、三维瓦片服务等都是常规的地理信息数据服务。全空间信息系统遵循 OGC 标准规范，实现了这些数据服务的增、删、改、查等接口功能。BIM 数据服务和模型数据服务以文件数据访问接口的形式实现，可以像处理普通文件数据一样通过服务接口上传或下载这些数据。动态数据服务是根据访问的时间和字段信息返回多粒度时空对象生成的动态数据。

在这些细粒度数据服务的基础上，通过微服务架构实现主-从数据服务的服务聚合，对外提供粗粒度的时空类视图服务、时空对象存储服务、时空对象查询服务等，实现了面向多粒度时空对象数据模型的类模板、关系模板、时空对象、时空对象特征、时空对象版本及时空对象动态数据的增、删、改、查等服务。

13.2.2　主数据库设计

全空间信息系统的主数据库采用关系型数据库存储和管理类模板、关系模板和多粒度时空对象数据,是全空间信息系统数据库的核心,提供全空间信息系统的总体数据信息。主数据库一般存储结构化程度较高、变化频率较低的数据。

　　主数据库、从数据库及服务层的关系如图 13.7 所示。由于主数据库和从数据库的底层实现逻辑不同,它们之间并不会直接通信。主数据库和从数据库之间主要通过两种方式产生联系:第一种方式是从数据库记录了多粒度时空对象在主数据库中的唯一标识,例如,从数据库中对象产生的每一条动态数据都记录了多粒度时空对象在主数据库中的唯一标识;第二种方式是主数据库记录了数据在从数据库存储的 URL 地址,例如,主数据库中的多粒度时空对象空间形态的模型数据记录的是其在从数据库中的数据服务地址。

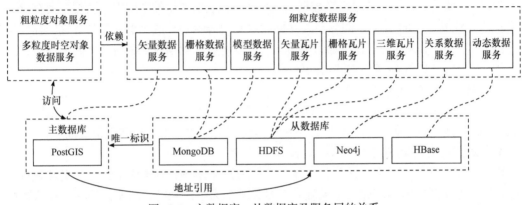

图 13.7　主数据库、从数据库及服务层的关系

　　全空间信息系统既可以提供粗粒度的多粒度时空对象服务,也可以提供细粒度的数据服务。多粒度时空对象服务主要对主数据库的数据进行访问,其实现需要依赖于细粒度的数据服务,数据服务可以提供从数据库的访问。也就是说,多粒度时空对象服务的实现要依赖于数据服务。

　　主数据库存储了类模板数据、关系模板数据、版本数据及多粒度时空对象总体结构信息。通过粗粒度的多粒度时空对象服务接口可以访问主数据库中的多粒度时空对象数据,但是由于主数据库对于对象的部分特征数据支持程度并不高,有一部分特征数据是存储在从数据库中的,并通过细粒度的数据服务接口进行访问。除了矢量数据服务是访问主数据库 PostGIS 以外,栅格数据服务和模型数据服务访问从数据库 MongoDB,矢量瓦片服务、栅格瓦片服务、三维瓦片服务访问从数据库 HDFS,关系数据服务访问从数据库 Neo4j,动态数据服务访问从数据库 HBase。

　　全空间信息系统主数据库表结构设计如图 13.8 所示。

1. 多粒度时空对象表

　　多粒度时空对象表(sobject 表)存储了通用唯一识别码(uuid 字段,即数据库自增字段)、标识号(oid 字段)、版本号(vid 字段)、时间参照(trs 字段)、空间参照(srs 字段)、类(otype 字段)、父对象(parent 字段)、所属时空域(sdomain 字段)、空间位置(position 字段)等信息。标识号(oid字段)是多粒度时空对象的唯一标识,是通过分布式标识服务生成的所有服务节点范围内全局唯一的标识号。版本号关联了多粒度时空对象的版本信息表(version 表),通过版本的方式记录了多粒度时空对象随时间变化的信息,每次对象发生变化都会在版本信息表中增加一条记录。时间参照和空间参照分别存储了多粒度时空对象的时间参考信息和空间参考信息,这些参考信息定义了对象所依赖的时空框架。类(otype 字段)是多粒度时空对象实例化时所参照的类模

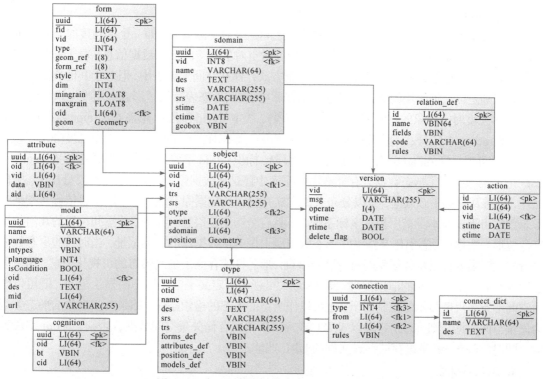

图 13.8　全空间信息系统主数据库表结构设计

板，每一个对象都必须属于某个特定的类。所属时空域(sdomain 字段)指向多粒度时空对象所关联的时空域，每一个对象都必须属于某个特定的时空域。空间位置(position 字段)以 WKT 或 WKB 的格式存储时空对象的几何位置数据。

2. 类模板表

类模板表(otype 表)是对多粒度时空对象结构的定义，存储了类的通用唯一识别码(uuid 字段)、唯一标识(otid 字段)、名称(name 字段)、描述信息(des 字段)、时间参照(trs 字段)、空间参照(srs 字段)、形态定义(forms_def 字段)、属性定义(attributes_def 字段)、位置定义(position_def 字段)、行为定义(model_def 字段)。形态定义存储了类模板的形态基本信息，包括形态的类型、维度、默认样式等信息，是多粒度时空对象的形态框架，在进行对象实例化时需要根据形态定义来构造对象的形态数据。属性定义存储了类模板所包含的字段基本信息，包括字段名称、字段类型、字段默认值等信息，在进行对象实例化时需要根据属性定义来构造对象的属性数据。位置定义存储了类模板的位置基本信息，定义了位置的类型(矢量的点、线、面或者体)，在进行对象实例化时需要根据位置定义来构造对象的位置数据。行为定义存储了类模板所具有的行为及行为组件信息，在对多粒度时空对象进行认知建模时会从行为定义所包含的行为集合中选择相应的行为进行实例化，即将对象属性特征与行为参数进行绑定和映射。

为了便于实现面向对象方式的数据建模，除了需要类模板表来存储相关类模板的基本信息外，还需要连接表(connection 表)来记录类模板之间的连接关系。类模板之间的关系类型主要包括继承、组合、聚合、关联。具有继承关系的子类会继承父类的信息；具有组合关系的类模板在进行实例化时需要强制构建具有组合关系的类模板的对象；具有聚合关系的类模板在进行实例化时则可选择性构建具有聚合关系的类模板的对象；具有关联关系的类模板在进行实例化时需要指定该类模板所关联的类模板的对象并构建它们之间的关联关系。

3. 空间形态表

空间形态表(form 表)和多粒度时空对象表之间是多对一的关系,即一个多粒度时空对象可以对应多个空间形态。空间形态表中存储了多粒度时空对象的空间形态数据信息:对于矢量空间数据类型的空间形态数据而言是以变长的二进制方式存储在空间形态表中,但对于其他类型的空间形态数据则是以地址引用的方式存储在从数据库中。空间形态表存储了形态通用唯一识别码(uuid 字段)、多粒度时空对象的空间形态标识(fid 字段)、版本号(vid 字段)、形态类型(type 字段)、空间位置依赖(geom_ref 字段)、形态引用(form_ref 字段)、形态样式(style 字段)、形态维度(dim 字段)、最小/最大可视尺度(mingrain 字段/maxgrain 字段)、标识号(oid 字段)、矢量空间数据形态(geom 字段)。形态类型决定了形态数据是存储在主数据库中还是从数据库中,例如,一些矢量瓦片、栅格瓦片、三维瓦片等形态数据,是以分布式的方式存储在从数据库节点中。空间位置依赖是指某些形态数据由于模型本身采用相对坐标系统,不具有全局定位信息,需要依赖空间位置的几何数据来定位形态数据。形态引用是指空间形态数据所引用的从数据库的数据地址,当对这些形态数据进行检索时需要涉及从数据库的跨库联合查询。形态样式存储了空间形态的可视化信息,用于形态数据在客户端显示时的渲染处理。最小/最大可视尺度定义了空间形态的显示范围,既可以作为空间形态多尺度显示的控制因子,也可以作为空间形态的检索条件。如果时空对象的形态类型为矢量空间数据,则 geom 字段以 WKT 或 WKB 格式存储矢量空间数据,否则,geom 字段为空,同时,form_ref 字段存储形态文件的 URL 地址。

4. 属性特征表

属性特征表(attribute 表)以变长二进制的方式存储了多粒度时空对象的属性字段值,包括属性的通用唯一标识码(uuid 字段)、标识号(oid 字段)、版本号(vid 字段)、属性数据(data 字段)、唯一标识(aid 字段)。

5. 行为能力表

行为能力表(model 表)存储了多粒度时空对象的行为信息,对象所具有的行为是类模板行为定义中行为集合的子集,包括行为的通用唯一识别码(uuid 字段)、名称(name 字段)、行为参数(params 字段)、行为输入(intypes 字段)、组件语言(planguage 字段)、是否是条件判断行为(isCondition 字段)、标识号(oid 字段)、行为描述(des 字段)、唯一标识(mid 字段)、行为组件地址(url 字段)。行为的参数存储了多粒度时空对象的属性特征与行为组件参数的映射关系,行为输入存储了多粒度时空对象的输入类集合,行为组件是以文件方式存储在子数据库中,而行为组件的实现语言对于行为的加载方式至关重要。

6. 认知能力表

认知能力表(cognition 表)一般与行为能力表配合使用,认知能力表中的认知树(bt 字段)地址存储了认知文件在子数据库中的存储地址,认知文件大量引用了行为能力表中的标识字段。

7. 关系模板表

关系模板表(relation_def 表)是对关联关系的定义,存储了关系的标识号(id 字段)、名称(name 字段)、属性字段集合(fields 字段)、编码(code 字段)、关联规则集合(rules 字段)。多粒度时空对象间的关联关系数据主要存储在从数据库中,而关系定义表中存储的关系信息可以用于在从数据库中对关系进行检索,相当于关联关系数据的目录。

13.2.3　从数据库设计

全空间信息系统的从数据库采用多种异构的 NoSQL 数据库协同存储和管理多粒度时空对

象的部分特征数据，这些数据一般是非结构化的且变化频率相对较高。针对多粒度时空对象的不同数据类型特征，采用异构的从数据库管理，有利于提高数据管理的整体效率。

从数据库结构如图 13.9 所示。从数据库存储多粒度时空对象的行为能力、认知能力、关联关系、动态属性数据，以及部分空间形态数据。从数据库可以部署多个服务器节点，也就是说，从数据库属于分布式数据库，这样一方面可以提高数据库的存储能力，另一方面也可以提高数据库的容错能力。

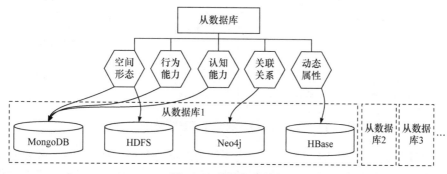

图 13.9　从数据库结构

本书分别从空间形态数据管理、关联关系数据管理、行为能力数据管理、认知能力数据管理和动态属性数据管理的角度出发，对全空间信息系统的从数据库进行介绍。

1. 空间形态数据管理

多粒度时空对象的空间形态数据类型多样，在全空间信息系统中，支持的空间形态数据类型包括矢量空间数据、栅格空间数据、矢量切片数据、栅格切片数据、三维模型数据、三维切片数据、BIM 数据等。除了矢量空间数据是存储在主数据库 form 表的 geom 字段中，其他类型的矢量空间数据则利用分布式文件存储系统进行存储与管理。

需要采用分布式存储的空间形态数据一般数据体量都较大，如矢量/栅格瓦片数据、三维瓦片数据等，一台服务器可能不足以满足数据存储量需求或者提供可接受的数据读写吞吐量。因此，将这些空间形态数据分割在多台服务器上进行存储，可以扩展数据库服务器对空间形态数据的整体存储能力。多粒度时空对象空间形态数据分布式存储如图 13.10 所示，主要由三部分组件构成：①分片服务器，用于存储实际的空间形态数据，可以建立多个副本集作为数据备份以防止单节点出现故障；②配置服务器，用于存储整个分片集群的配置信息；③前端路由，客户端可以由此接入，从而让整个集群看上去像是单一的数据库，进而可以较为方便和统一地访问空间形态数据。

对于采用分布式存储策略的空间形态数据，在检索数据文件时可能需要扫描每个文件并返回满足条件的数据记录。但是，分布式存储方式很难像关系型数据库一样对某个字段建立空间索引，因此，这种扫描文件的方式在检索数据时会比较低效。MongoDB 分布式数据库可以通过对数据文件建立摘要信息，并对摘要信息建立索引，进而提高数据访问的效率。对于需要进行空间或属性信息内容检索的空间形态数据，尤其是检索定制化程度较高的空间形态数据，一般可以采用 MongoDB 分布式数据库存储，以提供高效的数据检索和访问。

2. 关联关系数据管理

关系型数据库由于其底层采用的关系模型建立在较为严格的数学基础上，并且数据独立

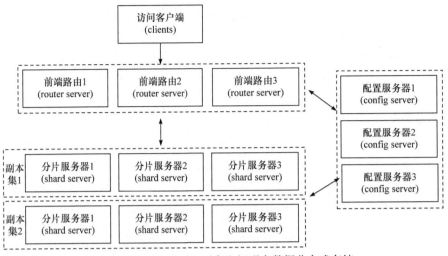

图 13.10　多粒度时空对象空间形态数据分布式存储

性和数据安全性都相对较高,时至今日都是应用最为广泛的数据库技术。对于多粒度时空对象关联关系数据而言,由于关联关系类型的多样性,采用关系型数据库将会产生严重的数据冗余(关系型数据库在处理多对多关系时需要额外的中间表),此外,对于一些复杂的网络查询和分析应用也较难很好地支持。

图数据库的出现为解决复杂关系存储提供了一种新的思路和解决方案。图数据库采用灵活的图存储结构,非常利于复杂关系数据的存储、查询及模式发现。图数据库对于复杂关系和路径的查询效率很高,而且基本不会受到数据量的影响。鉴于此,全空间信息系统采用图数据库作为关联关系数据存储与管理的从数据库。

图数据库是基于图论而实现的一种新型 NoSQL 数据库,不论是数据存储结构还是数据的检索方式,都以图论作为基础。多粒度时空对象关联关系中的基本元素是节点和连边,在图数据库中与之对应的就是节点和关系,从而构成由节点和关系组成的图结构,图数据库在此基础上实现关联关系的创建、读取、更新、删除等操作。相比于关系型数据库,图数据库更像是为"关系"而定制的。

图 13.11 为多粒度时空对象关联关系数据存储。与关系型数据库相比,图数据库在存储多

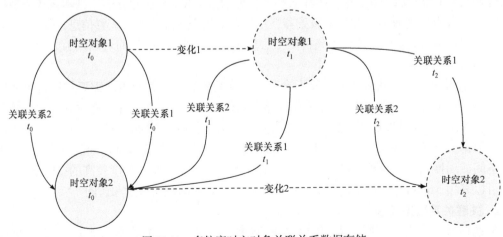

图 13.11　多粒度时空对象关联关系数据存储

粒度时空对象及其关联关系时，不需要"中间表"来维护表与表之间的多对多关系，只需要在两个节点之间建立起关系即可。但是主流的图数据库基本上都不支持时态数据的存储，因此，需要采用一定的策略使其支持对时态关联关系的存储。

其实，不论是时空对象本身还是关联关系的变化，都是从一种状态变化为另一种状态，可以将这种"变化"作为一种特殊的关系。例如，在 t_0 时刻，"时空对象 1"和"时空对象 2"具有"关联关系 1"和"关联关系 2"，在 t_1 时刻，"时空对象 1"发生变化，通过"变化 1"关系将 t_0 时刻下的"时空对象 1"指向 t_1 时刻下的"时空对象 2"，建立起新的节点(t_1 时刻下的"时空对象 1")与 t_0 时刻下的"时空对象 2"之间的两个关联关系，并将关系的时刻记录为 t_1，对于"变化 2"而言也需要采用类似的方式记录。这样一来，就能够在图数据库中通过这种抽象出来的"特殊关系"来描述多粒度时空对象及其关联关系随时间的变化过程。

3. 行为能力数据管理

在全空间信息系统中，行为能力和认知能力是密切关联的，认知用来调控行为的执行逻辑，行为则构成认知的基础。行为能力本质上是基于多粒度时空对象的数据处理模型，所以行为可以产生新的数据。对于行为能力和认知能力的数据管理涉及两个维度，一个是行为能力和认知能力本身数据的管理，另一个是行为能力和认知能力所产生的数据的管理。

行为能力的载体和实现形式是行为组件，行为组件本身是用来处理数据的代码逻辑。为了提高行为组件的易用性和通用性，全空间信息系统将行为组件及其相关配置文件压缩并打包成归档文件，这样就可以通过文件存储的方式组织和管理行为组件了。

1) 行为组件的管理

行为组件由一组用于执行行为逻辑代码的文件构成，它包含至少一个行为元数据文件(.meta)、一个行为组件代码逻辑文件(.exe/.dll/.jar 等，任何格式或编程语言的代码逻辑均可)及其他依赖库或文件。

行为元数据文件采用明码的方式记录行为组件的相关信息，包括行为元信息、行为名称、行为描述、行为参数和行为输入等。其中最为关键的是行为元信息，也被称为行为组件坐标，因为它是行为组件的全局唯一标识信息，可以唯一确定某一个行为组件。行为组件坐标的基本结构示例如下：

```
{
"artifactId" ： "march" ，
"groupId" ： "org.onegis.lab" ，
"version" ： "1.0-SNAPSHOT" ，
"type" ： "dll" ，
"isCondition" ： false
}
```

行为组件的元信息内容和风格与 Maven(项目对象模型)对于第三方依赖库的管理方式极为相似，这里一方面是考虑对现有标准的兼容性和继承性，另一方面是由于这种方式对于第三方依赖库的高效管理也同样适用于行为组件的管理，尤其是对版本信息的管理。这样的管理方式决定了行为组件在加载运行时必须考虑其版本、类型等信息的一致性，也就是说，对于同一个行为有可能存在不同的实现方式和不同的版本，这一点必须尤为注意。

在行为组件信息中，元信息和行为组件文件是分开存储的，多粒度时空对象行为组件数据存储如图 13.12 所示。

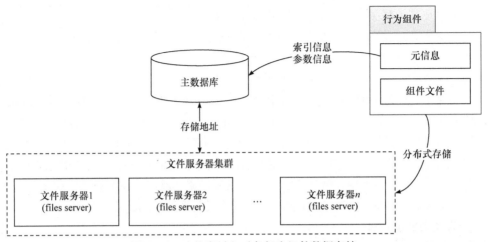

图 13.12　多粒度时空对象行为组件数据存储

在行为组件上传时，会读取并解析元信息，将这些信息存储在主数据库中，并建立字段索引以便于检索，而行为组件作为一个独立的文件则采用分布式存储的方式存储在文件服务器集群中。在进行行为组件的检索时，首先根据检索信息在主数据库中检索出行为组件在分布式文件存储系统中的访问地址，其次根据访问地址从文件服务器集群中检索出行为组件文件。由于基于行为组件的元信息建立了相关索引，对于行为组件的检索从整体上来说是比较高效的。

2) 行为所产生的数据的管理

行为组件在执行的过程中会产生一些中间过程数据，这些数据按照类型主要分为两类，一类是产生行为计算任务的数据，称为任务数据，即 job；另一类是执行行为计算任务产生的数据，称为执行数据，即 task。根据数据类型和数据用途的不同，两类数据的存储策略也有所不同，任务数据与过程数据的关系如图 13.13 所示。

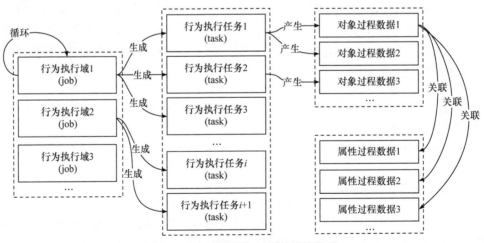

图 13.13　任务数据与过程数据的关系

任务数据主要通过"时间微分"的方式将执行域的任务按照时间顺序分解成若干执行任务。行为执行域是指行为计算的上下文环境，该上下文环境明确了行为执行的时间范畴和空间范畴。每一个行为执行域都会循环产生行为执行任务，而每一个行为执行任务都会关联一个行为，具体关联哪个行为则是由多粒度时空对象的认知能力决定的。行为执行域一旦处于运行状态，就会有一个服务线程与之对应，并不断产生行为执行任务。也就是说，服务线程需要频繁地与数据库进行交互，所以，为了便于检索和查询，任务数据主要存储在主数据库中。

　　行为执行任务在实际的行为计算执行过程中所产生的数据是基于多粒度时空对象的过程数据，即多粒度时空对象的变化数据(如增加、删除、修改等)，从本质上来讲就是增加了多粒度时空对象的版本。然而，在实际的应用过程中，行为执行导致的多粒度时空对象变化可能会较为频繁，这就使得过程数据体量十分庞大，但实质上每次变化可能只是部分属性值的微小改变。为了提高数据库访问和存储的性能，将时空对象频繁变化的属性过程数据存储在分布式的从数据库中，并通过 Kafka 消息处理框架实现数据的高吞吐量。

4. 认知能力数据管理

　　认知能力本质上是对多粒度时空对象行为执行顺序的调配。在全空间信息系统中，认知主要采用行为树的方式来实现。行为树本身是一个树状结构，存储这样的一个树状结构有三种方式：第一种是采用关系模型的数据库进行存储，第二种是采用图模型的数据库进行存储，第三种是直接以文件的方式进行存储。关系模型或者图模型的存储方式都会涉及树结构的解析和重构，这个过程不仅复杂，而且低效。事实上，并没有必要将树结构进行分解存储，因为并没有基于行为树结构的检索需求，这样一来，直接以文件的方式进行存储不仅可以减少解析和重构的工作量，也可以提高服务执行的效率。所以，全空间信息系统主要采用文件存储的方式存储行为树文件。

　　认知能力的行为树文件采用 JSON 数据格式进行组织，具体内容如下：

```json
{
    "node_type": "sequence",
    "isLeaf": false,
    "children":[
        {
            "node_type": "behavior",
            "isLeaf": true,
            "coordinate": {
                "artifactId": "march",
                "groupId": "org.onegis.lab",
                "version": "1.0-SNAPSHOT",
                "type": "dll",
                "isCondition": false
            }
        },
        {
            "node_type": "selector",
            "isLeaf": false,
            "children": [
                {
                    "node_type": "behavior",
                    "isLeaf": true,
                    "coordinate": {
                        "artifactId": "attach",
                        "groupId": "org.onegis.lab",
                        "version": "1.0-SNAPSHOT",
```

```
                    "type": "dll",
                    "isCondition": false
                }
            },
            {
                "node_type": "behavior",
                "isLeaf": true,
                "coordinate": {
                    "artifactId": "retreat",
                    "groupId": "org.onegis.lab",
                    "version": "1.0-SNAPSHOT",
                    "type": "dll",
                    "isCondition": false
                }
            }
        ]
    }
  ]
}
```

5. 动态属性数据管理

动态属性数据指多粒度时空对象源源不断产生的数据，有可能是时空对象感知客观现实世界的传感数据，也有可能是时空对象频繁变化的位置轨迹数据，还有可能是行为计算执行时产生的过程数据。但不论是哪一种数据类型，它们都具有共同的特点：频繁产生、结构多样。频繁产生意味着需要采用分布式方式存储海量流式数据，结构多样意味着需要能够动态定制存储的内容。

在全空间信息系统中，流式数据的管理主要采用"动态建表"策略来实现，动态属性数据的"动态建表"策略如图 13.14 所示。在主数据库的类表(Otype 表)中，当创建一个动态属性

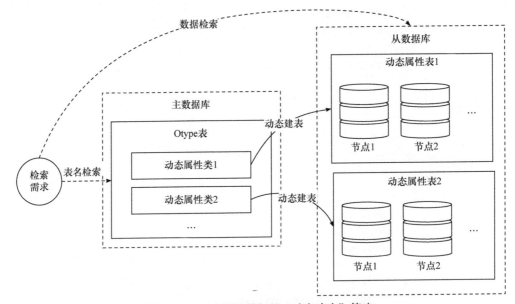

图 13.14　动态属性数据的"动态建表"策略

类(一种特殊的时空类模板)，并定义了类模板属性字段的结构和类型时，系统就会在从数据库中创建一个与之对应的动态属性表。动态属性表的结构与类模板定义的属性字段的内容保持一致。当进行数据检索时，先根据检索需求在主数据库中查找到该动态属性类，再根据该类的名称在从数据库中定位到关联的动态属性表，并检索出需要的数据。

13.3　多粒度时空对象数据访问引擎

全空间信息系统采用主从模式将多粒度时空对象数据存储在分布式数据库中，通过统一的接口可以方便地访问这些数据。面向多粒度时空对象数据访问的接口就是多粒度时空对象访问引擎，它们可以屏蔽底层数据库的实现逻辑，使用户在不需要了解具体实现细节的情况下也可以访问数据。

13.3.1　访问引擎定义

空间数据访问引擎(spatial database engine，SDE)是 GIS 中介于应用程序和空间数据库之间的中间技术，它为用户提供了访问空间数据库的统一接口，是 GIS 中的关键技术。

多粒度时空对象数据访问引擎(spatial temporal object database engine，STODE)如图 13.15 所示，是介于应用程序和全空间信息系统数据库之间的访问接口，实现数据的读取和写入，既可以提供用户粗粒度的对象级别的访问服务，也可以提供用户细粒度的数据级别的访问服务。多粒度时空对象数据访问引擎本质上也是一种空间数据访问引擎，区别在于多粒度时空对象访问引擎既可以提供细粒度的数据访问，也可以提供粗粒度的聚合访问。聚合访问的粒度是多粒度时空对象，数据访问的粒度是各种类型的数据，如矢量地图数据、栅格瓦片数据、模型切片数据等。多层次的访问引擎设计扩展了接口对数据库各种级别需求的兼容性，可以选择性地使用细粒度的数据接口或者粗粒度的对象接口。

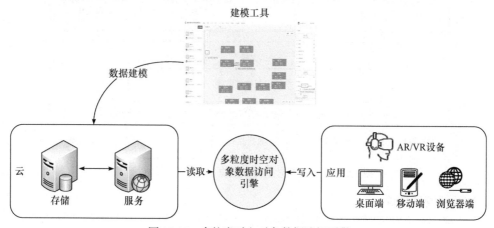

图 13.15　多粒度时空对象数据访问引擎

多粒度时空对象数据访问引擎的主要作用包括以下几项。

1) 提供高效的多粒度时空对象数据管理功能

多粒度时空对象数据访问引擎提供多粒度时空对象的增加、删除、修改和查询功能，同时，提供基于时空域的多粒度时空对象数据组织方式。通过多粒度时空对象数据访问引擎提供的功能可以实现多粒度时空对象数据的高效管理。

2) 提供完整的多粒度时空对象数据模型

多粒度时空对象数据访问引擎提供关于时空参考、空间位置、空间形态、属性特征、关联关系、组成结构、行为能力和认知能力的一整套多粒度时空对象数据模型，该数据模型可以作为应用程序的内存模型，从而提高开发效率。

3) 提供面向多应用端的全空间信息系统数据库访问接口

多粒度时空对象面向不同的应用端提供多种编程语言的数据访问接口，从而可以支持桌面端、移动端、浏览器端等多应用端的数据访问和二次开发。

4) 提供多种查询条件的多粒度时空数据检索功能

多粒度时空对象数据访问引擎支持单对象/多对象、基于空间/时间、基于关联关系及基于复合条件的数据检索方式，能够实现多粒度时空对象数据的复杂查询与检索。

13.3.2　访问引擎设计

根据全空间信息系统平台和应用的需求，多粒度时空对象数据访问引擎模块设计如图 13.16所示。主要包含数据源管理模块、时空域存储与访问模块、模型存储与访问模块、时空对象存储与访问模块、文件存储与访问模块、关联关系存储与访问模块、动态数据存储与访问模块、数据字典存储与访问模块、类模板存储与访问模块。

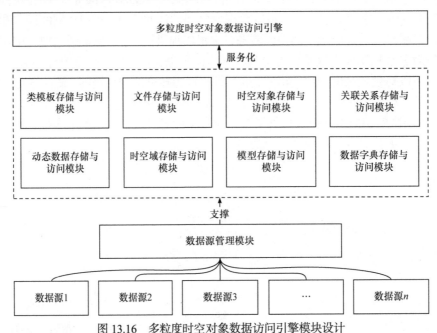

图 13.16　多粒度时空对象数据访问引擎模块设计

1. 数据源管理模块

该模块提供对多粒度时空对象数据源的动态连接与加载接口，是其他模块接口的入口，必须先创建与数据源的成功连接才可以访问其他业务接口。除了包含远程连接、身份认证、权限管理等功能，该模块还提供对请求参数和返回参数的封装，便于返回结果格式的统一。

2. 时空域存储与访问模块

在全空间信息系统中，多粒度时空对象数据按照时空域的方式进行组织。时空域的作用类似于工作空间，是多粒度时空对象数据的管理单元，所以在应用时，需要通过时空域模块提供的接口访问时空域。时空域存储与访问模块提供了时空域目录管理接口、关系目录管理接口。

3. 模型存储与访问模块

该模块提供对多粒度时空对象行为和认知模型的管理功能,可以存储模型文件、模型参数以及与模型相关的其他检索信息。

4. 时空对象存储与访问模块

该模块提供对多粒度时空对象的增加、删除、修改和查询,通过时空对象检索过滤器可以建立空间查询条件、属性查询条件、关系查询条件等限制条件,从而有选择性地检索数据。

5. 文件存储与访问模块

全空间信息系统中涉及多种类型的文件数据存储,如栅格影像文件、矢量瓦片文件、BIM模型文件等。文件存储与访问模块提供分布式文件存储与管理功能,其底层主要是对分布式文件系统访问接口的服务化封装。

6. 关联关系存储与访问模块

该模块提供对多粒度时空对象间复杂关联关系数据的查询和管理,其底层主要是对图数据库访问接口的服务化封装。该模块利用图数据库的强大检索能力,可以提供关联关系的多级查询、模式查询等高级查询功能。

7. 动态数据存储与访问模块

该模块提供多粒度时空对象动态数据集的创建、编辑、查询等功能。动态数据都具有时间标签,可以按照动态数据类型、起始时间、终止时间等查询动态数据集。

8. 数据字典存储与访问模块

该模块提供对全空间信息系统中通用类型的数据字典的访问服务,这些数据字典有利于对多粒度时空对象数据中的特征数据类型的理解。

9. 类模板存储与访问模块

该模块提供了对时空对象类模板的管理,通过类模板检索过滤器可以实现有条件的查询。多粒度时空对象类模板的作用类似于传统 GIS 中的元数据,即通过该模块提供的接口对类模板的管理相当于对元数据的管理。

13.3.3 访问引擎实现

全空间信息系统作为一个通用型空间信息系统平台,必须支持多类型语言的二次开发能力,但如果针对每种开发语言都相应地提供一套访问引擎,不仅工作量巨大,也不利于维护。Protocol Buffers(即 Protobuf)是一种与语言无关、平台无关、可扩展的序列化结构数据的方法,支持多种编程语言,具有良好的扩展性和兼容性,而且序列和反序列效率较高。全空间信息系统借助 Protocol Buffers 与语言和平台无关的特点,实现了支持多种开发语言的多粒度时空对象访问引擎通用 API。多粒度时空对象数据访问引擎通用 API 实现方法如图 13.17 所示。全空间信息系统通过定义.proto 文件,分别实现了面向 Java、C++、Python 和 Web Service 的访问API,通过这些接口可以方便地实现对全空间信息系统数据库的访问。

Protocol Buffers 提供一种明文方式的数据格式定义(.proto 文件),将多粒度时空对象访问引擎涉及的相关接口参数通过.proto 文件进行定义,然后通过命令工具快速生成面向各种语言的数据结构和数据序列化/反序列化接口。在这些数据结构和接口基础之上,再对相应的服务接口进行逻辑实现和封装。

采用这样的实现方式,一方面,不仅降低了访问引擎的开发工作量,也有利于维护各类型访问引擎的一致性;另一方面,Protocol Buffers 由于采用二进制方式进行数据传输,有效压缩了数据体量，提高了数据传输效率。

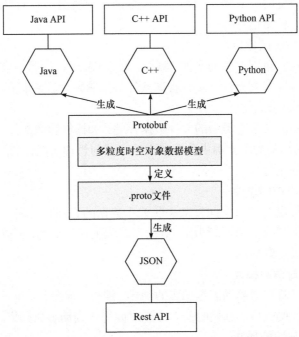

图 13.17　多粒度时空对象数据访问引擎通用 API 实现方法

第 14 章　设施时空对象建模与管理

全空间信息系统是一个"活"的系统，能够对现实世界中的动态、实时信息进行描述、组织、分析和表达。具有动态感知能力的设施是全空间信息系统的实时数据源，研究其接入与管理技术能够为基于全空间信息系统构建的数字世界提供技术支撑。此外，作为 GIS 当前和未来重要应用领域的智慧城市与数字孪生城市，其构建的首要前提也是面向城市动态感知与智能决策的设施接入与管理。随着物联网、传感网、互联网和通信技术的不断发展，用于动态感知的设施呈现显著的海量、多源异构等特征(Frank, 2013)，对当前的设施接入与管理技术提出了新的挑战。本章首先分析目前通用的设施接入与管理技术及其局限性，其次介绍全空间信息系统中基于多粒度时空对象的设施建模技术、设施接入技术与管理技术，最后介绍应用这些技术的实践案例。

14.1　通用的设施接入与管理技术

14.1.1　设施的基本概念

1. 设施的定义

设施(facility)的定义有广义和狭义之分。广义的设施是日常生活中常见的基础设施(infrastructure)，是指为人类社会生产生活提供服务的设备或工程，例如，广泛应用于城建、交通、供水供电、科研教育、园林绿化、环境保护、文化教育、卫生事业、国家安全等各个领域的市政公用工程设施、公共生活服务设施和国防军工基础设施；根据是否具备感知能力，广义的设施可以分为非感知型基础设施与感知型基础设施，非感知型基础设施是指静态的、不具备感知能力的设施，如道路、楼宇、桥梁等；本书中的"设施"是狭义的设施，即感知型基础设施，是指能够感知外界或内部信息，并对信息进行处理、传输、存储和显示的物理设备或虚拟设备，其在存在形式上等同于物联网中的"传感器"。部分常见的设施类型如图 14.1 所示。

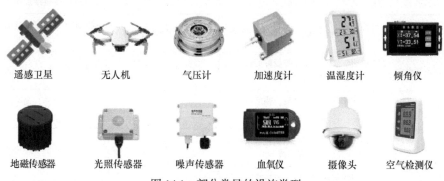

| 遥感卫星 | 无人机 | 气压计 | 加速度计 | 温湿度计 | 倾角仪 |

| 地磁传感器 | 光照传感器 | 噪声传感器 | 血氧仪 | 摄像头 | 空气检测仪 |

图 14.1　部分常见的设施类型

2. 设施的特点

相比兴趣点、海岸线、湖泊、矿体等传统意义上的地理空间实体，设施具有以下典型特征。

(1) 海量特征。据统计，2020 年全球物联网的互联设备超过 100 亿个，中国物联网行业市场规模超过 15000 亿元[①]。在智慧城市建设在各城市迅速落地、物联网及其相关技术快速迭代的新形势下，人类社会对全时空实时感知与精细化管理的需求日益迫切，智能化、人本化的智慧城市应用日渐丰富。可以预见，未来全球的设施数量将持续、快速增长，海量特征日渐突出。

(2) 多源异构特征。设施已经被广泛应用于人类社会生产生活的各个领域，来源众多，种类丰富，按照不同的标准可分为多种类型。此外，设施具有异构特征，不同类型的设施在硬件结构、通信接口、传输协议、数据格式、交互方式、采样频率、数据精度、服务质量等方面具有明显差异。

(3) 动态实时特征。在交通管制、环境监测、天气预报、医疗救援、防空预警等不同类型的 GIS 感知型应用场景中，通常需要部署大量设施进行动态、实时的监测，且对信息采集和传输的实时性都有很高要求。

(4) 协同共享特征。一个感知型应用场景的感知体系通常是由大量、不同类型的设施通过互联网和通信技术联结而成的感知网络，该网络中各种设施之间支持数据共享与互操作，系统化、协同化地采集、处理和输出感知信息。

(5) 时空关联特征。设施在地理空间中广泛分布，每个设施在每一时刻都对应一个空间位置，且不同类型的设施按照用途差异可能具有不同的空间分布特征。此外，设施自身的状态、设施产生的数据也可能随时间推移发生变化，某一时刻的观测值与过去或将来几个临近值之间可能存在一定的时空关联，可以作为轨迹预测、空气质量预报等预测行为的依据。

3. 设施的应用

基于设施的动态感知与智能决策是各类物联网解决方案产生实效的基础，也是各种智慧城市应用落地实施的关键。各种类型的设施已经在人类社会生产生活各领域得到了广泛应用，表 14.1 列举出了部分常见设施的应用场景及其内容。

表 14.1　设施的应用场景及其内容

应用场景	应用内容	应用场景	应用内容
智能停车	监控城市中的停车空位，辅助停车场收费	近场通信(near field communication，NFC)付款	超市、公共交通、健身房等场所的实时付款
结构监测	监测建筑、桥梁的材料振动与损耗情况	装运质量情况监测	监控装货过程中的振动、撞击或冷链维护保养
噪声监测	监测酒吧或城市中心区域的噪声	城市精细化管养	城市园区和楼宇等基础设施的精细化管养
港口设施管养	码头、港池、仓库等设施的状况监测、管理维护	洪水监测	监测河流、水库、水坝的水位变化
交通拥堵监测	监测车辆与行人流量，辅助行车路线优化	大棚温室	监控气候条件，提高蔬菜、水果产量
废物管理	监测垃圾桶中的垃圾量，优化垃圾收集路线	气象站	预测天气状况
火灾监测	监测火灾区域温度、气体指标，定义警戒区	动物跟踪	牧区实时跟踪动物位置、确认身份

---

① 智研咨询. 2020. 2020 年中国物联网行业发展趋势及市场规模预测.https://www.chyxx.com/industry/202004/856244.html.[2021-06-12]

续表

应用场景	应用内容	应用场景	应用内容
空气污染监测	监测工厂、农场有毒气体和汽车尾气等污染物	无人驾驶	无人驾驶汽车对周围环境的感知与决策
滑坡预防	监测土壤含水与密度，探测危险地质状况	入侵检测系统	检测门窗开关与入侵情况
人机协同作战	战场设备连接构成军事物联网，用于支撑作战	医疗物资物联网	药品、医疗设备等物资的信息互联

14.1.2　通用的设施接入技术

设施接入是指将设施信息实时或近实时地接入信息管理系统中的技术。对于空间信息系统而言，设施接入通常包含两方面内容，一是在空间信息系统中基于空间数据模型对设施进行信息化描述与表达，例如，基于 GIS 的矢量数据模型可以将设施描述与表达为点状要素；二是将设施产生的数据接入空间信息系统中并作为设施的属性或外部数据。由于设施具有海量和多源异构等典型特征，如何将其统一、高效、可靠地接入空间信息系统中，实现海量信息的统一管理与分析应用，成为目前物联网、GIS 和智慧城市等领域共同面临的挑战。针对这一问题，国内外目前已经积累了大量的相关研究成果，形成了通用的设施接入技术。

1. 设施接入的基本问题

设施接入可以视为在图 14.2 所示的四层结构之间的"三阶段接入"过程。设施层上的设施分散部署于人类社会空间的各个角落，设施之间没有连接组网；网络层的设施相互连接形成设施网络，包含设施节点、汇聚节点、互联网和任务管理节点四个要素；服务层是汇聚设施信息并提供各种分析计算服务的逻辑层；在应用层上用户基于服务层的各种分析计算服务，针对实际应用或任务进行决策与认知。设施的通信协议与数据格式是影响设施接入过程的关键因素，因此设施接入的基本问题即是解决"三阶段接入"过程中所涉及的通信协议和数据格式适配转换问题。具体而言，从设施层接入网络层需要解决通信协议适配转换问题，从网络层接入服务层、从服务层接入应用层需要解决数据格式适配转换问题。

图 14.2　设施接入涉及的四层结构

2. 设施接入的相关技术

1) 通信协议与数据格式

通信协议是将设施从物理层接入网络层所遵循的协议标准。目前国内外很多主流的物联网平台都实现了设施数据实时接入功能，其中涉及的通信协议可分为两类，一类是目前常见的主流通信协议，另一类是由平台单独制订或封装的私有协议。例如，Azure IoT 使用 MQTT、AMQP等主流通信协议，OneNET 使用 LwM2M、MQTT、Modbus 等主流通信协议，此外二者均封装并提供了与通信协议适配的相关私有协议 API 或软件开发工具包(software development kit, SDK)。数据格式是将设施从网络层接入服务层及从服务层接入应用层所遵循的数据传输格式。

现有的物联网接入平台中采用的数据格式不尽相同，但普遍遵循轻量、易于交换、与开发语言无关等原则。例如，国外的 IBM Watson 物联网平台、谷歌物联网云平台，国内的 ArcGIS GeoEvent、SuperMap iServer Streaming、WISE-PaaS、华为物联网连接管理平台等采用了 JSON、XML、GeoJSON、SimpleJSON 等多种轻量级数据传输格式。

2）接入标准

通用的设施接入技术通常遵循一定的标准，如传感网实现(sensor web enablement，SWE)、IEEE 1451、PUCK 和 DICOM。目前最常用的是 SWE 标准，该标准由开放式地理空间信息系统协会(OGC)提出，旨在向服务层或应用层提供多源异构设施信息资源的标准化接入与描述服务。SWE 标准的内容可概括为信息模型和服务接口两部分，信息模型由传感器建模语言、传感器通用数据模型编码、观测与量测等标准组成，服务接口由传感器服务模型、传感器观测服务、传感器规划服务、传感器-物联网服务等标准组成。

3）接入技术

通用的设施接入技术可分为 3 种(杨飞，2022)，分别是：①基于接入标准的接入技术，目前主要是基于 SWE 的接入技术(Jia and Chen，2014)。该技术首先基于传感器建模语言(sensor modeling language，SensorML)，将网络层上的设施及其数据转换为 SWE 的标准对象；然后注册传感器观测服务(sensor observation service，SOS)，成功后即可在服务层发布设施的功能描述、设施数据等信息；最后位于应用层的用户可以调用服务层的接口，对服务层上的设施信息进行查询、规划、绑定等操作。②基于平台 SDK 的接入技术。该技术是指对设施从网络层向服务层接入及从服务层向应用层接入过程中涉及的数据接入提供基于 API 封装的 SDK 集合，通过优化 SDK 的性能为设施接入提供高效的工具支撑，相关的代表性平台主要有 GIS 领域的 ArcGIS GeoEvent Server 和物联网领域的实时接入平台。③基于自定义适配器的接入技术。该技术在 SWE、IEEE 1451 等系列标准的基础上，通过自定义方式构建适配接入层，具有更高的灵活性和可定制性(王智莉和卜方玲，2015)。该技术首先对网络层与服务层之间设施接入的每种数据格式分类并构建适配器，形成适配器集群；当有新类型的数据接入时，首先查找现有集群中与之匹配的适配器，如果不存在则对该数据格式构建新的适配器，并将其添加到现有集群中，实现适配器集群的更新与维护。

3. 通用设施接入技术的局限性

现有通用的设施接入技术存在一定的局限性，体现在以下几个方面(杨飞，2022)：①基于 SWE 的接入技术中，SWE 标准试图建立多源异构设施的统一接入标准，但是未充分考虑不同类型设施在通信协议和属性方面的异构特征，因此在基于 SWE 的设施接入过程中，需要在 SWE 协议与各类通信协议之间进行大量的人工适配与转换，并且 SWE 没有对这些适配、转换的方法和位置给出明确定义，由此产生了设施层与服务层之间的互操作鸿沟。②基于平台 SDK 的接入技术存在三方面不足，一是目前存在众多设施接入平台，不同平台之间的兼容性差，无法实现有效的数据共享；二是平台 SDK 主要面向设施数据的接入、集成与应用，缺乏对设施自身信息的描述与管理；三是受限于自身的业务领域和顶层设计，不同平台支持接入的设施数据类型差异较大，一定程度上增大了平台之间数据共享的难度。③基于自定义适配器的接入技术存在三方面不足，一是局限于支持网络层与服务层之间的设施数据接入，无法有效支持设施从设施层接入网络层时的通信协议适配，以及从服务层接入应用层时的数据格式适配；二是适配器未采用标准化的方式统一构建，导致面向同一种设施的不同适配器之间兼容性较差；三是基于自定义适配器的接入技术目前大多处于理论研究或简单试验阶段，缺乏更进一步的深入研究、技术实践与应用验证。

14.1.3　通用的设施数据管理技术

为了支撑信息管理系统中对海量设施信息的集成与应用,还需要研究设施管理技术。对于空间信息系统而言,设施管理的内容既包括对设施自身信息的组织与管理,也包括对设施所产生数据的组织与管理。设施由于具有海量、多源异构、动态实时、时空关联等典型特征,对传统的空间数据管理技术提出了巨大挑战。近年来随着非关系型数据库(NoSQL)、云计算(cloud computing)、无线传感器网络(wireless sensor networks,WSN)等技术的发展与成熟,通用的设施管理技术已然形成。

1. 数据存储技术

设施产生的数据规模较大,种类繁多,结构复杂,且通常具有多维、时空属性特征,采用传统的关系型数据库逐渐难以满足实际应用中的数据管理需求。根据存储位置的不同,目前常见的设施数据存储方式有三种,分别是本地存储、集中式存储和分布式存储。本地存储是指将数据存储在设施自带的存储单元上;集中式存储是指网络中各节点将采集到的设施数据传到同一个数据中心;分布式存储是指基于分布式技术,将数据存储在网络中的各个节点上,当涉及多个网络时,为确保数据的可达性,通常使用中间件技术。三种方式中,目前应用较广的设施数据存储技术是集中式存储和分布式存储,而本地存储由于设施自身的存储容量限制、性能约束及不利于数据共享等因素,局限性较大。在数据库选择方面,传统的关系型数据库技术已经非常成熟,但随着设施数据的体量增大和种类增多,根据一致性、可用性、分区容错性(consistency、availability、partition tolerance,CAP)定律(Brewer,2000),关系型数据库在水平扩展方面存在较大缺陷,而 Cassandra、HBase、MongoDB 等近年来兴起的非关系型数据库在存储速度、可扩展性和随机数据结构等方面的性能较高,是当前和未来设施数据存储的主流技术。

2. 数据索引与查询技术

作为设施管理与应用的重要支撑技术,设施数据索引与查询技术用于满足用户对设施信息的检索需求。根据检索范围的不同,设施数据索引与查询技术分为集中式索引与查询、分布式索引与查询。此外,对于具有时空特征的设施数据检索,需要研究时空索引与查询技术。①集中式索引与查询适用于以集中式方式管理的设施数据,在目前的研究中主要可分为基于模型的数据库视图查询、基于符号的查询(Schmid and Züfle,2019)、基于语义状态的查询(Bhattacharya et al.,2007)和基于事件的查询(余建平和林亚平,2010)四种类型。②设施网络的覆盖范围一般较广,同一网络中的设施可能处于不同的节点位置,因此设施网络中的数据查询通常是分布式查询。分布式查询建立在分布式索引的基础上,目前面向设施网络的分布式索引技术相关研究主要借鉴计算机领域的研究成果,其面临的关键问题包括通信计算复杂度、各种数据流模型中的索引构建机制、负载均衡、查询能耗、查询节点数据不稳定或丢失等。③设施数据普遍具有时空特征,并且设施的新旧替换、设备升级等过程也会引起设施自身属性信息的更新。对于具有时空特征的设施数据,目前常用的索引可分为树形索引、哈希索引和位图索引,而对应的数据查询建立在这些索引的基础上。常见的树形索引包括 B 族树(B 树、B+树、B*树等)、R 族树(R 树、R+树、R*树等)和 T 族树(T 树、T*树等);哈希索引中与空间相关的是 GeoHash 索引,可以将二维的经纬度坐标编码映射为一维的字符串;位图索引在索引列上应用映射函数,将索引列值映射到一个位图数组上,位图数组的每一位表示关键字对应的数据行的有无。

3. 通用设施管理技术的局限性

可以看出,现有的通用设施管理相关技术集中于计算机、物联网和 GIS 领域,还存在以下不足(杨飞等,2021):①计算机和物联网领域的设施管理侧重于管理设施产生的实时数据,忽略了对设施自身信息的管理。②实时 GIS 的设施管理是通过数据代表设施本身的方式实现的,例如,以出租车的实时轨迹数据代表出租车、以摄像头的实时视频流代表摄像头,其本质仍是管理设施产生的实时数据。综上所述,现有的设施管理技术侧重于对设施产生数据的管理,对设施自身的信息管理研究不足,无法满足空间信息系统中的设施信息一体化管理需求,也难以应用于基于多粒度时空对象数据模型构建的全空间信息系统中。

14.2　设施时空对象建模

设施及其动态感知信息具有显著的多源、异构、海量、动态特征,而传统 GIS 领域的常规数据模型和例外数据模型对应的数据结构之间差异较大,无法基于这些尚未统一的数据模型对设施进行统一的语义描述和数据组织。面向全空间信息系统的多粒度时空对象数据模型描述框架的提出(华一新和周成虎,2017),为解决设施建模问题提供了可行的解决方案。本节重点阐述基于多粒度时空对象数据模型的设施时空对象建模技术,旨在实现以对象为基本单元的设施信息描述与组织。

14.2.1　设施时空对象模型

1. 设施时空对象建模的意义

为了将多源异构的设施用面向对象的空间信息系统进行管理,需要基于 GIS 的建模方法将设施构建为时空对象。全空间信息系统中的多粒度时空对象数据模型能够从时空参照、空间位置、组成结构、行为能力等八个方面对时空对象进行描述与表达,本节将基于该模型构建统一的、面向全空间信息系统应用的设施时空对象描述模型。设施时空对象建模既能使基于全空间信息系统构建的数字世界中所表达的设施信息更符合客观实际和人类认知,也可以为以对象为基本单元的设施信息组织、管理和应用提供数据模型支撑。此外,通过对设施的行为能力建模和组成结构建模,还能解决传统 GIS 数据模型无法有效描述设施的层次结构与动态行为特征的问题,实现对设施的"可解构性"和"活性"的描述与表达。

2. 设施时空对象建模的原理

全空间信息系统是面向对象的时空信息系统,基于多粒度时空对象数据模型对现实世界所有对象进行统一描述和表达。在全空间信息系统中,所有设施都以多粒度时空对象的形式存在。基于多粒度时空对象数据模型的设施时空对象建模包含两层含义,第一层是将现实世界中的设施抽象为多粒度的设施时空实体,第二层是以面向对象的方式将设施时空实体描述、组织为多粒度的设施时空对象。通过上述两个层次的抽象与描述,将设施建模转化为设施对象,成为基于全空间信息系统构建的数字世界的基本单元。

14.2.2　设施时空对象建模技术

1. 设施时空对象建模思路

设施时空对象建模基本方案如图 14.3 所示。首先通过扩展《数字化城市管理信息系统　第

2 部分：管理部分和事件》(GB/T 30428.2—2013)标准，对多源异构设施进行分类编码，将设施划分为更精细的类型；其次基于多粒度时空对象数据模型，对设施进行对象化描述，将基于上述划分得到的设施类型抽象描述为设施时空对象类；最后每个设施时空对象类经过实例化得到设施时空对象。

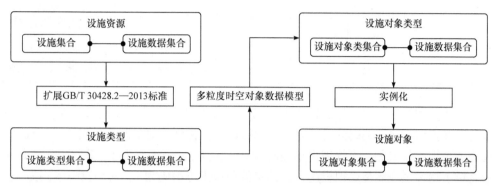

图 14.3　设施时空对象建模基本方案

2. 设施分类与编码

设施具有典型的多样性特征，为了在空间信息系统中对其进实体化抽象和对象化描述，需要研究设施的分类与编码。为规范数字化城市管理信息系统的建设与运行，我国已经制订了《数字化城市管理信息系统》标准，其中第 2 部分(GB/T 30428.2—2013)对城市中的设施进行了明确的分类与编码，可作为设施分类与编码的基础。GB/T 30428.2—2013 标准将设施分为公用设施、交通设施等 5 个大类，每个大类的编码遵循图 14.4 所示的结构规则。该编码结构由 3 个码段共 10 位数字组成，依次为 6 位县级及县级以上行政区划代码、2 位大类代码、2 位小类代码。在此基础上，任意一个城市部件的标识码可表示为"部件代码+顺序代码"，其中部件代码依照图 14.4 所示的规则编写，顺序代码表示部件的定位标图顺序号，采用从 000001 开始由小到大的 6 位数字顺序编写。

GB/T 30428.2—2013 标准主要针对现实世界中的物理设施，并未涵盖虚拟设施，并且没有顾及设施的位置移动特征，导致其应用范围受到限制。针对该标准存在的不足，对设施进行更精细的分类与编码，如表 14.2 所示。具体而言，首先将设施分为物理设施和虚拟设施两个大类，其中物理设施是指现实世界中真实存在的

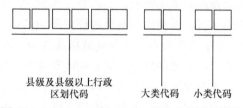

图 14.4　GB/T 30428.2—2013 标准中的城市部件代码结构

设施，虚拟设施是指能够对物理设施的数据采集与传输过程进行模拟的设施；其次根据设施的移动特征，将其进一步分为原位设施和移动设施。例如，道路上的车辆、空中的无人机、路灯上的光敏传感器、建筑上的倾角计等是物理设施，并且车辆、无人机相比光敏传感器和倾角计具有移动特征，因此按照上述分类方法分别被划分为移动设施和原位设施；此外，各种数据模拟器、仿真程序能够对物理设施的数据采集与传输过程进行模拟，因此被划分为虚拟设施，并且根据其所模拟对象的移动特征也可以被进一步分为移动设施和原位设施。

表 14.2　基于扩展 GB/T 30428.2—2013 标准的设施分类与编码

Ⅰ级分类	Ⅰ级编码	Ⅱ级分类	Ⅱ级编码	Ⅲ级分类与编码	实例
物理设施	0	原位设施	0	与 GB/T 30428.2—2013 标准一致	交通监控摄像头、路灯上的光敏传感器等
		移动设施	1	与 GB/T 30428.2—2013 标准一致	车载 GPS、船载显示器、无人机上的红外传感器等
虚拟设施	1	原位设施	0	与 GB/T 30428.2—2013 标准一致	虚拟的摄像头、倾角计等
		移动设施	1	与 GB/T 30428.2—2013 标准一致	轨迹模拟器、无人机仿真程序等

基于上述分类结果，对设施进行三级编码，如表 14.2 所示。具体而言，综合考虑各级分类包含的设施类型数量、编码的可扩展性及编码的存储消耗，对前两级采用二进制编码方式，对Ⅰ级分类采用 1 位编码，将物理设施编码为 0，将虚拟设施编码为 1；Ⅱ级采用 1 位编码，即无论是对于物理设施还是虚拟设施，将其中的原位设施编码为 0，移动设施编码为 1；Ⅲ级编码与 GB/T 30428.2—2013 标准保持一致，即在 GB/T 30428.2—2013 标准中增加虚拟设施的基础上，无论是对于物理设施还是虚拟设施，均按照 GB/T 30428.2—2013 标准进行编码。

例如，对于北京市东城区安定门东大街南侧，小街桥路口 50m 处步行道上的一个监控电子眼，由于该电子眼属于物理设施中的原位设施，按照表 14.2 所示的分类与编码规则，首先确定其编码前缀为 00；其次由于东城区的行政区划编码为 110101，其部件大类为公用设施，代码为 01，小类为监控电子眼，代码为 50，其普查测绘和标图定位的顺序号为 001525，根据 GB/T 30428.2—2013 标准确定该监控电子眼的标识码为 1101010150001525；最后将编码前缀与标识码组合，确定该电子眼的编码为 001101010150001525。

3. 设施时空对象建模流程

基于上述建模思路和设施分类与编码方法，基于多粒度时空对象数据模型的设施时空对象建模流程如图 14.5 所示。首先通过全空间信息系统的类建模工具 Designer，将所有设施建模为设施对象类模板，其次通过实例化工具 Creator，将设施对象类模板实例化为设施对象。具体而言，设施时空对象建模过程包括以下步骤。

(1) 数据准备。全空间信息系统中，每个设施对应一个设施时空对象，因此要实现设施向设施时空对象的转化，需要明确对哪些类型的设施进行建模，以及每一类设施的数量。例如，假设要对摄像头、无人机两类设施进行建模，且摄像头 n 个，无人机 m 个，则首先需要准备相应的数据，包括每个设施的二维与三维模型数据、属性数据、位置信息、行为信息、设施间的关系数据等。

(2) 对象类模板创建。全空间信息系统中，每个对象都有其所属的时空域和对象类型，因此在创建任何设施对象前，都需要依次创建该对象所属的时空域和类模板。例如，针对上述 n 个摄像头和 m 个无人机，需要首先为每个对象选定时空域，然后在既定时空域下创建该设施对象所属的类模板。

(3) 对象创建。对象创建的过程本质上是对象类模板的实例化过程，即基于多粒度时空对象描述框架，对每个设施对象的八个方面描述信息均进行实例化操作，最终完成对象创建。

基于多粒度时空对象数据模型的设施时空对象建模技术支持对设施的组成结构建模和行为能力建模，成为其相比于现有时空对象建模技术的重要优势。下面分别对设施组成结构和行为能力的详细建模过程进行阐述。

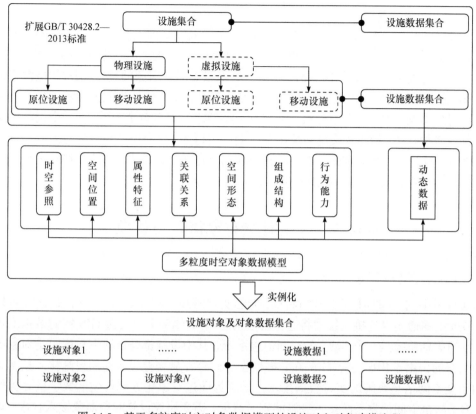

图 14.5　基于多粒度时空对象数据模型的设施时空对象建模流程

1) 设施组成结构建模

在图 14.5 所示的设施时空对象建模技术中，组成结构用于描述时空对象与其父对象之间的空间构成和从属关系。对设施时空对象进行组成结构建模，有利于从更细粒度上对设施时空对象进行解构分析，从而揭示设施时空对象的内部组成机制，体现设施对象的多粒度特征；同时，设施对象各组成部分的重要性可能存在差异，对其组成结构建模有利于按照重要性对各组成部分进行有效区分。设施对象的组成结构建模如图 14.6(a)所示，整个组成结构模型可视为一个层次数据模型，上下层级之间为父子关系，每个设施时空对象既可以是父对象，也可以是子对象，其各个组成部分则是该对象的下一级子对象，每个组成部分又可递进分解为更多的组成部分，即更多的子对象。

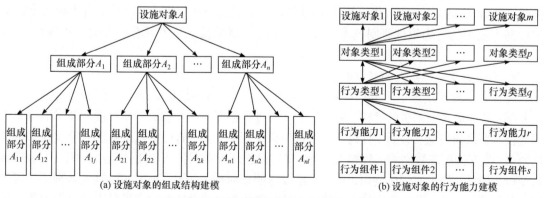

(a) 设施对象的组成结构建模　　　　　　　　　　(b) 设施对象的行为能力建模

图 14.6　设施的组成结构与行为能力建模

2) 设施行为能力建模

在图 14.5 所示的设施时空对象建模技术中，行为能力是设施时空对象的重要组成要素，用于描述对象间的相互控制与响应，也是体现全空间信息系统"活"的特征的关键所在。设施时空对象的行为能力建模如图 14.6(b)所示，首先将设施时空对象的具体动作(如摄像头镜头的旋转、无人机的起飞)统一抽象为行为能力，将具有相似特征的行为能力抽象为行为类型；其次以设施对象类型为基础，设施对象类型与行为类型之间为多对多关系，即一个设施对象类型具有一种或多种行为，而多种设施对象可具有同一类行为；行为类型与行为能力之间为一对多关系，即一个行为类型可以实例化为一个或多个行为能力；在技术实现上，将每个行为能力实现为一套行为组件，对所有行为组件的输入与输出参数进行标准化定义。

14.3　设施时空对象接入与管理

14.3.1　设施时空对象接入技术

现实世界中的设施具有动态实时特征，能够实时感知外部环境的时空动态信息，可以基于 14.1.2 节介绍的通用设施接入技术将这些动态信息接入 GIS 中，成为 GIS 实时数据的重要来源。全空间信息系统是一个"活"的空间信息系统，其中设施都是通过多粒度时空对象的形式描述和组织的，由于相比传统 GIS 在数据模型方面存在显著差异，通用设施接入技术无法完全适用于全空间信息系统的实时数据接入，无法为通过对象化方式创建的数字世界提供实时数据。为了向全空间信息系统接入设施的实时数据，需要研究设施时空对象接入技术。设施时空对象接入是指通过对象化的方式向数字世界中的设施接入实时数据，并将实时数据与设施对象绑定而成为设施动态数据的过程。

1. 设施时空对象接入的基本原理

设施时空对象接入技术由通用设施接入技术与设施时空对象建模技术结合而成，是一种以设施时空对象行为作为驱动因素的新的对象化接入技术。具体而言，将设施时空对象接入统一建模为对象行为能力，从而将设施时空对象接入的整个过程转化为设施时空对象行为能力的执行过程；又根据 14.2.2 节设施时空对象建模的基本流程可知，设施时空对象的行为能力在技术实现上均被实现为行为组件，因此设施时空对象接入过程最终转化为对象行为组件的调用过程。上述过程中，将与接入相关的行为组件统称为接入型行为组件，将调用接入型行为组件实现实时数据接入的过程称为正向接入。通过调用设施时空对象的接入型行为组件驱动执行接入行为，即可将设施产生的实时数据接入全空间信息系统中。由于接入型行为组件基于统一的行为组件研制技术实现，设施时空对象接入技术具有较好的可扩展性(杨飞等，2020)。

2. 设施时空对象接入的基本流程

设施时空对象接入本质上是在对象行为驱动下，将各种设施数据从设施层经过网络层和服务层，最终接入应用层的过程。由于整个接入过程涉及多个层次，需要对接入技术的基本流程与技术框架进行统一设计，且设计过程遵循以下原则：①设施层接入网络层时应支持多种通信协议；②支持设施数据的远程接入；③需要将设施从服务层接入应用层的过程统一封装成接入型行为组件，便于应用层调用，从而实现设施的正向接入；④设施的实时接入区别于传统的实时数据接入，要求以对象化的方式接入，即现实世界中的设施在数字世界中都是以设施对象的形式存在，且接入的过程本质上是调用接入型行为组件的过程，接入的结果是完成设施对象与动态数据绑定。设施时空对象接入的基本流程如图 14.7 所示，整个流程包括正向接入实时数据(称为正向接入阶段)和反向控制设施执行行为(称为反向控制阶段)共两个阶段。

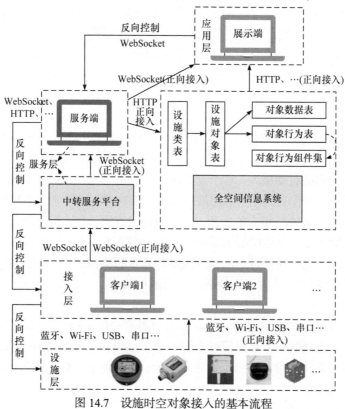

图 14.7　设施时空对象接入的基本流程

(USB：通用串行总线，universal serial bus)

1) 基本流程

(1) 正向接入阶段，设施层的各种设施通过接入层的设施客户端实现向网络层的接入，再经由中转服务平台将实时感知数据上传至互联网；用于远程数据接收的服务端接收到数据后，将其转发至全空间信息系统，且通过设施对象的唯一标识 ID 绑定到设施对象后，即可基于全空间信息系统数据库中的设施类表和设施对象表进行持久化存储；当应用层展示端与服务端建立通信连接时，即可接入设施数据并对其进行分析、处理和可视化。

(2) 反向控制阶段，由应用层展示端发出对象控制指令，首先通过调用全空间信息系统中相应对象的行为组件，即可将当前需要控制的对象 ID、行为类型、具体行为名称、行为输入参数等信息发送给服务端，由服务端将控制信息转发至中转服务平台；其次中转服务平台通过识别控制信息中的对象 ID 和行为信息，将控制指令下发至接入层中的设施客户端；最后控制相应的设施执行具体的行为。

2) 通信协议与数据传输过程

上述流程中，不同层级之间的通信和数据交换最为关键，下面分别介绍正向接入和反向控制两个阶段中涉及的通信协议与数据传输过程。

(1) 正向接入阶段。设施层与接入层之间支持 Wi-Fi、蓝牙、USB、串口等多种底层通信协议，可以实现基于不同通信接口和通信协议的设施统一接入。此外，正向接入具备可扩展性，当需要接入新型通信协议或接口的设施时，只需要研制针对该协议的适配转换模块，然后通过增量方式添加到适配器集群中。中转服务平台是一个部署在互联网上的数据与指令中转平台，通过 WebSocket 等协议与接入层进行通信，当收到接入层上传的数据后，可同样基于该协议将数据发送至服务端，然后展示端同样通过 WebSocket 从该中转平台获得实时数据。

(2) 反向控制阶段。首先由应用层展示端发出对象控制指令，通过 WebSocket 等通信协议发送至服务端；其次服务端通过 WebSocket 或 HTTP 协议将控制指令下发至中转服务平台，由中转服务平台对指令中的对象 ID 进行识别，进而基于 WebSocket 协议将指令转发至接入层中与指定对象关联的设施客户端；最后通过底层通信协议对设施进行反向控制。

3) 行为组件封装

在图 14.7 所示的设施时空对象接入过程中，将从中转服务平台到展示端的实时数据接入动作封装为行为组件，当展示端产生设施接入需求时，直接调用设施时空对象的接入型行为组件，即可实现感知数据的自动接入。对于设施时空对象的其他控制型行为能力，同样将其封装为行为组件，统称为控制型行为组件；在展示端发送反向控制指令时，直接调用相应的控制型行为组件，即可控制设施执行相应的行为。在行为存储方面，上述所有的行为组件均存储在全空间信息系统数据库中，当应用层展示端从系统中加载多粒度时空对象时，行为组件会随设施时空对象一起加载到本地，这种行为加载方式既能保证行为组件的可复用性，也可以实现设施时空对象行为的本地调用，从而保证较高的行为执行效率。

4) 对象数据绑定

全空间信息系统中，所有的时空对象都具有自身唯一的 ID 标识。通过上述接入技术接入新类型的设施时，首先判断在全空间信息系统中是否已经存在该设施时空对象，如果没有则创建该设施时空对象，并将实时数据绑定到该对象上；反之如果已存在该对象，则直接将实时数据绑定到相应的对象上。

14.3.2　设施时空对象管理技术

设施时空对象管理也即设施对象化管理，是基于对象化的管理技术，对前述基于建模得到的设施时空对象和基于接入得到的设施动态数据进行集成管理的过程，是基于全空间信息系统构建数字世界并进行智能决策的重要基础。从管理内容看，设施时空对象管理不仅包括对设施实时数据的管理，还包括对设施时空对象自身信息的管理。由于设施具有典型的海量特征、多源异构特征、动态实时特征和时空关联特征，使用传统的、单一的空间数据库难以满足对设施信息的全方位管理需求，需要针对其不同的特点设计不同的数据组织与管理策略。在全空间信息系统中，采用一套混合的数据存储与索引策略对设施时空对象及其所产生的数据进行组织管理。

1. 设施时空对象存储技术

设施时空对象管理面临的首要问题是设施时空对象的持久化存储与缓存。由于设施具有海量特征和多源异构特征，并且设施时空对象具有空间位置、属性特征、行为能力等多维度的描述特征，采用混合的数据组织与持久化存储技术成为设施时空对象存储的可行解决方案。同时，基于全空间信息系统构建智慧城市示范应用时，需要以包括分布式计算、实时计算和批处理计算等在内的混合计算模型为技术支撑，在数据管理的分布式、现势性和效率方面相比传统的集中式、单一式数据管理技术要求更高。为了有效解决上述问题，在全空间信息系统中，采用一套基于混合数据库的设施时空对象存储与缓存架构对设施时空对象及其产生的数据进行存储。基于混合数据库的设施时空对象存储与缓存架构如图 14.8 所示。

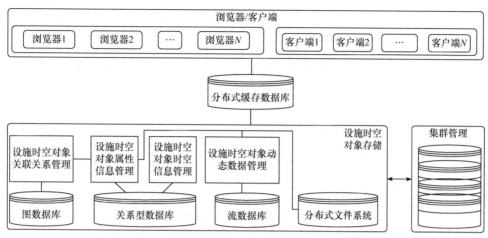

图 14.8　基于混合数据库的设施时空对象存储与缓存架构

具体而言，顾及设施时空对象及其所产生数据的多样性及每一类数据的特点，采用关系型数据库组织和存储设施时空对象的时空信息和属性信息，采用图数据库组织和存储设施时空对象之间的关联关系，采用流数据库组织和存储设施时空对象产生的流式数据，采用分布式文件系统组织和存储设施时空对象的专业模型数据。同时，设施时空对象与其所产生的动态数据之间通过对象唯一标识 ID 绑定，各数据库引擎之间的访问调度也是基于对象唯一标识 ID 进行关联。此外，为了有效应对设施时空对象及其数据的海量问题，在存储模式上采用主流的分布式存储策略对设施时空对象进行存储，所选取的图数据库、流数据库和分布式文件系统都支持海量数据管理，且都满足分布式扩容需求。此外，在面向统一的设施时空对象查询和分析计算时，能够提供多种存储模式之间的数据调度方案和存储负载均衡策略。这些具体的数据库及存储技术已在本书 13.2 节中详细介绍，此处不再赘述。

2. 设施多元索引与查询技术

1) 设施多元索引构建

设施时空对象管理的另一个重要技术是设施时空对象的多元索引与查询技术。不同类型数据库的索引结构具有各自的优势和不足，通常很难找到一种索引结构来满足所有类型的数据查询需求。在对设施时空对象及其产生的数据建立索引时，传统的、单一的索引方式无法满足当下智慧城市示范应用中对设施信息的分布式、多类型、高效率的查询需求。全空间信息系统采用混合存储策略来应对设施的海量和多源异构问题，因此必定需要采用面向不同数据库的多元索引结构来支持高效的设施时空对象索引与查询。

全空间信息系统中采用的设施多元索引与查询技术如图 14.9 所示，其核心思想是通过分析不同类型设施时空对象及其所产生数据的特点，构建适用于不同种类设施的不同索引，从而在满足多样化查询需求的同时提高查询效率。具体地，对设施时空对象建立分布式倒排索引，尽可能地在内存中构建索引，从而大幅减少磁盘读取操作，相比传统索引具有更高的查询效率。设施产生的数据以时序数据为主，具有显著的海量、动态实时、多源异构和时空复杂特征，且在设施时空对象建模过程中通过对象唯一标识 ID 与其所属的设施时空对象关联绑定，因此采用"分而治之"的思想，对其中的结构化数据(如轨迹数据)构建面向列式数据库的多列索引，对其中的实时视频等非结构化数据构建基于关键字的倒排索引，对其他类型的设施数据则构建面向列式数据库的主键索引，以满足设施异构数据的分布式查询需求。

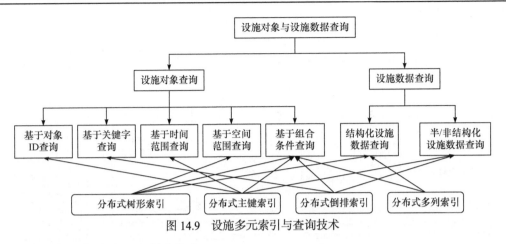

图 14.9 设施多元索引与查询技术

2) 基于多元索引的设施查询技术

在构建多元索引的基础上,支持多种类型的设施时空对象查询技术,其中针对设施对象的查询技术包括基于对象 ID 的查询技术、基于关键字的查询技术、基于时间范围的查询技术、基于空间范围的查询技术、基于组合条件的查询技术,返回结果为单个对象或对象集合;针对设施数据的查询技术包括结构化设施数据查询和半/非结构化设施数据查询。其中:①基于对象 ID 的查询技术即以 ID 为主键查询设施对象;②基于关键字的查询技术通过构建分布式倒排索引实现全文检索;③基于时间范围的查询技术支持对某一时间段内的设施对象查询;④基于空间范围的查询技术支持根据二维空间和三维空间的拓扑关系查询设施对象;⑤基于组合条件的查询技术支持基于上述单个条件组合而形成的复合条件的设施对象查询,查询结果更为精确;⑥结构化设施数据以轨迹数据和其他结构化的文本数据为代表,在全空间信息系统中基于分布式时空索引对其进行空间范围查询,基于分布式多列索引对其进行多维属性联合查询;⑦对于设施数据中以文档、报表为代表的半结构化数据和以音频流、视频流为代表的非结构化数据,由于基于固有的键值形式或语义进行组织,在系统中基于分布式主键索引或倒排索引进行查询。

3. 设施时空对象更新技术

在设施时空对象接入技术的支持下,设施时空对象管理能够提供对设施的快速更新功能,从而赋予设施时空对象动态特征,与以往 GIS 系统中管理的静态对象或要素相区别。例如,当设施通过对象化的方式接入全空间信息系统中时,设施实时数据会绑定到设施时空对象上,使得设施时空对象的某些方面发生变化,此过程称为设施时空对象更新。因实时接入引起的设施时空对象更新通常体现在两个方面,分别是位置更新和属性更新,下面分别对这两种更新技术进行介绍。

1) 位置更新技术

在全空间信息系统构建的数字世界中,设施时空对象本质上是多粒度时空对象,在自身的时空参照下具有空间位置。根据表 14.2 所示的设施分类方法,如果某类设施属于原位设施,则该类设施的空间位置通常保持固定不变;反之,如果某类设施属于移动设施,则通过将表征位置变化的设施实时数据接入数字世界中,可以引起该类设施时空对象的位置更新。例如,可以通过搭载 GPS 的方式记录某一设施的移动轨迹,然后将该设施移动产生的实时轨迹接入数字世界中,从而驱动设施时空对象产生位置更新,位置更新的过程本质上是以接入的实时位置代替原来数字世界中的对象位置。

　　基于实时接入的设施时空对象位置更新技术基本流程如图 14.10 所示。具体而言，在现实世界中，当某搭载定位装置的移动设施因移动产生位置变化时，通过 GPS、北斗等卫星定位系统可以实时记录其产生的轨迹数据，而在全空间信息系统构建的数字世界中，将该设施及其产生的轨迹数据描述为设施时空对象及其动态数据。在没有接入实时数据时，数字世界中仅有设施时空对象，而此时对象的动态数据仅是一个"空壳"，没有实际的数据绑定；当触发设施时空对象的接入行为时，通过调用对象的接入型行为组件，可以驱动设施的实时轨迹数据由现实世界向数字世界接入，此时将产生动态数据向设施时空对象的动态绑定，并且以轨迹数据中的点位替换该对象的当前位置。

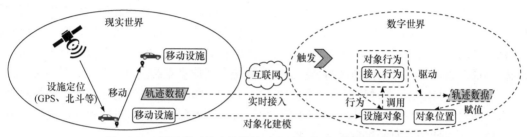

图 14.10　基于实时接入的设施时空对象位置更新技术基本流程

　　例如，在全空间信息系统中创建一个"军用运输车-001"设施对象，当接入的实时数据中包含该对象的实时位置数据时，则以新的实时位置代替该对象原来的位置，并且按照最新的时间信息更新对象的版本。设施时空对象位置更新通常表现在数据库和可视化场景两个层面：①在全空间信息系统的数据库中，"军用运输车-001"设施时空对象接入实时数据后，将按照实时位置对应的时刻顺序产生一系列较初始对象更新版本的新对象；②在全空间信息系统的可视化场景中，设施对象由于时间和位置更新而引发版本更新，其位置随着时间推移产生变化。

2) 属性更新技术

　　设施时空对象更新的另一个重要内容是属性更新。在全空间信息系统构建的数字世界中，设施时空对象通常具有自身的属性特征，如设施的出厂日期、序列号、IP 地址等。如果接入的实时数据中包含对象的属性信息，则将引起设施时空对象的属性更新，且该更新过程本质上是创建新的属性特征或对当前属性特征进行替换的过程。

　　基于实时接入的设施时空对象属性更新技术基本流程如图 14.11 所示。具体而言，当现实世界中某设施的属性发生变化时，在全空间信息系统构建的数字世界中，将该设施及其变化的多维属性数据描述为设施时空对象及其属性特征。在没有接入实时数据时，数字世界中设施时空对象的属性特征保持不变；当触发设施时空对象的接入行为时，调用设施对象的接入型行为组件，驱动实时数据由现实世界向数字世界接入，此时将导致设施时空对象的属性特征发生变化。设施时空对象的属性更新分为两种情况：①如果该对象原来已经具有该属性，则以实时数据中的新属性值替换其原来的属性值；②如果该对象原来不具有该属性，则在新版本对象中创建该属性字段，然后将新的属性值填充到该属性字段中。通过上述过程，以设施时空对象新的属性信息代替旧的属性信息，从而驱动对象产生属性变化，变化后的设施时空对象为原来对象的最新版本。

　　同样以上述"军用运输车-001"设施时空对象为例，当接入新的实时数据后，假设实时数据中包含"{驾驶员：李四}"和"{制造商：A 公司}"两项属性，而原来的设施对象只有"{驾驶员：张三}"一项属性，则对该设施对象的属性更新分为两个方面：①由于该对象原来已经

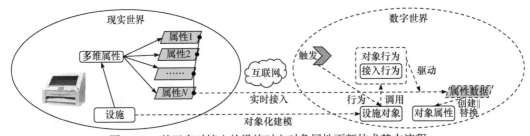

图 14.11　基于实时接入的设施时空对象属性更新技术基本流程

存在"驾驶员"属性字段，实时数据接入后只需要将当前对象的"驾驶员"属性值更新为"李四"即可；②由于该对象原来不存在"制造商"属性字段，实时数据接入后，首先为当前对象新增"制造商"属性字段，然后将"A 公司"赋值给该字段。完成上述更新后，原来对象的属性信息被新的实时属性代替，并且按照最新的时间信息更新对象的版本。设施时空对象属性更新同样体现在数据库和可视化场景两个层面：①在全空间信息系统的数据库中，"军用运输车-001"设施时空对象接入实时数据后，将按照实时数据中的时间顺序产生一系列较初始对象更新版本的新对象；②在全空间信息系统的可视化场景中，设施对象由于时间和属性更新而引发版本更新，其属性随着时间推移产生变化。

14.4　实　践　案　例

14.4.1　设施时空对象建模实例

利用全空间信息系统的交互式建模工具 Designer 和 Creator 创建近百万级设施时空对象，并且对具有组成结构和行为能力的设施分别进行组成结构建模和行为能力建模。

1. 设施时空对象建模

本实例使用的原始数据主要来源于地理国情监测云平台(GIM Cloud)、比格图(BIGEMAP)等开源平台。首先对原始数据按照图 14.5 所示的基于交互式建模工具的设施时空对象建模与实例化进行处理和重新组织，其次基于类模板创建工具 Designer 和实例化工具 Creator 依次创建时空域和对象类模板，最后经过类模板实例化得到设施时空对象。以创建"摄像头 001"对象(代表物理设施)和"智能车模拟器 001"对象(代表虚拟设施)为例，首先在 Designer 中选择设施时空对象所在的时空域(如"地球""苏州市"等，表示设施对象所属的时空范围)，其次在该时空域下创建相应的设施时空对象类模板"摄像头传感器""智能车模拟器"，最后在 Creator 中基于设施对象的组成结构、行为能力等七方面要素创建这两个设施对象，分别如图 14.12(a)和图 14.12(b)所示。

(a) 物理设施时空对象建模与实例化(以摄像头为例)

图 14.12　基于交互式建模工具的设施时空对象建模与实例化

(b) 虚拟设施时空对象建模与实例化(以智能车模拟器为例)

图 14.12　(续)

按照上述建模过程，根据表 14.2 中的分类标准，本实例最终通过建模工具共创建 97 个对象小类，共计 852473 个设施对象，生成的设施时空对象分为物理设施和虚拟设施两个大类，二者被进一步分为原位设施和移动设施两个小类，对各类型的设施对象数量统计如表 14.3 所示。

表 14.3　大规模城市传感设施实验对象的数量统计信息

Ⅰ级分类	Ⅱ级分类	包含的对象小类数量/个	包含的对象数量/个
物理设施	原位设施	43	451714
	移动设施	39	398592
虚拟设施	原位设施	9	1946
	移动设施	6	221
合计		97	852473

2. 设施时空对象组成结构和行为能力建模与实例化

组成结构和行为能力建模是本书中设施时空对象建模技术相比于现有 GIS 建模技术的重要特色，能够对设施的层次结构信息和动态行为信息进行描述与表达。本书以创建"摄像头镜头 001"对象为例，对设施时空对象的组成结构和行为能力建模与实例化过程进行展示。如图 14.13 所示，首先在类建模工具 Designer 中创建"镜头"类模板，其次将其与"镜片""光圈"等组成部件类之间通过创建"组合"关系完成父子对象间的组成结构构建，并且通过绑定"获取实时视频""连续旋转行为"等行为组件，实现"镜头"类的行为能力建模，最后在实例化工具 Creator 中，通过继承对象类模板后再实例化赋值的方式，即可创建具有组成结构和行为能力的"镜头 001"对象。

(a) 设施时空对象组成结构与行为能力建模　　　(b) 设施时空对象组成结构与行为能力实例化

图 14.13　基于交互式建模工具的设施时空对象组成结构和行为能力建模与实例化

3. 建模效果分析

从图 14.12 和图 14.13 所示的设施时空对象及其组成结构和行为能力建模结果可以看出，设施时空对象建模技术可以将各种类型的设施描述和组织为设施时空对象，并且能够支持对设施时空对象组成结构和行为能力的建模与表达，从实践角度证实了该建模技术的有效性与实用性。

14.4.2　设施时空对象接入实例

1. 实验环境

实验环境分为硬件环境和软件环境两个部分。

(1) 硬件环境。实验的设施选用 1 个浙江大华摄像头，通过摄像头设施的实时视频流数据接入实验来验证设施时空对象接入技术的有效性。其他硬件环境包括：①3 台计算机(分别部署于网络层、服务层和应用层)，配置分别为 1 台 ACER 星锐 4560G，AMD 双核 CPU，4GB 内存，500GB 硬盘容量；②1 台 ThinkPad T460，AMD 四核 CPU，8GB 内存，512GB 固态硬盘容量；③1 台 ThinkPad T480，AMD 四核 CPU，8GB 内存，512GB 固态硬盘容量。

(2) 软件环境。基于 Windows 10 平台下的 Visual Studio 2010 和 Qt 4.8.6 开发设施端，基于 Windows 7 平台下的 Qt Creator 4.2.0 开发中转服务平台软件，基于 Windows 7 平台下的 Visual Studio 2010 和 Qt 4.8.6 开发服务端，基于 Windows 10 平台下的 Visual Studio 2010、VBF 和 Qt 4.8.6 开发应用层展示端。

2. 实验流程与结果展示

1) 软件研制

基于上述软硬件环境，研制设施数据中转服务平台软件、服务端远程数据接收工具及应用层展示端。设施接入中转服务平台和远程数据接收与命令中转工具 Server 如图 14.14 和图 14.15 所示。

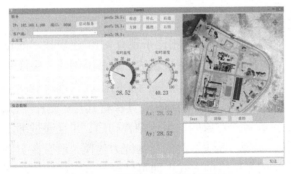

图 14.14　设施接入中转服务平台　　　　图 14.15　远程数据接收与命令中转工具 Server

2) 行为组件研制与绑定

针对面向各类设施的实时数据接入行为能力，基于 Windows 10 平台下的 Visual Studio 2010 和 Qt 4.8.6 研制与设施类型对应的接入型行为组件，接入型行为组件的本质是行为动态链接库或者行为脚本；然后将在全空间信息系统建模工具 Designer 中定义设施时空对象的行为能力，主要是上传接入型行为组件并将其绑定到相应的对象类模板。例如，对于本实例使用的浙江大华摄像头，首先将其实时视频接入过程封装为接入型行为组件，其次将行为组件上传至全空间信息系统中并绑定到"摄像头传感器"类模板，即完成"摄像头传感器"对象类的实时接入行为能力建模。同样，对于摄像头的其他控制型行为，如连续旋转行为、镜头缩放行为等，可以研制相应的控制型行为组件，并绑定到"摄像头传感器"类模板，即完成"摄像头传感器"对象类的控制行为能力建模。

3) 设施接入实现与展示

在完成设施时空对象类行为建模的基础上,当展示端需要接入某个设施的实时数据时,只需要从全空间信息系统中加载该设施对象,然后调用与对象绑定的实时数据接入行为即可。例如,当需要接入"摄像头 001"的实时视频并控制其旋转时,展示端只需加载该摄像头对象,然后执行相应的行为能力即可。摄像头设施的行为组件研制与绑定如图 14.16 所示,基于行为组件实现"摄像头 001"的正向接入与反向控制行为如图 14.17 所示。

图 14.16 摄像头设施的行为组件研制与绑定

(a)"摄像头001"的对象行为列表   (b)"摄像头001"的"相对旋转行为"参数列表

(c)"摄像头001"对象的实时接入与反向控制

图 14.17 基于行为组件实现"摄像头 001"的正向接入与反向控制行为

3. 实验效果分析

从实验结果可以看出,设施时空对象接入技术通过将设施构建为多粒度时空对象,然后将设施的接入过程及其他行为能力统一建模和实现为对象行为组件,可以有效地将设施以对象化的方式接入全空间信息系统中,为系统提供实时数据源,从而保证基于全空间信息系统构建的数字世界具有动态性与现势性。

相比现有的 GIS 实时接入技术,设施时空对象接入技术具有以下三方面的优势:①整个接入过程是以设施时空对象为基本单元,这种面向对象的接入模式更符合人对现实世界的认知特点。此外,整个接入过程由对象行为驱动,充分体现出设施时空对象的行为能力特征,进而体现出全空间信息系统及其所构建的数字世界的"活"的特征。②现有的实时接入技术没有形成统一的设计模式,对不同类型的设施及其产生的数据通常采用不同的接入技术,导致可复用性不高;设施时空对象接入技术本质上构建了一种标准化的 GIS 实时接入模式,即通过多粒度时空对象数据模型将设施统一建模为设施时空对象,将设施接入的过程统一转化为对象行为能力的执行过程,也即对象行为组件的调用过程。由于从设施时空对象建模到设施行为能力建模都遵循统一的设计模式,不同种类设施接入的差异仅体现在行为能力参数的差异上,可以有效实现 GIS 设施接入过程的标准化,且接入技术具有较高的可复用性。③相比现有的实时接入技术,设施时空对象接入技术中所有设施时空对象类所对应的接入型行为组件均是可扩展、可插拔的,每种新的设施对象类型的行为组件仅需研制一次,保证了设施时空对象接入技术的动态可扩展性。

14.4.3　设施时空对象管理实例

设施时空对象管理技术包括设施时空对象存储、设施时空对象索引与查询、设施时空对象更新等内容,其中设施时空对象的存储、索引与查询技术基于第 13 章的数据管理技术实现,此处不再赘述,相关技术实例可参见该章节。下面主要给出设施时空对象更新技术的实例。

1. 实验环境与实验场景

1) 实验环境

实验环境分为硬件环境和软件环境两个部分。①硬件环境。实验的设施选用 2 辆搭载 GPS 和温湿度传感器的车辆和 1 个海康威视无线网络摄像头,其中海康威视无线网络摄像头用于对现实场景中的车辆行驶情况进行实时监测。其他硬件环境包括:计算机共 4 台,配置均为 ThinkPad T460,AMD 四核 CPU,8GB 内存,512GB 固态硬盘容量,分别用于搭建可视交互层、服务层、网络层、接入层和控制层。②软件环境。4 台计算机均统一使用 Windows 10 操作系统,除了可视化平台基于 Visual Studio 2010、VBF 和 Qt 4.8.6 开发外,其他所有相关软件均基于 Visual Studio 2010 和 Qt 4.8.6 开发。

2) 实验场景

选取某岛礁上的某区域作为实验场景,基于全空间信息系统可视化平台,对基于实时接入的设施时空对象更新技术的有效性进行验证。实验场景分为真实场景和虚拟场景两部分,其中真实场景是指该岛礁区域中的真实地理环境(通过电子沙盘进行模拟),以及实验涉及的车辆、摄像头、温湿度传感器等设施所需的通信环境;虚拟场景基于全空间通用可视化平台构建,主要包括数字世界中可视化展示的岛礁环境和设施时空对象。

2. 实验流程与结果

实验的基本流程包括:①基于全空间信息系统的类模板创建工具 Designer 和类模板实例

化工具 Creator，对该岛礁区域上的地理环境进行对象化建模，作为数字世界中的基础地理环境，并基于全空间信息系统可视化平台进行可视化展示。②基于 Designer、Creator 将实验涉及的设施建模为时空对象，然后在全空间信息系统可视化平台上进行可视化展示。③基于设施时空对象接入技术，将真实场景中的设施接入到虚拟场景中，通过所接入实时数据中的位置数据驱动虚拟场景中的设施时空对象产生位置更新，用属性数据驱动虚拟场景中的设施时空对象产生属性更新。

以搭载温、湿度传感器的"军用运输车 001"车辆设施对象为例，基于设施时空对象接入技术将其产生的实时数据接入场景中后，其位置更新和属性更新反映在数据库和可视化场景两个层面，并且数据库层面的更新可以体现在可视化场景中该对象的信息展示列表中，设施时空对象更新技术实例如图 14.18 所示。其中，位置更新体现在车辆设施对象的空间位置能够基于接入的实时轨迹发生变化，即现实世界中车辆设施实体在接入系统后，其每个时刻的位置更新都能在数字世界中得到实时体现；属性更新体现在车辆设施对象的名称、编号、尺寸等属性信息能够基于接入的属性数据发生新增、替换等变化。

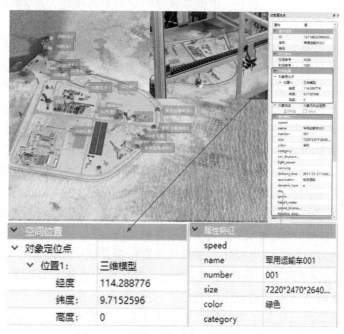

图 14.18　设施时空对象更新技术实例

3. 实验效果分析

从实验结果可以看出，基于实时接入的设施时空对象动态更新技术通过有效结合设施时空对象建模技术和设施时空对象接入技术，可以以设施时空对象行为能力为驱动将现实世界中设施实体产生的实时数据以对象化的方式接入全空间信息系统构建的数字世界中，并且能够实时地驱动设施时空对象发生版本更新，主要是驱动设施时空对象的位置信息和属性信息产生变化。

第 15 章　多粒度时空对象可视化

15.1　多粒度时空对象可视化概述

15.1.1　多粒度时空对象可视化的概念

多粒度时空对象可视化是用图形符号表达多粒度时空对象数据的方法和技术，为人们理解多粒度时空对象和全空间数字世界提供帮助。多粒度时空对象可视化通过把全空间信息系统中存储的时空对象数据具象为人的视觉可感知的图形图像，表现出多粒度时空对象数据的空间位置、空间形态、属性特征、关联关系和组成结构等特征及其变化，是全空间数字世界进入人的思维和意识中的一种有效途径。借助多粒度时空对象可视化，全空间信息系统的用户可以认知、分析和探索全空间数字世界，并从中发现规律、进行预测和决策。

多粒度时空对象可视化是地理空间可视化的拓展与延伸，其理论与方法的基础是可视化。可视化是指利用计算机图形学和图像处理技术，生成图形、图像并进行交互处理的理论、方法和技术，其应用领域包括数据可视化、信息可视化、科学可视化和可视分析等几个方向。数据可视化主要通过统计图表和专题地图来表现抽象数据的特征。信息可视化侧重于对大规模非数字型信息的视觉表达，并支持对可视化的实时、动态和交互式操作。科学可视化注重对模拟数据和实验数据的表达，特别是对体、面及光源等的逼真渲染。可视分析更注重以交互手段来进行分析性推理。人的视觉相较于其他感官具有更高的带宽，通过可视化来获取信息更加高效。在设计可视化时要注意降低可视化中"视觉混乱"的问题，视觉混乱是过多的符号在有限的界面上同时显示所造成的图形重叠遮挡、难以辨认等影响用户阅读的现象。

地理空间数据可视化自地图发展而来，使用各种地图、统计图表及地图和图表的组合来表达地理空间数据。地理空间数据可视化也是传统地理信息系统中对数据的可视化形式。在时间地理学的推动下，结合了时间可视化的时空数据可视化成为表达和分析具有时变特征的空间数据的方法。多粒度时空对象是对象化的时空数据模型，所包含的信息比传统的空间数据和时空数据更为复杂，需要借助更加丰富的手段来表达多粒度时空对象及其特征。多粒度时空对象可视化与相关领域的关系如图 15.1 所示。

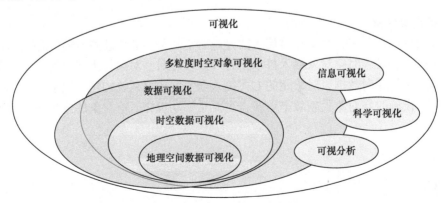

图 15.1　多粒度时空对象可视化与相关领域的关系

15.1.2　多粒度时空对象可视化的基本构成

多粒度时空对象可视化包含一系列不同维度、不同组合的符号。符号的设计和制作体现在对视觉变量的设计上，符号在可视化中定位的依据是可视化的坐标轴，坐标轴代表的数据含义是可视空间语义，符号表现为一维、二维还是三维称为符号维度。多粒度时空对象可视化设计就是对代表时空对象某一特征的符号中的视觉变量、坐标轴、可视空间语义和符号维度进行选择和规定。

视觉变量是人眼可以察觉的不同符号之间相互区别的最小单元，是人们分辨符号的基本因素。Bertin(1967)首先提出了视觉变量的概念并针对二维静态图表定义了七种视觉变量：可视化中的几何位置(包含 X 和 Y 两个方向)、尺寸、形状、方向、色彩色相、色彩亮度和纹理。Morrison(1974)在此基础上补充了色彩饱和度和排列。MacEachren(2004)在研究不确定性可视化时提出了羽化度、分辨率和透明度三个视觉变量。Dibiase 等(1992)在研究动态图表时又提出场景持续时间、变化速率和场景顺序三种动态的视觉变量。图 15.2 是根据 Roth(2017)和 Dibiase 的相关文献整理的 12 种静态视觉变量和 3 种动态视觉变量。

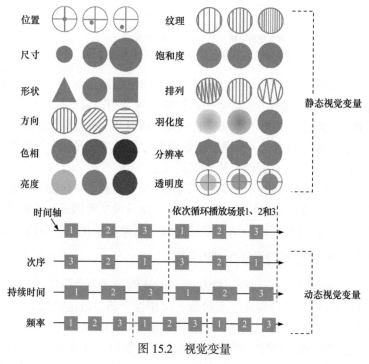

图 15.2　视觉变量

视觉变量构成了符号的图形基础，符号在可视化中的定位依据是可视化的坐标轴。可视化的坐标轴包括一维的线性轴和环形轴；二维的直角坐标轴、极坐标轴、平行坐标轴和放射状坐标轴；三维的空间直角坐标轴和球面坐标轴(图 15.3)。使用线性轴和环形轴的可视化将符号按照直线或圆环进行排列，如时间线可视化。直角坐标轴将两个数轴分别放在平面的水平位置和垂直位置，在二维可视化中最为常见，如地图、折线图和树状图等。极坐标轴使用夹角和半径来对符号进行定位，如饼状图、玫瑰图中使用的坐标轴。平行坐标轴是用多条平行线表示的坐标轴，经常使用在高维数据可视化中。将坐标轴沿同一点呈辐射状进行布局，就得到放射状坐标轴，如雷达图中使用的坐标轴。空间直角坐标轴在大多数三维可视化中比较常见，如三维城市和三维散点图。球面坐标轴多用在宏观空间的可视化中，如与地球或其他天体有关的可视化。可视化中的坐标轴对于符号的布局和排列非常重要，同样的数据在使用不同坐标轴进行可视化时会表现出不同的规律特点。可视化制作的过程，即将可视化渲染到显示屏幕的过程，需要把可视化的坐标转换为显示设备的坐标，这个过程的复杂程度也受到可视化坐标轴的影响。

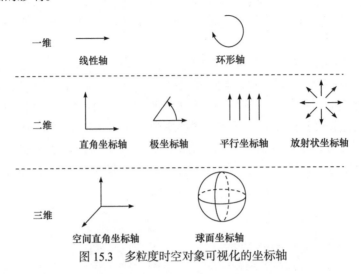

图 15.3   多粒度时空对象可视化的坐标轴

坐标轴所指代的数据含义就是可视空间语义。例如，在地形图中，地图平面的横纵坐标表示投影后的地理空间坐标，地图上的符号按照位置可视空间语义进行布局。又如，日历图中，一个维度表示日期，与其正交的另一个维度表示周次或月份，该可视化中两个坐标轴含有时间可视空间语义。再如，直方图中，一个维度表示属性数据的取值范围，一个维度表示某个属性值出现的频数，两个坐标均含有属性可视空间语义。

多粒度时空对象可视化的设计就是对视觉变量、符号维度、坐标轴和可视空间语义进行设计，同时综合考虑用户需求、数据特点、交互手段及显示设备等因素。尽管多粒度时空对象可视化的过程复杂多变，但还是可以归纳出多粒度时空对象可视化的一般设计流程。

15.1.3   多粒度时空对象可视化的一般流程

如图 15.4 所示，多粒度时空对象可视化的一般流程包括四个阶段：原始数据到图形数据转换阶段、可视化设计阶段、可视化生成阶段、可用性分析及改进阶段。

原始数据到图形数据转换阶段：用户首先根据需求拟定可视化任务，从全空间多粒度时空对象数据库中获取数据。多粒度时空对象数据包含该对象的所有特征，在可视化之前要将其进行筛选和重组，生成可视化方法需要的数据形式，如树、网络或者分级后的专题数据。这一过程涉及数据分析领域的诸多模型和算法，如聚类分析、泊松分布分级模型等。筛选组织好的特征数据还需要进一步组织成可视化的图形数据，例如，定量属性特征数据分级之后要符号化为分级饼状符号，此时要将分级数据映射为圆形符号的半径、弧度和色彩等数据。

可视化设计阶段：当图形数据准备好之后，选择最能表现符号某一方面特征的可视空间语义，将符号进行排列组合。计算机中渲染的可视化通常具有交互功能，因此还要对交互方法进行设计。通过交互命令可以使可视化实现一系列变化，如变化语义进行符号的重新布局、自动调整比例尺、实现不同粒度下可视化跳转、交互选取符号并自动抽取对象的特征信息等。

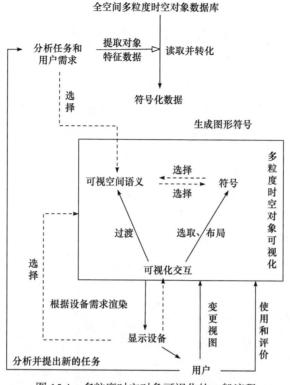

图 15.4　多粒度时空对象可视化的一般流程

可视化生成阶段：这个阶段是可视化的渲染输出阶段，即通过图形图像生成技术把设计好的可视化显示出来。不同的显示媒介下有各自可供选择的可视化制作技术，例如，在平面显示器上，可以通过矢量图形编辑软件进行制作，也可以通过地理信息系统软件生成，还可以通过网页脚本进行开发。能够进行可视化呈现的媒介非常广泛，从传统纸媒、不同分辨率和刷新率的平面显示器，到裸眼 3D 显示器、头戴式 AR/VR 显示设备、环绕式 VR 显示环境、全息投影及三维打印设备等，均可以将不同维度的可视化作品呈现出来。不同显示媒介有其独特的输入设备和交互工具，因此在可视化设计阶段，还要综合考虑显示媒介及其输入设备，设计可视化交互的方法。

可用性分析及改进阶段：几乎没有一次成型的可视化作品，再精妙的可视化设计都要经过多轮测试和改进，因此可视化的可用性分析十分必要。参与可用性分析的用户可以是专家用户、专业用户或者是一般用户，他们对可视化有不同的使用经验，能帮助设计者发现不同层次的问题。可用性实验大致可分为定性实验和定量实验，可根据可视化设计与开发的进度灵活选择，定性的实验周期短，有利于前期设计和调整；定量的实验周期长但是所得的实验数据更具有说服力。可视化可用性的评价指标大致有三种，包括使用效果、使用效率和用户满意度(Nielsen，1994)。只有经过可用性分析及改进阶段，才算完成多粒度时空对象可视化设计的完整闭环。

从此流程中可以看出，在可视化设计初期影响其方法选择的三个重要因素包括：多粒度时空对象特征数据、可视化需求任务和显示媒介，其中数据内容是可视化方法选择的最关键因素。多粒度时空对象有八大特征，每一个特征对客观世界的抽象描述迥然不同，模型数据的格式各有差异，因此对其进行可视化的方法也千差万别。下面分别介绍多粒度时空对象的空间位置、空间形态、属性特征、关联关系、组成结构和动态特征等六个方面的可视化方法。

15.2　多粒度时空对象空间位置可视化

15.2.1　多粒度时空对象空间位置可视化概述

多粒度时空对象的空间位置是指在一定的时空参照框架下,对时空对象的定位信息、空间分布及其变化特征的描述。多粒度时空对象空间位置可视化就是用图形符号的方式表达时空对象的定位信息和空间分布。其基本过程是实现两个映射(图 15.5):从三维的现实空间到二维或三维可视空间的映射,体现在可视化设计阶段;从可视空间到平面或立体显示空间的映射,体现在可视化生成阶段。多粒度时空对象空间位置可视化实质上就是将时空对象的三维坐标投影为可视化中二维或三维的坐标。

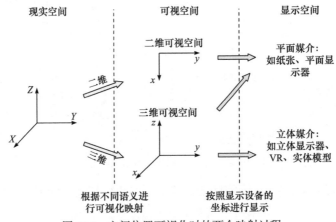

图 15.5　空间位置可视化时的两个映射过程

15.2.2　多粒度时空对象空间位置可视化方法

地图是表示时空对象空间位置最直观、最准确的二维可视化方法。地图通过地图投影和比例尺将时空对象的空间坐标转换为地图上的平面坐标,具有定位精确的特点。地图上的点和现实中的点一一对应,地图上的线状符号和面状符号还可以表现时空对象在空间中呈线状或面状分布的定位特征。地形图不仅可以表现地理空间中的二维坐标(如经纬度),还可以通过等高线来表现海拔高度,以等高线的疏密程度反映地势的起伏,帮助读者实现三维空间定位。晕渲图也是一种地形图的表现方法,通过颜色和阴影来增强地势起伏的空间特征。各种形式的专题地图也可以表现时空对象的空间位置,通常空间位置的精确性没有地形图高。影像地图将航空和卫星影像经过几何纠正、投影和比例尺变换制作成地图,在影像地图上不仅可以通过符号注记进行定位,还可以根据像元表现空间位置。

平面图(plan)可以表示许多地图上不予表示的时空对象空间位置,通常采用正射投影将时空对象的位置显示到二维平面上,如建筑平面图、室内地图和工业设计图等。平面图不仅可以显示时空对象表面上的二维空间位置,还可以表示水平横切面上的空间位置,以及空间形态和组成结构等特征。图 15.6 为某建筑某楼层的水平横切面的平面图。

剖面图(cross-sectional view)是用假想的剖切面垂直切割三维非空实体后得到的投影图,通过剖面图可以表现出沿垂线方向上的时空对象的位置。例如,地形剖面图可以表现地表以下或山体内部的地质构造和分布状况,还可以表现隧道、地铁或地下管线等实体在垂直空间上的位置;海

(a) 建筑物整体视图，红色区域为选定的楼层　　　　　(b) 所选楼层的平面图

图 15.6　平面图

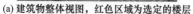

洋剖面图可以表示海底地形、鱼群或舰艇的垂直位置[图 15.7(a)][1]；建筑剖面图可以表现建筑物各个结构、零件等实体的空间位置。天际线(skyline)是以天空为背景，由城市建筑物及其他物质环境要素形成的城市立面轮廓线，通常由城市的地形环境、自然植被、建筑物及高耸构筑物等的最高边界线组成，表现出城市建筑群等时空对象在竖直方向的空间位置[图 15.7(b)][2]。

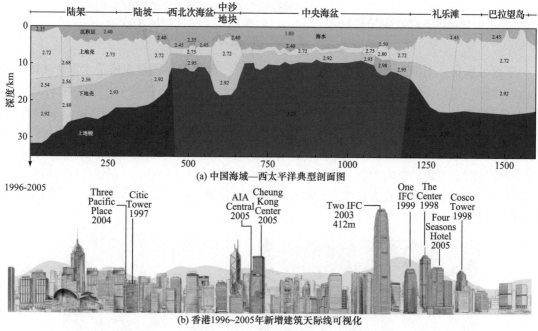

(a) 中国海域—西太平洋典型剖面图

(b) 香港1996~2005年新增建筑天际线可视化

图 15.7　剖面图和天际线

2.5 维可视化是通过等轴测投影和斜向投影将三维实体或场景表现到二维平面的一种可视化表达方法，2.5 维也称伪三维(pseudo-3D)。2.5 维地图将地图平面进行一定倾斜，并在地图符号上增加时空对象的高度信息，使地图看起来具有三维的效果。普通地图中的居民地可视化为面状符号，只能表示建筑物在二维平面中的位置信息，而 2.5 维地图中的居民地增加了透视高度，可以表达建筑物在垂直方向上的位置信息，还可以根据某个建筑物周边地物的相对高度和

---

① 黄海波, 范建柯. 2017. 中国海域—西太平洋典型剖面图(1：300 万). 青岛海洋地质研究所. https://geocloud.cgs.gov.cn/#/geoscienceProducts/geoscienceProductsDetail?child_id=cpgl_dzcp_dd59b6d56eec432b842b601464048883&yjlb=dzt

② Arranz A. 2013. Reaching for the sky, South China Morning Post. https://multimedia.scmp.com/culture/article/SCMP-printed-graphics-memory/lonelyGraphics/201301A109.html

位置判断其空间中的具体位置。透视图还可以显示时空对象内部的结构和各部件的位置,如建筑物、机械等时空对象。楼层的透视图可以同时显示时空对象所在楼层和楼层中的平面位置[图 15.8(a)]。海洋、大气和冰川的透视图可以显示大气、洋流等在三维空间中的分布和位置变化[图 15.8(b)](Willis and Church, 2012)。2.5 维地图和透视图只能表达时空对象某一个侧面的三维效果,无法展示全部的空间位置信息,例如,在 2.5 维地图中,建筑物符号之间产生遮挡,无法表示被遮挡部分时空对象的空间位置。透视图会产生"近大远小"的畸变效果,会使空间位置在视觉上出现偏差。

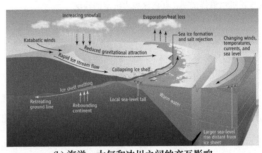

(a) 全空间信息系统中楼宇各层透视图　　　　(b) 海洋、大气和冰川之间的交互影响

图 15.8　2.5 维空间位置可视化

　　三维可视化是根据三维模型渲染生成的可视化。三维模型是通过建模技术采集实体及其表面的坐标信息,经过数学计算所生成的三维数字表达。在三维可视化中,符号不仅像 2.5 维可视化中那样具有透视高度,而且还可以在 z 轴上平移;转动三维可视化时还可以看到符号的侧面和被遮挡的部分,因此三维可视化所能表达的空间位置信息更为全面。三维地图是地表和城市的三维可视化,能够表现地物和实体的所有三维位置信息[图 15.9(a)]。三维地图不仅可以表达时空对象的空间位置,还可以表达其空间姿态[图 15.9(b)]。三维地球可以最大程度地反映地球的真实形态及大尺度下的时空对象空间位置,还可以显示宏观空间中时空对象的空间位置。

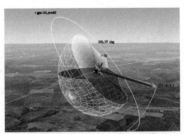

(a) 昆山市三维城市可视化　　　　　(b) 三维地图中的时空对象三维模型

图 15.9　三维空间位置可视化

　　第一人称视角(first person view)是以观察者的视角对现实世界进行可视化,经常用在 360°全景地图、三维地图、导航电子地图、增强现实地图和虚拟现实地图中。第一人称视角的可视化以视点为透视点将三维场景投影到二维平面上,增强了使用者的沉浸感,第一人称视角可视化原理示意图如图 15.10(a)所示。360°全景地图允许用户以交互手段浏览某定位点周围的场景,通过展示场景的照片帮助用户观察时空对象的位置。导航电子地图以第一人称视角对地图的方向进行动态调整并根据用户的定位进行缩放漫游,可以帮助使用者进行定位。增强现实地图将符号添加到视频或图片上,通过实景导航,辅助用户进行快速定位。虚拟现实地图可以让用

户沉浸在虚拟的空间环境中，获得接近真实的空间认知[图 15.10(b)]。

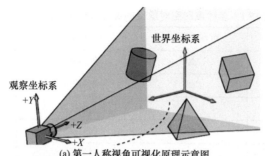

(a) 第一人称视角可视化原理示意图

(b) 全空间信息系统虚拟现实地图，用户可以在三维场景中以第一人称视角的方式游览

图 15.10　第一人称视角的空间位置可视化

线路图(transit map)是一种示意形式的拓扑地图，可以对某些时空对象的空间位置进行可视化，如地铁站、公交站或旅游景点等[图 15.11(a)]。线路图没有严格意义上的比例尺，图上的空间位置和距离也没有经过投影和实际的空间位置严格对照。线路图一般不按地理绘制，而是以直线、横线和特定角度，通常以相同距离显示线路的各个车站，并将中心部分扩大而外围部分压缩。线路图仅保留与目标线路有关的时空对象的拓扑关系，确保了对象之间的相对位置正确。示意图(schematic diagram)是用非常概略的符号来表示现象和实体的方法，用示意图可以粗略地表示时空对象的空间位置，这种可视化经常忽略大量的细节信息，也不遵循特定的投影规则，因此示意图中的空间位置大多数是概略的、相对的空间位置[图 15.11(b)]。

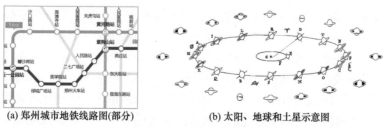

(a) 郑州城市地铁线路图(部分)　　　　(b) 太阳、地球和土星示意图

图 15.11　线路图和示意图

多粒度时空对象空间位置可视化方法的主要目的是将时空对象的三维坐标投影到二维的平面中。根据其可视化维度、投影和描述空间位置的精确程度等特点，可以将空间位置可视化

的方法归纳为表 15.1。

表 15.1　多粒度时空对象空间位置可视化方法的特点

空间位置可视化方法	可视化维度	投影	空间位置的精确程度
地图	二维	地图投影	精确
平面图	二维	正射投影	精确
剖面图	二维	正射投影	精确
2.5 维地图	二维	斜射投影	基本准确
透视图	二维	斜射投影	基本准确
三维地图	三维	无投影	基本准确
360°全景地图	三维	点投影	基本准确
线路图	二维	无投影	不准确
示意图	二维	无投影	不准确

15.3　多粒度时空对象空间形态可视化

15.3.1　多粒度时空对象空间形态可视化概述

多粒度时空对象空间形态是指时空对象在空间中展现出来的形式和形状,是时空实体、时空现象或过程的现实形态在计算机中基于多种数据、模型、渲染方式的数字化描述和可视化展现,反映了时空实体不同侧面、不同精度的形状、结构、分布及其随时间和尺度的变化。多粒度时空对象空间形态可视化就是用计算机图形学原理与技术不同程度地还原或模拟时空对象的形态特征。

在不同粒度下进行可视化时,空间位置和空间形态的可视化可以相互转化。以居民社区可视化为例,在大比例尺下,可以按照社区围栏所构成的平面轮廓把社区绘制为多边形符号,这些符号描述了社区的空间位置和空间形态(几何形状);当比例尺变小时,社区符号的轮廓不再重要,被抽象为点状符号,仅能描述其大致的地理空间位置;而当比例尺变得更大时,社区内部的组成单元如社区绿化、路面和建筑等都要通过符号加以显示,这时可视化中的符号不仅描述社区的空间位置和形态,还描述了内部的组成结构。

15.3.2　多粒度时空对象空间形态可视化方法

三维网格模型可以同时表现时空对象的空间位置和空间形态。三维网格模型的基本组成结构为网格(mesh)、材质(material)和纹理(texture),其中网格决定了时空对象的几何形状,材质和纹理可以表达时空对象的外在状态。网格由一系列三维空间中的多边形拼接而成,网格的大小和数量决定了三维模型与实体形状的接近程度。图 15.12 为球体形态在不同细节下的三维模型,在相同比例下,网格中三角形越小,组成网格的三角形越多,模型就越光滑,也越接近实体真实的空间形态。材质表现物体对光的交互,使三维模型产生不同的反光效果,表现实体的材料质地等空间形态特征。纹理作为贴图映射到网格上,可以表达出时空形态中的外观特点。纹理通常是时空对象的照片或位图,纹理的分辨率也会影响三维模型的精细程度,分辨率越高,则三维模型所表现的空间形态就越清晰,细节就越丰富。点云是三维空间中的点的集合,能够表达实体的空间形态和表面特征。通过对实体的表面进行三维扫描或摄影测量可以获取点云，点云中的点包含三维坐标、颜色、分类值和强度值等实体的表面信息。点云可以用来建立三维网格模型，也可以直接进行可视化。点云数据获取速度快，可快速建立时空对象的空间位置和形态，是建立三维实景的重要可视化手段。

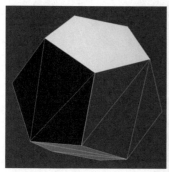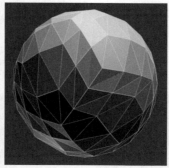

图 15.12 球体形态在不同细节下的三维模型

体积渲染(volume rendering)不仅可以表现时空对象的表面形态，还可以表现时空对象内部的空间形态。体积渲染将三维离散数据集渲染成图像，这些数据集也称为体素模型(voxel model)，是采用大量规则体素(如立方体)的有序组合来表示三维物体的模型。体素可以类比二维图像中的像素，将三维空间分割成规则的小立方体，通过定义每一个立方体的颜色来可视化实体的三维形态。体素模型不仅可以表达固态时空对象的空间形态，还可以逼真地表现呈液态或气态的空间形态(图 15.13)。

图 15.13 体积渲染法可视化的海水形态

等值面(isosurface)是三维空间中用于表示连续变量内的特定值的表面，其定义和二维空间中的等值线类似。在三维空间中，可计算出多个等值面，同时描述时空对象的外部形态和内部结构，由于最外层等值面会遮挡内层的等值面，常常用半透明的曲线来绘制等值面，例如，图 15.14(a)用半透明的五层等值面绘制了一颗牙的空间形态。等值面还可以描述处于流体状态的空间形态；图 15.14(b)中的等值面是通过计算流体力学模拟出风的空间形态。等值线(isolines)是在二维平面上表示连续分布且均匀变化的空间形态的方法[图 15.14(c)]，其作用和等值面一样。地形图中的等高线就是等值线的一种，此外还有等降水线、等温线和等压线等。相邻等值线之间填充颜色能够反映空间形态的梯度变化。

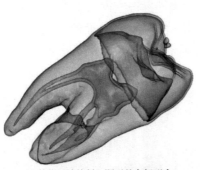
(a) 等值面法绘制一颗牙的空间形态

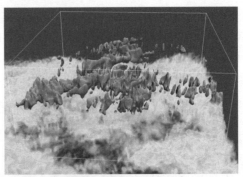
(b) 等值面表达气流的空间形态

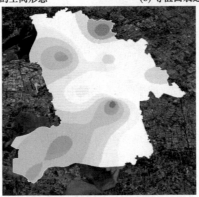
(c) 昆山市空气质量可视化

图 15.14　等值面和等值线

　　像素地图(pixel map)使用正方形或正六边形将二维平面均匀分割为格网，通过改变像素的颜色可以表现时空对象在二维空间中的形态特征，不同颜色的格网所构成的边界可以表现时空对象的二维形状。像素地图中的格网是进行空间统计的基础，可以制作各类空间热图。在像素地图的格网中绘制相同或相近的符号，通过改变符号的方向、颜色等视觉变量可以表现空间数据的方法是图标法(glyph)，通常用来表示空间向量和张量。图 15.15 即用三维空间中的箭头图标，配合带有地形的三维地理底图展示风场的空间形态。

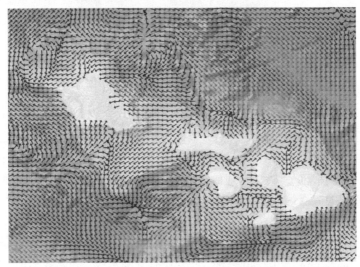

图 15.15　图标法展示风场的空间形态

几何符号法是用简单的几何图形或组合图形来表达空间形态的方法。根据几何符号的图形特征，可以分为体状、面状、线状和点状几何符号。图 15.16(a)为全空间信息系统中的高精地图，用三维体状符号表现道路的具体形状，以及长度、宽度和厚度等空间形态。图 15.16(b)为二维道路符号，用二维线状符号表示道路的长和宽，道路周围的绿地和居民地也分别用二维面状符号表示。

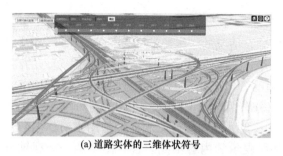

(a) 道路实体的三维体状符号　　　　　　　　(b) 二维道路符号

图 15.16　几何符号法

多粒度时空对象形态可视化的目的是从不同程度上表现时空对象的真实形态，还原其形态的细节。根据形态可视化的维度和还原的细节程度，可以将多粒度时空对象形态可视化方法汇总如图 15.17 所示。图 15.17 中的横坐标轴表示空间形态可视化的维度，例如，三维网格模型仅能反映时空对象的三维表面，而体积渲染法可以同时可视化时空对象的表面和内部结构。纵坐标轴表示对时空对象空间形态还原的细节程度，例如，三维网格模型通过矢量数据表现细节，而点云只能通过离散数据表现细节。在细节程度上的排序并不是绝对的，例如，点云数据的分辨率极高时，在表现细节上要优于三维网格模型。

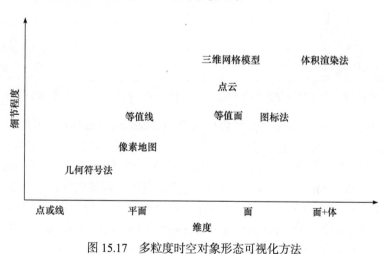

图 15.17　多粒度时空对象形态可视化方法

15.4　多粒度时空对象属性特征可视化

15.4.1　多粒度时空对象属性特征可视化概述

多粒度时空对象属性是指在多粒度时空对象描述框架下，对时空实体本身所固有的存在状态与性质的描述。全空间信息系统中多粒度时空对象属性特征的概念模型是一系列键值对。其中"键"是对一个属性项的总体性描述，"属性值"是多粒度时空对象属性特征状态的具体记录。多粒度时空对象属性特征可视化就是通过图形符号来表达时空对象属性的分布、联系和发展等特征。对属性特征可视化的本质就是用图形符号表示属性的值、属性在一组或一类对象中的分布情况、对象属性值的变化及不同属性之间的关系(相关性)。

15.4.2 多粒度时空对象属性特征可视化方法

直方图(histogram)是用来表示数据分布情况的二维统计图表。直方图将一组数值的取值范围分为若干间隔，然后计算出每组间隔中数值的个数并将其作为直方图中矩形的高。直方图能够用来反映一类时空对象某一个属性值的分布情况，如某城市人口年龄的构成。密度图(density plot)是用平滑的曲线表示数值型属性值分布情况的统计图表，其功能和直方图相近。

柱状图(bar chart)是用矩形长度表示变量值的统计图表，经常用来对比离散数据。柱状图和直方图的外观相似，但是坐标轴所表示的内容不同。柱状图中两个坐标轴分别表示属性的键和值，通过矩形的高度可以比较一组时空对象特定属性值的大小，或将矩形排序来表示属性值在这一类对象中的变化。将柱状图中的矩形高度用点的坐标来替代，可以得到点位图(dot chart)；再依次将点位图中的点连接起来，就得到折线图(line chart)。折线能够反映事物或现象发展的趋势，因此经常用折线图来表示属性值随时间发展的变化，用其横坐标轴表示时间。将折线图中的折线与坐标轴之间的区域填充颜色，就可以得到面积图(area chart)。图 15.18 分别展示了柱状图、点位图、折线图和面积图，这些方法都可以用来对一个属性字段进行可视化。

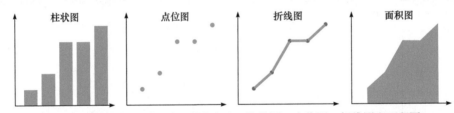

图 15.18　单个属性字段的可视化方法：柱状图、点位图、折线图和面积图

分组柱状图(clustered bar chart)和堆叠柱状图(stacked bar chart)都可以用来表示多个属性字段。如全国各省各类产业的生产总值，每个省的第一、第二和第三产业生产总值分别表示为矩形的高度，并将三个矩形排放到一组[图 15.19(a)]；也可以将其堆叠到一起，能够同时表示三个产业生产总值之和[图 15.19(b)]。若比较多个属性字段随时间的变化趋势，可以在折线图中叠加多条直线，或用分层面积图[layered area chart；图 15.19(c)]。将多个面积图堆叠到一起就可以得到堆叠面积图(stacked area chart)[图 15.19(d)]，可以表示能够叠加累计的多个属性值随时间的发展变化。分层面积图的图形在坐标轴的上方，重新调整其图形结构，使多边形符号以横坐标轴为轴对称分布，就可以得到流图(stream graph)[图 15.19(e)]。相较于堆叠面积图，流图的面状符号相对于坐标轴的最大偏移量减小，降低了面状符号的倾斜程度，使可视化更为美观。

散点图(scatterplot)是在直角坐标系中以点的坐标描述数值的统计图表，通常用来表示两个连续自变量之间的关系。将两个属性值分别对应到两个坐标轴上，每一个点代表一个时空

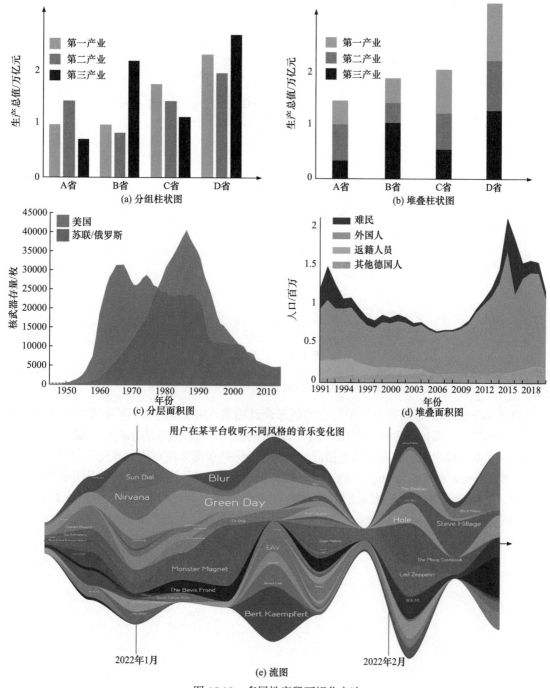

图 15.19　多属性字段可视化方法

对象，通过散点的分布情况可以判断两个属性值之间的关系。为了表示更多属性值，可以用气泡代替点，就得到气泡图(bubble chart)(图 15.20)，气泡图以气泡符号的半径表示第三组属性值[①]。散点图、气泡图和三维散点图中的点都可以用颜色或形状来表示时空对象的定

---

① Gapminder. 2019. World Health Chart, data sources Data used in World Health Chart 2019. https://medium.com/vis-gl/wind-map-a58575f87fe3

性属性特征。

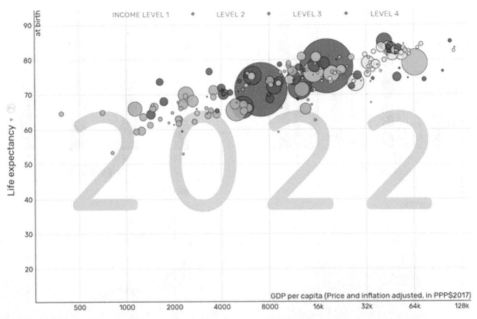

图 15.20　气泡图

(横纵坐标分布表示了人均国内生产总值和人口预期寿命，每一个气泡代表一个国家，气泡大小代表了国家的人口数，反映了人均
国内生产总值、人口预期寿命和人口数三个变量之间的关系)

　　饼状图(pie chart)是划分为若干扇形的圆形统计图表，用来描述量、频率或百分比之间的关系，饼状图中的弧长(即圆心角和面积)表示数量的比例，可以用来表示时空对象多个属性之间的比例关系。饼状图中的扇形具有相同的半径，若保持扇形弧度相同而改变半径，就得到极坐标面积图(polar area diagram)，也称为玫瑰图。玫瑰图不表示比例关系，可以用来对比多个属性值，或者表示随时间周期性变化的属性，可看作极坐标化的堆叠柱状图(图 15.21)。环状

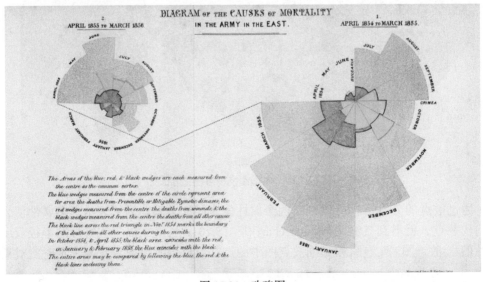

图 15.21　玫瑰图

(由南丁格尔于 1858 年设计并制作的玫瑰图，描述了英国远东军队在医院死亡的情况。由内向外的三层扇形区域，分别代表因酶
促疾病、伤口和其他原因的致死情况)

图(donut chart)是饼状图的变种，用圆环代替饼状图中的圆。

平行坐标(parallel coordinates)是一种高维数据可视化的方法，可以用来比较多个独立的定量属性特征[图 15.22(a)]，每一个纵向的坐标轴表示一个变量，但每个坐标轴都有独立的比例尺。平行坐标轴图的每一条线代表一个时空对象，可以通过观察线的密度和分布情况来比较时空对象的多个属性特征。对坐标轴的排序会直接影响折线的分布，从而产生不同的分析结果，很多平行坐标轴可以通过交互手段改变坐标轴的排列。将平行坐标的几条坐标轴按放射状排列，就可以得到雷达图(radar chart)。雷达图的功能相当于平行坐标，都可以用来分析时空对象中多个属性的相关性[图 15.22(b)]。

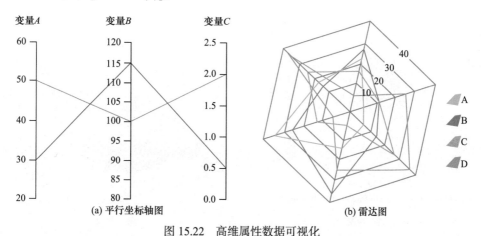

图 15.22　高维属性数据可视化

热图是用来表示相关性的统计图表，有聚集热图和空间热图两种。矩形热图或网格热图(grid heat map)用二维矩阵的行列表示两种类别的属性，并在二维矩阵中用色彩表示与行列相对应的属性值的大小[图 15.23(a)]。网格热图也可以用来表示多个对象某一属性随时间的变化，用行(或列)表示一组对象，用列(或行)表示时间，就能观察出某一属性值的变化特征。空间热图(spatial heat map)是在地图上用颜色的变化反映属性值随地理空间位置的变化。空间热图可以将像素地图中的像素填充颜色，得出格网空间热图[图 15.23(b)]；也可以通过空间中分布的点计算其核密度，得出空间热图[图 15.23(c)]。

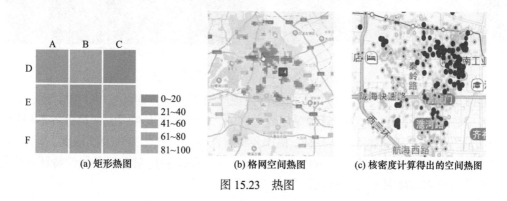

图 15.23　热图

专题地图可以在表示空间位置和空间形态的同时，表示时空对象的属性特征。点值法制作的专题地图(dot distribution map)用大小相等、形状相同的点反映时空对象某一属性的数量特征和密度变化。等值区域法制作的专题地图(choropleth map)用颜色来表示空间内所有时空对象某一属性的平均值。统计图表法专题地图将各类统计图表作为符号，绘制到地图上，表示属性特征及其空间分布。示意地图(cartogram)用区域内的统计数据作为面状符号的面积，使面状符号产生形变以反映统计数据在对应区域内的空间分布。

三维可视化提供的 z 轴可以表示更多的属性特征。三维气泡图可以表示四组属性之间的相关性[图 15.24(a)]。三维面图可以表示三组连续变量的相关性[图 15.24(b)]。三维伸展地图可以用多边形的三维高度表示定量的属性值[图 15.24(c)]。三维空间热图可以用三维高度和颜色同时表示属性值[图 15.24(d)]。

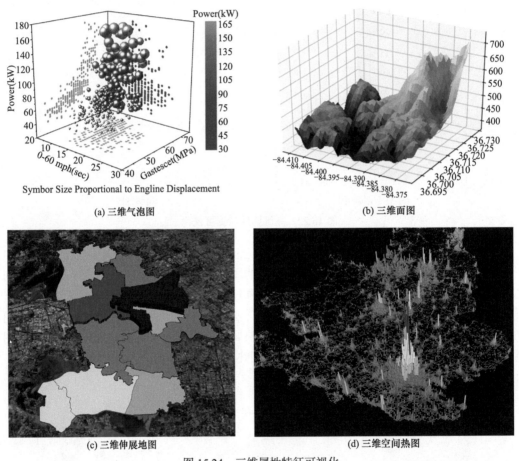

(a) 三维气泡图　　　　　　　　　　　　　　　(b) 三维面图

(c) 三维伸展地图　　　　　　　　　　　　　　(d) 三维空间热图

图 15.24　三维属性特征可视化

多粒度时空对象属性特征可视化方法能够表现属性值不同方面的特性，如对比、空间分布、发展趋势、相关性等；方法设计中采用的坐标轴、可视化维度和视觉变量也各不相同；可视化中所编码的属性字段数目也不一样。根据各种属性特征可视化方法及其维度、坐标轴、属性字段个数和所表现的属性特征，可建立如表 15.2 所示的多粒度时空对象属性特征可视化方法表，作为设计多粒度时空对象可视化方法的依据。

表 15.2　多粒度时空对象属性特征可视化方法表

方法	维度	坐标轴	属性字段个数	所表现的属性特征
直方图	二维	直角坐标轴	1	空间分布
柱状图	二维	直角坐标轴	1	对比、排序
点位图	二维	直角坐标轴	1	对比
折线图	二维	直角坐标轴	1	对比、发展趋势
面积图	二维	直角坐标轴	1	对比、发展趋势
分组/堆叠柱状图	三维	直角坐标轴	2+	比例、组成结构
堆叠面积图	二维	直角坐标轴	2+	发展趋势、比例、组成结构
流图	二维	直角坐标轴	2+	发展趋势、比例、组成结构
散点图	二维	直角坐标轴	2	规律、关系
气泡图	二维	直角坐标轴	3	规律、关系
三维散点图	三维	三维直角坐标轴	3	规律、关系
饼状图	二维	极坐标	2+	比例、组成结构
玫瑰图	二维	极坐标	2+	组成、周期
环状图	二维	极坐标	2+	比例、组成结构
平行坐标	二维	平行坐标	2+	相关性
雷达图	二维	极坐标	2+	相关性
网格热图	二维	直角坐标	2	规律、相关性、时间
空间热图	二维	地图	1	空间分布
点值法(专题地图)	二维	地图	1	空间分布、密度
等值区域法(专题地图)	二维	地图	1	空间分布、对比
统计图表法(专题地图)	二维	地图	2+	空间分布、对比、比例
示意地图(专题地图)	二维	地图	1	空间分布
三维柱状图	三维	三维直角坐标轴	2+	发展趋势、比例、组成结构
三维气泡图	三维	三维直角坐标轴	4	相关性
三维饼状图	三维	三维直角坐标轴	2+	比例、组成结构
三维面图	三维	三维直角坐标轴	4	相关性
三维伸展地图	三维	地图	2	空间分布、对比
三维空间热图	三维	地图	2	空间分布、对比

15.5　多粒度时空对象关联关系可视化

15.5.1　多粒度时空对象关联关系可视化概述

　　多粒度时空对象关联关系是指多粒度时空对象之间空间位置、空间形态、属性特征、组成结构、行为能力等产生的时空对象间时空的或语义的关系，用以描述时空对象间的相互作用和影响。多粒度时空对象关联关系可视化就是通过图形符号的方式来表达时空对象间的关联关系，以反映其基数、连接方向、网络形状、建模属性等方面的特征。

多粒度时空对象关联关系可视化的基础是多粒度时空对象关联关系图模型[图 15.25(a)]。在图模型中，以节点来映射多粒度时空对象，以连边来映射多粒度时空对象关联关系，权重表示多粒度时空对象关联程度大小，连边具有方向并且是单向的。与节点相连的连边个数称为度，进入节点的连边数目为入度，从节点出发的连边数目为出度。图模型数据通常存储在邻接矩阵(adjacency matrix)[图 15.25(b)]当中，矩阵行和列表示节点，矩阵中的元素表示连边的权重或属性。多粒度时空对象关联关系可视化实质上就是对节点、连边和权重等进行符号化。

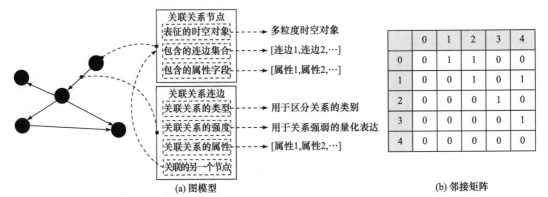

图 15.25　多粒度时空对象关联关系图模型和邻接矩阵

15.5.2　多粒度时空对象关联关系可视化方法

邻接矩阵热图就是用颜色表示邻接矩阵中的数据，可视化规则和矩形热图一样。邻接矩阵热图具有方向性，第 i 行、第 j 列的矩形和第 j 行、第 i 列的矩形分别代表第 i、j 两个节点间的连边。邻接矩阵热图中不存在线状符号的交叉，可在一定程度上避免视觉混乱，并且能最大限度地利用显示空间。行和列可以根据不同规则进行排列，通过不同的层次聚类算法可以使矩阵表现出不同的规律特点，反映出部分时空对象之间的相关性[图 15.26(a)]。当不表示连边的方向性时，图模型的数据为三角矩阵，对应的可视化为三角矩阵热图[图 15.26(b)]。

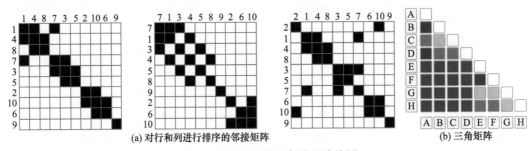

图 15.26　不同形态的邻接矩阵热图

节点-链接图(node-link diagram)是最直观的图模型可视化，节点为点状符号，连边为线状符号。节点和连边的权重可以分别用点状符号和线状符号的尺寸表示。连边的方向可通过颜色渐变、尺寸渐变或箭头形状等视觉变量表示。改变节点-链接图中的节点符号布局，可以得到具有不同特点的关联关系可视化[图 15.27(a)]。将节点符号排列在二维平面中的一条直线上，并用半圆或曲线将其连在一起，就可以得到弧图(arc diagram)[图 15.27(b)]，弧图中的连边符号可以分布在直线布局的同一侧或两侧以避免交叉。直线布局上相邻的两个节点若存在关联关系，可用短直线符号连接表示其连边。将节点符号布局到圆环上，并在圆环布局内绘制弧线符号表示连边,就可以得到弦图(chord diagram)[图 15.27(c)](Krzywinski et al., 2009)。若节点和连边有权重,可以用圆上的弧度(或弧长)来表示,连边的权重可以用弧线的宽度来表示,连边符号的方向可以用弧线的形状或渐变来表示。力导向布局的关联关系可视化通过力导向算法计算并设定节点符号的位置,使尽可能多的连边符号等长并避免相交,因此这种布局具有较强的审美效果。力导向算法根据连边和节点的相对位置计算力的大小,再将力赋给节点和连边的符号。在交互时,节点和连边在这些力的作用下产生类似弹簧或橡皮筋的运动效果,使得可视化的交互行为容易理解和预测。蜂巢图(hive plot)根据"节点的度"把所有节点分为三类,并排列在呈放射状的三条轴上。如图 15.27(d)所示,入度为 0 的节点排列在竖直轴上,出度为 0 的节点排列在与竖直轴逆时针方向 120°的轴上,其他节点排列在另外两条轴上。蜂巢图将起始节点和终止节点分别排列在不同的轴上,可表现出网络的层次结构,而且能够一定程度上避免连边符号的交叉(Krzywinski et al., 2012)。

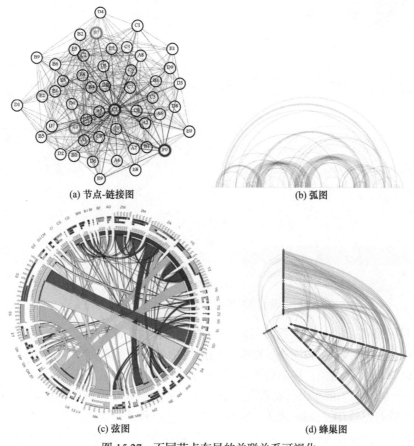

(a) 节点-链接图　　　　　　　　　　　　　(b) 弧图

(c) 弦图　　　　　　　　　　　(d) 蜂巢图

图 15.27　不同节点布局的关联关系可视化

　　流程图(flow chart)可以用来表示时空对象之间存在的时间关系,帮助人们理解由时空对象参与组成的事件过程。流程图用矩形或菱形符号表示时空对象或时间,用带箭头的线来表示时空对象在时间上的流程和顺序。桑基图(Sankey diagram)可用来表示多种类型的关联关系,如时间关系、组合关系等[图 15.28(a)]。桑基图主要由带有分支的线状符号组成,线的宽度表示连边的权重或流程中的流量,其特点是始末两端的分支宽度总和相等。甘特图(Gantt chart)也用来显示时空对象的时间关系,用矩形的尺寸表示时间的跨度,通过对比矩形在时间轴上的位置可以表现时空对象间存在的时间拓扑关系[图 15.28(b)]。冲积层图(alluvial diagram)把不同时刻下的节点排列在多条直线上，可以表示时空对象关联关系随着时间推移的发展变化[图 15.28(c)]。图 15.28(c)中每一条竖线代表一个时刻，直线上的节点符号代表当前时刻节点的状态，节点符号的尺寸代表此刻节点的权重。以竖线之间的曲线表示连边，曲线的宽度代表起始节点权重的减少和终止节点权重的增加。

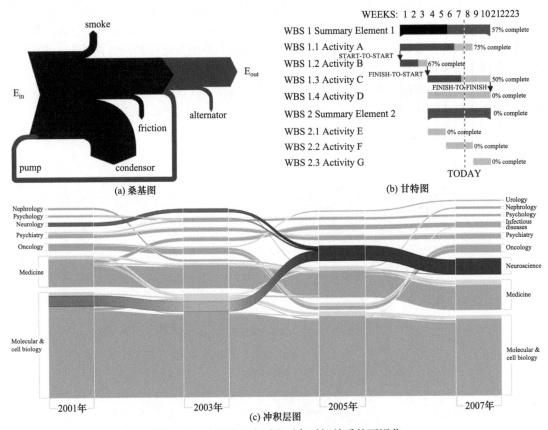

图 15.28　表示多粒度时空对象时间关系的可视化

　　地理空间网络可以同时可视化时空对象的关联关系和空间位置，这种可视化用地图或地球上的点和线分别表示节点和连边。地理空间网络中的节点受地理空间语义的约束，不能随意调整布局以降低视觉混乱；连边经常沿着路网、水系、航空线或航海线等地理实体分布。图 15.29(a)表示某地共享单车出行可视化，节点的位置就是共享单车的租借点和归还点，连边符号则是大致骑行路线(Beecham et al.，2014)。有的连边和地理实体需要在视觉上分开，因此可以用三维地理空间网络来可视化关联关系，将连边绘制成三维的符号以区别地图平面，也可以在三维球体上绘制连边符号。图 15.29(b)中的点状符号代表郑州市网络节点，三维弧状符号为网络路由的联通关系。

　　根据嵌套、拼接等组合方法设计的关联关系可视化能够表现关联关系的多重特点。层次聚类热图(cluster heatmap)将邻接矩阵热图和树状图拼接到一起，能够同时表现节点间的关系和节点的组成结构[图 15.30(a)]。起始点(origin-destination，OD)地图是一种将地图格网化显示区域关联关系的可视化[图 15.30(b)]。OD 地图将地图划分为规则的格网，按照格网对区域内节点进行综合，使每一个格网表示起始节点。然后在第一级格网中嵌入地图并再次划分，用每个

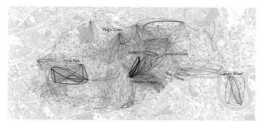

(a) 某地共享单车出行可视化　　　　　　　　(b) 三维地理网络可视化

图 15.29　地理空间网络可视化

二级格网中的小格子表示终止节点，格子的颜色表示连边的权重。OD 地图中没有线状符号，降低了视觉混乱，同时还兼顾了节点的空间分布特征(Wood et al.，2010)。

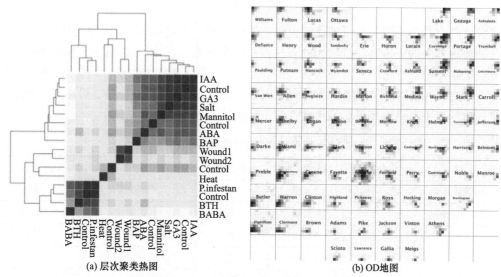

(a) 层次聚类热图　　　　　　　　　　　　(b) OD地图

图 15.30　组合视图的关联关系可视化

三维可视化可以在 z 轴上表示关联关系的属性特征。三维邻接矩阵可视化用 z 轴表示时间，可以显示时空对象随时间的发展变化[图 15.31(a)]。三维节点-链接图将节点以不同布局显示在三维空间中，来体现关联关系不同的网络结构，例如，将所有节点符号都布局在球面上，如图 15.31(b)所示;或者将某个节点放在球心,使其连边符号呈三维放射状发射出去[图 15.31(c)];又或者将节点符号围绕某个关键节点呈螺旋状排列[图 15.31(d)]。

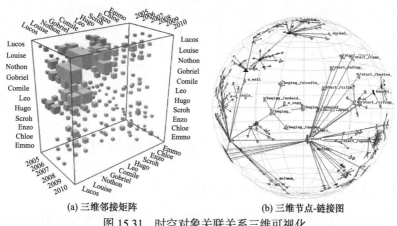

(a) 三维邻接矩阵　　　　　　　　　　　　(b) 三维节点-链接图

图 15.31　时空对象关联关系三维可视化

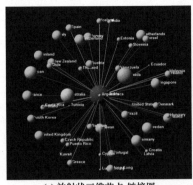 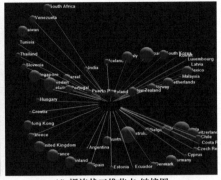

(c) 放射状三维节点-链接图　　　　　(d) 螺旋状三维节点-链接图

图 15.31 （续）

多粒度时空对象关联关系可视化的设计主要体现在节点符号布局、连边符号形状、连边交叉情况、连边方向的表达方法及权重的表达方法几个方面。表 15.3 是对本节所示多粒度时空对象关联关系可视化方法的对比与解析，可作为关联关系可视化方法设计的参照。在使用这些可视化方法时，可根据情况改变任意一列的内容，例如，邻接矩阵热图中，可以使用矩形的颜色表示连边的权重，也可用矩形的尺寸或者三维高度代替颜色表示权重。

表 15.3　多粒度时空对象关联关系可视化方法

方法	节点符号布局	连边符号形状	连边交叉情况	连边方向的表达方法	权重的表达方法
邻接矩阵热图	—	矩形	无	空间位置	颜色
节点-链接图	散点	直线	有	箭头	尺寸、颜色
弧图	直线	曲线	无	颜色、空间位置	尺寸
弦图	圆	曲线	有	箭头、颜色渐变	尺寸
力导向布局	散点	直线	有	箭头	尺寸
蜂巢图	直线	曲线	少	极坐标轴方向	无
流程图	散点	直线	少	箭头	无
桑基图	散点	分支曲线	无	箭头	尺寸、颜色
甘特图	列	—	无	—	—
冲积层图	直线	曲线	有	坐标轴方向	尺寸
地理空间网络	地图	曲线	有	颜色渐变	尺寸
层次聚类热图	直线	矩形	无	空间位置	颜色
OD 地图	矩阵	矩形	无	空间位置	颜色
三维邻接矩阵	直线	立方体	无	三维空间位置	尺寸
三维节点链接图	球面	三维直线	无	无	无

15.6　多粒度时空对象组成结构可视化

15.6.1　多粒度时空对象组成结构可视化概述

多粒度时空对象组成结构是指顾及语义组成和空间结构两个方面，对由客观实体抽象而成的时空对象之间存在的动态的整体/部分关系进行的描述。多粒度时空对象组成结构可视化就是用图形符号表示时空对象间的整体—部分关系。

组成结构有直线结构、树状结构和网状结构三种类型[图 15.32(a)]，可以分别用链表模型、树(tree)模型和图模型来描述。树是一种特殊的图，树中任意两个节点之间只存在一个连边。例如，图 15.32(b)中，H 是 D 的子节点，D 是 H 的父节点；在这一组对象中 A 没有父对象，可称为根节点。除了根节点外，每个子节点可以分为多个不相交的子树。一个节点含有子树的个数称为该节点的度，度为 0 的节点为叶节点，度不为 0 的节点为分支节点。节点的层次是从根节点定义的，根为第 1 层，根的子节点为第 2 层，以此类推。

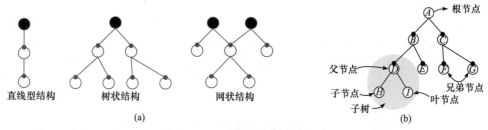

图 15.32　组成结构的概念模型

多粒度时空对象组成结构可视化，实质上就是用图形符号来表示树中节点的层次和子树。节点的层次代表了时空对象的层级，即时空对象在某组成结构中的层级位置。子树代表了构成时空对象的子对象集合，即某个时空对象的子对象都有哪些。

15.6.2　多粒度时空对象组成结构可视化方法

网状结构的时空对象组成结构可以用时空对象关联关系可视化中的方法进行表达，如节点-链接图、邻接矩阵热图和桑基图等。在可视化空间位置、空间形态和属性特征时，也有一些可视化方法可以同时表达组成结构，如空间位置可视化中的地图和平面图，空间形态可视化中的三维网格模型和体素模型，属性特征可视化中的分组柱状图、堆叠柱状图、分层面积图、流图、饼状图、玫瑰图和统计专题地图等。

树状图(dendrogram)和节点-链接图类似，用点或点状符号表示父节点和子节点，用线状符号表示节点之间的连边。树状图中节点的层次可以根据线状符号的分支进行判断，或者根据节点在坐标轴上的相对位置判断。树状图中的连边符号不需要特定的视觉变量来表达方向，因为父节点和子节点间只有一条连边。图 15.33(a)所示的树状图是自顶向下排列的，也可以根据需

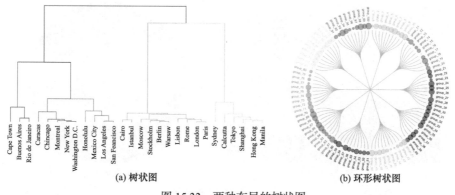

(a) 树状图　　　　　　　　　　　(b) 环形树状图

图 15.33　两种布局的树状图

要自左向右排列，或自中心开始放射状排列，形成环形树状图[图 15.33(b)]。树状图中节点的子树就是用线与其相连并且层次更低的所有节点。

不靠线状符号而仅凭借符号在坐标轴上的相对位置也可以判断节点的层次和子树。树列表(tree list)用行和行的缩进来表示组成结构，行的缩进表示子节点的层次，某节点的子树为该节点所在行和同一层次的下一行之间的所有行。树列表中没有线状符号，结构简单清晰，适合表达对象较少的组成结构。冰挂图(icicle chart)用呈瀑布状排列并拼接到一起的一组矩形符号表示树状的组成结构。图 15.34(a)是自上而下排列的冰挂图，最顶端的矩形为根节点，根节点以下每一行代表一个层次。节点的子树可以通过矩形左右两条边所在的直线确定，边界直线包含的下一行所有矩形符号就是该节点的子树。将冰挂图的直角坐标变为极坐标，就可以得到旭日图(sunburst chart)[图 15.34(b)]，也称为放射状树图，是用一系列同心圆弧表示树状结构的可视化方法。最内层的圆环代表根节点，节点的层次从内向外展开，处于同一个同心圆上的圆弧表示同一层级的子节点。节点的子树处于圆弧的外层，并且在父节点圆弧的夹角内。

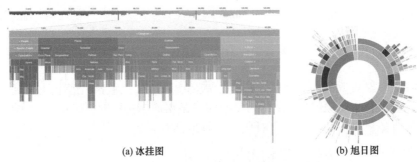

(a) 冰挂图　　　　　　　　　　　　　　(b) 旭日图

图 15.34　缩进和对齐表示的组成结构可视化方法

矩形树图(treemap)是用嵌套矩形来表示组成结构的可视化方法。矩形树图中最外层的矩形表示根节点，矩形内部填充的一系列矩形为其子节点，依次嵌套可得到多层节点。图 15.35(a)所示的矩形树图仅能表示三层树状结构，用颜色区分第二层次的兄弟节点；相同色相的矩形内部填充的是其子树。矩形的面积表示子节点占父节点任意定量属性的比重。圆形树图(circular packing treemap)，也称为气泡包裹图，是用嵌套圆来表示组成结构的可视化方法，可以表示多于三层的组成结构[图 15.35(b)]。圆形树图中的节点层次可以通过其外层包裹的大圆数目确定，节点符号内部的所有圆形符号就是该节点的子树。圆形符号的面积可以表示任意等级属性或定量属性。

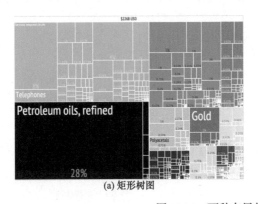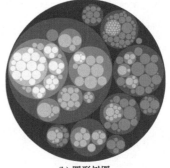

(a) 矩形树图　　　　　　　　　　　　　(b) 圆形树图

图 15.35　两种布局的树图

多粒度时空对象组成结构可视化方法设计就是对节点层次的表示、子树的表示及子节点在父节点中的比重等内容进行设计。表 15.4 为本节列出的多粒度时空对象组成结构可视化方法的对比，可作为组成结构可视化方法设计的参考。

表 15.4　多粒度时空对象组成结构可视化方法对比

方法	节点层次的表示	子树的表示	子节点在父节点中的比重
树状图	连线，直角坐标轴	连线	—
环形树状图	连线，极坐标轴半径	连线，极坐标轴角度	—
树列表	直角坐标轴	直角坐标轴	—
冰挂图	直角坐标轴	父节点符号边界	长度
旭日图	极坐标轴半径	父节点符号边界	角度
矩形树图	边界	颜色，父节点符号边界	面积
圆形树图	边界，颜色	父节点符号边界	面积
节点-链接图	连线	连线	—
邻接矩阵热图	直角坐标轴	直角坐标轴	—
桑基图	连线	连线	宽度
饼状图	—	极坐标轴角度	角度
堆叠柱状图	—	直角坐标轴	长度
分层面积图	—	直角坐标轴	高度
流图	—	直角坐标轴	高度
玫瑰图	极坐标轴半径	颜色，极坐标轴角度	角度
专题地图	边界	包含	颜色、尺寸

15.7　多粒度时空对象动态特征可视化

15.7.1　多粒度时空对象动态特征可视化与时间的基本特性

多粒度时空对象的动态变化贯穿于其全生命周期，理解多粒度时空对象发展变化的特点，可以帮助人们更好地认识和管理全空间数字世界。多粒度时空对象动态特征可视化就是用可视化的手段来表达时空对象空间位置、空间形态、属性特征、关联关系和组成结构等特征的动态变化。多粒度时空对象动态特征可视化的实质就是根据时间的特性，以图形符号的形式描述时空对象空间位置、空间形态、属性特征、关联关系和组成结构等特征与时间的关系。

时间的基本特性包括：量表特性、尺度特性、循环特性、多义性、多粒度性和不确定性，这些特性间接影响着时空对象动态特征可视化的特点和规律。量表特性指时间有顺序、间隔和连续等量化方法。顺序时间描述时空对象或事件的先后次序；间隔时间描述动态特征的间隔，可以映射到离散的坐标轴；连续时间指动态特征是一段连续的量，可以映射到连续的坐标轴。尺度特性指时间构成的基本单元，分为时刻和时间段。时刻不可再分且长度等于 0，通常为时间轴上的一个点；时间段能够可视化为具有特定长度的线段，并且需要两个时刻定义。循环特性指时间表现出的循环规律，如时空对象一年四季的动态变化具有循环性。多义性指时间的线性、分支和多义的特征，线性时间中时空事件被描述为按次序一个接一个发生；分支时间描述动态变化的趋势和可能性；多义时间描述时间的不同含义，例如，A 身份证上显示 A 的出生时间、身份证办理的时间及在全空间数据库中记录的时间。多粒度性指描述时间的基本单位，如格林尼治时间中的秒、分、小时、天、月和年。不确定性指模糊的时间，例如，事件无法用时刻进行描述，只能以包含这个时刻的某个时间段来表示；在跨粒度表示时间时也会产生不确定性，例如，用"年"的粒度描述事件时，无法确定具体是哪一个"月"。时空对象动态特征可视化取决于动态特征与时间的关系，时间的这些基本特征也决定了动态特征可视化的特点和形式。图 15.36 是多粒度时空对象动态特征可视化中的时间特性。

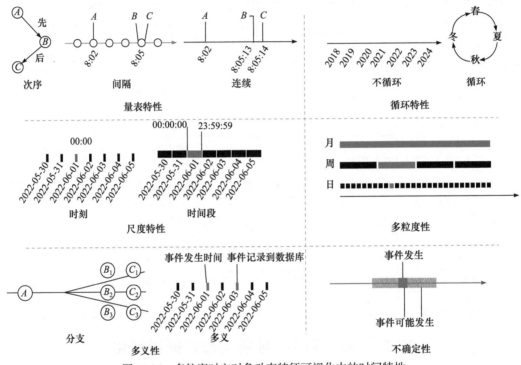

图 15.36　多粒度时空对象动态特征可视化中的时间特性

15.7.2　多粒度时空对象动态特征可视化方法

格子视图(small multiples)是将一组类似图表并排放置的可视化方法，用于对比数据并发现规律。采用格子视图可以表现时空对象的动态特征，即把不同时刻下时空对象某一特征的可视化并排放置，也称为时间快照或者时序图。在动态媒体(如显示屏幕)中可以将时序图中的一系列可视化依次展示，以视频动画的形式播放，时序图中的一系列可视化作为关键帧，借助视频动画制作技术实现补帧，能够达到更加流畅的动画效果。这两种方法可以可视化时空对象的空间位置、空间形态、属性特征、关联关系和组成结构等特征。时序图同时呈现静态的可视化，便于用户对不同时刻下的时空对象进行对比；视频动画借助人的视觉残留的生理特征，使用户能够关注到时空对象发生变化的部分，但是所花费的时间也较长。视觉变量法是将时间编码到视觉变量上来显示不同时间下的同一时空对象的特征。例如，在对属性特征进行可视化时，可以将时间抽象离散的属性，用符号的形状、尺寸、颜色或纹理来表示；还可以通过颜色和尺寸的渐变、线状符号的箭头等来表示时空对象某些特征随时间变化的趋势或过程。

流地图(flow map)用线状符号在地图上表示时空对象的空间位置变化，结合视觉变量法可以同时表示对象的其他特征，如属性特征、组成结构特征等。图 15.37 为拿破仑 1812 年东征莫斯科的流地图，用线状符号表示了军队的运动轨迹，使用线的宽度表示军人数量的属性特征，线宽渐变和颜色表示了空间位置变化的方向，还在地图下结合了折线图表现作战环境的气温变化。流地图有两种形式，一种是不显示时空对象运动轨迹的 OD 流地图，只显示运动前后两个时刻的空间位置和属性特征等的变化；另一种是显示运动过程中空间位置变化的轨迹地图。

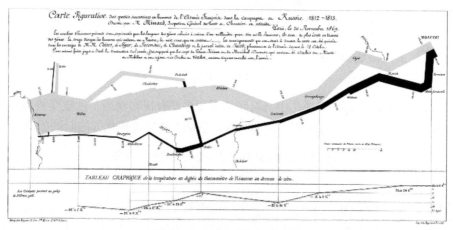

图 15.37　拿破仑东征流地图

用坐标轴来表示时间的方法为时间轴，经常配合统计图表、地图或三维可视化一起使用。时空对象动态特征可视化的目的是描述各类特征与时间的关系，将时间轴应用到属性特征可视化方法中可达到这一目的。可以用直角坐标轴、极坐标轴的半径方向或角度方向来表示时间，直线的时间轴可以反映线性的动态变化特点，环形的坐标轴可以反映时间周期性的变化规律。还可以用两个坐标轴表示时间，例如，日历图中用横纵两个坐标轴表示时间，用颜色表示属性特征的变化，可以表现出动态变化的多粒度性和周期性[图 15.38(a)]。在螺旋热力图中用极坐标的两个方向表示时间，可以表现出属性变化的线性特征和周期性特征[图 15.38(b)]。对于无法用时间轴代替其他坐标轴的可视化，如雷达图、地图等，可以用三维可视化中的 z 轴来表示时间。例如，时间雷达图[图 15.38(c)]将雷达图"串"在三维的时间轴上，可以表示多种属性相关关系的动态变化(Aigner er al.，2011)。时空立方体(space-time cube)用 z 轴表示时间，将时空对象的运动轨迹用三维线路表示出来，可以显示出空间位置变化的时空特点[图 15.38(d)](Kraak，2003)。

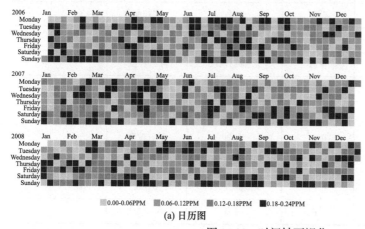

(a) 日历图

(b) 螺旋热力图

图 15.38　时间轴可视化

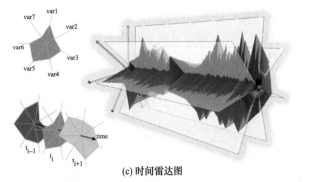

(c) 时间雷达图

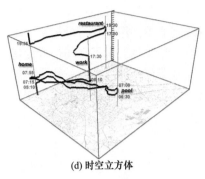

(d) 时空立方体

图 15.38　(续)

多粒度时空对象动态特征可视化中对时间的表现主要有视频动画、视觉变量和坐标轴三种途径，结合时间的基本特性，可以将多粒度时空对象动态特征可视化方法归纳如表 15.5 所示。

表 15.5　多粒度时空对象动态特征可视化方法

方法	量表特性	循环特性	尺度特性	多粒度性	多义性	不确定性
时序图	次序/间隔	单向	时刻	多粒度	—	—
视觉变量法	次序/间隔	单向	时刻	单一粒度	—	—
视频动画	连续	单向	时刻/时间段	单一粒度	—	—
柱状图	次序/间隔	单向	时刻	单一粒度	—	—
折线图	连续	单向	时刻/时间段	单一粒度	—	—
堆叠柱状图	次序/间隔	单向	时刻	单一粒度	—	—
堆叠面积图	连续	单向	时刻/时间段	单一粒度	—	—
流图	连续	单向	时刻/时间段	单一粒度	—	—
饼状图	次序/间隔	单向	时刻	单一粒度	—	—
热力图	次序/间隔	单向	时刻	单一粒度	—	—
OD 流地图	次序	单向	时刻	单一粒度	—	—
轨迹地图	间隔/连续	单向	时刻	单一粒度	—	—
日历图	间隔	循环	时刻	多粒度	—	—
螺旋热力图	连续	循环	时刻/时间段	多粒度	—	—
时间雷达图	连续	单向	时刻/时间段	单一粒度	—	—
时空立方体	连续	单向	时刻/时间段	单一粒度	—	—
冲积层图	次序/间隔	单向	时刻	多粒度	—	—
流程图	次序	单向	时刻	单一粒度	—	—
桑基图	次序	单向	时刻	单一粒度	能	能
甘特图	间隔/连续	单向	时刻/时间段	多粒度	能	能
三维邻接矩阵	次序/间隔	单向	时刻	单一粒度	—	—

15.8　多粒度时空对象可视化方法体系

多粒度时空对象可视化方法并不是孤立的,在对一种特征进行可视化时,常常要结合其他的特征一起可视化,例如,对空间位置可视化同时表现了时空对象的形态,组成结构可视化同时表现了时空对象的关联关系和父子对象间的属性特征。常用的多粒度时空对象可视化方法如表 15.6 所示,在认知多粒度时空对象时可以根据需要选择合适的可视化方法。

表 15.6　常用的多粒度时空对象特征可视化方法

序号	多粒度时空对象特征可视化方法	空间位置	空间形态	属性特征	关联关系	组成结构	动态特征
1	地形图	✓	✓	✓		✓	
2	影像地图	✓	✓	✓			
3	平面图	✓	✓	✓		✓	
4	剖面图	✓	✓	✓			
5	2.5 维地图	✓	✓				
6	透视图	✓	✓				
7	三维地图	✓					
8	三维地球	✓					
9	三维网格模型		✓				
10	360°全景地图	✓					
11	线路图	✓					✓
12	示意图	✓	✓	✓			✓
13	点云可视化	✓	✓				
14	体积渲染法	✓	✓	✓			
15	等值面法	✓	✓	✓			
16	等值线法	✓	✓	✓			
17	像素地图	✓	✓	✓			
18	图标法		✓	✓			
19	几何符号法		✓	✓			
20	直方图			✓			
21	柱状图			✓			✓
22	点位图			✓			✓
23	折线图			✓			✓
24	面积图			✓			✓
25	分组/堆叠柱状图			✓		✓	✓
26	堆叠面积图			✓		✓	✓
27	流图			✓		✓	✓

序号	多粒度时空对象特征可视化方法	空间位置	空间形态	属性特征	关联关系	组成结构	动态特征
28	散点图			✓	✓		
29	气泡图			✓	✓		
30	三维散点图			✓	✓		✓
31	饼状图			✓		✓	✓
32	玫瑰图			✓		✓	✓
33	环状图			✓		✓	✓
34	平行坐标			✓	✓		
35	雷达图			✓	✓		
36	网格热图			✓			✓
37	空间热图	✓	✓	✓			
38	点值法(专题地图)	✓	✓	✓			
39	等值区域法(专题地图)	✓		✓			
40	统计图表法(专题地图)	✓		✓			
41	示意地图(专题地图)	✓	✓	✓			
42	三维柱状图			✓			✓
43	三维气泡图			✓	✓		✓
44	三维饼状图			✓		✓	✓
45	三维面图			✓	✓		✓
46	三维伸展地图	✓	✓	✓			✓
47	三维空间热图	✓	✓	✓			✓
48	邻接矩阵热图			✓	✓		
49	节点-链接图			✓	✓	✓	
50	弧图			✓	✓		
51	弦图			✓	✓	✓	
52	力导向布局				✓		
53	蜂巢图				✓		
54	流程图				✓		✓
55	桑基图			✓	✓	✓	✓
56	甘特图				✓		✓
57	冲积层图			✓	✓		✓
58	地理空间网络	✓	✓		✓		
59	层次聚类热图			✓	✓	✓	
60	OD 地图	✓	✓	✓	✓	✓	
61	三维邻接矩阵			✓	✓		✓

续表

序号	多粒度时空对象特征 可视化方法	空间位置	空间形态	属性特征	关联关系	组成结构	动态特征
62	三维"节点-链接"图				✓		
63	树状图				✓	✓	
64	环形树状图				✓	✓	
65	树列表					✓	
66	冰挂图			✓		✓	
67	旭日图			✓		✓	
68	矩形树图			✓		✓	
69	圆形树图			✓		✓	
70	OD 流地图	✓		✓			✓
71	轨迹地图	✓		✓	✓		✓
72	日历图			✓			✓
73	螺旋热力图			✓			✓
74	时间雷达图			✓		✓	✓
75	时空立方体	✓		✓			✓

实　践　篇

第16章　全空间数字世界原型构建

16.1　案　例　背　景

全空间数字世界是指在计算机系统中构建的，由多粒度时空对象组成的，能够动态更新与演化的数字世界。多粒度时空对象的产生、发展、变化和消亡都是在全空间数字世界中进行的。全空间数字世界具有全空间、多粒度、多维关联、实时动态和自我演化等特点。

本案例依托近地空间、地表空间、城市空间、地下空间、室内空间、设备空间等不同空间中具有代表性的实体数据，采用全空间信息系统建模工具将其转换为多粒度时空对象数据集，由此构成全空间数字世界分析和表达的内容。本案例通过不同应用场景中多粒度时空对象及其八元组特征的动态表达、时空分析和人机交互，展现了全空间数字世界的特点，验证了全空间信息系统建模理论，融合了多粒度时空对象一体化管理技术，体现了多粒度时空对象多样化的可视化表达方法和强大的时空分析能力，为后续面向不同应用需求的应用系统定制奠定了基础。

16.2　源数据分析

16.2.1　卫星数据

卫星数据由确定卫星时间、坐标、方位、速度等各项参数的卫星星历数据组成，卫星星历数据来自 Kelso 创立的卫星数据网站 https://celestrak.com/，该网站具有较为详细的太空卫星数据，星历数据采用两行轨道数据(two-line orbital element，TLE)记录，TLE 卫星星历数据如图 16.1 所示。本案例共收集了全球 15003 颗公开卫星的数据。

```
 1  VANGUARD 1
 2  1 00005U 58002B    12276.36581747  .00000599  00000-0  75058-3 0  9888
 3  2 00005 034.2572 256.9817 1847343 289.2141 051.8203 10.84116683899682
 4  VANGUARD 2
 5  1 00011U 59001A    12276.83026522  .00001537  00000-0  80329-3 0  6924
 6  2 00011 032.8749 170.4667 1479105 220.7487 127.2740 11.83456598282785
 7  VANGUARD R/B
 8  1 00012U 59001B    12276.86390419  .00001337  00000-0  81479-3 0  4223
 9  2 00012 032.8926 108.3061 1674820 053.6282 320.7473 11.42039651200244
10  VANGUARD R/B
11  1 00016U 58002A    12276.60797859  .00000551  00000-0  74111-3 0   945
12  2 00016 034.2615 000.3824 2027226 252.2194 084.7973 10.48203436163350
13  VANGUARD 3
14  1 00020U 59007A    12275.95631257  .00003666  00000-0  15256-2 0   508
15  2 00020 033.3344 115.8954 1682297 115.9194 262.4194 11.52180900905113
16  EXPLORER 7
17  1 00022U 59009A    12276.54074202  .00003911  00000-0  37810-3 0  4136
18  2 00022 050.2898 288.5331 0165169 354.2240 005.6797 14.85270582805005
19  TIROS 1
20  1 00029U 60002B    12277.15754294  .00000727  00000-0  14500-3 0  7363
21  2 00029 048.3857 257.8957 0024717 082.0986 278.2733 14.72387798803565
```

图 16.1　TLE 卫星星历数据

16.2.2　流场数据

流场数据来源于美国国家海洋和大气管理局(National Oceanic and Atmospheric

Administration，NOAA)官方网站(https://nomads.ncep.noaa.gov/)，该网站提供包括地表反射率、太阳通量、地表感热净通量等 113 个气象指标的全球数据集。数据空间分辨率有 1°、0.5°、0.25°三个类别，时间分辨率为 6h，每天发布 0 时、6 时、12 时、18 时四个时刻的数据集。本案例收集了空间分辨率为 1°，时间跨度从 2021 年 4 月 14 日～2021 年 4 月 23 日共 10 天的全球风场、温度场和气压场数据。数据原始格式为 GRIB2，通过开源 Java 工具 Grib2JSON 可以将其转换为 JSON 格式。NOAA 发布的数据也是 AQICN(https://aqicn.org/)、Earth NullSchool(http://earth.nullschool. net/)等气象数据可视化网站的主要数据来源。Earth NullSchool 风场数据可视化如图 16.2 所示。

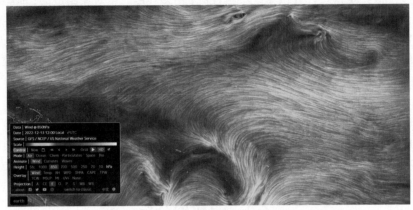

图 16.2　Earth NullSchool 风场数据可视化

16.2.3　基础地理环境数据

本案例基础地理环境数据包括全球 30m DOM 数据、全国 2m DOM 数、南海 0.8m DOM 数据、全球 30m DEM 数据、全国 12m DEM 数据、全球 500m 水深数据、全球境界数据、全国基础地理信息数据、南海岛礁地名数据、南海岛礁基础三维模型数据等，它们共同构成了本案例全空间数字世界的基础地理环境，是多粒度时空对象显示与交互分析的基础。本案例基础地理环境数据概况如表 16.1 所示。

表 16.1　本案例基础地理环境数据概况

数据类型	数据名称	数据来源	基本情况
正射影像	全球 30mDOM 数据	Google 下载	通过 BIGEMAP 地图下载器下载，数据分辨率为 30m，全球覆盖，空间参考为 Pseudo-Mercator，数据格式为 Geotiff
	全国 2mDOM 数据	第三方采购	来自高分 1 号/高分 6 号卫星，空间参考为 CGCS2000，数据成像时间为 2016～2018 年，数据分辨率为 2m，数据格式为 Geotiff
	南海 0.8mDOM 数据	第三方采购	南海岛屿陆地部分卫星影像数据，来自高景/高分 2 号卫星，成像时间为 2018 年，数据分辨率为 0.5～0.8m，空间参考为 CGCS2000，数据格式为 Geotiff
规则格网 DEM	全球 30mDEM 数据	第三方采购	来自 SRTM 测绘成果，数据测绘时间为 2017 年，数据分辨率为 30m，空间参考为 CGCS2000，数据格式为 Geotiff
	全国 12mDEM 数据	第三方采购	来自 ALOS 卫星立体像对测绘成果，数据测绘时间为 2017 年，数据分辨率为 12m，空间参考为 CGCS2000，数据格式为 Geotiff

续表

数据类型	数据名称	数据来源	基本情况
规则格网 DEM	全球 500m 水深数据	第三方采购	全球范围 500m 格网水深数据，使用专业软件对数据局部区域进行精化处理使数据更加精细。数据采集时间为 2018 年，空间参考为 WGS84，数据格式为 Geotiff
矢量数据	全球境界数据	中国科学院资源环境科学与数据中心	全球各国家省级行政单元边界数据和国家行政边界数据，数据格式为 Shp，空间参考为 WGS84，网址：https://www.resdc.cn/
	全国基础地理信息数据	国家基础地理信息中心全国地理信息资源目录服务系统	全国 1∶100 万公众版基础地理信息数据，数据集现势性为 2019 年。空间参考为 CGCS2000，内容包括水系、居民地及设施、交通、管线、境界与政区、地貌与土质、植被、地名及注记 9 个数据集，数据格式为 Shp，网址：https://www.webmap.cn/main.do?method=index
	南海岛礁地名数据	第三方采购	南海地区各岛屿的地名及其点位数据，数据采集时间为 2017 年，数据格式为 Shp，空间参考为 WGS84
三维模型数据	南海岛礁基础三维模型数据	第三方采购	中国南海赤瓜礁、华阳礁、美济礁、南威岛、太平岛、永暑礁、永兴岛、渚碧礁八个岛礁建筑三维模型数据，数据格式为 ive，主要内容包括灯塔、码头、停机坪、塔台、办公楼、堡垒、仓库、房屋等
……	……	……	……

16.2.4　全球船舶轨迹数据

全球船舶轨迹数据来源于在线船舶追踪服务网站，该网站是一个开放的、社区共享的项目，专门用来收集和展现数据，主要为公众提供免费、实时的船舶航行信息和港口数据，全球船舶轨迹数据如图 16.3 所示。本案例通过爬虫工具收集船舶的编号、名称、类型、轨迹点、国籍等基本信息。收集数据的时间分辨率为 1h，轨迹点的空间参考为 WGS84，时间跨度为 2019 年 7 月 20 日～2019 年 9 月 21 日，共计 1500h，数据记录数约 15 万条，收集后的数据存储在 Excel 表格。

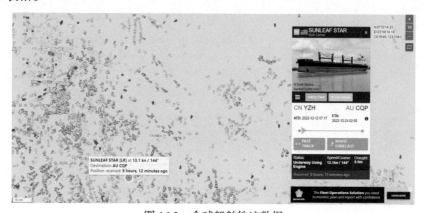

图 16.3　全球船舶轨迹数据

16.2.5　全球机场和航班数据

全球机场和航班数据来源于全世界最大的航班跟踪数据公司 FlightAware 的官方网站，该网站为超过 10000 家飞机运营商和服务商以及超过 1200 万名乘客提供全球航班跟踪服务，主要提供全球航班实时位置、飞行轨迹、出发和到达时间及机场等信息，全球机场和航班数据如图 16.4 所示。本案例通过爬虫工具收集了全球 725 个航班和 356 个机场的基本信息，包括航班的编号、名称、途经机场、轨迹点、起飞降落机场等。收集数据的时间分辨率为 1s，日期为 2019 年 2 月 18 日，轨迹点的空间参考为 WGS84，收集后的数据存储在 Excel 表格。

图 16.4　全球机场和航班数据

16.2.6　全球粮食贸易数据

全球粮食贸易数据来源于海关总署海关统计数据库，数据库包括全球港口信息数据、铁路信息数据、机场信息数据、国际货物贸易数据、中外双边贸易数据等(https://www.cnopendata.com/data/china-customs-statistics?module=recently-updated-data)，数据格式存储在 Excel 表格。本案例收集了我国与其他国家和地区之间四类主要粮食作物(小麦、大米、大豆、玉米)的进出口数据，时间跨度为 2017 年 1 月～2020 年 12 月，时间分辨率为 1 个月。数据基本形式如图 16.5 所示。

	A	B	C	D	E	F	G	H	I	J	K	L	M	N	O	P	Q
1	countrylist148out	201701	201702	201703	201704	201705	201706	201707	201708	201709	201710	201711	201712	201801	201802	201803	201804
2	阿富汗	0	0	0	0	0	0	0	0	5873400	0	2936700	11746800	4258800	0	0	0
3	巴林	0	0	0	0	0	0	0	0	0	0	0	0	0	0	0	0
4	孟加拉国	0	103	0	0	405	0	22383	0	1548182	9748856	1252229	33	5450	320067	1612340	0
5	缅甸	0	0	0	0	0	0	0	0	0	0	0	0	0	0	0	166415
6	塞浦路斯	0	0	132597	0	0	0	0	0	0	0	0	0	0	0	0	0
7	朝鲜	747458	973395	5076513	7930419	16103426	30970829	66548708	40312718	9594686	4298375	2844408	8830970	715641	0	1838817	2976377
8	印度	0	0	398672	0	0	0	0	0	117024	0	0	182995	12083	0	0	459947
9	印度尼西亚	32885759	323370	365805	212141	311460	231443	1144557	563200	0	544633	4566024	761516	2351038	294461	3646051	142805
10	以色列	0	79146	0	0	0	2281	0	75545	82305	0	0	248089	1715	0	160885	0
11	日本	12543892	6944617	14721675	21069373	36612360	8123985	8543868	6402629	7753434	15662270	13457935	72431119	71918336	70429575	6821101	12845488
12	约旦	0	0	0	0	0	0	0	0	0	17818	0	0	611183	9486415	863771	0
13	科威特	0	0	0	0	0	0	0	0	0	0	0	0	63859	0	71901	0
14	老挝	0	0	0	0	0	0	0	0	2178700	0	5789600	84000	0	0	0	0
15	黎巴嫩	1371840	1370500	4117920	2011247	0	1997279	1322944	1226704	1943269	3184995	2240395	5784759	0	2969704	5724377	0
16	马来西亚	32127	263657	18823	93354	0	92531	216945	19543	43649	152678	0	136600	212308	0	86306	178436
17	蒙古	1071333	429186	0	2882506	3950495	7272504	2655249	1944763	3618121	6789462	4627107	7034147	2057931	2326183	2671299	4205303
18	尼泊尔联邦民主共和国	0	0	2113865	309	0	0	0	981000	0	0	0	1158433	0	0	0	3543748
19	巴基斯坦	8093444	30071867	52215589	26102045	5864381	6734757	363285	426088	1151985	1285661	4935445	12094675	5845659	41524874	49637008	67760313
20	菲律宾	786400	1772384	2713543	9925860	12995855	9681198	17218481	15820174	10456984	40685994	33266144	3714265	5535056	4099303	1971329	695210
21	卡塔尔	0	0	0	0	0	0	0	0	0	0	0	0	0	80769	301131	0
22	沙特阿拉伯	281132	0	0	0	0	0	0	0	0	0	0	0	0	0	0	240905
23	新加坡	0	72392	3486	22990	451300	0	5111	1012	466231	24269	441212	123912	44692	5964	119349	0
24	韩国	7861090	1.45E+08	2.25E+08	71493865	40468819	1.48E+08	5326041	3671777	55071943	87123640	17618101	76277916	1.96E+08	1.4E+08	39205904	49353331
25	叙利亚	0	0	0	0	0	0	2388392	1970021	0	0	0	1735428	514201	3491075	4037192	8853689
26	泰国	35270	0	99843	28007	18766	0	0	0	369380	0	135229	299268	13213	0	1038696	16060
27	土耳其	3181930	296371	12976428	8400220	54601613	7087812	9089559	3500707	51947384	6065409	7851800	4497554	51432153	0	23334897	1.42E+08
28	阿联酋	0	0	0	0	449351	0	0	6475	6304	0	0	485086	128550	0	0	542280
29	也门	0	0	0	0	0	0	5850000	0	5850000	0	0	72359	0	0	0	5970452

图 16.5　全球粮食贸易数据

16.2.7　全国省、市、县级行政区划数据

全国县级行政区划数据来源于中国科学院资源环境科学与数据中心官方网站(https://

www.resdc.cn/），本案例收集了 2008 年中国县级行政区划数据，数据的空间参考为 CGCS2000，数据格式为 shp，市级行政区划由县级行政区划融合生成，省级行政区划由市级行政区划融合生成。同时，为了表达各级行政区划的变更，本案例收集了民政部 2013 年以来发布的行政区划变更批复文件，从中提取撤县设市、撤县设区、行政区合并、隶属变更、区划更名等不同类型的区划调整。行政区划变更批复样例如表 16.2 所示。

表 16.2 行政区划变更批复样例

时间	批复信息
2021 年 3 月	撤销县级偃师市，设立洛阳市偃师区，以原偃师市的行政区域为偃师区的行政区域，偃师区人民政府驻槐新街道民主路 27 号；撤销孟津县、洛阳市吉利区，设立洛阳市孟津区，以原孟津县、吉利区的行政区域为孟津区的行政区域，孟津区人民政府驻城关镇桂花大道 328 号

16.2.8 城市基础设施数据

城市基础设施是城市生存和发展所具备的工程性基础设施和社会性基础设施的总称。其中，工程性基础设施一般指能源设施、给排水设施、交通运输设施、邮政电信设施、环境卫生设施及城市防灾设施等；社会性基础设施则指文教设施、体育设施、医疗设施和社会福利设施等。为满足城市基础设施管理、城市风险防控与应急管理等工作，本案例收集了某市五大类数据，包括城市基础地理数据、城市基础设施及部件数据、安全生产数据、经济发展数据和环境治理数据。城市基础设施数据概况如表 16.3 所示。

表 16.3 城市基础设施数据概况

数据类型	数据名称	数据来源	基本情况
城市基础地理数据	行政区划数据	某市自然资源与规划局	数据涵盖某市、区、镇村级行政区，数据格式为 shp，空间参考为 CGCS2000
	道路数据		数据涵盖某市高速公路、国道、省道及县乡道，数据格式为 shp，空间参考为 CGCS2000
	河流水域数据		包括线状和面状数据，数据格式为 shp，空间参考为 CGCS2000
	居民地数据		某市面状居民地数据，属性信息包含楼层数，数据格式为 shp，空间参考为 CGCS2000
	地名地址及 POI 数据		某市地名数据及兴趣点标注数据，数据格式为 shp，空间参考为 CGCS2000
	某市 DOM 数据		近 5 年高分 2 号卫星影像数据，以及 2019 年 0.5m 分辨率航摄数据，数据格式为 Geotiff，空间参考为 CGCS2000
	某市 DEM 数据		数据分辨率为 5m，数据格式为 Geotiff，空间参考为 CGCS2000
	倾斜摄影测量数据		某市市区范围 98km² 倾斜摄影测量数据，数据格式为 osgb
城市基础设施及部件数据	公用设施	某市城市管理局	包含 89 类设施及部件，其中公用设施 38 类，交通设施 17 类，市容环境设施 11 类，园林绿化设施 10 类，其他部件 13 类，数据格式为 shp，空间参考为 CGCS2000
	交通设施		
	市容环境设施		
	园林绿化设施		
	其他部件		

数据类型	数据名称	数据来源	基本情况
安全生产数据	安全生产企业数据	某市应急管理局	数据范围为某市高新区，数据格式为 Excel，数据中缺少空间位置，可以通过地理编码将企业地址转换为空间位置
	风险清单		
	隐患清单		
	重大危险源清单		
	脆弱性目标清单		
经济发展数据	国内生产总值及三大产业产值	2014~2019 年某市统计年鉴	数据格式为 excel，通过属性连接作为某市及各区镇的属性数据
	公共预算收支数据		
	进出口总额		
	产业园区数据	互联网爬取	某市产业园区统计数据，数据格式为 excel
环境治理数据	重点污染源企业数据	某市城市管理局	数据格式为 Excel，数据中缺少空间位置，可以通过地理编码将企业地址转换为空间位置
	空气质量监测点数据		通过网络服务获取，数据每小时更新 1 次，监测数据一般作为基础设施及部件的动态数据

16.2.9　大学校园模型数据

大学校园模型数据来源于 3DMax 三维建模，首先根据地物真实尺寸构建白模数据，然后对相机获取的照片进行纹理映射，最终获取地物的实景三维模型。数据类型包括建筑物、树木、旗杆、篮球架、停车场、地块、湖泊等。校园模型数据概况如表 16.4 所示。

表 16.4　校园模型数据概况

数据类型	数据名称	数量	基本情况
三维模型数据	建筑物	58	包括办公楼、宿舍楼、实验楼、教学楼、图书馆、食堂、门诊楼等，模型通过位置和姿态进行定位和定向，数据格式为 ive
	树木	303	通过两个垂直的平面进行简单建模和纹理映射，模型通过位置和姿态进行定位和定向，数据格式为 ive
	旗杆	1	模型通过位置和姿态进行定位和定向，数据格式为 ive
	篮球架	104	包括室内篮球架和室外篮球架，模型通过位置和姿态进行定位和定向，数据格式为 ive
	停车场	5	包括地面停车场和地下停车场以及附属设施，模型通过位置和姿态进行定位和定向，数据格式为 ive
	地块	16	包括操场、篮球场、广场、运动场等，模型通过位置和姿态进行定位和定向，数据格式为 ive
	湖泊	5	模型通过位置和姿态进行定位和定向，数据格式为 ive
	……	……	……

16.3　时空对象类设计与实例化

16.3.1　时空对象类分析

全空间信息系统从空间思维的角度将 GIS 的范畴从传统测绘空间扩展到了宇宙空间、室内空间、微观空间等可量测空间,构建了无所不在的 GIS 世界。全空间数字世界是由多粒度时空对象组成的,能够动态更新和演化的数字世界,是全空间信息系统的数字化表现形式。为了构建全空间数字世界,体现其"全空间"特点,本案例从现实世界中不同空间范畴内的数据源出发,设计了能够表达近地空间、地表空间、城市空间、地下空间、室内空间、设备空间中不同时空实体特点的时空对象类。在此基础上实例化多粒度时空对象数据集,构成全空间数字世界分析和表达的内容基础,支撑业务层应用需求。

近地空间:根据卫星数据的特点和共同特征,抽象出卫星时空对象类;地表空间:根据流场数据,基础地理环境数据,全球船舶轨迹数据,全球机场和航班数据,全球粮食贸易数据,全国省、市、县级行政区划数据的特点和共同特征,抽象出流场、行政区、船舶、航班、机场、地理单元等时空对象类;城市空间:根据不同类别的城市基础设施及部件数据、大学校园模型数据的特点和共同特征,抽象出道路、地名、建筑物、车辆、人员、企业、传感器、无人机等时空对象类;地下空间:根据城市基础设施及部件数据的特点和共同特征,抽象出地下管线、消防栓等时空对象类;室内空间:根据城市基础设施及部件数据的特点和共同特征,抽象出楼层、房间、屏幕等时空对象类;设备空间:根据城市基础设施及部件数据的特点和共同特征,抽象出仪表盘、操纵杆等时空对象类。全空间数字世界时空对象类及数据映射关系如图 16.6 所示。

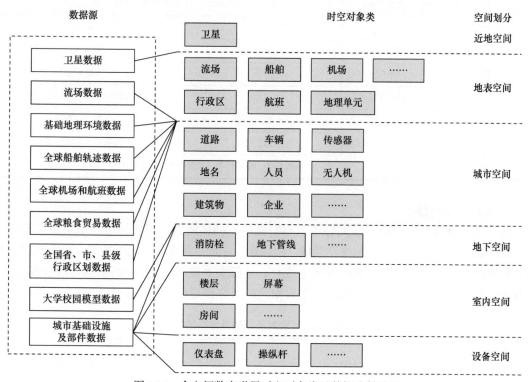

图 16.6 全空间数字世界时空对象类及数据映射关系

16.3.2 时空对象类模板设计

1. 卫星时空对象类

卫星能够按照星历数据绕轨飞行,能够对地物目标进行探测,具有明确的隶属关系,是近地空间中描述和表达的主要时空对象,包括名称、类型、编号等属性特征,具有矢量点位置,具有点采样形态和体采样形态,具有绕轨行为、变轨行为、探测行为、通信行为等行为能力。

卫星时空对象类的具体描述信息如表 16.5 所示。

表 16.5　卫星时空对象类的具体描述信息

类	特征项		数据	
卫星时空对象类	时空参照	时间参照	UTC	
		空间参照	J2000.0	
	空间位置	位置类型	数据类型	获取方式
		矢量点位置	矢量点数据	轨道计算
	属性特征	名称	String，卫星的名称，如 Vanguard2	
		类型	String，卫星的功能类型	
		编号	String，卫星的国际编号	
		发射时间	Date，卫星的发射时间	
		阻力系数	Double，BSTAR 阻力系数	
		轨道倾角	Double，卫星的轨道倾角	
		升交点赤经	Double，卫星的升交点赤经	
		……	……	
	空间形态	形态类型	显示级别	形态样式
		点采样形态	$T=1$	点状符号
		体采样形态	$T=2$	三维模型，如 ive、3ds 等
	关联关系	关系类型	时间范围	关联时空对象
		隶属关系	起止时间	国家时空对象的 ID
	行为能力		绕轨行为、变轨行为、探测行为、通信行为	

2. 流场时空对象类

流场是流体运动所占据的空间分布，对空间中不同格网点不同指标值的记录就是流场数据。流场数据广泛存在于气象和海洋领域，如风场、洋流、温度场、气压场等。流场数据具有明显的高维特征，数据不仅随着时间发生变化，还随着高度/深度发生变化，因此流场的空间位置中应包含高度属性的描述。流场时空对象类的具体描述信息如表 16.6 所示。

表 16.6　流场时空对象类的具体描述信息

类	特征项		数据		
流场时空对象类	时空参照	时间参照	UTC		
		空间参照	CGCS2000		
	空间位置	位置类型	数据类型	获取方式	高度
		点位集合位置	规则格网	数据文件	Double，空间位置对应的高度，如 80m
		……	……	……	……
	属性特征	名称	String，流场数据的名称		

续表

类	特征项		数据	
流场时空对象类	属性特征	类型	String，流场数据的类型，如风场、温度场等	
		获取时间	Date，流场数据的获取时间	
		变量维度	Int，流场数据值的维度，如风场=2，温度场=1 等	
		数值单位	String，流场数据的单位，如"Pa"	
		格网单位	String，流场数据格网的单位，如"度"	
		……	……	
	空间形态	形态类型	显示级别	形态样式
		面采样形态	$T=2$	规则格网

3. 行政区时空对象类

从国家行政边界数据和全国省、市、县级行政区划数据中，提取行政区的名称、编码、上级政区编码等属性字段，描述行政区的共有属性，其他以行政区为基础的专题统计信息(如国家间贸易数据、经济发展统计数据等)可以作为私有属性在行政区时空对象类实例化时添加。行政区具有矢量点位置和矢量面位置，具有点采样形态和面采样形态，包含关联关系和组成结构。行政区时空对象类的具体描述信息如表 16.7 所示。

表 16.7　行政区时空对象类的具体描述信息

类	特征项		数据	
行政区时空对象类	时空参照	时间参照	UTC	
		空间参照	CGCS2000	
	空间位置	位置类型	数据类型	获取方式
		矢量点位置	矢量点数据	数据文件
		矢量面位置	矢量面数据	数据文件
	属性特征	名称	String，行政区的名称	
		编码	String，行政区的编码	
		上级政区编码	String，行政区上级政区的编码	
		……	……	
	空间形态	形态类型	显示级别	形态样式
		点采样形态	$T=2$	点状符号
		面采样形态	$T=3$	面状符号
	关联关系	关系类型	时间范围	关联时空对象
		隶属关系	起止时间	国家时空对象的 ID
	组成结构	父时空对象		子时空对象
		父行政区时空对象的 ID		子行政区时空对象的 ID、道路时空对象的 ID、建筑物时空对象的 ID 等

4. 船舶时空对象类

船舶是能够航行或停泊于水域进行运输或作业的交通工具，是地表空间描述和表达的时空对象，具有编号、名称、类型、国籍等属性特征，具有矢量点位置，具有点采样形态和体采样形态，具有航行行为、加速行为、减速行为、转向行为等行为能力，包含关联关系和组成结构。船舶时空对象类的具体描述信息如表 16.8 所示。

表 16.8　船舶时空对象类的具体描述信息

类	特征项		数据	
船舶时空对象类	时空参照	时间参照	UTC	
		空间参照	CGCS2000	
	空间位置	位置类型	数据类型	获取方式
		矢量点位置	矢量点数据	数据文件
	属性特征	编号	String，船舶的国际编号	
		名称	String，船舶的名称	
		类型	String，船舶的用途类型	
		国籍	String，船舶的归属国家	
		……	……	
	空间形态	形态类型	显示级别	形态样式
		点采样形态	$T=3$	点状符号
		体采样形态	$T=6$	三维模型，如 ive、3ds 等
	关联关系	关系类型	时间范围	关联时空对象
		隶属关系	起止时间	国家时空对象的 ID
		停靠关系	起止时间	码头或港口时空对象的 ID
	组成结构	父时空对象		子时空对象
		无		屏幕时空对象的 ID、仪表盘时空对象的 ID、操纵杆时空对象的 ID 等
	行为能力	航行行为、加速行为、减速行为、转向行为		

5. 航班时空对象类

飞机是能够在航线上执行运输作业的交通工具，是地表空间描述和表达的时空对象。航班是飞机定时航行的班次，同一架飞机可以执飞不同的航班，因此，为了描述和表达的方便，本案例以航班作为抽象描述的时空对象类。航班具有编号、名称、途经机场等属性特征，具有矢量点位置，具有点采样形态和体采样形态，具有起飞行为、飞行行为、降落行为等行为能力，包含隶属关系、起飞关系和降落关系。航班时空对象类的具体描述信息如表 16.9 所示。

表 16.9　航班时空对象类的具体描述信息

类	特征项		数据	
航班时空对象类	时空参照	时间参照	UTC	
		空间参照	CGCS2000	
	空间位置	位置类型	数据类型	获取方式
		矢量点位置	矢量点数据	数据文件

类	特征项		数据	
航班时空对象类	属性特征	编号	String，航班的编号	
		名称	String，航班的名称	
		途经机场	String，航班的途经机场	
		……	……	
	空间形态	形态类型	显示级别	形态样式
		点采样形态	$T=3$	点状符号
		体采样形态	$T=6$	三维模型，如 ive、3ds 等
	关联关系	关系类型	时间范围	关联时空对象
		隶属关系	起止时间	飞机时空对象的 ID
		起飞关系	起止时间	机场时空对象 ID
		降落关系	起止时间	机场时空对象 ID
	行为能力		起飞行为、飞行行为、降落行为	

6. 机场时空对象类

机场是和航班具有起飞关系和降落关系的时空对象，具有编号、名称、类型、跑道数、级别等属性特征，具有矢量点位置和矢量面位置，具有点采样形态、面采样形态和体采样形态，具有飞机维护行为、飞机补给行为等行为能力，包含关联关系和组成结构。机场时空对象类的具体描述信息如表 16.10 所示。

表 16.10　机场时空对象类的具体描述信息

类	特征项		数据	
机场时空对象类	时空参照	时间参照	UTC	
		空间参照	CGCS2000	
	空间位置	位置类型	数据类型	获取方式
		矢量点位置	矢量点数据	数据文件
		矢量面位置	矢量面数据	数据文件
	属性特征	编号	String，机场的编号	
		名称	String，机场的名称	
		类型	String，机场的类型，如军用、民用等	
		跑道数	Int，机场的跑道数	
		级别	String，机场的级别，如一类、二类等	
		……	……	
	空间形态	形态类型	显示级别	形态样式
		点采样形态	$T=4$	点状符号
		面采样形态	$T=12$	面状符号
		体采样形态	$T=16$	三维模型，如 ive、3ds 等

类	特征项		数据	
机场时空对象类	关联关系	关系类型	时间范围	关联时空对象
		隶属关系	起止时间	国家时空对象的 ID
		停靠关系	起止时间	飞机时空对象的 ID
	组成结构	父时空对象		子时空对象
		无		建筑物时空对象的 ID、道路时空对象的 ID 等
	行为能力	飞机维护行为、飞机补给行为		

7. 地理单元时空对象类

地理单元是按一定尺度和性质划分的空间单位，有别于行政区划，地理单元可以自定义空间范围，其形态样式更加丰富。地理单元具有矢量点位置和点位集合位置，具有面采样形态和体采样形态，主要用于全空间数字世界基础地理环境的表达。地理单元时空对象类的具体描述信息如表 16.11 所示。

表 16.11　地理单元时空对象类的具体描述信息

类	特征项		数据	
地理单元时空对象类	时空参照	时间参照	UTC	
		空间参照	CGCS2000	
	空间位置	位置类型	数据类型	获取方式
		矢量点位置	矢量点数据	数据文件
		点位集合位置	规则格网	数据文件
	属性特征	名称	String，地理单元的名称	
		Minx	Double，地理单元横坐标的最小值，平面坐标/地理坐标	
		Miny	Double，地理单元纵坐标的最小值，平面坐标/地理坐标	
		Maxx	Double，地理单元横坐标的最大值，平面坐标/地理坐标	
		Maxy	Double，地理单元纵坐标的最大值，平面坐标/地理坐标	
		……	……	
	空间形态	形态类型	显示级别	形态样式
		面采样形态	$T=3$	规则格网，如 dem、dom
		体采样形态	$T=16$	倾斜摄影模型，如 osgb、obj 等
			$T=19$	三维模型，如 ive、3ds 等

8. 道路时空对象类

道路是进行路径规划和服务区分析的基础，是城市空间描述和表达的时空对象，具有名称、等级、长度等属性特征，具有矢量线位置和矢量面位置，具有线采样形态和面采样形态，具有通行行为和承载行为等行为能力，包含关联关系和组成结构。道路时空对象类的具体描述信息如表 16.12 所示。

表 16.12 道路时空对象类的具体描述信息

类	特征项		数据	
道路时空对象类	时空参照	时间参照	UTC	
		空间参照	CGCS2000	
	空间位置	位置类型	数据类型	获取方式
		矢量线位置	矢量线数据	数据文件
		矢量面位置	矢量面数据	数据文件
	属性特征	名称	String，道路的名称	
		等级	String，道路的等级，如高速公路、省道、城市高架等	
		长度	Double，道路的长度	
		……	……	
	空间形态	形态类型	显示级别	形态样式
		线采样形态	$T=13$	线状符号
		面采样形态	$T=16$	面状符号
	关联关系	关系类型	时间范围	关联时空对象
		隶属关系	起止时间	部门时空对象的 ID
		连接关系	起止时间	道路时空对象的 ID
	组成结构	父时空对象	子时空对象	
		行政区时空对象的 ID、机场时空对象的 ID 等	红绿灯时空对象的 ID、消防栓时空对象的 ID、管线时空对象的 ID 等	
	行为能力	通行行为、承载行为		

9. 地名时空对象类

地名是城市空间中最常使用的地理信息，在信息传递与交换中发挥着重要作用，具有名称、类型、编码、经度、纬度等属性特征，具有矢量点位置，具有点采样形态。地名时空对象类的具体描述信息如表 16.13 所示。

表 16.13 地名时空对象类的具体描述信息

类	特征项		数据	
地名时空对象类	时空参照	时间参照	UTC	
		空间参照	CGCS2000	
	空间位置	位置类型	数据类型	获取方式
		矢量点位置	矢量点数据	数据文件
	属性特征	名称	String，地名的名称	
		类型	String，地名的类型，如商业、教育、科研等	
		编码	String，地名的编码	
		经度	Double，地名的经度	
		纬度	Double，地名的纬度	
		……	……	

类	特征项		数据	
地名时空对象类	空间形态	形态类型	显示级别	形态样式
		点采样形态	$T=11$	点状符号

10. 建筑物时空对象类

建筑物是人工建造的、供人们进行生产、生活及其他活动的房屋或场所，是全空间数字世界中室内外一体化表达的基础，具有名称、类别、层数、性质等属性特征，具有矢量点位置和矢量面位置，具有面采样形态和体采样形态，包含关联关系和组成结构。建筑物时空对象类的具体描述信息如表 16.14 所示。

表 16.14　建筑物时空对象类的具体描述信息

类	特征项		数据	
建筑物时空对象类	时空参照	时间参照	UTC	
		空间参照	CGCS2000	
	空间位置	位置类型	数据类型	获取方式
		矢量点位置	矢量点数据	数据文件
		矢量面位置	矢量面数据	数据文件
	属性特征	名称	String，建筑物的名称	
		类别	String，建筑物的类别，如砖木结构、砖混结构等	
		层数	Int，建筑物的层数	
		性质	String，建筑物的用途，如居住建筑、工业建筑等	
		……	……	
	空间形态	形态类型	显示级别	形态样式
		面采样形态	$T=17$	面状符号
		体采样形态	$T=19$	三维模型，如 ive、3ds 等
			$T=21$	BIM，如 rvt、dwg 等
	关联关系	关系类型	时间范围	关联时空对象
		隶属关系	起止时间	部门时空对象的 ID
	组成结构	父时空对象		子时空对象
		行政区时空对象的 ID、机场时空对象的 ID 等		楼层时空对象的 ID 等

11. 车辆时空对象类

车辆是城市空间中交通设施的重要组成部分，包括号牌、所有人、类型、用途等属性特征，具有矢量点位置，具有点采样形态和体采样形态，具有启动行为、运动行为、制动行为等行为能力，包含关联关系和组成结构。车辆时空对象类的具体描述信息如表 16.15 所示。

表 16.15 车辆时空对象类的具体描述信息

类	特征项		数据	
车辆时空对象类	时空参照	时间参照	UTC	
		空间参照	CGCS2000	
	空间位置	位置类型	数据类型	获取方式
		矢量点位置	矢量点数据	数据文件
	属性特征	号牌	String，车辆的号牌	
		所有人	Long，车辆所有人的 ID	
		类型	String，车辆的类型，如客车、货车等	
		用途	String，车辆的用途，如公安、消防、救护等	
		……	……	
	空间形态	形态类型	显示级别	形态样式
		点采样形态	T=17	点状符号
		体采样形态	T=19	三维模型，如 ive、3ds 等
	关联关系	关系类型	时间范围	关联时空对象
		隶属关系	起止时间	城市行政区时空对象的 ID
		驾驶关系	起止时间	人员时空对象的 ID
	组成结构	父时空对象	子时空对象	
		无	传感器时空对象的 ID、仪表盘时空对象的 ID 等	
	行为能力	启动行为、运动行为、制动行为		

12. 人员时空对象类

人员是城市生态的主体，能够接收命令、执行规划、做出决策，具有智能性，具有姓名、职业、年龄、籍贯等属性特征，具有矢量点位置，具有点采样形态和体采样形态，具有接收命令、动作执行等行为能力，具有路径规划、判断决策等认知能力，包含亲属关系、领导关系、驾驶关系等关联关系。人员时空对象类的具体描述信息如表 16.16 所示。

表 16.16 人员时空对象类的具体描述信息

类	特征项		数据	
人员时空对象类	时空参照	时间参照	UTC	
		空间参照	CGCS2000	
	空间位置	位置类型	数据类型	获取方式
		矢量点位置	矢量点数据	数据文件
	属性特征	姓名	String，人员的姓名	
		职业	String，人员的职业	
		年龄	Int，人员的年龄	
		籍贯	String，人员的籍贯	
		……	……	

类	特征项		数据	
人员时空对象类	空间形态	形态类型	显示级别	形态样式
		点采样形态	$T=17$	点状符号
		体采样形态	$T=20$	三维模型, 如 ive、3ds 等
	关联关系	关系类型	时间范围	关联时空对象
		亲属关系	起止时间	人员时空对象的 ID
		领导关系	起止时间	人员时空对象的 ID
		驾驶关系	起止时间	人员时空对象的 ID
	行为能力		接收命令、动作执行	
	认知能力		路径规划、判断决策	

13. 企业时空对象类

企业是城市空间中经济活动的主体对象, 具有编号、名称、代码、经营范围等属性特征, 具有矢量点位置和矢量面位置, 具有面采样形态和体采样形态, 包含关联关系和组成结构。企业时空对象类的具体描述信息如表 16.17 所示。

表 16.17　企业时空对象类的具体描述信息

类	特征项		数据	
企业时空对象类	时空参照	时间参照	UTC	
		空间参照	CGCS2000	
	空间位置	位置类型	数据类型	获取方式
		矢量点位置	矢量点数据	数据文件
		矢量面位置	矢量面数据	数据文件
	属性特征	编号	String, 企业的编码	
		名称	String, 企业的名称	
		代码	String, 企业的社会信用统一代码	
		经营范围	String, 企业的业务范围	
		……	……	
	空间形态	形态类型	显示级别	形态样式
		面采样形态	$T=16$	面状符号
		体采样形态	$T=19$	三维模型, 如 ive、3ds 等
	关联关系	关系类型	时间范围	关联时空对象
		隶属关系	起止时间	部门时空对象的 ID
	组成结构	父时空对象		子时空对象
		行政区时空对象的 ID		建筑物时空对象的 ID、传感器时空对象的 ID 等

14. 传感器时空对象类

传感器广泛存在于城市基础设施中，主要用于实时获取不同指标的观测量，是动态数据的主要来源，具有名称、类型、观测量、访问地址、采集频率、传输协议、数据格式等属性特征，具有矢量点位置，具有点采样形态和体采样形态，具有通信行为、数据采集行为、动作执行行为等行为能力，具有自动预警、判断决策等认知能力，包含关联关系和组成结构。传感器时空对象类的具体描述信息如表 16.18 所示。

表 16.18　传感器时空对象类的具体描述信息

类	特征项		数据	
传感器时空对象类	时空参照	时间参照	UTC	
		空间参照	CGCS2000	
	空间位置	位置类型	数据类型	获取方式
		矢量点位置	矢量点数据	数据文件/位置服务
	属性特征	名称	String，传感器的名称	
		类型	String，传感器的类型	
		观测量	String，观测的指标，如温度、气压等	
		访问地址	String，传感器数据的访问地址	
		采集频率	Double，传感器采集数据的频率，如 1s、1h 等	
		传输协议	String，传感器的数据传输协议，如 rest 服务、socket 等	
		数据格式	String，传感器传输数据的格式，如 txt、csv 等	
		……	……	
	空间形态	形态类型	显示级别	形态样式
		点采样形态	T=17	点状符号
		体采样形态	T=19	三维模型，如 ive、3ds 等
	关联关系	关系类型	时间范围	关联时空对象
		隶属关系	起止时间	部门时空对象的 ID
		传输关系	起止时间	传感器数据传输的目标时空对象的 ID
	组成结构	父时空对象		子时空对象
		企业时空对象的 ID、车辆时空对象的 ID 等		无
	行为能力	通信行为、数据采集行为、动作执行行为		
	认知能力	自动预警、判断决策		

15. 无人机时空对象类

无人机广泛应用于电力巡检、农业保险、应急救援、灾害评估等领域，包括名称、类型、品牌等属性特征，具有矢量点位置，具有体采样形态，具有飞行行为、通信行为、避障行为等行为能力，具有路径规划、判断决策等认知能力，包含隶属关系和传输关系。无人机时空对象类的具体描述信息如表 16.19 所示。

表 16.19　无人机时空对象类的具体描述信息

类	特征项		数据	
无人机时空对象类	时空参照	时间参照	UTC	
		空间参照	CGCS2000	
	空间位置	位置类型	数据类型	获取方式
		矢量点位置	矢量点数据	位置服务
	属性特征	名称	String，无人机的名称	
		类型	String，无人机的类型	
		品牌	String，无人机的品牌	
		……	……	
	空间形态	形态类型	显示级别	形态样式
		体采样形态	T=17	三维模型，如 ive、3ds 等
	关联关系	关系类型	时间范围	关联时空对象
		隶属关系	起止时间	部门时空对象的 ID
		传输关系	起止时间	无人机数据传输的目标时空对象的 ID
	行为能力		飞行行为、通信行为、避障行为	
	认知能力		路径规划、判断决策	

16. 消防栓时空对象类

消防栓是地下管网的重要组成部分，包括类型、名称、编号等属性特征，具有矢量点位置，具有体采样形态，包含关联关系和组成结构。消防栓时空对象类的具体描述信息如表 16.20 所示。

表 16.20　消防栓时空对象类的具体描述信息

类	特征项		数据	
消防栓时空对象类	时空参照	时间参照	UTC	
		空间参照	CGCS2000	
	空间位置	位置类型	数据类型	获取方式
		矢量点位置	矢量点数据	数据文件
	属性特征	类型	String，消防栓的类型，如消防器材、配套设施等	
		名称	String，消防栓的名称	
		编号	String，消防栓的编号	
		……	……	
	空间形态	形态类型	显示级别	形态样式
		体采样形态	T=20	三维模型，如 ive、3ds 等
	关联关系	关系类型	时间范围	关联时空对象
		隶属关系	起止时间	部门时空对象的 ID
		连接关系	起止时间	管线时空对象的 ID
	组成结构	父时空对象		子时空对象
		房间时空对象的 ID、道路时空对象的 ID 等		无

17. 地下管线时空对象类

地下管线是地下空间描述和表达的主要时空对象，具有管径、名称、管线类型、权属单位等属性特征，具有矢量线位置，具有线采样形态，具有输送行为、承载行为等行为能力。包含关联关系和组成结构。地下管线时空对象类的具体描述信息如表 16.21 所示。

表 16.21 地下管线时空对象类的具体描述信息

类	特征项		数据	
地下管线时空对象类	时空参照	时间参照	UTC	
		空间参照	CGCS2000	
	空间位置	位置类型	数据类型	获取方式
		矢量线位置	矢量线数据	数据文件
	属性特征	管径	Double，地下管线的口径	
		名称	String，地下管线的名称	
		管线类型	String，地下管线的类型，如供水、通信等	
		权属单位	String，地下管线的权属单位	
		……	……	
	空间形态	形态类型	显示级别	形态样式
		线采样形态	$T=20$	线状符号
	关联关系	关系类型	时间范围	关联时空对象
		隶属关系	起止时间	部门时空对象的 ID
		连接关系	起止时间	管线时空对象的 ID
	组成结构	父时空对象	子时空对象	
		道路时空对象的 ID	无	
	行为能力	输送行为、承载行为		

18. 楼层时空对象类

楼层是建筑物的组成部分，具有名称、高度、房间数等属性特征，具有矢量点位置，具有体采样形态，包含关联关系和组成结构。楼层时空对象类的具体描述信息如表 16.22 所示。

表 16.22 楼层时空对象类的具体描述信息

类	特征项		数据	
楼层时空对象类	时空参照	时间参照	UTC	
		空间参照	CGCS2000	
	空间位置	位置类型	数据类型	获取方式
		矢量点位置	矢量点数据	数据文件
	属性特征	名称	String，楼层的名称，如第二层	
		高度	Double，楼层的高度	
		房间数	Int，楼层包含的房间数量	
		……	……	

续表

类	特征项		数据	
楼层时空对象类	空间形态	形态类型	显示级别	形态样式
		体采样形态	$T=20$	三维模型，如 ive、3ds 等
	关联关系	关系类型	时间范围	关联时空对象
		隶属关系	起止时间	部门时空对象的 ID
	组成结构	父时空对象		子时空对象
		建筑物时空对象的 ID		房间时空对象的 ID

19. 房间时空对象类

房间是楼层的组成部分，具有名称、门牌号、建筑面积、类型等属性特征，具有矢量点位置，具有体采样形态，包含关联关系和组成结构。房间时空对象类的具体描述信息如表 16.23 所示。

表 16.23 房间时空对象类的具体描述信息

类	特征项		数据	
房间时空对象类	时空参照	时间参照	UTC	
		空间参照	CGCS2000	
	空间位置	位置类型	数据类型	获取方式
		矢量点位置	矢量点数据	数据文件
	属性特征	名称	String，房间的名称，如嵩山厅	
		门牌号	String，房间的门牌号	
		建筑面积	Double，房间的建筑面积	
		类型	String，房间的类型，如会议室、办公室等	
		……	……	
	空间形态	形态类型	显示级别	形态样式
		体采样形态	$T=20$	三维模型，如 ive、3ds 等
	关联关系	关系类型	时间范围	关联时空对象
		隶属关系	起止时间	部门时空对象的 ID
	组成结构	父时空对象		子时空对象
		楼层时空对象的 ID		屏幕时空对象的 ID、消防栓时空对象的 ID 等

20. 屏幕时空对象类

屏幕是房间的组成部分，具有品牌、型号、尺寸、分辨率等属性特征，具有矢量点位置，具有体采样形态，具有开机行为和关机行为等行为能力，包含关联关系和组成结构。屏幕时空对象类的具体描述信息如表 16.24 所示。

表 16.24　屏幕时空对象类的具体描述信息

类	特征项		数据	
屏幕时空对象类	时空参照	时间参照	UTC	
		空间参照	CGCS2000	
	空间位置	位置类型	数据类型	获取方式
		矢量点位置	矢量点数据	数据文件
	属性特征	品牌	String，屏幕的品牌	
		型号	String，屏幕的型号	
		尺寸	String，屏幕的尺寸	
		分辨率	String，屏幕的分辨率	
		……	……	
	空间形态	形态类型	显示级别	形态样式
		体采样形态	$T=20$	三维模型，如 ive、3ds 等
	关联关系	关系类型	时间范围	关联时空对象
		隶属关系	起止时间	部门时空对象的 ID
	组成结构	父时空对象		子时空对象
		船舶时空对象的 ID、房间时空对象的 ID 等		无
	行为能力	开机行为、关机行为		

21. 仪表盘时空对象类

仪表盘是设施部件中的终端显示设备，具有名称、品牌、类型等属性特征，具有矢量点位置，具有体采样形态，具有数值显示行为能力，包含关联关系和组成结构。仪表盘时空对象类的具体描述信息如表 16.25 所示。

表 16.25　仪表盘时空对象类的具体描述信息

类	特征项		数据	
仪表盘时空对象类	时空参照	时间参照	UTC	
		空间参照	CGCS2000	
	空间位置	位置类型	数据类型	获取方式
		矢量点位置	矢量点数据	数据文件
	属性特征	名称	String，仪表盘的名称	
		品牌	String，仪表盘的品牌	
		类型	String，仪表盘的类型，如电子式、机械式等	
		……	……	
	空间形态	形态类型	显示级别	形态样式
		体采样形态	$T=21$	三维模型，如 ive、3ds 等
	关联关系	关系类型	时间范围	关联时空对象
		隶属关系	起止时间	部门时空对象的 ID
	组成结构	父时空对象		子时空对象
		船舶时空对象的 ID、车辆时空对象的 ID 等		无
	行为能力	数值显示		

22. 操纵杆时空对象类

操纵杆是设施部件中的控制设备，具有名称、用途、材质等属性特征，具有矢量点位置，具有体采样形态，具有操纵行为，包含关联关系和组成结构。操纵杆时空对象类的具体描述信息如表 16.26 所示。

表 16.26　操纵杆时空对象类的具体描述信息

类	特征项		数据	
操纵杆时空对象类	时空参照	时间参照	UTC	
		空间参照	CGCS2000	
	空间位置	位置类型	数据类型	获取方式
		矢量点位置	矢量点数据	数据文件
	属性特征	名称	String，操纵杆的名称	
		用途	String，操纵杆的用途	
		材质	String，操纵杆的材质	
		……	……	
	空间形态	形态类型	显示级别	形态样式
		体采样形态	$T=21$	三维模型，如 ive、3ds 等
	关联关系	关系类型	时间范围	关联时空对象
		隶属关系	起止时间	部门时空对象的 ID
	组成结构	父时空对象		子时空对象
		船舶时空对象的 ID		无
	行为能力	操纵行为		

16.3.3　时空对象实例化

全空间数字世界构建的关键是多粒度时空对象数据的生成，本案例为了体现全空间数字世界的特点，选取了不同类型、不同尺度、不同来源的地理空间数据，通过统一的实例化流程，将其对象化并入库。时空对象实例化流程如图 16.7 所示，主要分为六个步骤，一是时空对象类分析，根据源数据的特点和共同特征抽象出时空对象类。二是时空对象类设计，根据多粒度时空对象的八元组特征设计出时空对象类模板，本案例共设计了不同空间范畴中的 23 个时空对象类模板。三是数据预处理，在时空对象类模板的约束下，对源数据进行预处理，预处理的方法包括格式转换、时空变换、属性连接、数据裁剪、单位变换、数据筛选等，例如，流场数据需要由 GRIB2 格式转换为 JSON 格式；基础地理环境数据需要将坐标系统一为 CGCS2000；行政区划数据需要和全球粮食贸易数据、经济发展数据进行属性连接，扩展时空实体的属性特征；DOM、DEM 数据需要裁剪以适应地理单元的范围等。四是多元特征提取，从预处理后的源数据中提取时空对象类模板所需的多元特征信息，包括时空参照、空间位置、属性特征、空间形态、关联关系、组成结构、行为能力、认知能力等。五是类模板填充，通过提取的多元特征信息，结合形态文件、行为模型和认知模型等依赖数据对多粒度时空对象的八元组特征进行填充，实例化为多粒度时空对象交换格式数据。六是交换格式入库，采用建模工具将交换格式数据自动导入全空间数据库，形成多粒度时空对象数据集，为全空间数字世界的构建提供数据基础。

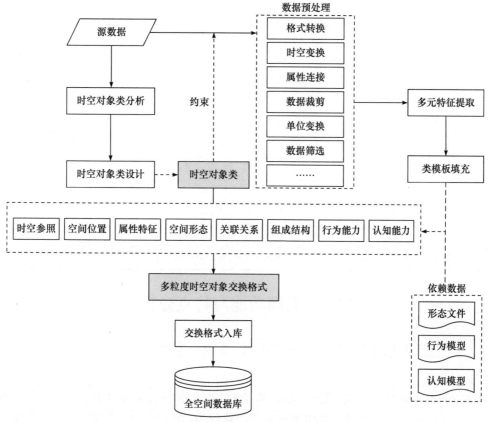

图 16.7　时空对象实例化流程

按照时空对象实例化流程对源数据进行处理，本案例共生成 22 个时空对象类，418858 个时空对象。全空间数字世界原型构建时空对象数据统计如表 16.27 所示。

表 16.27　全空间数字世界原型构建时空对象数据统计

序号	时空对象类	时空对象实例	时空对象数量
1	卫星时空对象类	卫星(VANGUARD、TIROS、⋯)	15003
2	流场时空对象类	流场(全球风场、全球温度场、全球气压场)	3
3	行政区时空对象类	行政区(中国、美国、⋯)	5977
4	船舶时空对象类	船舶(ALI_K、BLUE_SKY、CALI、⋯)	998
5	航班时空对象类	航班(3U1008、CA4151、GS7817、⋯)	725
6	机场时空对象类	机场(北京首都、广州白云、巴黎戴高乐、⋯)	356
7	地理单元时空对象类	地理单元(南海、赤瓜礁、⋯)	54
8	道路时空对象类	道路(中环东线、景王路、⋯)	14835
9	地名时空对象类	地名(北京市、天津市、上海市、⋯)	17632
10	建筑物时空对象类	建筑物(万达广场、天虹购物中心、⋯)	308571
11	车辆时空对象类	车辆(消防车 001、救护车 002、⋯)	275
12	人员时空对象类	人员(员工 001、员工 002、⋯)	16

序号	时空对象类	时空对象实例	时空对象数量
13	企业时空对象类	企业(仁宝电子科技有限公司、…)	3440
14	传感器时空对象类	传感器(温度传感器 001、水压传感器 001、…)	44162
15	无人机时空对象类	无人机(救灾 001)	1
16	消防栓时空对象类	消防栓(消防栓 001、消防栓 002、…)	3856
17	地下管线时空对象类	地下管线(水网段 001、水网段 002、…)	8
18	楼层时空对象类	楼层(第一层、第二层、…)	324
19	房间时空对象类	房间(301、302、…)	2592
20	屏幕时空对象类	屏幕(大屏 001、计算机屏幕 001、…)	15
21	仪表盘时空对象类	仪表盘(气压表、温度表、…)	12
22	操纵杆时空对象类	操纵杆(速度杆、方向杆、…)	3

16.4　案例功能与特点分析

16.4.1　空间范畴从地表空间、城市空间扩展至全空间

1. 近地空间

近地空间对不同国家、不同类型、不同轨道的卫星实体进行时空对象建模,在全空间数字世界原型系统中展示了卫星对象的探测行为和绕轨行为。图 16.8 所示的是 58 颗具有代表性的卫星,如我国的高分 3 号、风云 4 号卫星。图 16.9 是视点拉近后的场景,可以观察到卫星的模型形态、星下点和探测范围。

图 16.8　卫星时空对象全局表达

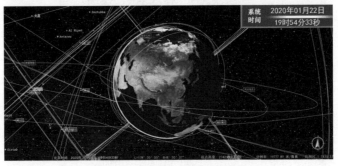

图 16.9　卫星时空对象局部表达

2. 地表空间

地表空间对时序流场数据进行时空对象建模,不同高度、不同指标的场数据作为时空对象的多个空间形态进行组织和管理,本案例构建了风场时空对象、温度场时空对象和气压场时空对象。在全空间数字世界原型系统中通过 UI 交互选择某一高度层,可以实现该高度层下流场时空对象的时序表达,图 16.10 显示的是地面 80m 高度上两个时刻风场时空对象的状态。同时,通过时间轴交互还可以快速定位到不同的时刻查看时空对象的状态。图 16.11 显示的是温度场时空对象表达,图 16.12 显示的是气压场时空对象表达。

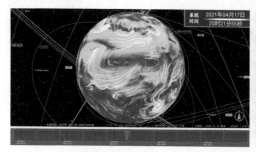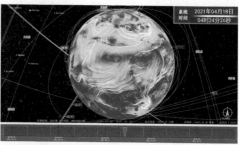

图 16.10　风场时空对象表达

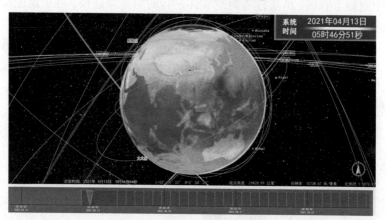

图 16.11　温度场时空对象表达

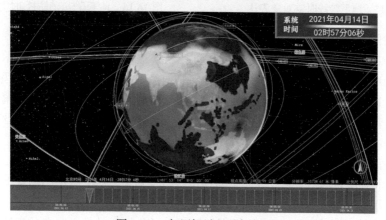

图 16.12　气压场时空对象表达

3. 城市空间

城市空间对行政区、建筑物、道路、社会服务设施、城市部件设施等时空实体进行时空对象建模,展示宏观场景下城市基础设施数据的对象化管理与可视化表达。全空间数字世界原型系统可以对城市空间中不同类别的时空对象进行分类显示与管理,图 16.13 显示的是某市 2194 个道路时空对象表达,在对象信息面板中可以展开不同的节点,查看时空对象的属性特征、空间形态、组成结构、关联关系、行为能力等信息。图 16.14 以三维模型形态样式显示了某大学校园的建筑物、树木、地块等时空对象表达。

图 16.13　城市道路时空对象表达　　　　图 16.14　大学校园时空对象表达

4. 地下空间

地下空间中对地下管线、消防栓等时空实体进行时空对象建模,展示地面以下城市基础设施数据的对象化管理与可视化表达,如图 16.15 所示,通过地形开挖工具,可以查看局部区域地下管线的分布情况,选择某一条管线时空对象后,可以在对象信息面板中查看时空对象的八元组特征信息。图 16.16 显示的地下停车场中消防栓时空对象的八元组特征信息。

图 16.15　地下管线时空对象表达　　　　图 16.16　地下设施(消防栓)时空对象表达

5. 室内空间

室内空间中对楼层、房间、屏幕、桌子等时空实体进行时空对象建模,展示小场景下室内空间时空对象的管理和可视化表达。通过与建筑物时空对象的三维模型进行交互,可以进入房间内部,如图 16.17 所示,建筑物由楼层组成,楼层由房间组成,房间中包含椅子、屏幕、桌子、显示器等子部件,每个子部件也是时空对象,具有多粒度时空对象的八元组特征,例如,可以查询屏幕时空对象的属性特征,对其执行开机行为等。

6. 设备空间

设备空间中对仪表盘、操纵杆等时空实体进行时空对象建模,展示小场景下设备空间时空对象的管理和可视化表达。通过与船舶时空对象的三维模型进行交互,可以进入驾驶舱内部,如图 16.18 所示,其中仪表盘、屏幕、操纵杆等时空对象是船舶时空对象的组成部分,具有多粒度时空对象的八元组特征。因此,可以在设备空间中对子对象进行表达和交互,例如,仪表盘时空对象可以显示外部各种环境变量,屏幕时空对象通过开机行为可以在地图上显示周围的其他时空对象，操纵杆时空对象通过操纵行为可以控制船舶的航行方向等。

图 16.17 室内空间时空对象表达

图 16.18 设备空间时空对象表达

16.4.2 信息内容从静态孤立扩展至实时动态与多维关联

1. 时空对象空间位置的动态表达

空间位置是多粒度时空对象的本质特征，也是传统 GIS 分析和表达的重点。传统 GIS 通过属性扩展的外挂方式可以实现空间位置的动态表达，但是从本质上讲，这种外挂方式是独立于数据模型的。全空间数字世界中的多粒度时空对象原生地支持空间位置的动态表达，如图 16.19 所示，船舶时空对象根据其航行行为，可以按照一定的速度和运行规则实现空间位置的变化。

图 16.19 船舶时空对象空间位置变化

2. 时空对象空间形态的动态表达

全空间数字世界中，多粒度时空对象的空间形态随着时间推移会发生变化，如河流的改道、城市的扩张、行政区的变化、设施的损毁等。在行政区时空对象的管理与表达中,本案例收集了民政部2013年以来发布的行政区划变更批复文件,从中提取撤县设市、撤县设区、行政区合并、隶属变更、区划更名等不同类型的区划调整,对行政区时空对象进行形态合并、属性更新、对象创建、对象消亡等操作。如图16.20和图16.21所示,在2021年洛阳市行政区划调整中,将孟津县、吉利区合并为孟津区,首先新建孟津区时空对象,对孟津县、吉利区时空对象的面状形态进行合并,作为孟津区时空对象的空间形态,其次对调整后的行政区划进行属性特征更新,最后删除孟津县、吉利区时空对象。

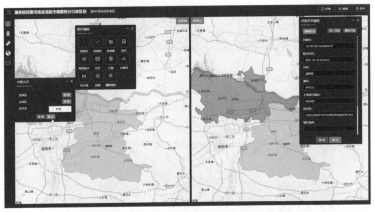

图 16.20　行政区时空对象空间形态合并

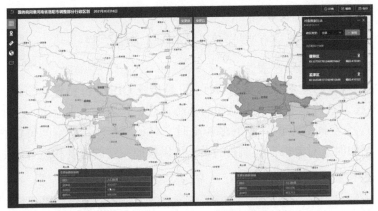

图 16.21　行政区时空对象属性特征更新

3. 时空对象属性特征的动态表达

在全空间数字世界中,多粒度时空对象不是静止不变的,随着时间的推移,其属性特征会发生变化。通过对国家行政区与全球粮食贸易数据进行属性关联,扩展国家行政区的专题贸易数据,然后对国家行政区进行时空对象建模,对中国与周边国家四类粮食(小麦、大米、大豆、玉米)的进出口专题数据进行时序表达,动态显示国家时空对象之间粮食贸易的数量变化和进出口情况。如图16.22所示,不同的图标表示不同的粮食作物,图标的移动方向表示是进口还是出口,图标的大小表示贸易的数量。

4. 时空对象关联关系的动态表达

全空间数字世界中,多粒度时空对象不是静态孤立的,时空对象之间存在着复杂多维的关联关系,并且随着时间推移,时空对象的关联关系会产生、变化和消亡,具有明显的动态特征。

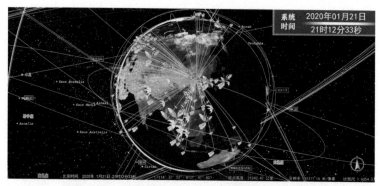

图 16.22　国家行政区时空对象属性特征动态表达

例如，在沙漠风暴行动中，以美国为首的盟国部队与伊拉克部队构成了作战单元对象，具有不同的创建时间和消亡时间。作战单元与作战单元之间的协同、对抗等关联关系在其全生命周期内会发生变化。图 16.23 显示的是作战单元对象关联关系动态表达。

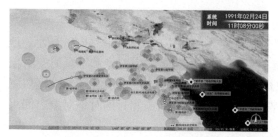 

图 16.23　作战单元对象关联关系动态表达

5. 时空对象组成结构的动态表达

全空间数字世界中，时空对象具有明显的多粒度特征，根据人们认知尺度的不同，一个时空对象可以由多个子时空对象组成，子时空对象也可以继续划分为更小的时空对象。反过来，多个时空对象也可以组合成更加复杂的父时空对象。时空对象的多粒度特征在父时空对象的组成结构中进行描述，通过父子时空对象的空间形态变换进行表达。图 16.24 显示的是某市时空对象包含的子时空对象的面状形态表达，随着视点拉近，图 16.25 显示的是组成某市高新区城市建筑物时空对象的三维模型表达。

图 16.24　某市子时空对象面状形态表达

图 16.25　某市高新区城市建筑物时空对象三维模型表达

16.4.3　空间分析从面向要素的静态分析扩展至基于对象的时空分析

1. 时空对象的路径分析

路径规划是 GIS 的基本分析能力，广泛应用于导航、通信等领域。在全空间数字世界中，路径规划不再是基于要素的静态分析，而是扩展为基于对象的时空分析，如图 16.26 所示，地面上的两个时空对象通过卫星进行最短路径通信，源时空对象、目的时空对象和卫星时空对象的空间位置都在实时变化，这时由卫星时空对象构成的网络就是一个动态网络。随着节点位置的变化，最短路径也会发生变化，体现在可视化表达中就是源时空对象和目的时空对象之间可以通过不同个数的卫星实现动态通信。

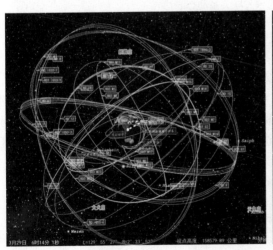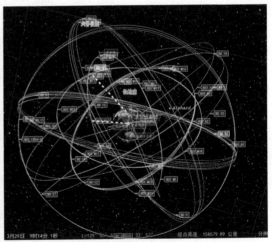

图 16.26　基于动态网络的最短路径分析

2. 时空对象的空间查询

查询与检索是 GIS 的常用功能，在全空间数字世界中，空间查询不再是简单地通过空间范围查询时空对象，而是扩展为时空查询，通过时间范围和空间范围查询出与该时空范围相交的时空对象。如图 16.27 所示，在企业安全生产管控中，某厂房发生火灾，随着时间的推移，火势逐步变大，在应急救援的同时，需要创建三维多环时空缓冲区，基于时空缓冲区进行空间查询，得到不同环状区域内的企业和居民小区，制定先后有序的人员撤离方案。

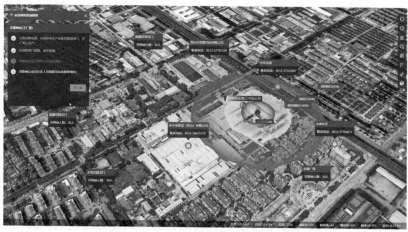

图 16.27　基于时空缓冲区的空间查询

3. 时空对象的密度分析

密度分析是空间数据挖掘和地理模式识别中的重要分析方法,在全空间数字世界中,由于时空对象的空间位置会随着时间发生变化,密度分析更加强调其时间特征,即:密度图会随着时间动态变化。如图 16.28 所示,在城市应急救援中,一旦发生险情,大量人员会撤离到地下人防工程的防护单元中,本案例根据人员的聚集程度,实时进行密度分析,有助于决策者了解不同防护单元中人员的分布情况。

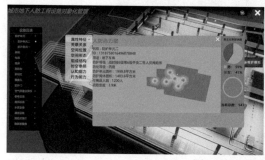

图 16.28　撤离人员密度分析

16.4.4　系统能力从被动交互扩展至主动认知与自主行为

1. 无人机灾情判断与辅助决策

无人机侦查具有机动灵活、视野全面、操作简单、安全可靠和实时图像传输等特点,广泛应用于城市应急救援与灾害评估中,特别是面对复杂地形环境下的急难险重任务具有无可替代的优势。在全空间数字世界中,本案例对无人机进行时空对象建模,赋予其飞行行为、通信行为、避障行为等行为能力,添加路径规划、判断决策等认知能力,使其具有主动认知和自行行为。如图 16.29 所示,无人机按照规划路径飞抵险情现场,首先通过通信行为自动将现场的视频传输至指挥中心,其次根据其判断决策能力决定是否需要进行抵近侦察,如果需要再利用其路径规划能力计算飞行路线,执行飞行行为,最后根据以往案例进行判断决策,自动推荐救援方案并传输至指挥中心,供指挥人员辅助决策。同时,无人机的判断决策能力可以通过深度学习进行训练和演化。

2. 视频实时接入与目标动态监测

在城市基础设施管理中,视频监控的智能化已经成为行业发展的必然趋势。全空间数字世界能够对视频中的活动目标和异常行为进行实时提取和筛选,并及时发出预警,彻底改变了传

图 16.29　无人机灾情判断与辅助决策

统监控只能"监"不能"控"的被动状态。为了实现这种主动认知和自主行为能力，本案例对摄像头传感器进行时空对象建模，赋予其通信行为、数据采集行为、动作执行行为等行为能力，添加自动预警、判断决策等认知能力，使其具有智能性。如图 16.30 所示，摄像头首先通过数据采集行为获取场景中的视频数据，其次通过判断决策能力对视频中的运动目标(车辆、人员等)和异常行为(偷盗、交通违规等)进行提取和上传，最后通过自动预警能力执行相关动作(如发出警报声)提醒周围行人。

图 16.30　视频实时接入与目标动态监测

3. 管线压力动态监测与自动预警

传感器是智慧城市建设的桥梁，是城市精细化和智能化管理的关键，有助于减少资源消耗，降低环境污染，消除安全隐患，最终实现城市的可持续发展。在全空间数字世界中，本案例对压力传感器进行时空对象建模，使其具有智能性。如图 16.31 所示，压力传感器能够实时监测地下管网中的压力、速度、流量等指标，通过其判断决策能力对监测数值进行异常分析，如果出现异常，通过自动预警能力执行通信行为，将异常情况上报至指挥中心。

图 16.31　管线压力动态监测与自动预警

第 17 章　新冠病例与高铁及航班时空实体建模与表达

17.1　案例背景

2020 年初,新型冠状病毒感染(Corona Virus Disease 2019,COVID-19)疫情在国内暴发,给社会生产生活带来巨大影响。为描述新冠病例(简称病例)与交通的时空关联情况,本案例以 2020 疫情为背景,将病例、高铁和航班等时空实体建模为多粒度时空对象,设计其三维可视化表达方法,描述了疫情期间病例、高铁、航班的动态变化过程。在此基础上,实现了多粒度时空对象的时空复合查询、时空统计等功能,并针对病例时空对象设计出时空伴随风险区的实时计算功能,有效支撑了疫情防控对交通运行影响的可视分析。

本案例依托高铁数据、航班数据和流行病学调查数据,动态展示了高铁、航班的实时运行情况,病例确诊前后的活动轨迹、传染链路和就诊情况等内容,反映出 COVID-19 疫情暴发期间的交通运营情况和疫情发展态势。通过可视分析方法,对比 COVID-19 疫情暴发前后的高铁车次及航班流量变化、病例的空间分布变化,发掘出疫情防控对交通的显著影响,可为疫情防控提供科学直观的决策支持。

17.2　源数据分析

17.2.1　流行病学调查数据

流行病学调查(简称流调)数据来源于河南省、吉林省卫健委官方网站,主要内容为确诊病例的流调信息,具体包括病例的基本信息、确诊地点和活动轨迹等内容,流调数据样例如表 17.1 所示。从表 17.1 中可以看出,病例信息为非结构化文本数据,时空对象建模前需要对其进行数据清洗和结构化处理。

表 17.1　流调数据样例

病例名称	基本信息	确诊地点	活动轨迹
郑州病例 1	男,65 岁,周口市太康县清集镇人	河南省郑州市	1 月 7 日由武汉乘私家车返回太康县,1 月 8 日前往太康县人民医院就诊,1 月 10 日经 120 急救车转运至郑州颐和医院就诊,1 月 20 日由负压救护车转诊至郑州市第六人民医院,1 月 21 日确诊

流调数据收集情况如表 17.2 所示,主要包括河南省病例数据和舒兰市关联病例数据,时间跨度分别为 2020 年 1 月 17 日~2020 年 3 月 28 日、2020 年 5 月 7 日~2020 年 5 月 23 日。

表 17.2　流调数据收集情况

数据主题	数量	空间范围	时间范围	数据类型
河南省病例数据	1239	河南省	2020 年 2 月 17 日~2020 年 3 月 28 日	文本数据
舒兰市关联病例数据	45	吉林省	2020 年 5 月 7 日~2020 年 5 月 23 日	文本数据

17.2.2　高铁数据

高铁数据来源于中国铁路 12306 网站，高铁数据收集情况如表 17.3 所示，包括列车时刻表、列车停运公告，时间跨度为 2020 年 2 月 17 日～2020 年 3 月 28 日。列车时刻表描述了高铁运行的起始车站、停靠车站、终点车站及其对应的时间。列车停运公告记录了所有高铁的停运、增开信息。

表 17.3　高铁数据收集情况

数据主题	空间范围	时间范围	数据类型
列车时刻表	全国	2020 年 2 月 17 日～2020 年 3 月 28 日	表格数据
列车停运公告	全国	2020 年 2 月 17 日～2020 年 3 月 28 日	文本数据

17.2.3　航班数据

航班数据来源于 Variflight 网站，航班数据收集情况如表 17.4 所示，时间跨度为 2020 年 2 月 17 日～2020 年 3 月 28 日。航班数据描述了航班的名称、状态、飞机注册号和航班轨迹等内容，其中航班轨迹包括飞机飞行过程中的经纬度、高度、速度和角度等信息。

表 17.4　航班数据收集情况

数据主题	数量	空间范围	时间范围	数据类型
航班数据	1828	全国	2020 年 2 月 17 日～2020 年 3 月 28 日	JSON 数据

17.3　时空对象类设计与实例化

17.3.1　时空对象类分析

为描述病例与交通的时空关联情况，需结合源数据特点，提取能够表达病例与交通动态变化特征的时空对象类。从流调数据中可以提取病例的活动轨迹、就诊医院等信息，建立病例、医院等时空对象类，以直观描述疫情的发展情况。从高铁、航班数据中可以提取高铁车次、航班的运行路线，途经的高铁站、机场等信息，建立高速铁路段、高速铁路线、高速铁路网、高铁车次、高铁站、航线、航班和机场等时空对象类，以表达疫情期间高铁、航班的运行情况。

医院时空对象类描述医院的收治病例情况，能够统计收治病例的数量、健康状态等，具体包括疑似人数、确诊人数、治愈人数和死亡人数等信息，体现了疫情防控中医院的重要程度。病例时空对象类主要表达病例的传染关系和动态特征(Chen et al.，2021)。传染关系记录了传染源、传染对象和传染时间等信息，描述了病例间的传染链条。病例传染关系的变化过程如图 17.1

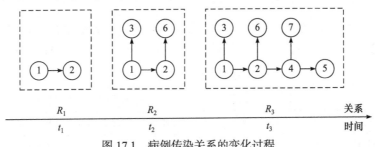

图 17.1　病例传染关系的变化过程

所示。动态特征主要记录病例的时空轨迹、健康状态等信息。病例轨迹和健康状态的变化过程如图 17.2 所示。

图 17.2　病例轨迹和健康状态的变化过程

高速铁路段(高速铁路线、高速铁路网)、高铁车次和高铁站等时空对象类描述了高铁交通的运行情况(刘慧等，2021)，分别代表高铁系统中的交通路线、交通工具和交通站点，其中高速铁路段时空对象类与高速铁路线时空对象类、高速铁路线时空对象类与高速铁路网时空对象类构成了多对一的组成结构。高铁系统中的时空对象类如图 17.3 所示。与高铁交通相似，航线、航班和机场等时空对象类共同组成了航空系统，航空系统中的时空对象类如图 17.4 所示。

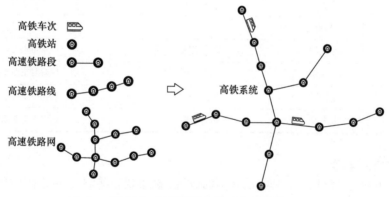

图 17.3　高铁系统中的时空对象类

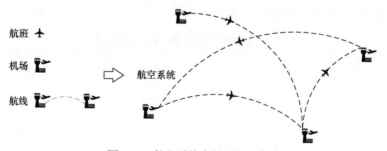

图 17.4　航空系统中的时空对象类

17.3.2　时空对象类模板设计

1. 病例时空对象类

病例时空对象类能够具体表达病例的健康状态变化、时空轨迹和传染链路等信息。其中，病例时空对象类的空间位置是动态的时空轨迹，关联关系包含病例时空对象间的传染关系、亲友关系，以及病例时空对象与医院时空对象的诊疗关系等。属性特征包含变化的健康状态，病例时空对象共有确诊前、疑似、确诊、死亡和治愈等 5 种健康状态。病例时空对象类的具体描述信息如表 17.5 所示。

表 17.5　病例时空对象类的具体描述信息

类	特征项		数据	
病例时空对象类	时空参照	时间参照	UTC	
		空间参照	CGCS2000	
	空间位置	位置类型	数据类型	获取方式
		矢量点位置	矢量点数据	数据文件
	属性特征	姓名	String，病例的姓名，如安阳病例 2	
		性别	String，病例的性别	
		年龄	Int，病例的年龄	
		状态	String，病例的状态，如疑似、确诊等	
		住址	String，病例的居住地址	
		……	……	
	空间形态	形态类型	显示级别	形态样式
		点采样形态	$T=7$	点状符号
	关联关系	关系类型	时间范围	关联时空对象
		诊疗关系	起止时间	医院时空对象的 ID
		传染关系	起止时间	病例时空对象的 ID
		亲友关系	起止时间	病例时空对象的 ID

2. 医院时空对象类

医院作为病例的诊疗场所，其收治病例的数量、健康状态能够反映疫情的严重程度，是对周围区域内疫情的整体描述。医院时空对象类包括属性特征、与病例时空对象的诊疗关系、对收治病例的统计行为等。医院时空对象类的具体描述信息为如表 17.6 所示。

表 17.6　医院时空对象类的具体描述信息

类	特征项		数据	
医院时空对象类	时空参照	时间参照	UTC	
		空间参照	CGCS2000	
	空间位置	位置类型	数据类型	获取方式
		矢量点位置	矢量点数据	数据文件
	属性特征	名称	String，医院的名称，如河南省人民医院	
		疑似病人	Int，医院收治的疑似病人数量	
		确诊病人	Int，医院收治的确诊病人数量	
		治愈病人	Int，医院收治的治愈病人数量	
		死亡病人	Int，医院收治的死亡病人数量	
		……	……	
	空间形态	形态类型	显示级别	形态样式

续表

类	特征项		数据	
医院时空 对象类	空间形态	点采样形态	$T=8$	点状符号
	关联关系	关系类型	时间范围	关联时空对象
		诊疗关系	起止时间	病例时空对象的 ID
	行为能力		病例统计行为	

3. 高铁站时空对象类

高铁站是供高速铁路部门办理客、货运输业务和高铁技术作业的场所。高铁站时空对象类能够与高铁车次时空对象建立停靠关系、与高速铁路段时空对象建立节点关系，并且具有高铁列车流量计算行为，即能够计算单位时间内经过该高铁站的高铁数量，它的父时空对象是高速铁路段时空对象。高铁站时空对象类的具体描述信息如表 17.7 所示。

表 17.7　高铁站时空对象类的具体描述信息

类	特征项		数据	
高铁站 时空对 象类	时空参照	时间参照	UTC	
		空间参照	CGCS2000	
	空间位置	位置类型	数据类型	获取方式
		矢量点位置	矢量点数据	数据文件
	属性特征	名称	String，高铁站的名称，如郑州东站	
		等级	String，高铁站的等级，如特等站	
		面积	Double，高铁站的面积	
		区域管理	String，高铁站所属铁路局，如中国铁路郑州局集团有限公司	
		投用日期	Long，高铁站投入使用的时间	
		……	……	
	空间形态	形态类型	显示级别	形态样式
		点采样形态	$T=8$	点状符号
	关联关系	关系类型	时间范围	关联时空对象
		停靠关系	起止时间	高铁车次时空对象的 ID
		节点关系	起止时间	高速铁路段时空对象的 ID
	组成结构	父时空对象		子时空对象
		高速铁路段时空对象的 ID		无
	行为能力		高铁列车流量计算行为	

4. 高速铁路段时空对象类

高速铁路段指相邻高铁站之间的铁路线，是高速铁路线的基本单元。高速铁路段时空对象类的空间位置是矢量线位置，空间形态是线采样形态，能够与高铁车次时空对象建立路径关系，与高铁站时空对象建立节点关系，它的父时空对象是高速铁路线时空对象、子时空对象是高铁站时空对象。高速铁路段时空对象类的具体描述信息如表 17.8 所示。

表 17.8　高速铁路段时空对象类的具体描述信息

类	特征项		数据	
高速铁路段时空对象类	时空参照	时间参照	UTC	
		空间参照	CGCS2000	
	空间位置	位置类型	数据类型	获取方式
		矢量线位置	矢量线数据	数据文件
	属性特征	名称	String，高速铁路段的名称，如郑州东站—许昌东站	
		等级	String，高速铁路段的等级，如国铁 I 级	
		设计时速	Double，高速铁路段支持的列车时速	
		长度	Double，高速铁路段的长度	
		开通时间	Long，高速铁路段的开通时间	
		……	……	
	空间形态	形态类型	显示级别	形态样式
		线采样形态	$T=9$	线状符号
	关联关系	关系类型	时间范围	关联时空对象
		路径关系	起止时间	高铁车次时空对象的 ID
		节点关系	起止时间	高铁站时空对象的 ID
	组成结构	父时空对象		子时空对象
		高速铁路线时空对象的 ID		高铁站时空对象的 ID

5. 高速铁路线时空对象类

高速铁路线是由多条高速铁路段组成的铁路线，如郑西客运专线。高速铁路线时空对象类的父时空对象是高速铁路网时空对象，子时空对象是高速铁路段时空对象，具有名称、设计时速等属性特征。高速铁路线时空对象类的具体描述信息如表 17.9 所示。

表 17.9　高速铁路线时空对象类的具体描述信息

类	特征项		数据	
高速铁路线时空对象类	时空参照	时间参照	UTC	
		空间参照	CGCS2000	
	空间位置	位置类型	数据类型	获取方式
		矢量线位置	矢量线数据	数据文件
	属性特征	名称	String，高速铁路线的名称，如郑西客运专线	
		设计时速	Double，高速铁路线支持的列车时速	
		长度	Double，高速铁路线的长度	

续表

类	特征项		数据	
高速铁路线时空对象类	属性特征	高铁站数量	Int，包含高铁站的数量	
		起点高铁站	String，高速铁路线的起点高铁站，如郑州东站	
		……	……	
	空间形态	形态类型	显示级别	形态样式
		线采样形态	T=9	线状符号
	组成结构	父时空对象		子时空对象
		高速铁路网时空对象 ID		高速铁路段时空对象的 ID

6. 高速铁路网时空对象类

高速铁路网是所有高速铁路线的集合，其时空对象类的子时空对象是高速铁路线，实例化后的时空对象是唯一的。高速铁路网时空对象类的具体描述信息如表 17.10 所示。

表 17.10　高速铁路网时空对象类的具体描述信息

类	特征项		数据	
高速铁路网时空对象类	时空参照	时间参照	UTC	
		空间参照	CGCS2000	
	空间位置	位置类型	数据类型	获取方式
		矢量线位置	矢量线数据	数据文件
	属性特征	名称	String，高速铁路网的名称	
		高铁站数量	Int，高速铁路网的高铁站数量	
		长度	Double，高速铁路网的总长度	
		……	……	
	空间形态	形态类型	显示级别	形态样式
		线采样形态	T=9	线状符号
	组成结构	父时空对象		子时空对象
		无		高速铁路线时空对象的 ID

7. 高铁车次时空对象类

高铁是铁路段上运行的时空对象，其车次编制与列车上行下行有关，也与运行方向有关，高铁列车与高铁车次并非一一对应关系。为便于表达，本案例以高铁车次作为描述的时空对象类，具有名称、起始站、终点站等属性特征，能够与高速铁路段时空对象建立路径关系、与高铁站时空对象建立停靠关系。高铁车次时空对象类的具体描述信息如表 17.11 所示。

表 17.11　高铁车次时空对象类的具体描述信息

类	特征项		数据	
高铁车次时空对象类	时空参照	时间参照	UTC	
		空间参照	CGCS2000	
	空间位置	位置类型	数据类型	获取方式
		矢量点位置	矢量点数据	数据文件
	属性特征	名称	String，高铁车次的名称，如 G1	
		起始站	String，高铁车次的出发站名称	
		出发时间	Long，高铁车次从出发站离开的时间	
		经停站	String，高铁车次的在运行途中的临时停靠站名称	
		终点站	String，高铁车次的终点站名称	
		到终点时间	Long，高铁车次到达终点站的时间	
		开通时间	Long，该高铁车次的开通时间	
		……	……	
	空间形态	形态类型	显示级别	形态样式
		点采样形态	$T=7$	点状符号
	关联关系	关系类型	时间范围	关联时空对象
		路径关系	起止时间	高速铁路段时空对象的 ID
		停靠关系	起止时间	高铁站时空对象的 ID

8. 机场时空对象类

机场是供飞机起降的设施，是航空交通的中枢，较正式的名称是航空站。机场时空对象类的描述与高铁站时空对象类相似，具有属性、停靠关系、节点关系、航班流量计算行为等特征。机场时空对象类的具体描述信息如表 17.12 所示。

表 17.12　机场时空对象类的具体描述信息

类	特征项		数据	
机场时空对象类	时空参照	时间参照	UTC	
		空间参照	CGCS2000	
	空间位置	位置类型	数据类型	获取方式
		矢量点位置	矢量点数据	数据文件
	属性特征	名称	String，机场的名称，如首都机场	
		类型	String，机场的类型，如国际民航机场	
		面积	Double，机场的面积	
		地区管理	String，机场所属管理局，如中国民用航空华北地区管理局	
		通航城市数量	Int，从当前机场出发可到达的城市数量	
		通航日期	Long，机场的通航时间	
		……	……	

续表

类	特征项		数据	
机场时空对象类	空间形态	形态类型	显示级别	形态样式
		点采样形态	$T=7$	点状符号
	关联关系	关系类型	时间范围	关联时空对象
		停靠关系	起止时间	航班时空对象的 ID
		节点关系	起止时间	航线时空对象的 ID
	组成结构	父时空对象		子时空对象
		航线时空对象的 ID		无
	行为能力	航班流量计算行为		

9. 航线时空对象类

航班在天上飞行的无形道路称为航路，由航路确定的从起点到终点的飞机飞行路径就是航线。航线时空对象类确定了飞机飞行的具体方向、起讫和经停地点，能够与航班时空对象建立路径关系、与机场时空对象建立节点关系。航线时空对象类的具体描述信息如表 17.13 所示。

表 17.13　航线时空对象类的具体描述信息

类	特征项		数据	
航线时空对象类	时空参照	时间参照	UTC	
		空间参照	CGCS2000	
	空间位置	位置类型	数据类型	获取方式
		矢量线位置	矢量线数据	数据文件
	属性特征	名称	String，航线的名称，如首都机场—新郑机场	
		用途	String，航线的用途，如民用	
		类型	String，航线的类型，如国内航线	
		航线长度	Double，航线的长度，如 1000km	
		开通时间	Long，航线的开通时间	
		……	……	
	空间形态	形态类型	显示级别	形态样式
		线采样形态	$T=9$	线状符号
	关联关系	关系类型	时间范围	关联时空对象
		路径关系	起止时间	航班时空对象的 ID
		节点关系	起止时间	机场时空对象的 ID
	组成结构	父时空对象		子时空对象
		无		机场时空对象的 ID

10. 航班时空对象类

航班是指飞机按规定的航线起飞，从始发站经过经停站(或直达)至终点站的飞行过程。与高铁车次时空对象类的原因相似，将航班作为描述的时空对象，而不研究具体的飞机。航班时空对象类的具体描述信息如表 17.14 所示。

表 17.14　航班时空对象类的具体描述信息

类	特征项		数据	
航班时空对象类	时空参照	时间参照	UTC	
		空间参照	CGCS2000	
	空间位置	位置类型	数据类型	获取方式
		矢量点位置	矢量点数据	数据文件
	属性特征	名称	String，航班的名称，如 3U1008	
		起飞机场	String，航班的起飞机场名称，如首都机场	
		起飞时间	Long，航班的起飞时间	
		降落机场	String，航班的降落机场名称，如新郑机场	
		降落时间	Long，航班的降落时间	
		开通时间	Long，该航班班次的开通时间	
		……	……	
	空间形态	形态类型	显示级别	形态样式
		点采样形态	$T=7$	点状符号
	关联关系	关系类型	时间范围	关联时空对象
		路径关系	起止时间	航线时空对象的 ID
		停靠关系	起止时间	机场时空对象的 ID

17.3.3　时空对象实例化

根据时空对象类模板的设计要求，源数据的组织流程如图 17.5 所示。总体上，本案例所涉

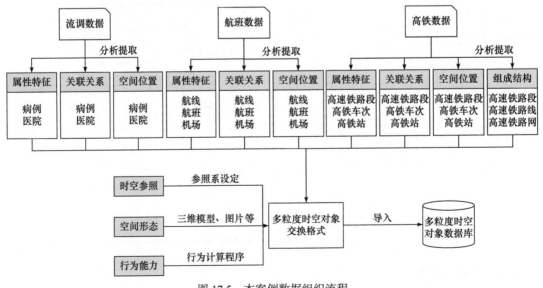

图 17.5　本案例数据组织流程

及时空对象的属性特征、关联关系、空间位置和组成结构能够从源数据中分析提取,时空参照、空间形态可以根据时空对象类统一设定,行为能力则需要针对具体行为编写行为计算程序。

流调数据的处理过程主要有以下几步:①通过程序初检和人工复查的方式对数据进行清洗,将每个流调数据分为基本信息和活动轨迹两部分。②从基本信息中提取病例的属性特征、亲友关系、传染关系。③利用分词工具提取活动轨迹的时间、地点,然后采用百度地图 API 获取地名的空间位置,生成病例的时空轨迹,建立病例与医院的就诊关系。④补充医院、病例时空对象的时空参照、空间形态和行为能力,生成多粒度时空对象交换格式后入库。

高铁数据的处理过程主要有以下几步:①从列车时刻表中获取高铁站、高速铁路段和高铁车次名称,并采用百度地图 API 获取高铁站的空间位置。②根据高铁车次的经停信息,分析提取高速铁路段与高速铁路线之间的组成结构,使高速铁路线能够组成完整的高速铁路网。③结合高速铁路网,补充高铁车次实际运行中途经但未停留的高铁站,生成完整的运行轨迹,然后分别与高速铁路段和高铁站建立路径关系和停靠关系。④从列车停运公告中提取高铁车次停运信息,删除对应的运行轨迹。⑤补充高速铁路段、高速铁路线、高速铁路网、高铁车次、高铁站等时空对象的时空参照、空间形态和行为能力,生成多粒度时空对象交换格式后入库。

航班数据的处理过程主要有以下几步:①从航班数据的元数据中提取航班的属性特征,并将属性中的起飞机场、降落机场作为机场时空对象,起飞机场—降落机场的飞行路线作为航线时空对象。②用百度地图 API 获取机场的空间位置。③建立航班与航线、机场间的路径关系和停靠关系。④从航班数据的轨迹数据中提取航班的时空轨迹。⑤补充航线、航班、机场等时空对象的时空参照、空间形态和行为能力,生成多粒度时空对象交换格式后入库。

按照上述的数据组织流程处理后,共生成 10 个时空对象类,10169 个时空对象实例。本案例时空对象数据统计如表 17.15 所示。

表 17.15 本案例时空对象数据统计

时空对象类	时空对象实例	时空对象数量
病例时空对象类	病例(郑州病例 1、郑州病例 2、…)	1239
医院时空对象类	医院(河南省人民医院、郑州市第二人民医院、…)	293
高铁站时空对象类	高铁站(北京南站、北京北站、郑州东站、…)	919
高速铁路段时空对象类	高速铁路段(北京南站—廊坊站、廊坊站—天津西站、天津西站—天津站、…)	986
高速铁路线时空对象类	高速铁路线(郑西客运专线、沪杭客运专线、…)	85
高速铁路网时空对象类	高速铁路网	1
高铁车次时空对象类	高铁车次(G1、G2、G3、…)	2418
机场时空对象类	机场(新郑机场、首都机场、天河机场、…)	287
航线时空对象类	航线(新郑机场—首都机场、首都机场—天河机场、天河机场—虹桥机场、…)	2113
航班时空对象类	航班(3U1008、CA1123、CZ3387、…)	1828

17.4 案例功能与特点分析

17.4.1 时空对象的多维可视化表达

河南省及舒兰市的病例时空对象的可视化分别如图 17.6 和图 17.7 所示,动态展示了病例的轨迹、空间形态、传染关系和属性等时空变化过程。时空轨迹由轨迹线标识，并保留了历史轨迹，可直观展示病例的活动路线；空间形态变化过程由不同颜色、样式的图片标识，不同空间形态对应着不同的健康状态，能够描述病例从确诊前到治愈(死亡)的健康状态变化；传染关系变化过程由传播线标识，传播线中白色方框的运动方向为时空对象间的传染方向；属性变化过程通过标签或属性窗口自动更新完成，表征的是病例基础信息的动态变化过程。通过病例的多维可视化表达，既能够整体了解病例的运动趋势与状态变化(图 17.6)，分析传染来源，又能够具体研究病例的活动轨迹与传染链路(图 17.7)，发现重点防控区域。

图 17.6　河南省病例时空对象的可视化　　　图 17.7　舒兰市病例时空对象的可视化

　　高铁车次与航班时空对象的可视化如图 17.8 所示。高铁车次、航班时空对象以动态轨迹

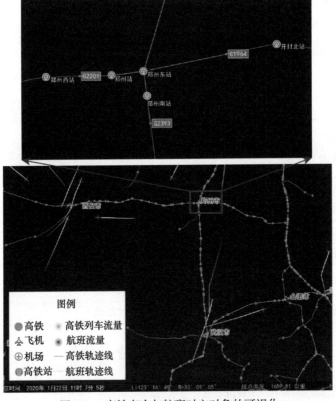

图 17.8　高铁车次与航班时空对象的可视化

线的方式呈现,动态轨迹线从时空对象运行开始绘制,到达终点后消失,可以实时展示高铁和航班的密集程度、运行方向和运行路线。通过航班和高铁的实时轨迹叠加,能够发掘不同时刻的交通热点地区,反映出交通运行的动态分布规律。将场景放大后可以展示交通运行的细节,包括地名、交通站点的位置与名称、车次与航班名称等信息,可以直观掌握高铁站的经停高铁车次信息、列车与航班的实时运行情况。

病例与高铁车次及航班时空对象的可视化效果如图 17.9 所示,将病例、高铁车次和航班等时空对象同时显示,能够直观展示疫情暴发期间的病例运动趋势、高铁及航班实时运行情况。本案例所涉及时空对象集成后的可视表达,有助于分析病例的空间分布变化、高铁车次和航班的流量变化,为综合评估疫情发展态势及其对高铁航班运行的影响提供支撑。

图 17.9　病例与高铁车次及航班时空对象的可视化

17.4.2　动态交互的时空复合查询功能

时空复合查询是检索特定时空范围内的时空对象,例如,查询武汉站上午停靠的高铁车次、查询郑州市 1 月 24 日确诊的病例等。

时空复合查询的条件包含时间约束和空间约束,时间约束用于确定查询的开始、结束时间;空间约束用于确定查询的空间范围,可以是静态的规则区域,如郑州市范围内,也可以是随时空对象变化的区域,如高铁车次的 5km 缓冲区内。本质上,时间约束和空间约束共同确定了查询的时空域。时空复合查询的结果是时空域内的时空对象,基于查询结果可进一步分析时空对象特点。病例时空对象的时空复合查询功能如图 17.10 所示,通过交互选择的方式,确定查询的时间范围和空间范围,可以统计该时空范围内确诊病例的数量变化、健康状态比率变化等。

17.4.3　基于关联关系的时空统计功能

关联关系包含建立/消亡时间、类型和强度等丰富内容,基于关联关系的时空统计能够分析出场景中更深层次的信息。当时空对象间建立关联关系后,通过关联关系可以获取关联时空对象的其他特征。跟踪关联时空对象的后续变化过程,据此能够统计关联时空对象的数量、属性等信息。

在本案例中,基于关联关系的时空统计功能由时空对象的行为能力具体实现。医院具有病

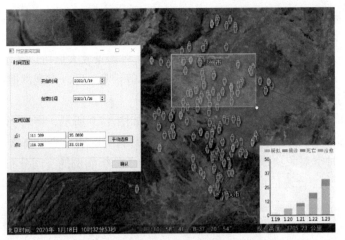

图 17.10　病例时空对象的时空复合查询功能

例统计行为，医院时空对象的时空统计功能如图 17.11 所示，该行为能够通过医院与病例间诊疗关系的建立与消亡时间统计收治病例的数量，通过病例健康状态变化统计不同病人的比例，反映医院对病例的诊疗情况。

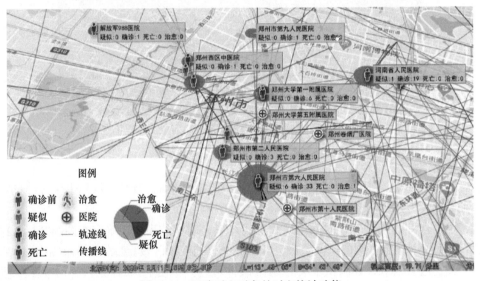

图 17.11　医院时空对象的时空统计功能

　　同理，高铁站时空对象的时空统计功能如图 17.12 所示。高铁站具有高铁列车流量计算行为，通过高铁站与高铁车次之间的停靠关系，统计停靠高铁站的车次数量、时间，从而计算出单位时间内高铁站的高铁列车流量。对关联关系的时空统计能够探索时空对象间的关系变化趋势，挖掘场景中更加丰富的潜在知识。

17.4.4　疫情的时空伴随风险区计算功能

　　时空伴随者指在同一空间中，与确诊者在一定距离范围内有规定时长的轨迹碰撞，可能产生时空伴随者的区域则称为时空伴随风险区。时空伴随风险区并不是静态的空间区域，而是会随着确诊病例的轨迹动态变化。

　　本案例中，时空伴随风险区以热力图的形式展现，首先确定存在感染风险的时间长度，提

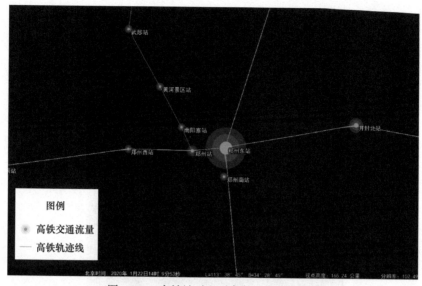

图 17.12　高铁站时空对象的时空统计功能

取该时间长度内病例的时空轨迹，其次由提取的时空轨迹绘制热力图，从而生成疫情的时空伴随风险区。疫情时空伴随风险区计算功能如图 17.13 所示。在病例运动过程中，通过热力图的实时计算，可以展示病例确诊前驻留过的热点区域，颜色越深风险程度越高。当有其他时空对象的运动轨迹时，可与时空伴随风险区叠置分析，快速判断是否存在感染风险，提高判别效率。

图 17.13　疫情时空伴随风险区计算功能

17.4.5　疫情防控对立体交通的影响分析

综合分析疫情的发展态势及其对交通运营的影响，可以发现河南省新冠病例大多具有湖北省旅居史，据不完全统计占比超过了 60%。2020 年 1 月 23 日以前，河南省病例以外来输入型为主，后续新增以本地感染型为主。

随着疫情的加重和感染人数的增多，病例的空间分布特征由离散变为聚集，逐渐进入医院接受治疗，医院收治病例的数量、治愈病例的比例也随之增加。同时高铁列车流量、航班流量在逐日降低，跨省人员流动大幅减少，武汉及周围城市的高铁列车流量和航班流量变化如图 17.14 所示，说明疫情对高铁、航空交通运营情况的影响显著。

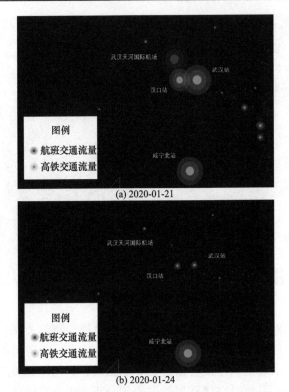

(a) 2020-01-21

(b) 2020-01-24

图 17.14　武汉及周围城市的高铁列车流量和航班流量变化

第18章　社交网络空间时空实体建模与可视化

本案例依托时空实体建模技术，将社交网络源数据组织为社交网络时空对象，在此基础上，阐述了社交网络时空对象的可视化表达流程与方法，分析了社交网络空间时空实体建模与可视化的案例功能和特点。结果表明：本案例方法有助于更好地认知与管理社交网络空间时空实体，发现其潜在知识和规律。

18.1　案　例　背　景

在全空间信息系统研究背景下，无论是地表空间中的客观事物，还是网络空间中的数字资源皆可视为时空实体。社交网络空间作为一种以网络空间基础设施和网络协议框架为基础，通过社交用户使用智能网络设备(含个人计算机)与社交网站、社交软件、游戏应用等媒介平台交互所形成的综合性网络化信息环境，是网络空间的一个子集，其实体可称为社交网络空间时空实体。

社交网络空间时空实体主要指与社交网络相关联的所有空间资源，不仅包括社交网络数字化信息空间、社交平台、社交账号、网络协议等数字时空实体，还包括存在于其空间中的社交用户(主体是人类)、网络基础设施和智能网络设备等物理时空实体，即社交网络空间时空实体由物理时空实体和数字时空实体组成，如图 18.1 所示。物理时空实体在社交网络空间中主要起到物理连接作用，如光纤、电缆、网络基站、网络设备等，是社交用户进行网络信息获取与交换的物理基础实体。数字时空实体可进一步细分为逻辑基础实体和社交主体实体，其中逻辑基础实体主要起到逻辑支撑和连接作用，如网络协议、软件平台和社交网站等。社交主体实体在社交网络空间中具有核心主导地位，如社交用户、社交账号、社交动态和社交群组等，其中社交用户是个例外，既是社交主体实体，也是物理时空实体，但不是数字时空实体。

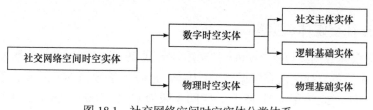

图 18.1　社交网络空间时空实体分类体系

18.2　源数据分析

本案例根据社交网络空间时空实体的分类体系，分别选择典型数据进行时空实体建模与可视化，其中典型数据主要包括 3 个数据集，分别为海底电缆数据集、IP 地址网络探测数据集和推特(Twitter)社交媒体数据集。

18.2.1　海底电缆数据集

海底电缆数据集包括海底电缆数据 1088 条、登陆点数据 1215 条，时间跨度为 1989~2020

年，空间参照为CGCS2000，空间范围为全球，数据格式为JSON文件。全球海底电缆数据集见表18.1。海底电缆一般铺设在海底，主要为全球网络用户提供互联网通信业务，其数据内容有海底电缆工程的名称、施工时间、建设长度、所属国家或机构和主要节点的地理空间位置信息。登陆点为海底电缆在陆地上的接入点，是互联网物理链路的重要节点，其数据内容记录了登陆点的地理空间位置及其基本信息。

表18.1　全球海底电缆数据集

数据类型	数量	空间范围	时间范围	数据说明
海底电缆	1088	全球	1989~2020年	JSON文件
登陆点	1215	全球	1989~2020年	JSON文件

18.2.2　IP地址网络探测数据集

IP地址网络探测数据集包括IP地址定位数据234935条、路由关系数据71019条和IP地址标签数据6781条，探测时间为2019年12月，空间参照为CGCS2000，空间范围为中国国内某区域。IP地址定位精度为街道级，数据格式为SQL文件，IP地址网络探测数据集见表18.2。IP地址为社交网络用户提供了网络通信的逻辑基础，其定位数据记录了IP地址关联设备的地理坐标、定位精度、节点类型、应用场景和所属自治系统(autonomous system，AS)号等信息。IP地址路由关系数据记录了IP地址的逻辑连接关系。IP地址标签数据记录了IP关联的端口号、服务类别、服务版本、操作系统和网络探测数据包等信息。

表18.2　IP地址网络探测数据集

数据类型	数量	空间范围	探测时间	数据说明
IP地址定位数据	234935	中国国内某区域	2019年12月	SQL文件
IP地址标签数据	6781	中国国内某区域	2019年12月	SQL文件
IP路由关系数据	71019	中国国内某区域	2019年12月	SQL文件

18.2.3　Twitter社交媒体数据集

Twitter社交媒体数据集包括Twitter社交用户数据29条、Twitter社交账号数据7万条，关联关系数据16万条，社交动态数据7900万条，地理标签数据300万条，数据时间范围为2006年12月11日~2021年4月15日，空间参照为CGCS2000。Twitter社交媒体数据集见表18.3。

表18.3　Twitter社交媒体数据集

数据类型	数量	相关说明
社交用户	29	Twitter社交账号关联人员
社交账号	7万	Twitter社交账号
社交动态	7900万	社交账号所发布的社交动态
关联关系	16万	关注关系、点赞关系、评论关系和转发关系等
地理标签	300万	社交动态中的国家、城市、地名和经纬度等地理空间信息

在社交网络空间中，社交用户通过交互方式注册和使用社交账号开展网络社交活动，如社交动态发布、浏览、检索、点赞、评论、转发及好友开窗会话聊天等。因此，社交用户数据、社交账号数据、社交动态数据可满足社交主体实体建模与可视化的基本要求，其中社交用户数据主要记录了社交用户的姓名、年龄、民族、籍贯、住址等信息。社交账号数据内容有社交账号唯一标识、昵称、注册时间、用户签名和好友数量等信息。社交动态数据内容有社交动态唯一标识、关联社交账号、地理标签和发布时间等信息。

18.3　时空对象类设计与实例化

18.3.1　时空对象类分析

结合数据收集情况，分别从物理基础、逻辑基础和社交主体 3 个方面对源数据进行时空对象类分析，其结果如图 18.2 所示。物理基础部分涉及的时空对象类有海底电缆时空对象类和海底电缆登陆点时空对象类；逻辑基础部分为 IP 地址时空对象类；社交主体部分有社交用户时空对象类、社交账号时空对象类、社交动态时空对象类和小世界网络时空对象类，其中多个关联社交账号及其社交动态可组成一个特定的小世界网络(small world network，SWN)。小世界网络是对社交账号与社交动态所组成网络的整体描述，是一个粒度比社交账号更大的时空实体，且在建模过程中不能直接进行实例化，需通过其组成结构特征进行间接实例化。

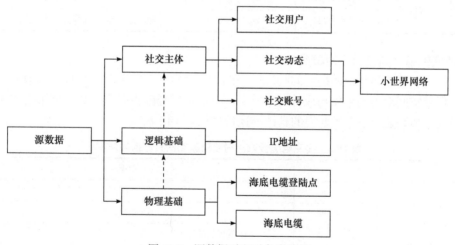

图 18.2　源数据时空对象类分析

18.3.2　时空对象类模板设计

依据多粒度时空对象数据模型，分别从时空参照、空间位置、属性特征、空间形态、组成结构、关联关系和行为能力等方面对时空对象类进行设计。

1. 海底电缆时空对象类

海底电缆是连接内陆和海洋孤岛的重要网络基础设施，具备物理时空实体的一般特征，其时空对象类设计主要涉及时间参照及空间参照定义与选择、公有属性特征归纳与总结、空间形态抽象与设计、关联关系抽取与描述等内容。海底电缆时空对象类的具体描述信息如表 18.4 所示。

表 18.4　海底电缆时空对象类的具体描述信息

类	特征项		数据	
海底电缆时空对象类	时空参照	时间参照	UTC	
		空间参照	CGCS2000	
	空间位置	位置类型	数据类型	获取方式
		矢量线位置	矢量线数据	数据文件
	属性特征	名称	String，海底电缆的名称，如 Aden-Djibouti	
		编码	String，字符编码(实体分类码+随机码)	
		起点	String，海底电缆铺设的起点	
		终点	String，海底电缆铺设的终点	
		长度	Int，海底电缆铺设的长度	
		创建时间	Long，海底电缆工程施工的开始时间	
		所有者	String，海底电缆的归属国家或机构	
		URL	String，海底电缆详细信息的访问地址	
		……	……	
	空间形态	形态内容	显示级别	形态样式
		线采样形态	$T=5$	线状符号
	关联关系	关系类型	时间范围	关联时空对象
		连接关系	起止时间	String，海底电缆登陆点时空对象的 ID

2. 海底电缆登陆点时空对象类

海底电缆登陆点是社交网络空间物理网络的重要节点，其时空对象类设计同海底电缆时空对象类，但其空间形态的抽象与设计有所差异。海底电缆登陆点时空对象空间形态属于点采样形态，海底电缆登陆点时空对象类的具体描述信息如表 18.5 所示。

表 18.5　海底电缆登陆点时空对象类的具体描述信息

类	特征项		数据	
海底电缆登陆点时空对象类	时空参照	时间参照	UTC	
		空间参照	CGCS2000	
	空间位置	位置类型	数据类型	获取方式
		矢量点位置	矢量点数据	数据文件
	属性特征	登陆点名称	String，海底电缆登陆点的名称，如 landingPoint1	
		登陆点编码	String，字符编码(实体分类码+随机码)	
		登陆地点	String，海底电缆登陆点所在城市	
		所属国家	String，海底登陆点所在国家	
		……	……	
	空间形态	形态内容	显示级别	形态样式
		点采样形态	$T=6$	点状符号
	关联关系	关系类型	时间范围	关联时空对象
		连接关系	起止时间	海底电缆时空对象的 ID

3. IP 地址时空对象类

IP 地址为社交主体实体之间的互联与通信提供了逻辑基础，可作为社交网络空间逻辑基础实体的代表。在网络探测技术支持下，IP 地址具有基本属性、路由关系和地理空间定位信息，可映射到地理空间进行表达。IP 地址时空对象类的具体描述信息如表 18.6 所示。

表 18.6　IP 地址时空对象类的具体描述信息

类	特征项		数据	
IP 地址时空对象类	时空参照	时间参照	UTC	
		空间参照	CGCS2000	
	空间位置	位置类型	数据类型	获取方式
		矢量点位置	矢量点数据	数据文件
	属性特征	IP 地址	String，IP 地址，如 192.168.1.1	
		IP 编码	String，字符编码(实体分类码+随机码)	
		所属 AS 号	String，IP 地址所属的自治域号，如 4134	
		所属国家	String，IP 地址所在国家，如中国	
		所在省份	String，IP 地址所在省份，如河南省	
		所在城市	String，IP 地址所在城市，如郑州市	
		所在区县	String，IP 地址所在区县，如中原区	
		应用场景	String，IP 地址应用场景，如企业专线	
		探测时间	Long，IP 地址的探测时间	
		探测等级	String，IP 地址地理空间定位精度，如街道级	
		定位精度	Double，IP 地址地理空间定位信息的误差范围，如 5km	
		……	……	
	空间形态	形态内容	显示级别	形态样式
		点采样形态	$T=9$	点状符号
	关联关系	关系类型	时间范围	关联时空对象
		路由关系	起止时间	IP 地址时空对象的 ID

4. 社交用户时空对象类

社交用户时空对象类设计同海底电缆时空对象类。社交用户具有姓名等基本属性、各种各样的社会关系和空间移动行为能力等特征。社交用户时空对象类的具体描述信息如表 18.7 所示。

表 18.7　社交用户时空对象类的具体描述信息

类	特征项		数据	
社交用户时空对象类	时空参照	时间参照	UTC	
		空间参照	CGCS2000	
	空间位置	位置类型	数据类型	获取方式
		矢量点位置	矢量点数据	数据文件
	属性特征	姓名	String，社交用户的姓名，如张三	

类	特征项		数据	
社交用户时空对象类	属性特征	编码	String, 字符编码(实体分类码+随机码)	
		年龄	Int, 社交用户的年龄, 如 30	
		民族	String, 社交用户的民族, 如汉族	
		籍贯	String, 社交用户的籍贯, 如河南郑州	
		住址	String, 社交用户的家庭住址	
		学历	String, 社交用户的学历, 如大学本科	
		兴趣爱好	String, 社交用户的兴趣爱好, 如健身	
		……	……	
	空间形态	形态内容	显示级别	形态样式
		点采样形态	$T=8$	点状符号
	关联关系	关系类型	时间范围	关联时空对象
		父子关系	起止时间	社交用户时空对象的 ID
		朋友关系	起止时间	社交用户时空对象的 ID
		合作关系	起止时间	社交用户时空对象的 ID
		……	……	……
	行为能力	空间移动行为		

5. 社交账号时空对象类

社交账号是社交网络空间重要的数字时空实体, 可通过其关联地理标签信息映射至地理空间表达, 其时空对象类设计同 IP 地址时空对象类。社交账号具有账号昵称等基本属性、关联关系和发帖回帖等网络社交行为能力。社交账号时空对象类的具体描述信息如表 18.8 所示。

表 18.8　社交账号时空对象类的具体描述信息

类	特征项		数据	
社交账号时空对象类	时空参照	时间参照	UTC	
		空间参照	CGCS2000	
	空间位置	位置类型	数据类型	获取方式
		矢量点位置	矢量点数据	数据文件
	属性特征	账号昵称	String, 社交账号的名称(昵称), 如 Abght	
		账号编码	String, 字符编码(实体分类码+随机码)	
		账号类型	String, 社交账号的类型, 如 Twitter 社交账号	
		社交好友数量	Int, 社交账号关联有的数量, 如 100	
		社交动态数量	Int, 社交账号所发布的社交动态数量, 如 100	
		网络注册时间	Long, 社交账号的网络注册时间	
		……	……	
	空间形态	形态内容	显示级别	形态样式

续表

类	特征项		数据	
社交账号时空对象类	空间形态	点采样形态	$T=7$	点状符号
	关联关系	关系类型	时间范围	关联时空对象
		好友关系	起止时间	社交账号时空对象的 ID
	组成结构	父时空对象	子时空对象	
		小世界网络时空对象的 ID	社交动态时空对象的 ID	
	行为能力	发帖行为、点赞行为、评论行为、转发行为……		

6. 社交动态时空对象类

社交动态为社交账号所发布的网络帖子，是社交账号实施点赞、评论、回复等网络社交行为的基础，通常以文本形式存在，可通过其关联地理标签信息映射至地理空间表达，其时空对象类设计同 IP 地址时空对象类。社交动态具有基本属性、关联关系等特征。社交动态时空对象类具体描述信息如表 18.9 所示。

表 18.9　社交动态时空对象类的具体描述信息

类	特征项		数据	
社交动态时空对象类	时空参照	时间参照	UTC	
		空间参照	CGCS2000	
	空间位置	位置类型	数据类型	获取方式
		矢量点位置	矢量点数据	数据文件
	属性特征	名称	String，社交动态的名称，如 post1	
		编码	String，字符编码(实体分类码+随机码)	
		发布时间	Long，社交动态发布的时间	
		URL	String，社交动态的链接地址	
		……	……	
	空间形态	形态内容	显示级别	形态样式
		点采样形态	$T=7$	点状符号
	关联关系	关系类型	时间范围	关联时空对象
		隶属关系	起止时间	社交账号时空对象的 ID
		点赞关系	起止时间	社交账号时空对象的 ID
		评论关系	起止时间	社交账号时空对象的 ID
		转发关系	起止时间	社交账号时空对象的 ID
	组成结构	父时空对象	子时空对象	
		社交账号时空对象的 ID	无	

7. 小世界网络时空对象类

小世界网络主要由社交账号组成，具有名称、节点数量、关系数量等基本属性和组成结构等特征。小世界网络时空对象类的具体描述信息如表 18.10 所示。

表 18.10　小世界网络时空对象类的具体描述信息

类	特征项		数据	
小世界网络时空对象类	时空参照	时间参照	UTC	
		空间参照	CGCS2000	
	空间位置	位置类型	数据类型	获取方式
		矢量点位置	矢量点数据	数据文件
	属性特征	名称	String, 小世界网络的名称, 如 Twitter-SWNl	
		编码	String, 字符编码(实体分类码+随机码)	
		节点数量	Int, 小世界网络中社交账号及社交动态的数量, 如 100	
		关系数量	Int, 小世界网络中关联关系的数量, 如 100	
		……	……	
	空间形态	形态内容	显示级别	形态样式
		点采样形态	$T=7$	点状符号
	组成结构	父时空对象	子时空对象	
		无	社交账号时空对象的 ID	

18.3.3　时空对象实例化

　　本案例基于时空对象类模板进行社交网络空间时空实体建模,最终将社交网络源数据组织为社交网络时空对象。源数据时空对象实例化流程如图 18.3 所示,具体可分为 5 个步骤。一是时空对象类分析,明确源数据所涉及的时空对象类。二是时空对象类模板设计,对时空对象类的共有特征属性进行归纳与总结。三是在时空对象类模板约束下,从源数据中提取时空对象类所涉及的时空对象多元特征信息,如时空参照、空间位置、属性特征、空间形态、关联关系、组成结构、行为能力和认知能力等。四是参考多粒度时空对象交换格式,将时空对象多元

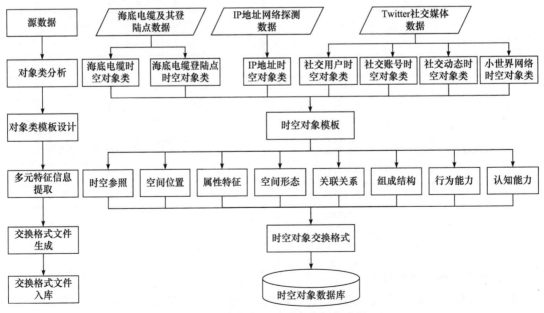

图 18.3　源数据时空对象实例化流程

特征信息组织为对应的时空对象交换格式文件。五是时空对象交换格式文件入库,将所生成的社交网络时空对象交换格式文件导入时空对象数据库中,为时空对象的组织管理与动态调度提供支持。

按照时空对象实例化流程对源数据进行处理,共生成 7 个时空对象类,约 7900 万个时空对象实例,详细统计信息如表 18.11 所示。

表 18.11　社交网络空间时空实体对象化数据统计

时空对象类	时空对象实例	时空对象数量
海底电缆类	海底电缆(Aden-Djibouti、Adria-1、…)	1088
海底电缆登陆点类	登陆点(landingPoint1、landingPoint2、…)	1215
IP 地址类	IP 地址(117.158.148.58、117.158.147.107、…)	234935
社交用户类	社交用户(Jacob、Ava、…)	29
社交账号类	社交账号(Abght、Apwl、…)	7 万
社交动态类	社交动态(Abght-post1、Abght-post2、…)	7900 万
小世界网络类	小世界网络(Twitter-SWN1、Twitter-SWN2、…)	5

18.4　社交网络时空对象可视化

18.4.1　社交网络时空对象可视化表达流程与方法

可视化是认知现实世界的重要视觉呈现方式,也是社交网络时空对象的重要表征方法,可实现其多元特征信息的直观表达。社交网络时空对象可视化技术框架如图 18.4 所示,既包括数据获取与处理,也包括对象特征展示与交互等内容,重点关注其表达流程与方法。

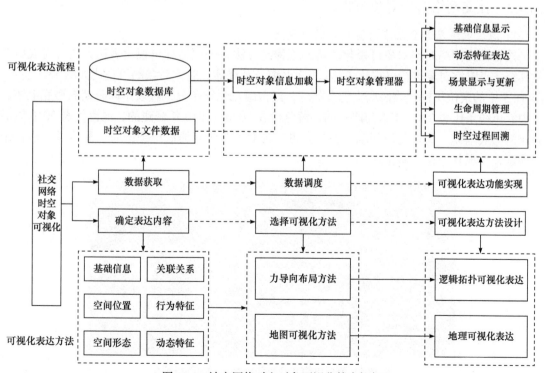

图 18.4　社交网络时空对象可视化技术框架

1) 社交网络时空对象可视化表达流程

社交网络时空对象可视化表达流程由时空对象数据获取、数据调度和可视化表达功能实现三个环节组成，如图 18.4 所示。

社交网络时空对象是可视化表达的数据基础。在数据获取基础上，根据表达需要有选择地从数据库中加载相应的时空对象数据，其中时空对象信息加载主要通过调用时空对象数据库的数据服务接口实现，该过程需要用户登录系统获取其相应的访问权限，并同步获得对象列表的索引信息。在时空对象列表基础上，用户可通过交互按需加载时空对象信息。在社交网络时空对象可视化过程中，为了降低时空对象的重复加载对系统运行效率的影响，降低可视化应用端与数据库之间的交互频率，用户可直接调用时空对象管理器(社交网络时空对象内存模型)中的数据内容，以提高其可视交互效率。

本案例以地图或动态图表形式对时空对象多元特征进行直观视觉呈现，具体功能包括社交网络时空对象基础信息显示、动态特征表达、场景显示与更新、全生命周期管理和时空过程回溯与控制等。

2) 社交网络时空对象可视化表达方法

社交网络时空对象可视化表达方法如图 18.4 所示，主要包括三部分内容。一是根据任务需求确定表达内容。社交网络时空对象可视化表达内容为其时空对象多元特征信息，如属性特征、关联关系和空间形态等。二是结合表达内容特点，合理选择可视化方法。本案例选择力导向布局方法和地图可视化方法作为社交网络时空对象的基本可视化方法，其中前者主要用社交网络时空对象的逻辑拓扑可视化表达，后者主要面向具有地理标签信息的社交网络时空对象，通过将其映射至地理空间进行可视化表达。三是可视化表达方法设计，结合具体的可视化表达内容与方法，对详细的技术环节与表达功能进行设计和实现。

18.4.2　社交网络时空对象可视化

1) 海底电缆及其登陆点时空对象的可视化

根据社交网络时空对象可视化表达的流程与方法，采用地理可视化表达方法对海底电缆及其登陆点时空对象进行可视化表达。海底电缆及其登陆点时空对象的可视化如图 18.5 所示。图 18.5 中的定位图标代表海底电缆登陆点，红黄绿三色线条分别代表不同时期的海底电缆，其中红色线条代表 2000 年以前修建的，黄色代表 2000～2010 年修建的，绿色代表 2010 以后修建的海底电缆。通过与时间轴进行交互可实现对近几十年海底电缆的时空演化过程进行全局预览，发现其潜在的演化规律。

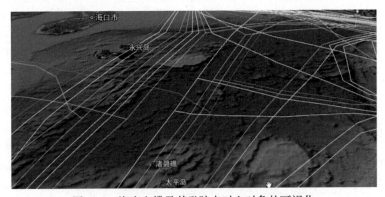

图 18.5　海底电缆及其登陆点时空对象的可视化

2) IP 地址时空对象的可视化

IP 地址时空对象可视化表达过程同海底电缆。IP 地址时空对象的可视化如图 18.6 所示。在图 18.6 中，不同大小和颜色的图标分别代表不同的 IP 地址对象，节点连线颜色深浅及粗细分别代表不同关系类型及等级。此外，结合热力图及统计图表展示效果，映射在地图上的 IP 地址时空对象具有一定的空间聚集特征。

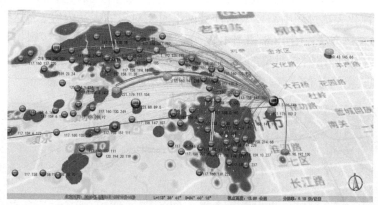

图 18.6　IP 地址时空对象的可视化

3) 小世界网络时空对象的可视化表达

采用力导向布局方法对社交账号及社交动态时空对象进行逻辑拓扑可视化表达。小世界网络时空对象的可视化表达如图 18.7 所示。小世界网络时空对象由社交账号时空对象组成，社交动态时空对象为社交账号时空对象的子对象。在力导向布局过程中，社交账号及社交动态时空对象总体上呈球状分布，且局部有一定的聚集特征。观察小世界网络时空对象能够发现，距离小世界网络中心越近的时空对象，其关联关系越复杂，如社交名人。

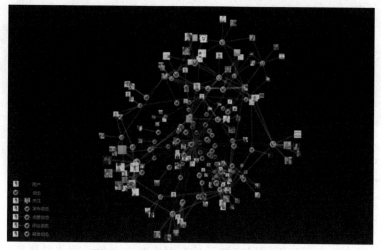

图 18.7　小世界网络时空对象的可视化

18.5　案例功能与特点分析

本案例主要功能包括社交网络时空对象多元特征表达和时空过程模拟等内容。

18.5.1 社交网络时空对象空间位置特征表达

社交网络时空对象空间位置特征表达有两种方法，一是逻辑拓扑可视化表达，二是地理可视化表达。逻辑拓扑可视化表达以时空对象关联关系为基础，采用力导向布局算法进行空间合理布局。不同布局算法及不同对象组合将会形成不同的空间布局特征。地理可视化表达方法主要依据社交网络时空对象的地理空间信息，将其映射至地理空间表达，如经纬度、地名等地理标签信息。在可视化表达过程中需要根据社交网络时空对象的表达内容、表达维度和表达方式合理选择可视化表达方法。图 18.8 和图 18.9 分别为社交网络时空对象逻辑拓扑可视化和地理可视化的表达。社交网络时空对象的空间位置表达有利于降低社交网络空间时空实体的空间认知负担，发现其空间分布特点、网络结构特征和空间活动规律等信息。

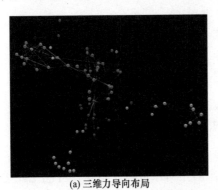

(a) 三维力导向布局　　　　　　　　　　(b) 二维力导向布局

图 18.8　社交网络时空对象逻辑拓扑可视化表达

图 18.9　社交网络时空对象地理可视化表达

18.5.2 社交网络时空对象网络结构特征表达

网络结构特征表达主要从不同尺度展示社交网络时空对象的网络结构特征，具体包括群体网络结构特征表达和个体网络结构特征表达。其中前者主要用于描述社交网络时空对象的网络规模、连通状况、聚集程度等特征，后者主要用于描述社交网络的个体网络结构，如关联好友信息、朋友圈层结构、账号亲密程度等。

图 18.10(a)和图 18.10(b)分别为 15 个社交名人账号时空对象及单个社交名人账号时空对象的逻辑拓扑可视化表达效果。从图 18.10 中可以看出各社交名人账号时空对象之间具有直接

或间接的关联关系,空间聚集特征显著,个体网络结构具有明显的圈层特征。社交网络时空对象网络结构特征表达有助于用户更好地认知和理解社交网络空间时空实体。

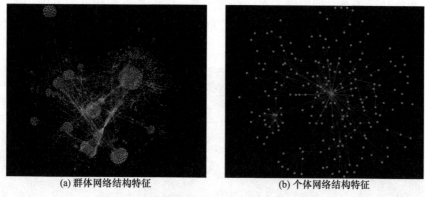

(a) 群体网络结构特征　　　　　　　　　(b) 个体网络结构特征

图 18.10　社交网络时空对象网络结构特征表达

18.5.3　社交网络时空对象空间映射关系表达

社交网络时空对象空间映射关系表达主要用于描述和分析社交账号与社交动态、社交账号与社交用户的空间映射关系,其中社交账号与社交动态的空间映射关系为一对多的父子关系。社交账号多源于社交用户的直接映射,二者存在一对一、一对多、多对一和多对多的映射关系。社交账号与社交用户的空间映射关系如图 18.11 所示。从时空对象的视角,社交账号、社交动态与社交用户类似,均是"活"的实体,具有生命体的一般特征,其空间映射关系可随时间动态演化。社交网络时空对象空间映射关系演化过程如图 18.12 所示。

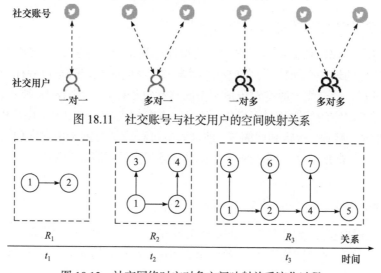

图 18.11　社交账号与社交用户的空间映射关系

图 18.12　社交网络时空对象空间映射关系演化过程

本案例采用地理空间与数字空间相结合的方式,将社交网络时空对象映射至地理空间进行表达,分别从地理信息层、网络映射层和社交行为层 3 个层次进行时空对象空间映射关系表达。社交网络时空对象多层动态关联交互可视化如图 18.13 所示。地理信息层以社交用户时空对象为基础,位于整个可视化场景空间的最底层,紧贴地球表面,主要展示社交用户的地理空间分布及时空演化特征。网络映射层位于地理信息层之上,主要展示社交账号与社交用户的空间映射关系，并与地理信息层的社交用户时空对象进行联动显示，随时间进行动态演化。社交行为层位于可视化场景空间的最上层，主要展示社交账号与社交动态之间空间映射关系及其网络社交关系，如发帖关系、点赞关系、评论关系和转发关系等。在空间映射关系表达过程中，用户不仅能够查看时空对象空间映射关系的当前状态，也能对其历史状态进行回溯。

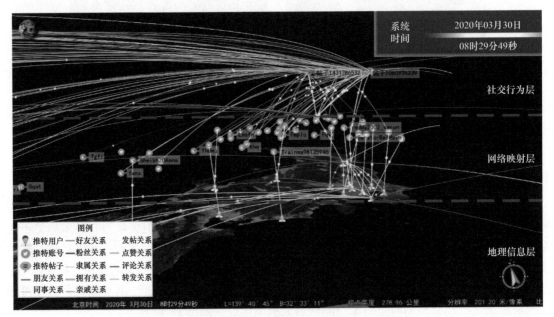

图 18.13　社交网络时空对象多层动态关联交互可视化

18.5.4　社交网络时空对象地理时空过程模拟

地理时空过程模拟以社交网络时空对象的地理标签信息为基础，主要用于表达社交网络时空对象连续变化的地理空间特征，如空间移动轨迹，对应的地理时空过程称为社交网络时空对象空间移动过程。社交用户时空对象地理空间移动过程模拟如图 18.14 所示，$t_1 \sim t_2$ 时刻，社交用户时空对象的空间位置随时间变化而变化。本案例支持用户交互，用户可通过交互，实现演化过程的加速、减速、跳跃和回溯等。地理时空过程模拟有助于用户发现其常住场所和潜在出行特点，从不同视角对社交网络时空对象的时空演化过程进行观察与分析，以揭示其潜在知识和规律。

18.5.5　社交网络时空对象社交行为过程模拟

社交行为过程模拟主要用于描述社交动态发布、点赞、评论、转发等网络社交行为的演化过程。本案例在社交网络时空对象空间映射关系表达的基础上进行社交行为过程模拟。社交网络时空对象社交行为发生在社交行为层，利用时空过程模拟方法对其进行模拟，并与地理信息层和网络映射层进行关联、动态表达。社交网络时空对象社交行为过程模拟如图 18.15 所示。本案例支持用户交互，在社交行为模拟过程中，用户可根据需要对社交动态详情进行查看。总的来说，社交互动行为过程模拟有助于进一步强化社交用户对社交网络时空对象社交行为与社交用户地理时空行为的认识，为社交网络空间时空实体认知与分析提供支持。

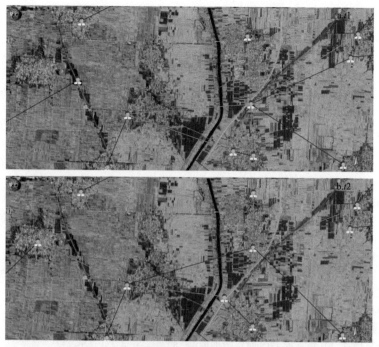

图 18.14 社交网络时空对象地理空间移动过程模拟

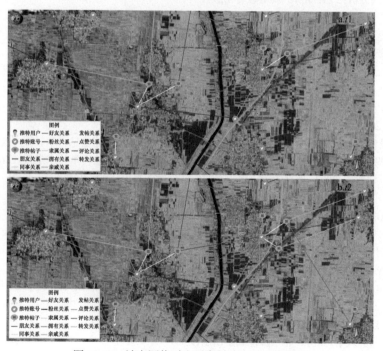

图 18.15 社交网络时空对象社交行为过程模拟

主要参考文献

曹一冰, 华一新, 郭邵萌. 2018. 多粒度时空对象行为特征的描述方法研究. 地理信息世界, 25(2): 23-29

车文博. 2001. 当代西方心理学新词典. 长春: 吉林人民出版社

陈崇成, 林剑峰, 吴小竹, 等. 2013. 基于 NoSQL 的海量空间数据云存储与服务方法. 地球信息科学学报, 15(2): 166-174

陈达, 苏亚龙, 崔虎平. 2019. 全空间信息系统中对象的时空内涵与特征. 测绘与空间地理信息, 42(1): 52-55

陈军, 赵仁亮. 1999. GIS 空间关系的基本问题与研究进展. 测绘学报, 28(2): 95-102

陈敏颉, 江南, 陈达. 2018. 多粒度时空事件建模与可视化方法初探. 地理信息世界, 25(2): 30-35

陈祥葱, 张树清, 丁小辉, 等. 2017. 时空参考框架普适化表达. 地球信息科学学报, 19(9): 1201-1207

陈新保, 朱建军, 陈建群. 2009. 时空数据模型综述. 地理科学进展, 28(1): 9-17

辞海编辑委员会. 1979. 辞海. 上海: 上海辞书出版社

丁小辉. 2019. 基于 BIM 数据源的三维 GIS 数据模型及其应用研究. 长春: 中国科学院大学(中国科学院东北地理与农业生态研究所)博士学位论文

方裕, 周成虎, 景贵飞, 等. 2001. 第四代 GIS 软件研究. 中国图象图形学报, 6(9): 5-11

高国伟. 2018. 阿里巴巴技术中台的"云启示". 项目管理评论, 17(2): 26-27

龚健雅, 李小龙, 吴华意. 2014. 实时 GIS 时空数据模型. 测绘学报, 43(3): 226-232

郭仁忠. 2021. 空间分析. 2 版. 北京: 高等教育出版社

郭玥晗, 江南, 曹一冰, 等. 2021. 多粒度时空对象的校史信息可视化研究. 测绘科学, 46(10): 145-150

华一新. 2016. 全空间信息系统的核心问题和关键技术. 测绘科学技术学报, 33(4): 331-335

华一新, 张毅, 成毅. 2019. 地理信息系统原理. 2 版. 北京: 科学出版社

华一新, 周成虎. 2017. 面向全空间信息系统的多粒度时空对象数据模型描述框架. 地球信息科学学报, 19(9): 1142-1149

黄珹, 刘林. 2015. 参考坐标系及航天应用. 北京: 电子工业出版社

李建松, 唐雪华. 2015. 地理信息系统原理. 2 版. 武汉: 武汉大学出版社

李锐, 石佳豪, 董广胜, 等. 2021. 多粒度时空对象组成结构表达研究. 地球信息科学学报, 23(1): 113-123

李淑霞, 安敏, 李宏伟, 等. 2011. 常识空间认知研究与地名本体设计. 测绘科学技术学报, 28(6): 450-453

李小文, 曹春香, 常超一. 2007. 地理学第一定律与时空邻近度的提出. 自然杂志, 7(2): 69-71

李征航, 魏二虎, 王正涛, 等. 2010. 空间大地测量学. 武汉: 武汉大学出版社

李志林. 2005. 地理空间数据处理的尺度理论. 地理信息世界, 3(2): 1-5

刘慧, 崔虎平, 韦原原, 等. 2021. 基于时空对象的高铁网络建模方法. 测绘科学技术学报, 38(1): 104-110

刘劲杨. 2018. 当代整体论的形式分析. 成都: 西南交通大学出版社

陆锋, 刘康, 陈洁. 2014. 大数据时代的人类移动性研究. 地球信息科学学报, 16(5): 665-672

陆锋, 张恒才. 2014. 大数据与广义 GIS. 武汉大学学报(信息科学版), 39(6): 645-654

吕志平, 乔书波. 2010. 大地测量学基础. 北京: 测绘出版社

潘明惠. 2004. 信息化工程原理与应用. 北京: 清华大学出版社

彭聃龄. 2012. 普通心理学. 北京: 北京师范大学出版社

秦昆. 2009. 智能空间信息处理. 武汉: 武汉大学出版社

冉思伟. 2014. 分体空间逻辑及其哲学分析——部分与整体的空间关系. 宁波大学学报(人文科学版), 27(6): 80-85

宋关福, 陈勇, 罗强, 等. 2021. GIS 基础软件技术体系发展及展望. 地球信息科学学报, 23(1): 2-15

宋关福, 卢浩, 王晨亮, 等. 2020. 人工智能 GIS 软件技术体系初探. 地球信息科学学报, 22(1): 76-87

王家耀, 孙群, 王光霞, 等. 2014. 地图学原理与方法. 2 版. 北京: 科学出版社

王璐, 刘双印, 张垒, 等. 2019. 区块链技术综述. 数字通信世界, (8): 135-136

王智莉, 卜方玲. 2015. 异构感知数据的动态适配接入方法. 传感器与微系统, 34(6): 13-16

文娜. 2018. 多粒度时空对象属性关联关系的构建及可视化方法研究. 郑州: 战略支援部队信息工程大学硕士学位论文

邬伦, 王晓明, 高勇, 等. 2005. 基于地理认知的 GIS 数据元模型研究. 遥感学报, 9(5): 583-588

邬群勇, 孙梅, 崔磊. 2016. 时空数据模型研究综述. 地球科学进展, 31(10): 1001-1011

吴睿. 2022. 知识图谱与认知智能. 北京: 电子工业出版社

谢雨芮, 江南, 赵文双, 等. 2021. 基于多粒度时空对象的作战实体对象化建模研究. 地球信息科学学报, 23(1): 84-92

徐冠华. 1999. 全社会要高度关注"数字地球". 中国测绘, (3): 6-7

杨飞. 2022. 城市传感设施对象化建模与管理方法. 郑州: 战略支援部队信息工程大学博士学位论文

杨飞, 华一新, 李响, 等. 2020. 多粒度时空对象行为驱动的传感设施接入方法. 测绘科学技术学报, 37(5): 537-544

杨飞, 华一新, 李响, 等. 2021. 基于多粒度时空对象数据模型的城市基础设施建模与管理. 地球信息科学学报, 23(11): 1984-1997

杨振凯, 张江水, 李翔, 等. 2021. 时空对象组成结构基本问题初探. 测绘科学技术学报, 38(6): 639-645

余建平, 林亚平. 2010. 传感器网络中基于蚁群算法的实时查询处理. 软件学报, 21(3): 473-489

俞肇元, 袁林旺, 吴明光, 等. 2022. 地理学视角下地理信息的分类与描述. 地球信息科学学报, 24(1): 17-24

曾梦熊, 华一新, 张江水, 等. 2021. 多粒度时空对象动态行为表达模型与方法研究. 地球信息科学学报, 23(1): 104-112

曾梦熊, 华一新, 张政, 等. 2022. 面向大规模空间 Agent 建模的分布式地理模拟框架. 地球信息科学学报, 24(5): 815-826

张江水, 华一新, 李翔. 2018. 多粒度时空对象建模的基本内容与方法. 地理信息世界, 25(2): 12-16

张立立, 周芹, 冯振华. 2020. S3M 空间三维模型数据格式的特点和应用. 北京测绘, 34(1): 23-26

张旻, 李继云. 2018. 基于属性权重的实体解析技术探讨. 无线互联科技, 15(5): 113-114

张硕. 2013. 位置服务中多源空间信息应用集成的研究. 西安: 长安大学硕士学位论文

张雪英, 闾国年, 叶鹏. 2020. 大数据地理信息系统:框架、技术与挑战. 现代测绘, 43(6): 1-8

张亚军. 2010. 空间数据版本管理方法与技术研究. 郑州: 信息工程大学博士学位论文

张正方, 闫振军, 王增杰, 等. 2021. 基于 Bayes 网络的多粒度时空对象地理过程演化建模——以新安江模型为例. 地球信息科学学报, 23(1): 124-133

张政, 华一新, 张晓楠, 等. 2017. 多粒度时空对象关联关系基本问题初探. 地球信息科学学报, 19(9): 1158-1163

赵鑫科, 曹一冰, 杨飞, 等. 2020. 多粒度时空对象的行为控制与动态显示. 地理信息世界, 27(3): 107-113

周成虎. 2015. 全空间地理信息系统展望. 地理科学进展, 34(2): 129-131

朱阿兴, 闾国年, 周成虎, 等. 2020. 地理相似性:地理学的第三定律. 地球信息科学学报, 22(4): 673-679

Antoine C, Matteo F, Patrick M, et al. 2020. The Tell-Tale Cube. European Conference on Advances in Databases and Information Systems (ADBIS 2020). Lyon, France

Beecham R, Wood J. 2014. Characterising group-cycling journeys using interactive graphics. Transportation Research Part C: Emerging Technologies, 47(P2): 194-206

Bertin J. 1967. Sémiologie Graphique: Les Diagrammes, les réseaux, les cartes. Paris: Gauthier-Villars

Bhattacharya A, Meka A, Singh A K. 2007. MIST: Distributed indexing and querying in sensor networks using statistical models. International Conference on Very Large Data Bases. Vienna, Austria

Bratman M E. 1987. Intention, Plans, and Practical Reason. Stanford: Center for the study of Language and Information

Bratman M, Israel D, Pollack M. 2010. Plans and resource-bounded practical reasoning. Computational Intelligence, 4(3): 349-355

Brewer E A. 2000. Towards robust distributed systems. Symposium on Principles of Distributed Computing. Portland, USA

Casey M. 1996. The dynamics of discrete-time computation, with application to recurrent neural networks and finite state machine extraction. Neural Computation, 8(6): 1135-1178

Chen Y, Jiang N, Cao Y, et al. 2021. Visual method of analyzing COVID-19 case information using spatio-temporal objects with multi-granularity. Journal of Geographical Sciences, 31(7): 1059-1081

Crandall D J, Backstrom L, Hong J. 2013. Co-occurrence prediction in a large location-based Network. Frontiers of Computer Science, 7(2): 185-194

DiBiase D, MacEachren A M, Krygier J, et al. 1992. Animation and the role of map design in scientific visualization. Cartography & Geographic Information Systems, 19(4): 201-214

Esri. 1999. Modelling Our World. Redlands: ESRI Press

Frank R. 2013. Understanding Smart Sensors. Boston: Artech House

Gagne R, Baker K, Foster H. 1950. Transfer of discrimination training to a motor task. Journal of Experimental Psychology, 40(3): 314-328

Goodchild. 1998. Geomatics and Geographic Information Science Trans-century Directions and Applications. Wuhan: Wuhan Technical University of Surveying and Mapping Press

Ji L, Ma J. 2014. Behavior tree for complex computer game AI behavior. 2014 International Conference on Simulation and Modeling Methodologies, Technologies and Applications (SMTA 2014). Sanya, China

Jo W, Dykes J, Slingsby A. 2010. Visualisation of origins, destinations and flows with OD maps. The Cartographic Journal, 47(2): 117-129

Kraak M. 2003. The space-time cube revisited from a geovisualization perspective. The 21st International Cartographic Conference. Durban, South Africa

Krzywinski M, Birol I, Jones S, et al. 2012. Hive plots-rational approach to visualizing networks. Briefings in Bioinformatics, 13(5): 627-644

Krzywinski M, Schein J, Birol I, et al. 2009. Circos: An information aesthetic for comparative genomics. Genome Research, 19(9): 1639-1645

Kuhn T. 1970. The Structure of scientific revolutions. American Journal of Physics, 31(7): 554-555

Li J, Chen N. Geospatial sensor web resource management system for smart city: Design and implementation. The 14th IEEE/ACM International Symposium on Cluster, Cloud and Grid Computing. Chicago, USA

Li Z L, Openshaw S. 1993. A natural principle for the objective generalization of digital maps. Cartography and Geographic Information Systems, 20(1): 19-29

MacEachren A. 2004. How Maps Work: Representation, Visualization, and Design. New York: Guilford Press

Mohmed G, Lotfi A, Langensiepen C, et al. 2018. Clustering-based fuzzy finite state machine for human activity recognition. The 18th UK Workshop on Computational Intelligence(UKCI 2018). Nottingham, UK

Morrison J. 1974. A theoretical framework for cartographic generalization with the emphasis on the process of symbolization. International Yearbook of Cartography, 14(1974): 115-127

Motschnig-Pitrik R, Kaasboll J. 1999. Part-whole relationship categories and their application in object-oriented analysis. IEEE Transactions on Knowledge and Data Engineering, 11(5): 779-797

Nicolau M, Perez-Liebana D, O' Neill M, et al. 2017. Evolutionary behavior tree approaches for navigating platform games. IEEE Transactions on Computational Intelligence and AI in Games, 9(3): 227-238

Nielsen J. 1994. Usability Engineering. Amsterdam: Elsevier

Roth R. 2017. Visual variables. International Encyclopedia of Geography: People, the Earth, Environment and Technology. New York: John Wiley & Sons

Schmid K, Züfle A. 2019. Representative Query Answers on Uncertain Data. The 16th International Symposium on Spatial and Temporal Databases (SSTD 2019). Vienna, Austria

Soffel M, Langhans R. 2015. 时空参考系. 王若璞, 赵东明译. 北京: 科学出版社

Sutton R, Precup D, Satinder S. 1999. Between MDPs and semi-MDPs: A framework for temporal abstraction in reinforcement learning-ScienceDirect. Artificial Intelligence, 112(1-2): 181-211

Willis J K, Church J A. 2012. Climate change. Regional sea-level projection. Science, 336(6081): 550-551

Winston M, Chaffin R, Herrmann D. 1987. A taxonomy of part-whole relations. Cognitive Science, 11(4): 417-444

Wolfgang A, Silvia M, Heidrun S, et al. 2011. Visualization of Time Oriented Data. London: Springer-Verlag

Yang F, Hua Y, Li X. 2022. A survey on multisource heterogeneous urban sensor access and data management technologies. Measurement: Sensors, 19(1): 100061-100082

Yang Z, Chen M, Bchen D. 2018. A study on representation and application of temporal coordinate reference systems in GIS. The 26th International Conference on Geoinformatics. Piscataway, USA